항행안전시설 개론

이경용 · 임웅선 · 김완현 · 김재술
유병선 · 강태형 · 박정제

도서출판 진영사

항행안전시설 개론

집필자 : 이경용 · 임웅선 · 김완현 · 김재술 · 유병선 · 강태형 · 박정제
Illustrator : 김유나

2021년 5월 27일 초판 인쇄
2021년 6월 2일 초판 발행

발행인 박 진 영

발행처 도서출판 진영사
인천광역시 부평구 갈산동 185번지 풍진빌딩 303호
전화 : 032)505-4207
팩스 : 032)505-4206
E-mail : 0183734207@hanmail.net
등록 : 122-91-77317

ISBN 978-89-6541-540-4 93550
값 25,000원

항행안전시설 개론
[NAVAIDS Concept]

이경용 · 임웅선 · 김완현 · 김재술
유병선 · 강태형 · 박정제

도서출판 진 영 사

머 리 말

본 교재는 급속히 발전하는 항행분야에 대해 많은 관심을 갖고 있는 학습자 및 현직 항공종사자들에게 항행안전시설 관련 기본적인 전문지식을 제공하기 위한 지침서로써, 항공기 계기비행절차를 지원하는 지상항법시스템을 비롯해 항공관제를 지원하는 레이더 및 관제통신시스템, 이와 관련된 각 시스템별 비행검사절차에 대한 기본지식은 물론 향후 미래에 전환될 차세대 위성항행시스템과 관련된 전문지식 등이 집필되어 있습니다.

특히, 항행안전시설은 현재 기존 항공관련 대학과 국내 · 외 항공사 등을 중심으로 관련전문지식에 대한 중요성이 강조 되어온 항공관제분야와 항공기 전자장비 등의 분야와는 다르게 오직 국토부, 양공사의 종사자들에 한해서만 제한적으로 습득의 기회가 부여됨으로 인하여 항행안전분야에 대한 관심과 직업선택을 위한 진로방향 설정에 어려움이 있어 왔습니다.

따라서, 이와 같은 어려운 현실을 감안하여 이 책을 출간하게 됨으로써 현재 닫혀있는 항행안전시설에 대한 전문지식을 널리 공유케 함으로써, 향후 동 분야의 진로선택의 동기부여는 물론 더 나아가 항공기 안전운항을 지원하기 위한 안전문화 조성에 기여하리라 사료됩니다.

본 교재를 출간하기까지 정성을 다해 적극 협조하여 주신 한국항행학회 윤원섭 부회장님, 유신설계공단 마의열 부사장님, 문엔지니어링 강상준 전무이사님, 한국공항공사 김광태 부장님, 이종호 상임이사님을 비롯해, 국토교통부 비행점검센터 이희석 검사관님, 안세통신 김의섭 고문님, 서광전기 구운회 이사님, 대한민국항공회 이수열 전무님, 서울문화예술대학 최치봉 학과장님, 한국폴리텍대학 임경빈 교수님, 누리항공 최공순 교수님, 대한항공 김기양 기장님, 그리고 일러스트레이터 김유나님, 도서출판 진영사 박진영 대표님 등 모든 분들께 감사의 인사를 전합니다.

2021년 5월

집필위원장 **이 경 용** 드림

목 차

제1장

항행안전시설 개요 (NAVAIDS Outline)

1. 항행안전시설 정의 및 관련규정
2. 항행안전시설 변천 및 발전과정
3. 항행안전시설 구성
4. 국내 항행안전시설 운영현황

제1장 항행안전시설 개요 (NAVAIDS Outline)

1. 항행안전시설 정의 및 관련규정

가. 정의

항공기 안전운항을 지원하는 항행안전시설은 공항시설법 제2조 제15호에 의거 다음과 같이 정의되고 있다.

즉, "항행안전시설이란 유선통신, 무선통신, 인공위성, 불빛, 색채 또는 전파를 이용하여 항공기의 항행을 돕기 위한 시설을 말한다."라고 명시되어 있다.

나. 관련 규정

1) 항행안전시설 운영관련 국내외 규정

항행안전시설은 항공기 안전운항에 절대적으로 필요한 시설로써 안전운항에 혼란과 차질이 발생하지 않도록 시스템의 기술 성능을 비롯해 설치 및 운영관련 기준은 국내·외적으로 철저하게 표준화되어 있다.

우리나라는 국제민간항공기구(ICAO)의 체약국으로서 항행안전시설에 대한 국제기술기준은 다음과 같이 ICAO 규정을 우선하여 적용하고 있으나, ICAO 규정에 없거나 일부분에 대해서는 미연방항공청(FAA)의 규정을 적용하고 있다.

가) 항행안전시설[NAVAIDS] 국제법

항행안전시설 운영 관련 국내·외 기준은 다음과 같다.

(1) ICAO Standards & Recommendation

- **Annex 2 Rules of the Air**
- **Annex 4 Aeronautical Charts**
- **Annex 10 Aeronautical Telecommunications**
  - Volume Ⅰ : Radio Navigation Aids
    [ILS, VOR, DME, NDB, Marker Beacon, GNSS, MLS 등 시스템에 대한 표준 성능 기준이 명시되어 있음]
  - Volume Ⅱ : Communication Procedures
    [항공통신, 항공고정통신망(AFTN), CPDLC(조종사기반 데이터 문자통신 장치), 항로용 자동종속안내방송시스템(ADS-C) 등에 대한 표준성능 기준이 명시되어 있음]
  - Volume Ⅲ : Communication System
    [Part Ⅰ : Digital Data Communication System]
    [Part Ⅱ : Voice Communication System]
    - ▸ AMS(Aeronautical Satellite)
    - ▸ SSR Mode-S Air-Ground Data Link
    - ▸ VDL(VHF Air-Ground Digital Link)
    - ▸ AeroMACS(Aeronautical Mobile Airport Communications) 등에 대한 표준 성능 기준이 명시되어 있음
  - Volume Ⅳ : Surveillance and Collision Avoidance Systems
    [SSR, TCAS, Mod-S, ADS-B, Mode A/C 등에 대한 표준성능 기준이 명시되어 있음]
  - Volume Ⅴ : Aeronautical Radio Frequency Spectrum Utilization
    [NDB Frequency Management 등에 대한 표준성능기준이 명시되어 있음]
- **Annex 8 Airworthiness of Aircraft**
- **Annex 14**
  - Volume Ⅰ : Aerodrome Design & Operations
- **Annex 15 Aeronautical Information Services**
- **Document**
  - 8071 Volume Ⅰ : Testing of Ground-Based Radio Navigation Systems [ILS, VOR, DME, NDB, Marker Beacon, GNSS, MLS 등 시스템에 대한 세부 표준 성능

기준이 명시되어 있음]

- 8071 Volume Ⅱ : Testing of Satellite-Based Radio Navigation Systems [항공통신, 항공고정통신망(AFTN), CPDLC(조종사기반 데이터 문자통신 장치), 항로용 자동종속안내방송시스템(ADS-C) 등에 대한 세부 표준성능기준이 명시되어 있음]
- 8071 Volume Ⅲ : Testing of Surveillance Radio Systems
- 8071 Volume Ⅳ : Surveillance and Collision Avoidance System [SSR, TCAS, Mod S, ADS-B, Mode A/C 등에 대한 세부 표준성능기준이 명시되어 있음
- 8071 Volume Ⅴ : Aeronautical Radio Frequency Spectrum Utilization [ILS, VOR, DME, NDB, Marker Beacon, GNSS, MLS 등 관련 Frequency Management 등에 대한 세부 표준성능기준이 명시되어 있음]
- 9684 : Manual on the Secondary Surveillance Radar System

(2) FAA Orders

- 6750.49a : Maintenance of Instrument Landing System[ILS] Facilities [계기착륙시설 유지보수절차 관련 기준이 명시되어 있음]
- 6750.16D : Siting Criteria for Instrument Landing Systems [계기착륙시설 설치기준 관련 기준이 명시되어 있음)
- 8200.1D : United States Standard Flight Inspection [항행안전시설 비행 점검절차 관련 기준이 명시되어 있음]
- FAA-H-8261-1A : Instrument Procedures Hand Book

나) 항공관련 국내법

항공관련 국내법은 항공운송사업, 안전, 건설분야 등이 방대하고 체계가 복잡하여 공항시설법, 공항안전법, 항공사업법으로 구분, 제정 운영하고 업무의 추진 효율성 및 법령 수요자의 접근성을 제공하도록 다음과 같이 구성되어 있다.

- **공항시설법**

  동 법은 공항·비행장 및 항행안전시설의 설치 및 운영 등에 관한 사항을 정함으로써 항공산업의 발전과 공공복리의 증진에 이바지함을 목적으로 제정된 법률로써 관련 세부 규정은 다음과 같다.

  - 공항, 비행장 관련 주요 정책 심의, 조정 기능 강화.
  - 공항, 비행장 개발에 관한 기술심의 일원화.
  - 인허가 협의 기간 단축과 의제 규정.

- 비행장 개발 시 토지수용권 및 재정지원 확대 적용.
- 사업 시행자의 공항 주변 지역 개발 확대 적용.
- 비행장 시설의 관리, 운영에 관한 위임 근거.

• **공항안전법**

동 법은 「국제민간항공협약」 및 같은 협약의 부속서에서 채택된 표준과 권고되는 방식에 따라 항공기, 경량항공기 또는 초경량비행장치가 안전하게 항행하는 방법을 정함으로써 국민의 생명과 재산을 보호하고, 항공기술 발전에 이바지함을 목적으로 하여 제정된 법률이다.

또한, 동 법에서는 항공기의 등록 · 안전성 인증, 항공기 운항규칙 등 외 항공안전에 관한 사항을 다음과 같이 규정하고 있다.

- "항공기" 용어 정의를 ICAO 국제기준에 맞게 제정
- "영공" 용어 정의 신설
- 항공교통관제 연습제도 도입
- 운송 승무원에 대한 피로 관리 강화 내용
- 항공안전관리 시스템 의무도입 대상 확대
- 항공교통업무수행 주체 확대 및 항공교통업무 운영증명제도
- 외국 항공기에 대한 안전관리 강화
- 과태료, 벌칙규정의 합리화

• **항공사업법**

동 법은 국제민간항공조약의 규정과 동 조약의 부속서로써 채택된 표준과 방식에 준거하여 항공기의 항행 안전을 도모하기 위한 방법을 정하며, 항공운송사업의 질서를 확립하여 항공의 발달을 도모함을 목적으로 제정된 법률을 말한다.

또한 동 법은 항공정책의 수립 및 항공사업에 관하여 필요한 사항을 정하여 대한민국 항공사업의 체계적인 성장과 경쟁력 강화 기반을 마련하기 위한 법으로써 다음과 같은 업무를 수행한다.

- 국토교통부 장관의 의무와 책임
- 항공운송사업의 면허
- 항공운송사업자의 의무와 책임
- 상속 또는 합병 요건
- 휴업 또는 폐업 요건
- 항공보험 범위 확대

- 면허, 사업자 준수사항
- 비운송 항공 관련 사업절차
- 과징금 상한, 하향조정
- 벌칙 조항
- 외국인 국제 항공운송사업 관련 규정

• **전파법**

본 전파법은 전파 이용 질서에 관한 기본적인 사항을 규율하는 법으로 한정된 전파자원을 효율적으로 활용하기 위하여 각종 전파이용제도를 개선하여 전파 이용에 관한 국민의 편익을 증진을 목적으로 다음과 같은 업무를 수행한다.

- 무선국의 허가 · 운용 · 검사 · 감독
- 전파 사용료의 부과 · 징수
- 전파진흥 기본계획의 수립
- 무선국 관리사업단의 설립 등

2. 항행안전시설 변천 및 발전과정

항공기 안전운항을 위해 필요한 항행안전시설에 대한 변천 및 발전과정은 다음과 같다.

가. 변천과정

1) 항공항법시스템

1903년 12월 17일 미국의 라이트 형제가 동력 비행이 성공하면서 항공의 역사는 시작이 되었다. 이어서 1920년대 중반기가 시작되기 전까지 주로 항공기의 속도, 항속거리, 고도 및 안전한 비행 조종을 위한 항공기 탑재 장비/계기의 개발에 주로 집중되어 졌다.

그러므로 인해 항공기 비행(항행)조건은 시정이 양호하고 풍향 풍속과 같은 대기상태가 안정적인 상태일 경우에만 주로 가능했던 반면에 야간이나 시정이 불량한 악기상 상태에서는 비행이 불가능함에 따라 지상의 항행안전시설의 필요성이 대두되었다.

한편 항공기가 안전하고 신속하게 항행하기 위한 기술은 오래 전에 인류가 선박에서 사용해온 항해술에 근거하여 공중항법학(Science of Air Navigation)으로 발전되어 왔다.

이와 같은 공중항법학의 출현으로 통상 주간의 양호한 시정하에서는 지상의 저명물체(Land Mark)를 육안으로 식별하거나 항로용 지도를 비교하면서 위치를 쉽게 확인하여 비행할 수 있었지만, 야간이나 악기상 조건 또는 특징적인 물체가 없는 광활한 지역에서는 지상의 참조물에 의한 비행이 불가능하므로 이를 개선하기 위해 항로상 또는 비행장 등 인근에 전파신호에 의한 무선시설을 비롯한 불빛과 같은 식별이 용이한 표식물체를 설치하여 항공기의 안전한 항행을 지원해 주는 시설이 필요하게 되었다.

2) 항공감시시스템

레이더는 사람이 눈으로 볼 수 있는 범위를 넓혀준다. 레이더를 이용하면 캄캄한 밤이나 눈·비 등 악기상하에서도 눈으로는 볼 수 없는 목표물을 식별할 수 있다.

전파의 반사를 이용해 물체의 존재를 알게 된 것은 1925년 영국 E.애플턴이 전리층(電離層)의 존재를 증명하기 위해 전파로써 실험한 것이 최초이다.

이와 거의 같은 시기에 미국의 G.브레이트와 M.A.튜브는 펄스파(짧은 시간 동안 계속되는 전파)를 상공에 발사함으로써, 전리층에서 반사파를 포착하는 데 성공하였다.

나. 발전과정

1) 항공항법시스템

항행안전시설은 1925년경 정기 민간항공 수송 시 항공기 조종사가 지상에 설치된 각종 불빛 신호를 비롯해 등대, 기호 및 문자 등에 따라 위치와 방향을 알 수 있게 한 데에서 비롯되었다.

즉, 10마일 거리 간격으로 건물 옥상 또는 탑 위에 항공등대를 설치하여 항로를 알려주되 항로 위치의 식별은 지상에 설치된 여러 색의 항로 등대(Rotating Beacon)를 통해 기호(문자)를 점멸하는 방식을 통해 알려주었다.

그 후 1926년에 이르러 미연방항공청(FAA)이 정식 출범함으로 인하여 각종 항공보안시설(초기의 항행안전시설의 명칭)이 비약적으로 발전하는 계기가 되었다. 1927년도에 이르러 장파 주파수 신호의 특성을 갖는 항행안전시설이 정식 도입이 됨으로써 오늘날 각종 무선전파시설을 이용하는 시초가 되었다.

이와 같은 과정을 거쳐 현재 사용 중인 기존 항행안전시설은 대부분 지상에 설치 운영되고 있어 지속해서 증가하고 있는 항공교통량을 처리하는 데에는 여러 가지 한계점이 있을 수밖에 없었다.

즉, 기존 항행 안전시스템은 아날로그 방식에 의해 운영되고 있어 지상 시스템으로부터 멀리 떨어진 지점에 있어 있는 항로상에서 비행 중인 항공기에는 정확성에 대한 오차가 큰 정보를 제공할 수밖에 없으므로 다양한 항로 구성에 한계가 있을 뿐만 아니라 지상의 시스템에 의한 신호를 통해 항로를 구성할 경우 직선 코스 구현에 또한 한계가 있었다.

따라서 이러한 문제점을 개선하기 위한 대책 방안으로써 새로운 차세대 위성항행시스템의 도입이 필요하게 되었다.

이와 같은 위성 기반 항행시스템의 개발로 인해 현대에는 지구상의 어느 위치에 있는 항공기 간에도 데이터 및 음성통신이 가능할 뿐만 아니라 비행 중인 모든 항공기가 원하는 방향으로 각자 자유로이 비행할 수 있는 자유비행(Free Flight)이 구현됨으로써 현재 증가하는 항공교통량에 대해서도 충분히 대응할 수 있게 될 것으로 예상하고 있다.

2) 항공감시시스템

현재 사용되고 있는 레이더에 대한 기초를 쌓은 것은 영국의 과학단체이다. R.윗슨-와트를 중심으로 한 영국의 과학단체는 전파를 이용하여 전리층을 검출하는 방법을 응용하였고, 이를 바탕으로 작은 목표물을 검출하는 연구에 전력을 기울여 1935년에 처음으로 실험용 펄스 레이더로써 약 30마일 거리에 있는 비행기를 추적하는 데 성공했다.

이를 계기로 1938년 영국의 방공(防空) 레이더망이 완성되어 실용화되기에 이르렀다. 이후 제2차 세계대전을 거치면서 레이더 시설은 급속한 발전을 이루어 왔다.

레이더 시설은 당초 군사적 목적으로부터 개발되었으나 민간 부분에서 더 많은 필요성이 제기됐다. 특히 레이더는 항공기 안전운항에 필수적인 시설로써 항공교통관제 및 항공기 정밀접근을 위한 시설 등 항공분야에 광범위하게 이용되고 있으며 1940년 말에 미연방항공청(FAA)에 의해 최초로 공항에 설치되기 시작했다.

우리나라에서 레이더가 설치 · 운용된 것은 1950년 6.25 전쟁 중에 미국이 군용 레이더를 도입하면서부터다. 그 후 민간항공용으로는 1969년 10월 김포국제공항에 최초로 도입 · 설치되어 공항감시레이더로써 항공관제업무를 시작했다.

3. 항행안전시설 구성

항행안전시설에 대한 구성은 공항시설법 제2조 제15호 및 동법 시행규칙 제5조에 의거 다음과 같이 분류된다.

가. 항행안전무선시설

항행안전무선시설은 전파에 의하여 항공기의 항행을 돕기 위한 시설들로써 다음과 같이 구성된다.

- 계기착륙시설[ILS/MLS/TLS]
- 전방향표지시설[VOR]
- 거리측정시설[DME]
- 전술항행표지시설[TACAN]
- 무지향표지시설[NDB]
- 레이더시설[ASR/ARSR/SSR/ARTS/ASDE/PAR]
- 위성항법감시시설[GNSS Monitoring System]
- 위성항법시설[GNSS/SBAS/GRAS/GBAS/ABAS]
- 자동종속감시시설[ADS/ADS-B/ADS-C]
- 다변측정감시시설[MLAT]
- 범용접속 데이터통신시설[UAT]

나. 항공등화시설

항공등화는 불빛에 의하여 항공기의 항행을 지원하기 위한 시설들을 말한다.

다. 항공정보통신시설

항공정보통신 시설은 전기 · 전자 통신으로 항공기의 항공교통 업무에 필요한 정보를 제공 · 교환하기 위한 시설들로써 다음과 같이 구성된다.

1) 항공이동통신시설

항공이동통신시설은 항공기 조종사와 지상의 항공관제사 간에 관제통신업무를 지원하는 통신 시스템으로써 다음과 같이 구성된다.

- 단거리이동통신시설[VHF/UHF Radio]
- 단파이동통신시설[HF Radio]
- 초단파디지털 이동통신시설[VDL]
- 단파데이터 이동통신시설[HFDL]

- Mode-S 데이터통신시설
- 항공이동위성통신 시설[AMS(R)S]
- 관제사조종사 간 데이터링크통신[CPDLC]
- 음성통신제어시설[VCCS]

2) 항공고정통신시설

항공고정통신시설은 지상의 항공관제사 간에 관제 정보를 연결해 주는 통신 관련 선로망으로써 다음과 같이 구성된다.

- 항공고정통신망[AFTN/MHS]
- 항공정보교환망[AMHS]
- 항공관제정보교환망[AIDC]
- 항공직통전화망
- 항공종합통신망[ATN]

3) 항공정보방송시설

이착륙하는 항공기에 공항의 기상정보, 운영 활주로, 운영시설 등에 대한 정보를 자동으로 알려주는 시설로써 다음과 같이 분류된다.

- 공항정보방송시설[ATIS]
- 디지털공항정보방송시설[DATIS]

4. 국내 항행안전시설 운영현황

국토부 항행시설과(2019.3 기준)에 의거 현재 국내의 각 공항 및 항로상에 설치, 운영 중인 항행안전시설은 다음과 같다.

가. 항공항법시설

현재 국내에 설치되어 운영 중인 항법 시설 설치 운영현황은 〈Table 1-1〉과 같다.

〈Table 1-1〉 항공항법시설 국내 설치현황

시스템	설치장소(식)																						비고
	인천	김포	김해	제주	대구	울산	청주	양양	무안	광주	여수	사천	포항	강원	안양	양주	부산	군산	울진	원주	예천	송탄	
ILS	8	4	2	2	3	3	4	1	2	2	2	2						2					
TVOR/DME	2	2	1	1	1	1	1	1	1	1	1	1	1					1	1	1			
EVOR/TACAN				1	1					1			1	1	1	1	1				1	1	

나. 레이더시설

현재 국내에 설치되어 운영 중인 레이더시설은 항공로 감시용(약 200마일), 공항 접근 관제용(약 60마일) 및 공항 지상 감시용(약 6Km)으로 분류가 되며, 아울러 동 시스템 관련 설치 운영 현황은 〈Table 1-2〉와 같다.

〈Table 1-2〉 항공감시시설 국내 설치현황

시스템	설치장소(식)																										비고
	인천	김포	김해	제주	대구	울산	청주	무안	광주	여수	사천	포항	원주	군산	울진	용문산	황병산	일월산	팔공산	의상봉	금오산	망일산	모슬포	울릉도	백령도	제1 ACC	제2 ACC	
ARSR/SSR (항로용)				1												1	1	1	1	1	1	1	1	1	1			
ASR/SSR (공항용)	2	2	2	2	1	1	1	1	1	1	1	1	1	1	1											1	1	
ARTS	2		1	1	1		2		1		1	1	1	1														
ASDE	3	1	1	1																								

다. 항공정보통신시설

현재 국내에 설치되어 운영 중인 항공정보통신시설 설치 운영현황은 〈Table 1-3〉과 같다.

〈Table 1-3〉 항공정보통신 시설 국내 설치현황

시스템	설치장소																				비고
	인천	김포	김해	제주	대구	울산	청주	양양	무안	광주	여수	사천	포항	강원	안양	군산	원주	부안	울진	부산	
VCCS/ECVS(식)	2	2	2	2	2	1	2	2	1	2	2	2	2			2	2		2		
U/VHF Tx & Rx(채널)	33	18	36	15	36	12	32	8	12	34	10	28	28			24	37		7		
항공교통본부(ACC)/항공무선표지소용 UHF Tx & Rx(채널)	8			16	15								4	16	18			15		8	
ATIS	2	1	1	1	1	1	1	1	1	1		1	1								
PDC/DATIS	2	2	2	2	1	1				1											

제2장

항행안전무선시설

1. 계기착륙시설[ILS]
2. 전방향표지시설[VOR]
3. 거리측정장비[DME]
4. 항로용 전방향전술항행표지시설[TACAN]
5. 무지향무선표지시스템[NDB]
6. 레이더시설[RADAR]

제2장 항행안전무선시설

1. 계기착륙시설[ILS]

가. 계기착륙시스템[ILS : Instrument Landing System] 개요

자욱한 안개 또는 칠흑 같은 악 시정 상황 조건에서도 항공기 자동착륙시스템을 통해 전천후로 활주로로 안전하게 착륙 유도정보를 제공하는 계기착륙시스템에 대한 기본 개념은 [Figure 2-1]과 같다.

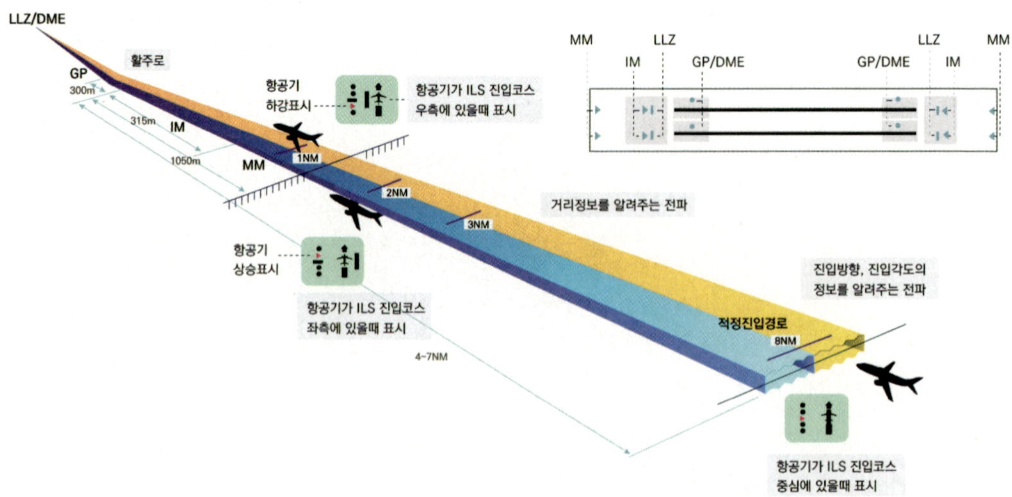

[Figure 2-1] 항공기 계기착륙절차 기본 개념도

나. ILS 하부시스템 구성 및 기능

〈Table 2-1〉에서는 계기착륙시스템 하부시스템의 구성 및 기능이 제시되어 있다.

〈Table 2-1〉 계기 착륙시설 하부시스템별 기능

하부시스템	기능	비고
방위각장비(Localizer)	활주로 중심선의 유도정보를 제공	
활공각장비(Glide Path)	착륙 활공각(3°)의 정보를 제공	
마커장치(IM/MM/OM)	CAT-Ⅰ/Ⅱ/Ⅲ 결심고도 및 FAF 위치 정보제공	

1) 방위각장비[LOC : Localizer] 기본 이론

본 시스템은 활주로로 착륙중인 항공기에 활주로 중심선을 지시하는 전파를 발사하여 항공기가 활주로에 안전하게 착륙할 수 있도록 유도정보를 제공하는 장치로써 항공기가 활주로의 중앙으로 진입하면 조종사 앞에 장착된 방위각 지시계기판의 지침이 중앙을 지시한다. 항공기 조종사는 탑재 수신기의 계기지침이 중앙을 지시하도록 항공기를 조종하면서 접근하면 항공기는 활주로의 중앙으로 착륙하게 된다.

한편, [Figure 2-2]에서와 같이 방위각장비 안테나는 활주로 중심선 말단(Stop of Runway)로부터 약 300m 떨어진 지점에 설치된다.

[Figure 2-2] 방위각(Localizer) 장비 안테나 모습

한편 [Figure 2-3]에서와 같이 활주로로 착륙하는 항공기에 VHF(108~112MHz) 무선 전파 신호를 통해 활주로 중심선 정보를 제공하는 시스템으로써 CAT-Ⅲ 계기 착륙 성능등급을 결정하는 가장 중요한 하부시스템에 해당된다.

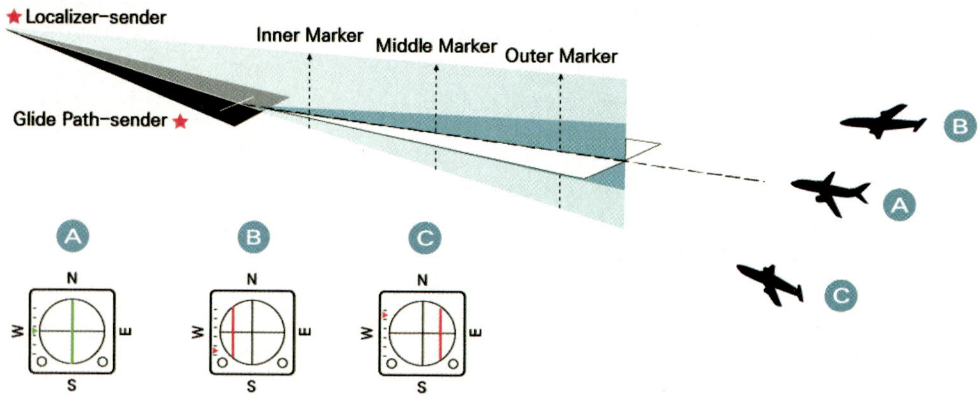

[Figure 2-3] 방위각장비 유도정보 신호를 통한 항공기 계기 착륙 절차

2) 활공각장비[GP : Glide Path]

본 시스템은 활주로에 착륙하기 위하여 접근 중인 항공기에 가장 안전한 착륙각 정보인 3°의 활공각 신호를 제공하는 시설로써 항공기가 활공각 3°로 활주로에 진입하면 항공기에 탑재된 활공각 지시 계기판의 지침도 중앙을 지시한다. 항공기 조종사는 이 지침이 중앙에 오도록 항공기를 상하로 조종하면서 하강하면 활주로에 안전하게 착륙하게 된다. [Figure 2-4]에서와 같이 활공각장비 안테나는 활주로 시단(Threshold)으로부터 약 300m 떨어진 지점에서 활주로 중심선을 기준으로 좌우 어느 한쪽으로 120m 떨어진 지점에 설치된다.

[Figure 2-4] 활공각장비(Glide Path) 안테나 모습

[Figure 2-5]에서와 같이 활주로에 착륙하는 항공기에 UHF(328~336MHz) 무선 전파신호를 통해 활공각(착륙 각) 정보를 제공하는 시스템으로써 정밀계기착륙절차를 결정하는 중요한 하부 시스템에 해당이 된다.

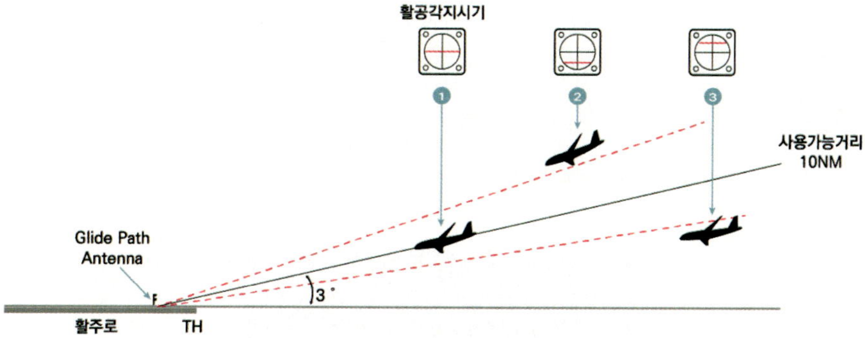

[Figure 2-5] 활공각장비 유도정보 신호를 통한 항공기 계기착륙절차

3) 위치표시시스템[Marker]

본 시스템은 정밀계기착륙 중인 항공기에 CAT-Ⅰ/Ⅱ/Ⅲ별 결심고도 및 최종접근점(FAF : Final Approach Fix)의 위치 정보를 제공하는 시스템으로써, 활주로 중앙 연장선 상의 일정한 지점에 설치하여 착륙하기 위해 진입하는 항공기에 수직 상공으로 전파를 발사함으로써 진입로 상의 일정한 통과지점에 대한 위치 정보를 제공한다.

가) 내측위치표지장비[IM : Inner Marker]

[Figure 2-6]에서와 같이 내측위치표지장비 안테나는 활주로로 중심선 시단(Threshold)으로부터 약 315m 떨어진 지점에 설치된다.

[Figure 2-6] 내측마커(IM) 안테나 모습

본 시스템은 활주로에 정밀착륙하는 항공기에 VHF(75MHz) 무선 전파신호를 통해 청각(모로스부호 : E, ••••)과 시각(백색 등) 신호로 CAT-II 운영 시의 결심고도(DH : 약 30m 고도지점)를 자동으로 알려주는 역할을 수행한다.

나) 중간위치표지장비[MM : Middle Marker]

[Figure 2-7]에서와 같이 중간위치표지장비 안테나는 활주로로 중심선 시단(Threshold)으로부터 약 1,050m 떨어진 지점에 설치된다.

[Figure 2-7] 중간마커 안테나 모습

본 시스템은 활주로로 정밀착륙하는 항공기에 VHF(75MHz) 청각(모로스부호 : N, •-•-)과 시각(오렌지색 등) 신호로 CAT-I 운영 시의 결심고도(DH : 약 60m 고도지점)를 자동으로 알려주는 역할을 수행한다.

다) 외측위치표지장비[OM : Outer Marker]

통상 외측위치표지장비는 [Figure 2-8]에서와 활주로로 중심선 시단(Threshold)으로부터 약 4~7NM(7.4~13Km) 떨어진 지점에 설치된다. 그러나 동지점이 해상 지점에 위치할 경우에는 이를 대신하여 Glide Path안테나에 거리측정 장비(DME : Distance Measuring Equipment)를 병설하여 활주로로 계기착륙을 시도하는 항공기에 외측 마커(Outer Marker) 지점에 해당되는 최종접근지점(FAF)을 알려주고 있다.

본 지상장비는 항공기에 VHF(75MHz) 무선 전파신호를 통해 청각(모르스부호 : T, ---)과 시각(자주색 등) 신호로 정밀계기착륙절차 시 Localizer의 활주로 중심선 신호와 설정된 Glide Path의 착륙 각이 정확히 일치되는 지점으로써 정밀계기착륙이 시작되는 지점(FAF : Final Approach Fix)을 알려주는 역할을 수행한다.

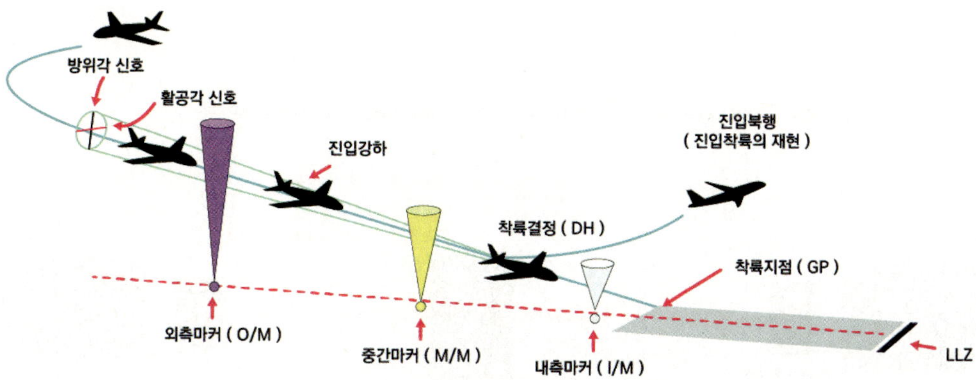

[Figure 2-8] 마커장비 유도정보를 통한 항공기 계기착륙절차

라) Outer Marker 대용 LOC/DME 설치 운영방안

외측위치표지장비(Outer Marker) 대용으로 설치 운영되는 본 DME 시스템은 인천국제공항과 같이 정밀계기착륙절차가 시작되는 지점(FAF)을 알려주는 역할을 하는 Outer Marker 지점이 해상임으로 인해 본 시스템 설치가 불가함에 따라 LOC 또는 GP에 DME 시스템을 병설하여 착륙 중인 항공기에 Outer Marker 위치 정보를 알려주도록 설치한다.

이와 같은 목적 외에 Localizer DME(LOC/DME)방식은 보통 FAA 규정에 의거 미국 내 공항에 설치되어 운영되는 방식으로써 비정밀계기착륙절차 시 또는 CAT-Ⅲ 정밀계기착륙절차 운영 시 착륙 중인 항공기에 활주로 잔여 거리정보를 제공하는 데 이상적이라 할 수가 있다.

이와는 달리 GP/DME방식은 ICAO 규정에 의거 설치되는 방식으로써 항공기가 활주로에 정밀계기착륙 시 착지점(Touchdown Point)에 "0" DME가 수신되도록 하기 위한 데 그 근거를 두고 있다. 그러나 항공기의 질문 신호(쌍펄스)는 지상 장비(DME)에서 수신된 후 항공기 질문 신호에 대한 자체 응답 신호를 항공기에 정확히 구분해 주기 위해 50us 정도의 지연시간(Delay Time)을 두고 항공기로 다시 전파신호를 보내줌으로 인해 실질적으로 370.4m 정도의 오차가 발생될 수밖에 없다.

따라서 착지점에 "O" DME가 나타나게 한다는 논리는 타당성이 다소 미흡하다.

4) ILS 원격제어 및 감시시설[RCMU : Remote Control & Monitoring Unit]

본 계기착륙시스템 관련 원격제어 및 감시시스템은 [Figure 2-9]에서와 같이 활주로 현장에 설치되어 무인으로 운영중인 방위각장비(Localizer)를 포함한 활공각장비(Glide Path) 및 마커장비(Marker) 등에 대한 시스템 제어 및 동작상태 감시업무를 원격감시실과 관제탑 내에서 직접 수행이 가능하도록 구성된 시스템으로써 CAT-Ⅲ성능 운영을 보장하는 핵심적인 하부 시스템에 해당이 된다.

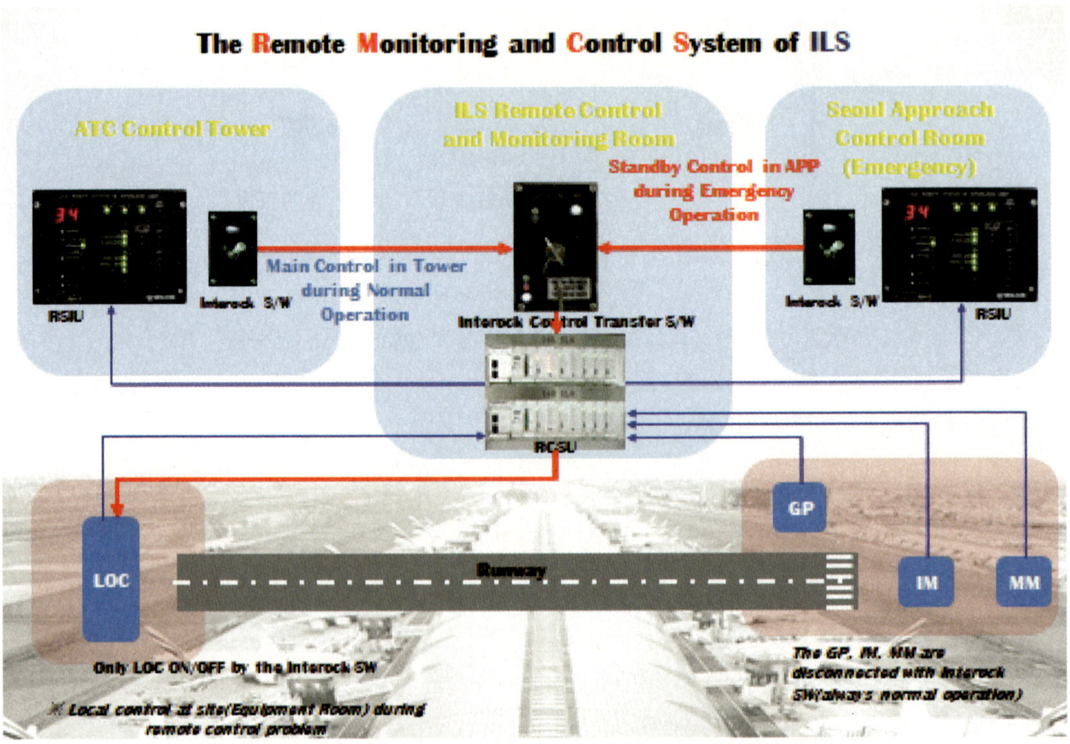

[Figure 2-9] 계기착륙시설 관련 원격감시 시스템 구성도

가) 원격제어 및 동작상태 감시용 모니터[RCSU : Remote Control Status Unit]

본 시스템은 원격유지보수감시실에 설치되어 운영되며, [Figure 2-10]에서와 같이 활주로 지역에 설치된 장비의 동작 상태를 하드웨어방식을 통해 원격으로 감시함은 물론 시스템을 제어하는 기능을 갖추고 있다.

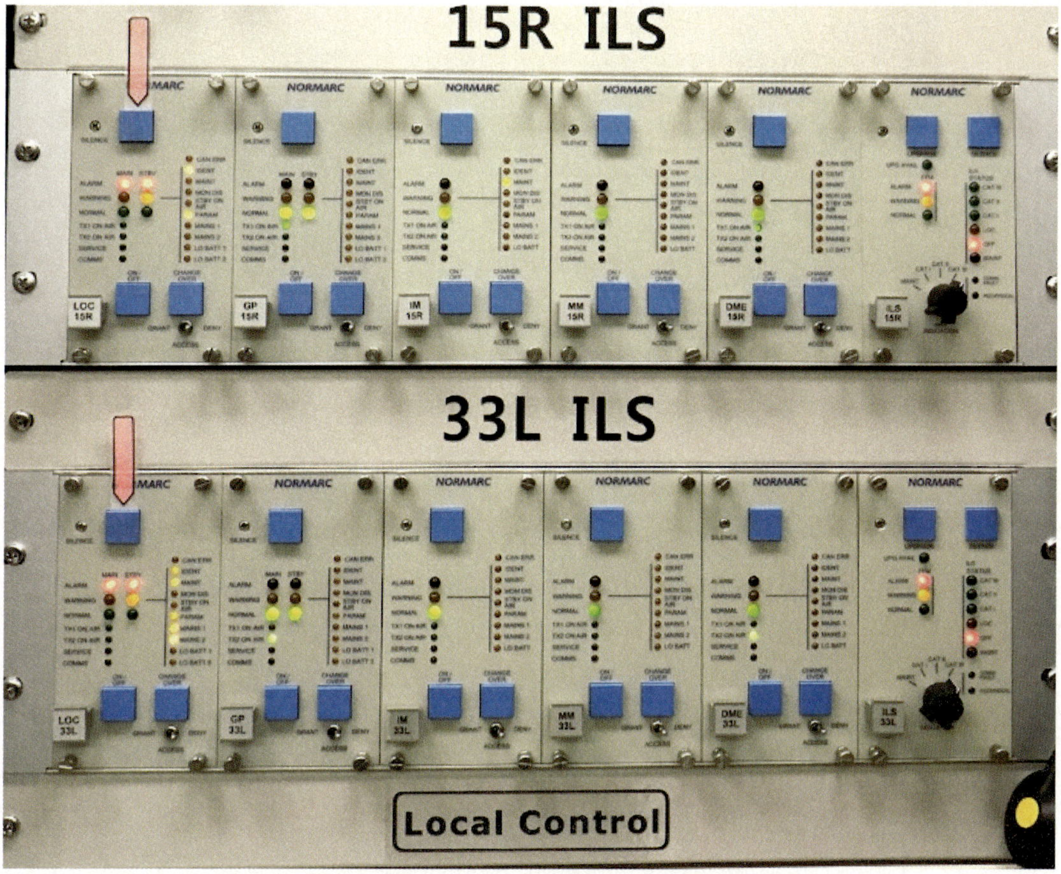

[Figure 2-10] **계기착륙시설 원격제어 및 동작상태감시 모니터**

나) 원격 유지보수용 컴퓨터[PMDT : Portable Maintenance Data Terminal]

본 시스템은 원격유지보수감시실에 설치되어 운영되는 휴대용 노트북 컴퓨터로써 현장 장비를 원격으로 접속하여 송신기를 비롯해 모니터, 안테나 등 모든 하부시스템을 소프트웨어적으로 점검 및 조정하는 기능을 갖추고 있다.

다) 원격상태감시용 모니터[RSU : Remote Status Unit]

본 시스템은 관제탑 등에 설치되어 운영되며, [Figure 2-11]에서와 같이 관제탑 내에서 근무 중인 관제사들에게 활주로 현장에 설치된 장비의 동작상태와 운영중인 활주로 방향을 Lamp 및 문자로 지시해 주는 역할을 포함해 활주로 지역에 설치된 계기착륙시설이 CAT-Ⅰ/Ⅱ//Ⅲ로 정상 운영이 되고 있는지를 관제사에게 알려주는 역할을 한다.

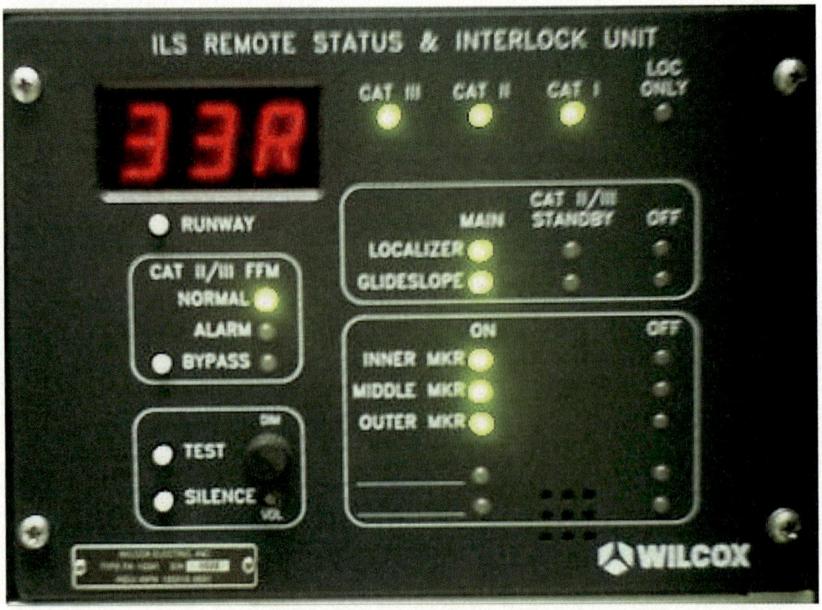

[Figure 2-11] 계기착륙시설 관제탑내 원격감시용 모니터

라) 원격조종선로[RCL : Remote Control Line]

본 시설은 활주로 지역에 설치되어 운영 중인 계기착륙시설 및 전방향표지시설의 동작 상태를 원격감시실에서 제어하고 감시하기 위한 역할을 한다.

[Figure 2-12]에서와 같이 원격조종용 선로는 광전송장비 및 광케이블로 구성이 되어 있다.

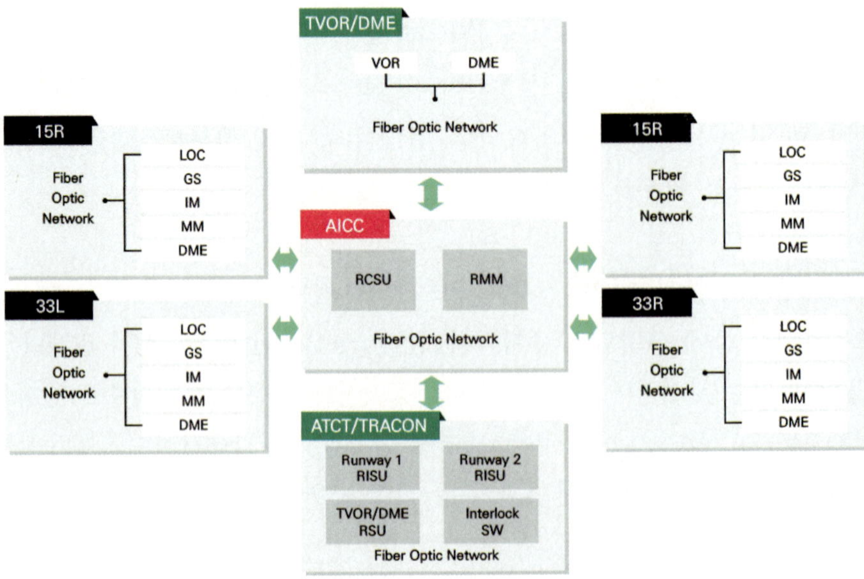

[Figure 2-12] 계기착륙 전방향표지시설 원격조종선로 구성도

마) 활주로 방향에 따른 계기착륙시스템 운영 선택 스위치 시스템[Interlock SW]

본 시스템은 [Figure 2-13]에서와 같이 통상 관제탑에 설치되어 관제사에게 운영권이 주어지는 시스템으로써, 활주로 운영 방향 전환 시 동일 방향 활주로와 관련된 계기착륙시스템에 대한 운영 선택을 결정하는 역할을 한다.

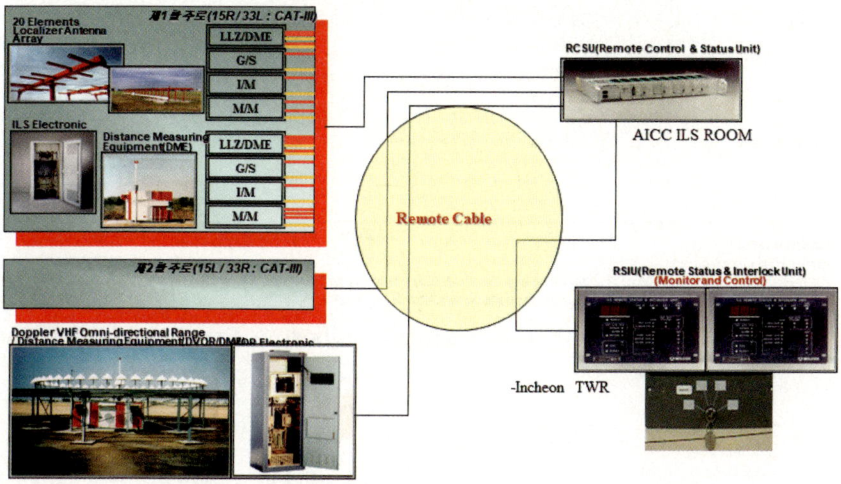

[Figure 2-13] 계기착륙시스템 운영 활주로 시스템 선택스위치(Interock SW) 구성도

5) ILS 전파보호구역

가) 전파보호구역의 기능

계기착륙시스템 관련 전파 보호구역 설정은 본 시스템 안테나로부터 발사된 전파신호에 영향을 미칠 수 있는 항공기나 차량 등의 이동이 제한되는 구역으로, 항공기 안전운항 측면에서 항공기 및 이동물체의 적절한 통제 및 관제탑의 허가를 득한 후 이동이 허용되는 지역을 말한다.

나) 전파보호구역의 종류

전파보호구역은 ILS가 운영되는 동안 항공기를 포함한 모든 이동물체의 출입(접근)이 절대적으로 금지되는 임계구역(Critical Area)과 ILS 정밀유도전파패턴이 지면반사파와 합성되어 형성되는 주요지역으로 ILS 항법신호 형성에 절대적인 영향을 미치는 민감구역(Sensitive Area)으로 구성이 된다.

(1) 방위각장비[Localizer] 전파 보호구역

국제민간항공기구(ICAO)에서는 방위각장비의 전파보호구역과 관련하여 [Figure 2-14]에서와 같이 CAT-Ⅰ/Ⅱ/Ⅲ Localizer Critical & Sensitive Area를 설정하여 운영토록 규정하고 있다.

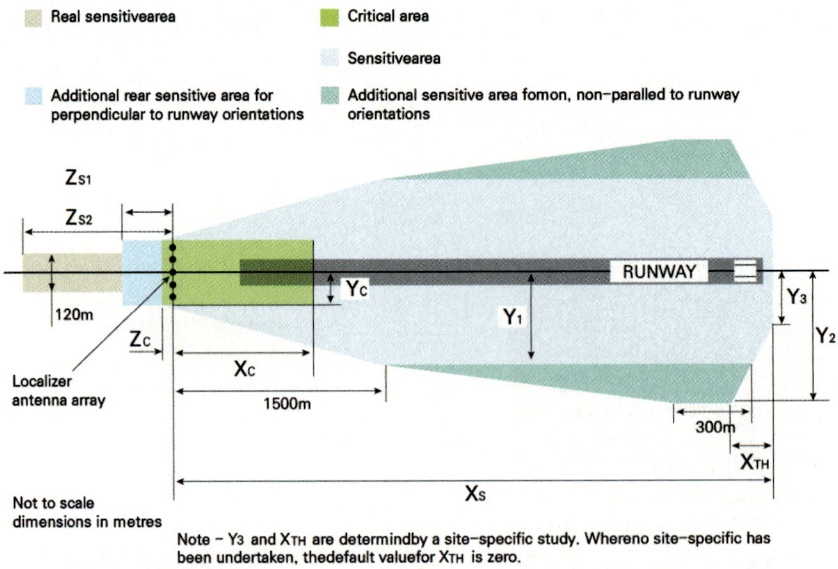

[Figure 2-14] ICAO CAT-Ⅰ/Ⅱ/Ⅲ Localizer Critical & Sensitive Area Standard

(2) 활공각장비[Glide Path] 전파보호구역

국제민간항공기구(ICAO)에서는 Glide Path 장비의 전파보호구역과 관련하여 [Figure 2-15]에서와 같이 CAT-Ⅰ/Ⅱ/Ⅲ Glide Path Critical & Sensitive Area를 설정하여 운영토록 규정하고 있다.

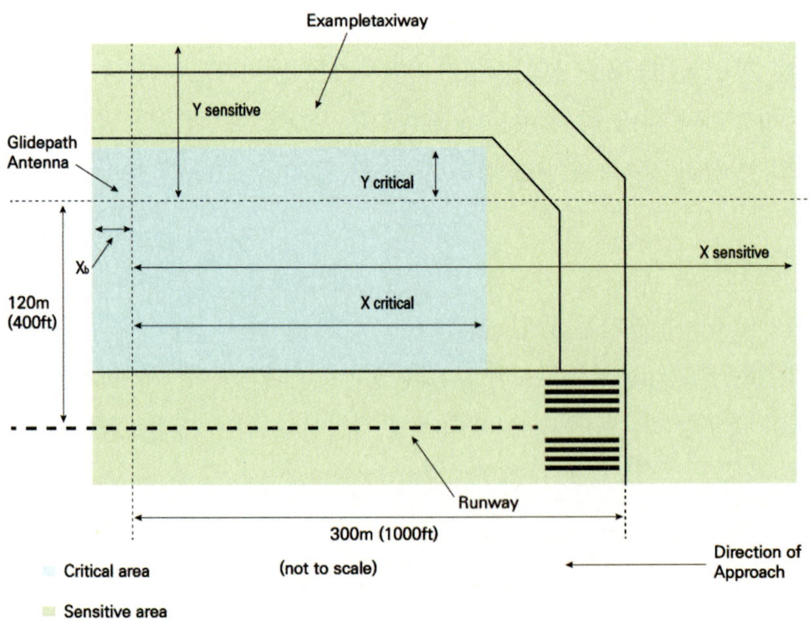

[Figure 2-15] ICAO CAT-Ⅰ/Ⅱ/Ⅲ Glide Path Critical & Sensitive Area Standard

(3) Localizer & Glide Path Simulation Program을 전파보호구역 설정 자료

[Figure 2-16]에서는 실제 Simulation Program에 의해 설정된 Localizer 및 Glide Path 전파보호구역으로, ICAO에서 설정한 전파보호구역과는 다소 차이가 있음을 확인할 수가 있다.

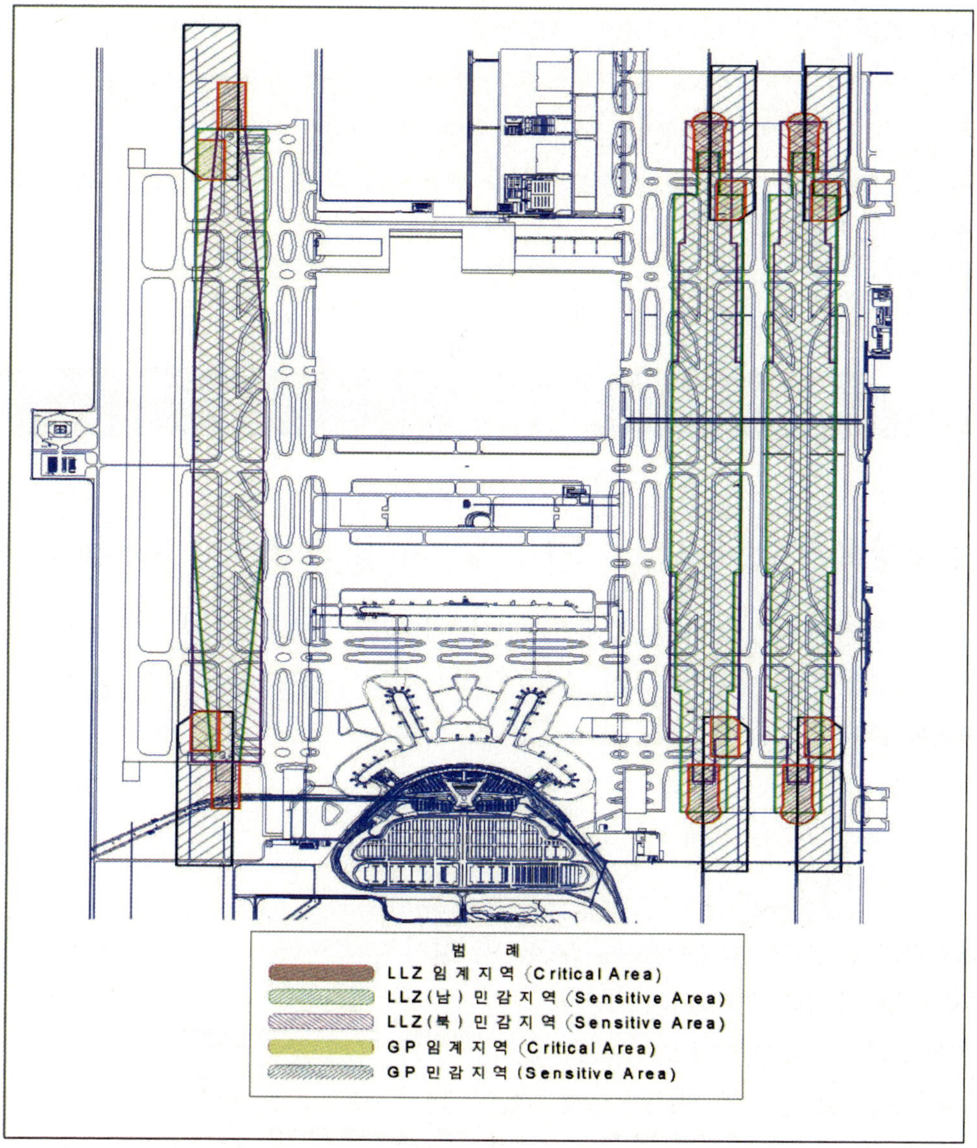

[Figure 2-16] Localizer & GP Critical & Sensitive Area Standard by Simulation

나. 마이크로파 착륙유도장치[MLS]

1) 마이크로파 착륙유도장치[MLS : Microwave Landing System] 개요

본 시스템은 마이크로전파를 사용함으로써 1개 방향의 계기착륙로를 포함해 안테나 전면에 공간 변조에 필요한 평면지대와 40개의 운용주파수를 갖춘 계기착륙시스템(ILS : Instrument Landing System)과는 달리 넓은 진입(계기접근) 영역을 포함해 곡선접근(Curved Approach), 지형 장애물에 대한 영향이 미약함은 물론 운용주파수는 200개 채널까지 가능할 뿐만 아니라, 계기 착륙에 필요한 풍향, 풍속 등과 관련된 기상 상황 정보를 제공할 수 있는 자료 연계 능력을 갖추고 있다.

2. 전방향표지시설[VOR]

가. 전방향표지시설[VOR : VHF Omnidirectional Range] 개요

해양 등대신호를 기초로 발전된 전방향표지시설은 [Figure 2-17]에서와 같이 공항을 입, 출항하거나 항로를 비행하는 항공기에 VHF(108~118MHz)무선 전파신호를 통해 항행정보를 제공해 주는 역할을 한다.

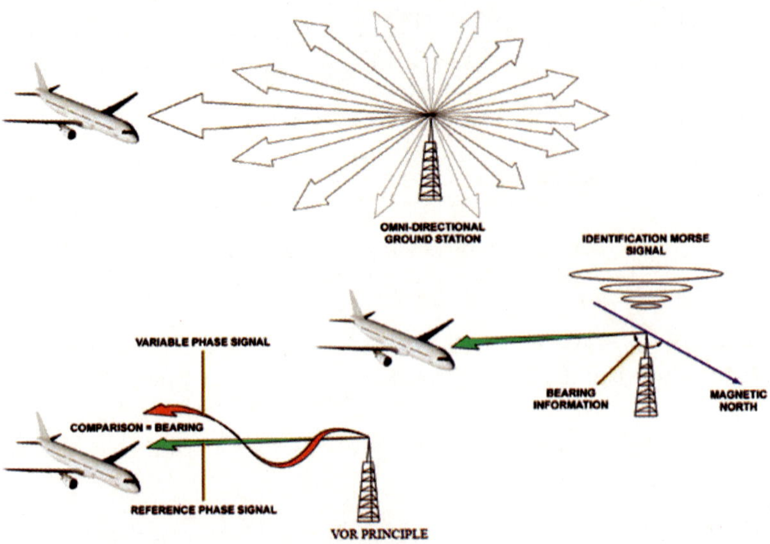

[Figure 2-17] 전방향표지시설(VOR) Concept

나. 공항용 전방향표지시설[TVOR : Terminal VOR] 설치위치 및 구성

1) 설치위치

공항용 전방향표지시설은 통상 활주로 중심선 연장선 상 또는 활주로 중심선으로부터 약 150m 이상 떨어진 측면지역에 설치된다.

2) 시스템구성

VOR 안테나는 [Figure 2-18]에서와 같이 Counterpoise의 중앙 부분에 가변신호용 안테나 1개와 원형으로 48~50개의 기준신호 안테나가 설치되어 운영된다.

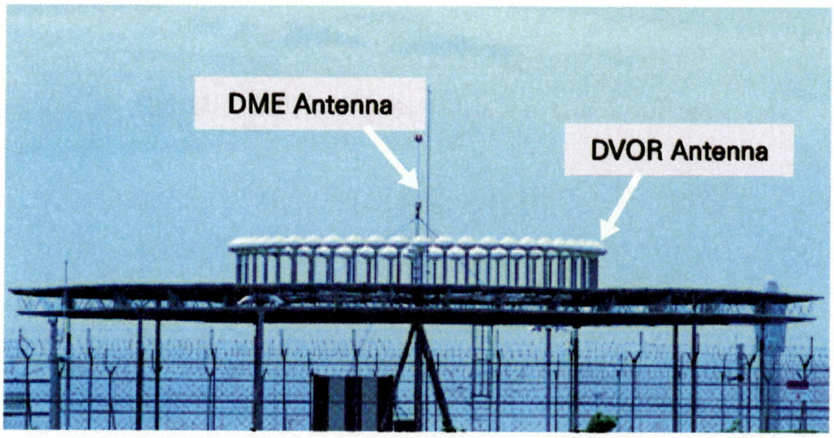

[Figure 2-18] 전방향표지시설(VOR/DME) 안테나 사진

다. 공항용 전방향표지시설 기본 이론

공항용 전방향표지시설은 공항 접근관제 구역에서 입, 출항하는 항공기에 항행(Navigation)에 필요한 자북을 기준으로 하는 방위각(Azimuth) 유도정보를 제공하는 Homing 역할과 계기착륙시설 장애 시 비정밀계기착륙절차를 수행하는 역할을 한다. 그러나, 비정밀계기착륙절차로 운영되기 위해서는 시정이 7.2Km 이상일 경우에만 가능하다.

한편, [Figure 2-19]에서는 전방향표지시설 안테나 전파패턴의 개념을 보여주고 있다. 여기에서, 검정색 파형 신호는 일명 기준신호로써 전 방향으로 동일한 위상으로 발사됨과 동시에 적색 파형 신호는 방향별 방위각에 일치되는 가변신호를 항공기에 제공해 줌으로써 비행 중인 항공기가 VOR시스템을 기준으로 어느 방향으로 비행 중인 지를 알려주게 된다.

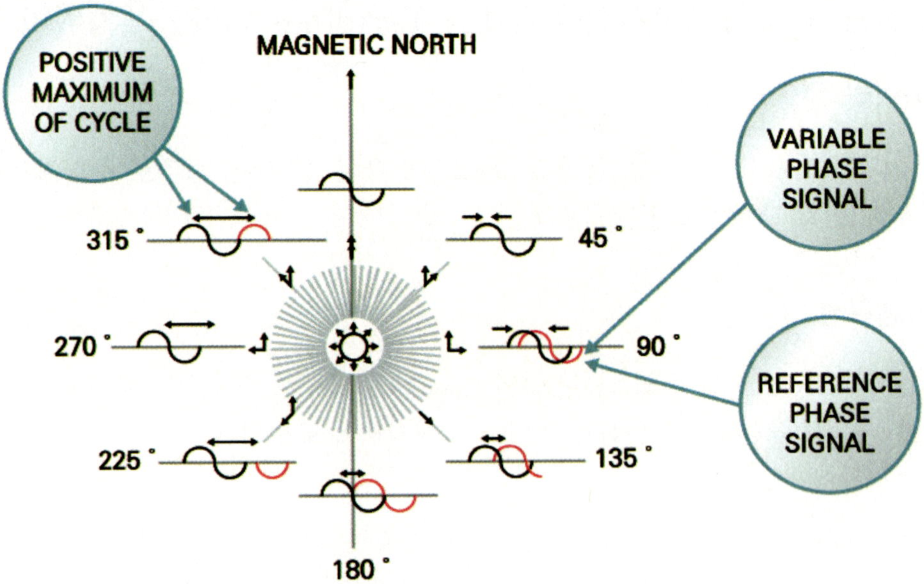

[Figure 2-19] 전방향표지시설 안테나 전파 신호 패턴

라. VOR 코스편차 지시계[CDI : Course Deviation Indicator] 동작 이론

[Figure 2-20]에서와 같이 전방향표지시설 항공기 탑재 수신기인 코스편차지시기(CDI)의 구성은 다음과 같다.

본 CDI상에서 A(RCD : Rotating Course Card)는 0~360 degrees 범위 내로 회전하여 설정되도록 설치가 되어있으며, 그리고 B(TO-FROM Indicator Flag)는 일명 다중지시계로써, TO로 지시될 경우에 항공기는 항로상에서 지상에 설치된 VOR 장비를 향해 비행 중에 있음을 의미하고, 반면에 FROM으로 지시될 경우에는 항공기는 항로상에서 지사의 VOR장비 지점을 이미 통과 비행 중에 있음을 의미하게 되는 것이다.

다음으로, C(OBS : Omni Bearing Selector or Knob)는 조종사가 원하는 항로(Course)의 방위각을 설정하는 데 사용이 되며. 마지막으로 D(CDI : Course Deviation Indicator)는 조종사가 설정한 항로에 대해 좌/우 편차 정도를 지시하는 계기로써, CDI Needle이 좌측에 위치해 있을 경우 항공기는 설정된 항로의 좌측으로 떨어져 있음을 의미하므로 조종사는 항공기를 우측으로 이동이 되도록 조종하여야만 할 것이다. 특히 본 CDI 계기상에서 중앙을 중심으로 좌/우로 5개의 점(Dot)이 표시되어 있는데 각 점은 설정된 실제 항로와 2° 정도의 편차가 있다.

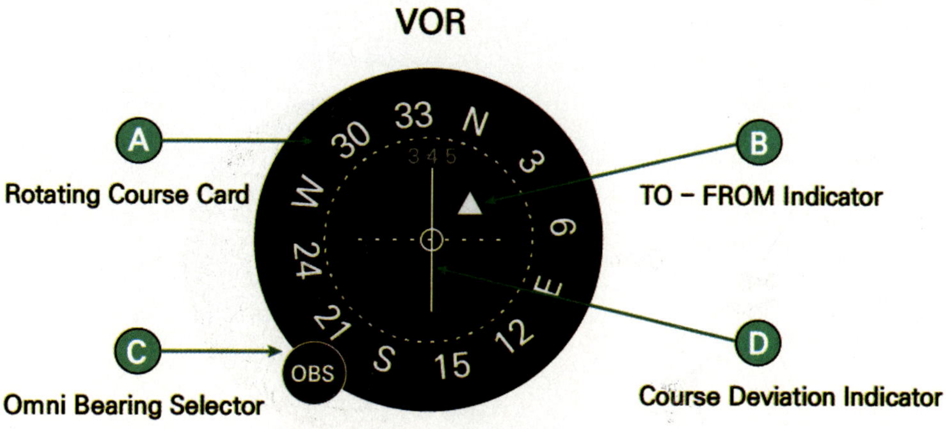

[Figure 2-20] 항공기 VOR CDI 구조

다음으로 [Figure 2-21]에서와 같이 항공기가 항로상에서 지상의 VOR장비 위치 지점을 통과 후 비행중일 경우 항공기 CDI상에는 FROM를 의미하는 ▼을 지시하고 있음을 나타내고 있다.

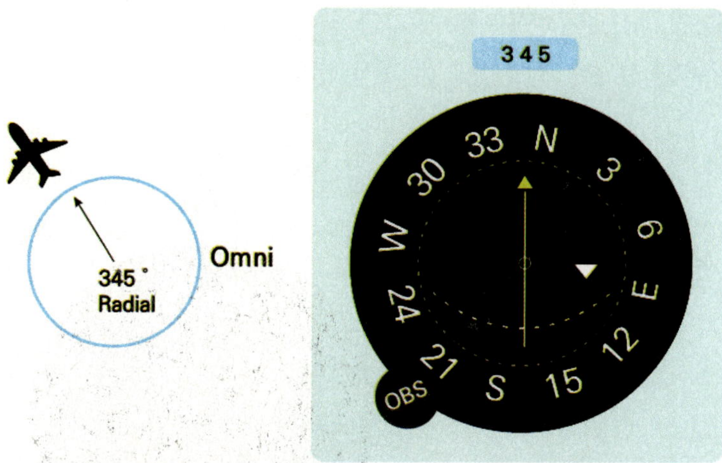

[Figure 2-21] 항공기 VOR CDI 동작원리 이론

또한 [Figure 2-22]에서와 같이 항공기가 항로상에서 지상의 VOR장비 위치 지점을 향해 비행중일 때 항공기 CDI 상에는 FROM을 의미하는 ▲을 지시하고 있음을 나타내고 있다.

[Figure 2-22] 항공기 VOR CDI 동작원리 이론

한편 [Figure 2-23]에서와 같이 본 항공기는 설정된 항로(Course)를 기준으로 오른쪽으로 4° 정도 벗어나 있으므로 정상 항로로 진입하기 위해서는 Red Line 선상에 있어야만 할 것이다. 따라서, 현재 VOR Needle은 왼쪽으로 위치되어 있으므로 항공기는 즉시 Left-Turn을 통해 왼쪽으로 이동하여야만 설정된 항로상으로 정상 진입하게 될 것이다.

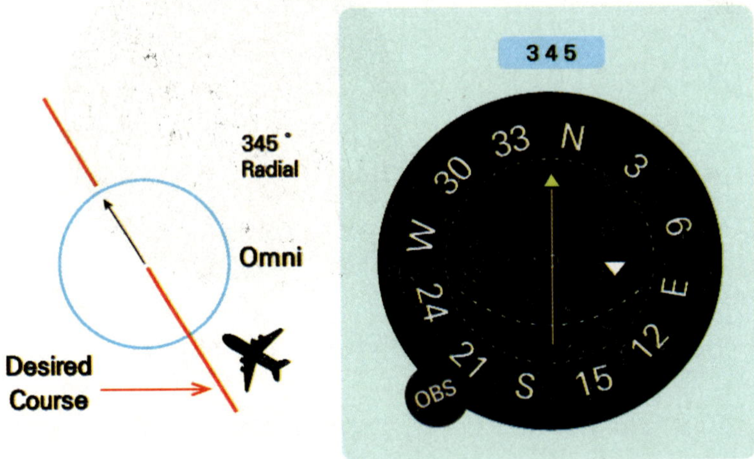

[Figure 2-23] 항공기 VOR CDI 동작원리 이론

그리고 [Figure 2-24]에서는 항공기가 항로를 기준으로 상/하, 좌/우로 벗어나 비행 중일 경우, 항공기 VOR CDI Needle의 지시 상태를 보여주고 있다.

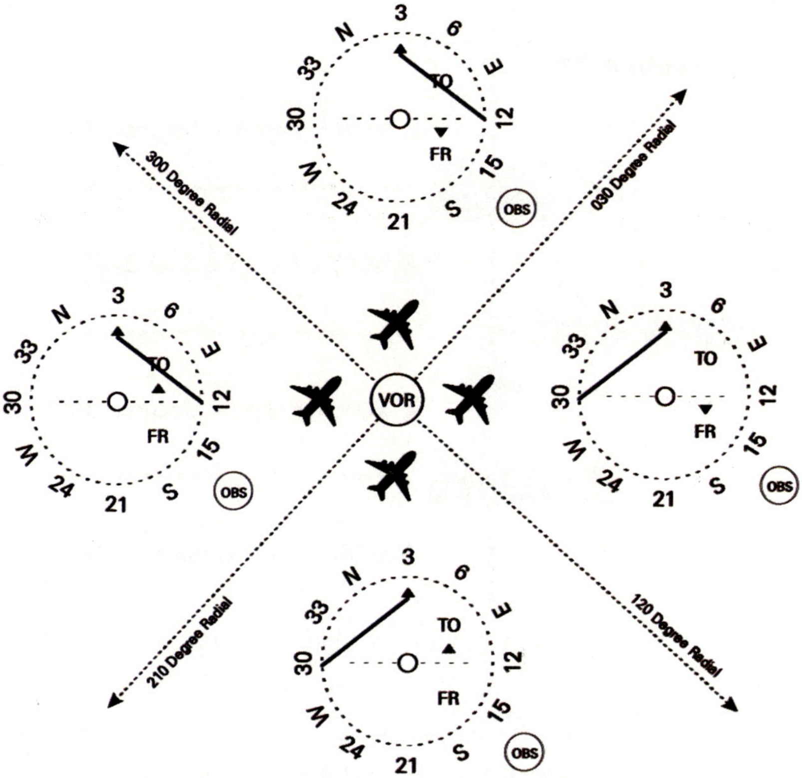

[Figure 2-24] 항공기 VOR CDI 동작원리 이론

그리고 [Figure 2-25]에서는 항공기가 VOR 신호를 이용하여 비행할 경우, 항공기가 A VOR를 지나 다시 B VOR를 향해 비행을 시도할 경우 항공기 조종사는 A VOR과 그 이전 VOR의 중간지점 또는 COP(Change of Point)에서 A VOR의 주파수로 설정하고, 이어서 항로(Course)는 항공기의 진행방향과 일치되도록 360°로 맞추게 된다.

즉, 항공기는 A VOR 방향으로 비행을 하고 있음을 알려주게 된다. 여기에서 항공기의 기수방향(Heading)은 바람 방향을 고려하면 대략 360° 정도 부근에 해당이 됨을 알 수가 있다.

계속해서, 동 항공기가 A VOR를 통과하는 순간 잠시 To/From Indicator가 사라졌다가 다시 From으로 바뀌어 지시될 것이다.

즉, 항공기는 A VOR의 360° Radial을 따라 비행하고 있으면서, 이제는 A VOR로부터 멀어지고 있음을 나타내주고 있다.

이어서, 항공기 조종사는 A VOR과 B VOR의 중간지점 또는 COP에서 B VOR 주파수로 변경하여 비행을 계속하게 된다. 그러면 또다시 항법시스템계기상의 To/From Indicator는 To로 지시가 될 것이다.

이와 같이 항공기는 VOR신호의 일련의 과정을 통해 비행이 이루어진다.

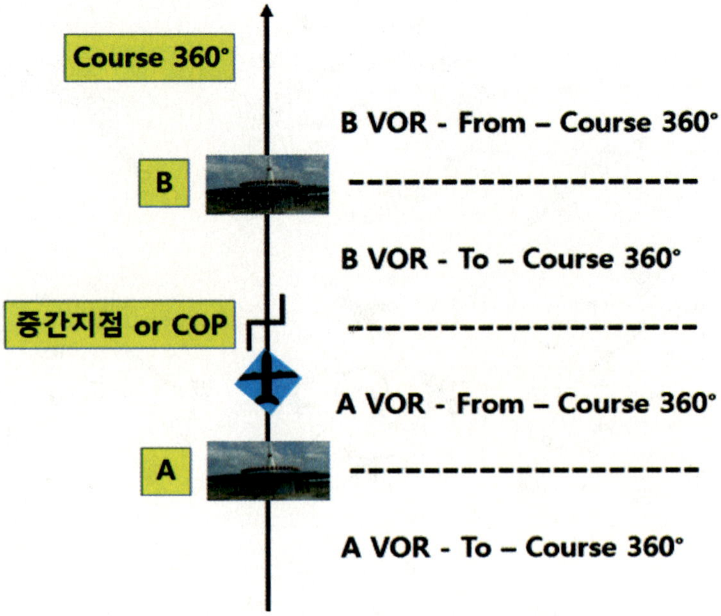

[Figure 2-25] 항공기 VOR 항법 이론

그러나 위와는 정반대로 항공기가 항로(Course)를 180°로 설정한 경우, VOR Indicator 상에는 Reverse Sensing 현상이 나타날 것이다. 여기에서 Reverse Sensing이란 VOR Course를 항공기 진행 방향이 아닌 그 반대 방향으로 설정한 경우 항공기가 항로에서 벗어나게 되면 항공기 CDI Needle은 항공기의 Deviation을 정확하게 지시되는 것이 아니라 반대로 지시되는 현상을 말한다.

이 경우 조종사가 CDI Needle을 따라가게 되면 항공기는 항로로부터 점점 더 멀어지는 결과가 나타나게 된다. 따라서, 이런 경우, 항공기 조종사는 항공기의 진행방향으로 항로(Course)를 설정해야만 한다.

3. 거리측정장비[DME]

가. 거리측정장비[DME : Distance Measuring Equipment] 개요

본 거리측정시설은 [Figure 2-26]에서와 같이 무지향성 안테나를 통해 전방향표지시설의 방위각 신호를 따라 접근구역에서 입, 출항하는 항공기에 UHF(962~1213MHz) 지상장비로부터의 경사 거리(Slant Range) 정보를 제공해 줌으로써 항공기에 항공기의 정확한 위치를 알려주는 역할을 한다.

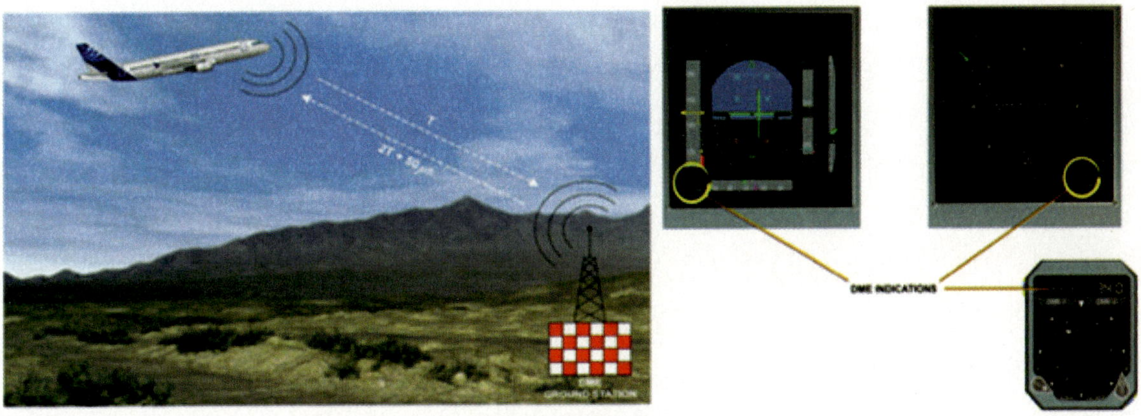

[Figure 2-26] **거리측정시설(DME) 기본 동작원리**

본 거리측정시설(DME) 안테나는 통상 TVOR안테나 상단에 병설되어 운영된다.

나. 거리측정장비[DME : Distance Measuring Equipment] 기본 이론

본 시스템은 항공기의 질문 신호(쌍펄스)는 지상 장비(DME)에서 수신된 후 항공기 질문 신호에 대한 자체 응답 신호를 항공기에 정확히 구분해 주기 위해 50 us 정도의 지연시간(Delay Time)을 두고 항공기에 다시 송신한다.

참고로 50 us의 지연시간(Delay Time)을 설정하여 운영하는 사유는 다음과 같은 기술적인 절차에 근거하고 있다.

즉, 질문 신호를 지상 장비(DME)에 송신한 항공기는 처음에는 정확한 거리를 알 수가 없으므로 어떤 펄스가 자신이 보낸 질문 신호에 대한 응답 신호인지를 알 수가 없다.

따라서 항공기는 [Figure 2-26]에서와 같이 일단 가장 짧은 시간(T)에 도착한 펄스 신호를 선택한 후 그 후에 지연되어 수신된 각 질문 펄스 신호에 대하여 항공기 자신이 송신한 펄스 신호에 대한 응답 신호가 존재하는지를 확인한다.

만약 응답 신호가 없는 것으로 확인이 되면 시간(T)을 조금씩 늘리면서 자신의 응답 펄스 신호를 추적한다.

이와 같은 과정을 탐색모드(Search Mode)라고 부르며, 질문 신호인 펄스 신호에 대한 전송

속도는 약 150PPPS(Pulse Pair Per Second) 정도의 속도로 전송이 된다.

이와 같은 과정을 거쳐 항공기 탑재 장비 상에서는 자신의 질문 펄스 신호에 대한 응답 펄스라고 추정되는 펄스 신호가 70% 이상으로 추적이 될 때 항공기 자체 DME 지시기(Indicator) 상에 시간(T)을 거리로 환산되어 지시된다.

결과적으로, 항공기는 거리를 표시하는 항적모드(Track Mode) 상에서 이동속도에 맞추어 펄스 신호가 계속 유지되어 나타나도록 시간(T)을 조금씩 가변하면서 동작이 이루어질 때 항공기 계기판에는 항공기에서 지상 장비(DME)까지의 경사 거리(Slant Range)정보가 정상적으로 추적이 되었음을 의미하는 Lock-On 문자가 표시될 것이다.

참고로, 거리측정장비(DME)의 종류 및 용도는 다음과 같다.

일반적인 표준거리측정장비(DME/N)는 Narrow Spectrum(협대역 전파패턴) 특성을 갖는 시스템으로써 주로 항로(En-Route) 또는 터미널 접근관제구역(TMA : Terminal Control Area)에서 사용이 된다. 다음으로 고정밀거리측정장비(DME/P)는 정밀(Precise) 거리측정용 시스템으로써 마이크로파 착륙시설(MLS)에서 운영이 되며, 전파스펙트럼은 DME/N 방식과 같은 협대역으로써 같은 패턴으로 동작이 이루어진다.

4. 항로용 전방향전술항행표지시설[TACAN]

가. 항로용 전방향전술항행표지시설[TACAN : Tactical Air Navigation] 개요

본 시스템은 [Figure 2-27]에서와 같이 가능한 한 산악지역의 가장 높은 정상 지점에 설치되어 항로용으로 운영되는 시설로써 항로를 비행하는 항공기에 장애물에 의한 신호 간섭이 없이 정확한 자북(Magnetic North)을 기준으로 하는 방위각 정보와 지상의 시스템 기준점으로부터 항공기까지의 DME 경사 거리 정보를 동시에 제공하는 역할을 한다.

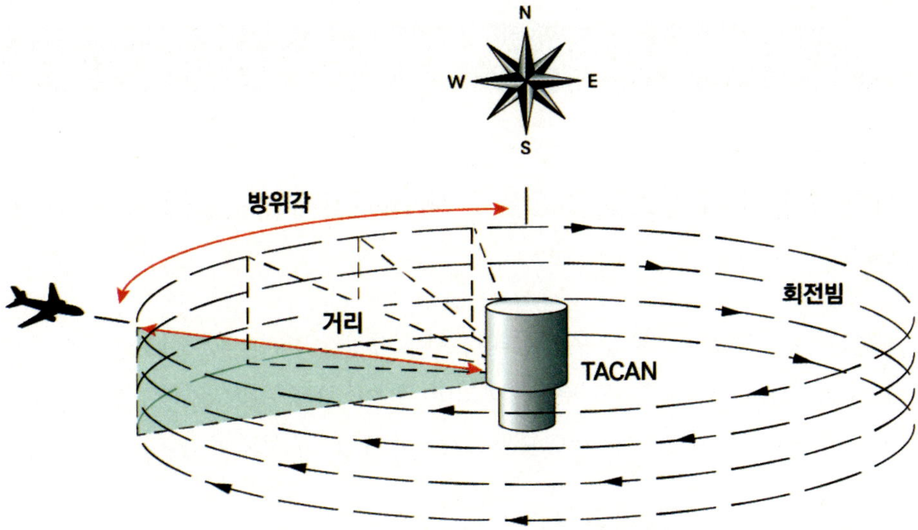

[Figure 2-27] TACAN 기본동작원리

나. 항로용 전방향전술항행표지시설 기본 이론

전술항법시스템(TACNA)은 군용항공기용으로 사용될 경우에는 지상 장비로부터의 방위각 및 경사 거리정보를 동시에 이용하게 되지만, 그러나 민간항공기용으로 사용될 경우에는 거리정보만 이용한다.

본 시스템은 공간이 적은 군함에 설치 및 운영할 수 있도록 설계된 장비로써, 현재 민간항공기용으로 사용되고 있는 VOR/DME시스템과 같이 분리된 시스템이 아닌 하나로 통합된 장비에 해당된다.

이뿐만 아니라 VOR/DME장비는 각각 다른 주파수를 사용하고 있는 데 반해 본 시스템(TACAN)은 동일주파수를 사용하고 있을 뿐만 아니라, 방위 정보와 거리정보는 UHF 주파수대(962~1,213MHz)의 펄스 코드에 의해서 구별이 되며, 채널 구성은 주파수에만 의존하고 있다.

특히 본 시스템은 종래의 방식에 비해 주변의 방해전파에 의한 영향이 적을 뿐만 아니라, 측정오차도 적은 편이며, 지형에 따른 영향도 적고, 시스템 크기도 소형화가 되어 설치가 쉬우며, 동작 상태도 안정적이다.

참고로, 본 TACAN시스템과 VOR를 병설하여 운영하는 시스템을 항로용 전방향전술항행표지시설이라 부른다.

5. 무지향무선표지시스템[NDB]

가. 무지향무선표지시스템[NDB : Non-Directional Radio Beacon] 개요

본 NDB시설은 무선항법시스템의 초기형태로 무지향성 주파수 전파신호를 전 방향으로 전송하는 지상의 NDB Station과 항공기에 탑재되어 있는 ADF(Automatic Direction Finder) Antenna, ADF Indicator, 그리고 DF Receiver 등으로 구성되어 있다.

나. 시스템 기본 이론

1) NDB Station 기본 이론

본 시스템(Radio Beacon)을 계기착륙시설의 보조용으로 사용하기 위해 Marker와 병설하여 운영할 때는 Compass Locator라고 부르는데, 여기에서 통상 Compass Locator는 보통 OM과 병설될 경우는 Locator Outer Marker(LOM)로 불리며, Compass Locator가 MM과 같이 병설되어 운영될 경우에는 Locator Middle Marker(LMM)로 부른다.

그리고 본 시스템은 연속적으로 세 개의 모로스 부호 문자로 구성된 식별부호(Identification)를 항공기에 전송한다.

여기에서, 3개의 문자로 이루어진 식별부호 중 2개 문자는 계기착륙시설인 방위각장비(Localizer)의 4개 문자 중 2개 문자와 동일한 문자부호를 적용하여 사용하고 단지 본 시스템(NDB)만으로만 운영코자 할 경우의 식별부호는 나머지 1개 문자만을 적용하여 사용한다.

한편 본 시스템의 송신 전파신호에 대한 유효발사거리는 다음과 같다.

첫 번째로 공항 지상의 저고도에 계기 착륙시설 Marker 장비와 병설하여 운영되는 Compass Locator 장비는 15 NM까지 제공된다.

그리고 두 번째로 중저고도(Medium High Level)용은 25 NM까지 지원되고, 다음 세 번째로 중고도(Hight Level)용은 50 NM까지 지원되며. 마지막으로 고고도(High High Level)용은 75 NM까지 제공할 수 있다.

통상 본 시스템은 호머(Homer) 또는 Homing Beacon으로 불리며, 비행장 인근 또는 항공로상에 설치되어 190KHz~1,750KHz 장중파대 주파수를 360° 전방향으로 반경 100~500Km 내에서 비행중인 항공기에 정보를 제공해 줌으로써 항공기가 정해진 항로를 따라 비행하도록 유도하는 역할을 한다.

그러나 본 시스템은 L/MF(Low/Mideum Frequency) 190KHz~535KHz 대역의 주파수를 사용하기 때문에, 가시선의 제한이 없어, 장애물 뒤쪽에도 전파가 도달되고 또 장거리 전송이 가능하다는 장점이 있는 반면에, L/MF의 특성상 Night Effect, Terrain Effect, Electrical Effect, Shoreline Effect, Bank Effect와 같은 영향에 민감하다. 뿐만 아니라, 날씨가 불량한 경우 공간상의 전자기장 또는 강우에 따른 신호 감쇄가 발생되어 유효거리가 단축되는 문제점을 안고 있기도 하다.

여기에서, Night Effect란? L/MF가 전리층(Ionosphere)에 반사되어 수신될 때 ADF Indicator의 Needle이 반복적으로 좌우로 움직이는 현상을 말하는 것으로써 특히 일출 직전과 일몰 직후에 뚜렷이 발생이 된다.

아울러, Terrain Effect는 산과 같은 높은 장애물에 전파가 반사되어 ADF Indicator가 NDB Station을 정확히 지시하지 못하게 하는 현상을 의미하고, Shore-line Effect는 전파가 해안선 부근에서 굴절 수신되어 Terrain Effect와 비슷하게 NDB Station이 정확히 지시되지 못하는 현상을 의미한다.

또한, Electrical Effect는 정전기나 번개와 같은 전기적 간섭이 발생할 경우, ADF Indicator의 Needle이 Electrical Source를 지시하거나 최악의 경우에는 NDB Station의 위치를 파악할 수 없을 정도로 지시하는 방향이 계속 변하게 되는 현상을 말한다.

마지막으로 Bank Effect는 항공기가 선회로 인해 Bank가 들어갈 때 ADF Indicator의 Needle이 Off-set 되는 현상을 말한다.

참고로, 〈Table 2-2〉에서는 NDB시스템의 종류와 서비스 제공범위 관련 기준치가 제시되어 있다.

〈Table 2-2〉 **NDB 종류와 서비스 범위**

Class of NDB	Transmission Power	Effective Range
Compass Locator	Below 25 Watts	15 NM
MN	Below 50 Watts	25 NM
H	50 to 1,999 Watts	50 NM
HH	Over 2,000 Watts	75 NM

2) 자동방향탐지기[ADF : Automatic Direction Finding Equipment] 기본 이론

ADF Indicator는 조종사에게 자북을 기준으로 항공기와 NDB Station 사이의 방향 또는 각도(Bearing) 정보를 알려주는 역할을 한다.

본 ADF Indicator는 항상 360°, N(자북)을 지시하도록 고정이 되어있음으로 인해, 만약 RB(Relative Bearing) 즉, 항공기의 Heading으로부터 NDB Station까지의 RB(Relative Bearing)이 135°로 지시될 경우 이때 만약 항공기의 Heading이 45°라면, 자북을 기준으로 한 Station까지의 Bearing(방향, 각도) 즉, MB(Magnetic Bearing)은 다음 공식에 따라 180°가 될 것이다.

MH + RB = MB

(MH (Magnetic Heading) + RB(Relative Bearing) = MB(Magnetic Bearing)

6. 레이더시설[RADAR]

본 시설은 레이더 신호를 통해 어두운 야간이나 안개 또는 강우와 같은 시정이 불량한 환경하에서도 주위의 지형이나 장애물을 추적하여 공항 또는 항로를 비행 중인 항공기를 안전하게 관제를 지원하기 위한 시스템이다.

가. ARSR[Air Route Surveillance Radar]

본 시설은 항로상을 비행 중인 항공기를 관제하기 위한 장거리 영역 레이더로써, 안테나 360° 전방향을 기준으로 반경 200 NM 이내의 항로를 비행하는 항공기를 비롯해 기타 목표물들에 대한 방위와 거리정보를 추적하여 지상의 항로관제사에게 제공한다.

본 시스템은 장거리 항로용으로써 사용주파수는 대기권 전파간섭영향이 비교적 낮은 주파수가 사용된다.

또한, 방위 분해능을 비롯해 경제성 및 송신출력 관의 수급이 원활한 점을 고려하여 주파수는 통상 1.0~2.0GHz(L-Band)가 사용된다.

또한 항로상에 비행중인 모든 항공기를 탐지하여 감시하는 시스템이므로 가능한 한 원거리상의 고고도 상공 지점에 이르기까지 탐지 영역으로 정하되, 안테나의 특성을 비롯해 송신출력, 수신감도 제약 등으로 인해 레이더의 유효단면적 15㎡을 기준으로 탐지거리는 200NM, 고도 70,000ft, 양각 30° 범위까지의 전방위에 걸쳐 탐지가 가능하도록 설정하여 운영하고 있다.

나. 공항감시레이더[ASR : Air Surveillance Radar]

본 공항감시레이더시설은 공항을 입, 출항하는 항공기에 대한 접근(Approach) 및 출발(Departure) 관제 시, 방위(Vectoring) 및 거리 분리(Separation)를 위한 목적으로 사용되는 비행 중인 항공기의 방위와 거리를 추적하는 1차 레이더(PSR Primary Surveillance Radar)와 항공기의 식별부호(ID), 고도, 항공기 납치, 통신두절, 비상상태 등의 정보를 제공하여 항공기를 목적지 공항까지 안전하게 감시, 유도하기 위한 2차 레이더(SSR : Secondary Surveillance Radar) 시스템 등으로 구성이 되어 있다.

한편 [Figure 2-28]에서는 하단에는 1차 레이더 안테나가 설치된 상태 하에서 상단에는 2차 레이더 안테나가 설치된 모습을 보여주고 있다.

[Figure 2-28] 1차 및 2차 레이더 안테나

[Figure 2-29]에서는 1차 레이더의 신호 통달 거리의 경우는 안테나를 기준으로 약 60 NM(111Km), 2차 레이더의 신호 통달 거리는 약 200 NM(370Km)으로 제시되어 있다.

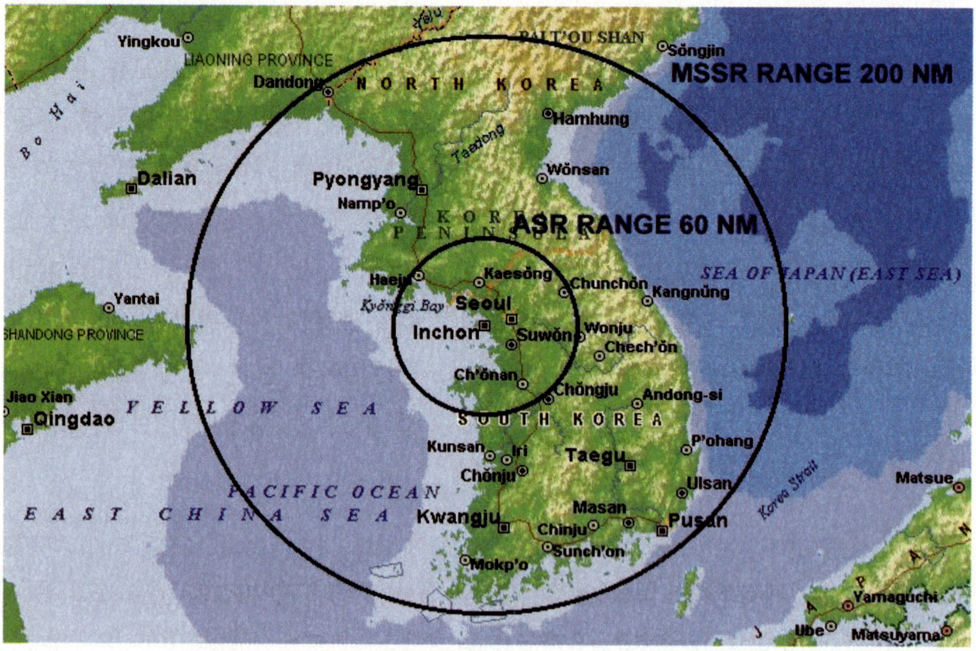

[Figure 2-29] 항공감시용 1차 레이더 신호 통달거리

1) 1차 감시레이더[PSR : Primary Surveillance Radar]

가) 시스템 개요

(1) 시스템 기능

공항감시 레이더는 공항 주변의 공역에 있는 항공기의 진입 및 출발 관제를 수행하는 시스템으로써, 공항터미널에서 60~70 NM 이내에 있는 항공기의 거리 및 방위 정보에 의하여 항공기를 안전하게 이 · 착륙할 수 있도록 감시하는 역할을 한다.

(2) 시스템 기본 이론

PSR 송신주파수는 미국이나 유럽에서는 L-Band(1~2GHz)로 사용하는 곳도 있으나 대부분 S-Band(2~4GHz)를 많이 사용하고 있다. 이것은 안테나의 회전수를 15rpm 정도로 유지되도록 안테나의 크기를 줄이기 위하여 주파수를 높인 것이다.

PSR의 설치 높이는 평탄한 지표면에서 약 15m 정도 이상은 되어야 하며, 최고 높이는 40m 이하가 되어야 한다.

한편, 국제민간항공기구(ICAO) 규격(ANNEX-10)에 의하면 "ASR 시스템에 의한 표적의 유효반사 단면적은 $2m^2$의 항공기에 대하여 앙각은 0.5°~30°사이 그리고 거리는 60~70 NM(약 110Km)까지, 고도는 25,000ft까지 탐지되어야 한다"라고 명시되어 있다.

PSR 시스템은 파라볼라 안테나, 송신기, 수신기로 구성되어 있다. 송신관은 선택기준에 의해서 선정되지만, 과거에는 가격이 저렴한 Magnetron(자전관)이 많이 사용이 되었으나, MTI(Moving Target Indicator, 이동목표추적) 특성을 향상하기 위해서 Klystron(속도변조관)이 보편화 되어왔다. 근래에 와서는 반도체 기술의 발달과 소형 경량화가 가능하며 높은 신뢰도를 유지할 수 있는 Solid state 송신기를 점차로 사용하고 있다.

또한, 안테나의 결빙을 방지하기 위하여 레이돔 내부에 가열장치(Heater)를 설치하여 어떠한 최악의 조건에서도 충분히 지탱할 수 있도록 설치된다.

참고로 파라볼라 안테나 회전속도는 15rpm이며 속도조절기로 조절할 수 있으며, 레이돔 안에 설치된다.

그리고 ASR안테나는 통상 공항 내 지역 또는 인근 지역에 설치하여 운영되고 있으며 레이더 신호의 전송방법은 과거에 주로 사용이 되어왔던 동축케이블 방식 대신에 전자유도를 비롯해 피뢰 및 파형 성형 등의 대책이 불필요한 저 손실용 광케이블방식이 보편화 되고 있다.

한편, 본 시스템은 항공교통량의 증가로 2차 레이더(SSR)의 중요성이 부각됨으로써 민간항공기 관제용으로는 서서히 감소하는 경향을 보이나, 2차 레이더의 질문(Interrogator) 신호에 대한 응답(Transponder) 신호를 차단 후 영공을 침입하는 적국의 군사용 항공기를 추적하기 위해서는 반드시 필요한 시스템에 해당이 된다.

[Figure 2-30]에서는 1차 레이더의 실제 화면을 보여주고 있다. 여기에서 항공기 Target은 녹색 삼각형으로 지시되고 있음을 볼 수가 있다. 이처럼 항로를 비행 중인 항공기가 증가할수록 안전하고 신속한 항공기 관제를 수행하기 위해서는 항공기 호출 부호를 비롯해 식별부호, 고도, 속도 정보 등을 추적하는 2차 레이더 시설이 절대적으로 필요하다.

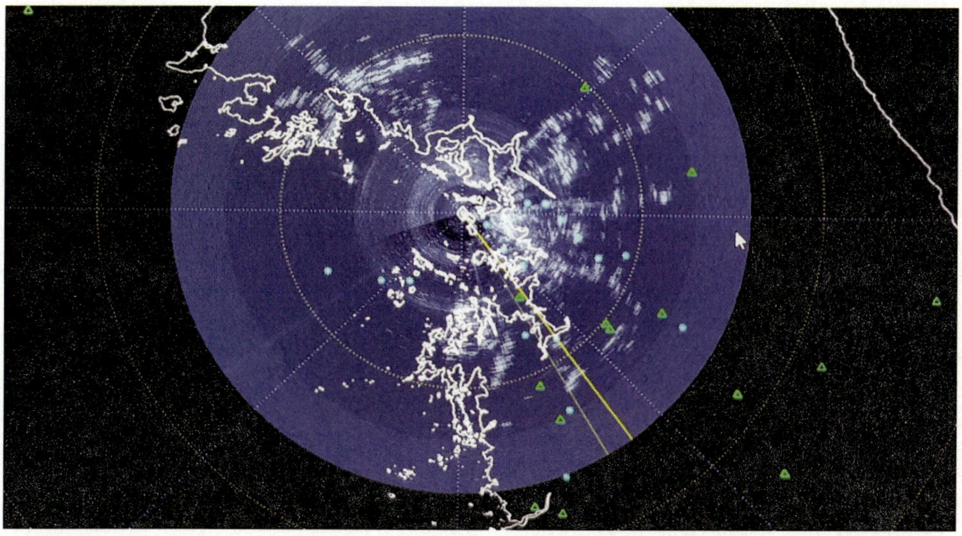

[Figure 2-30] 1차 레이더 항공기 Target 항적 화면

(3) 하부시스템 구성 및 기능

본 시스템 관련 하부시스템 구성 및 기능은 다음과 같다.

- 타이머[Timer]
  본 시스템은 레이더 신호 변조 기능을 통해 관련 기타 하부시스템 간에 Pulse 기준(동기) 신호를 정확히 송수신할 수 있도록 제어하는 역할을 한다.
- 안테나[Antenna]
  본 시스템은 레이더 전파에너지 신호를 송수신하는 역할을 수행하며, 파라볼라 형으로 제작되어 레이더 전파 신호를 공간에 발사하는 역할을 한다.
- 송신기[Transmitter]
  본 시스템은 레이더 전파 신호를 증폭 변조하여 안테나로 공급하는 역할을 한다.
- 수신기[Receiver]
  본 시스템은 안테나를 통해 항공기로부터 반사되어 되돌아온 미약한 레이더 전파에너지 신호(Echo)를 수신하여 증폭시키는 기능을 한다.
- 지시기[Indicator]
  본 시스템은 일명 브라운관(CRT: Cathode-Ray Tube) 또는 LED Display로써 수신된 레이더 전파 신호(항공기 Target)를 표출하는 모니터를 의미한다.

다. 2차 감시레이더[SSR : Secondary Surveillance Radar]

1) 시스템 개요

본 2차 감시레이더는 [Figure 2-31]에서와 같이 지상설비인 Interrogator를 통해 질문 신호를 발사하면 항공기의 Transponder는 질문 신호에 대응하는 응답 신호를 지상 장비로 송신하는 System으로써, 동 안테나 시스템으로부터 반경 200 NM(약 370Km) 이내에 비행하는 항공기의 식별부호(ID), 고도, 항공기 납치, 통신두절, 비상상태 등의 정보를 제공하여 항공기를 목적지 공항까지 안전하게 감시, 유도하는 기능을 한다.

본 2차 레이더(SSR)는 원래 군용기의 피아식별을 위해 개발된 시스템으로써 현재는 민간항공기에 도입이 되어 비행고도 등의 정보를 제공하고 있다.

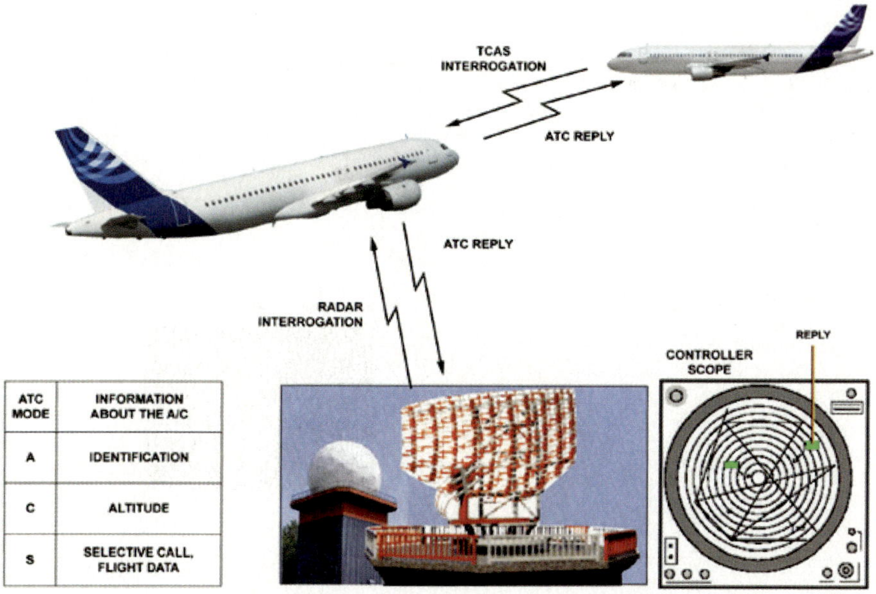

[Figure 2-31] 2차 감시레이더(SSR) Transponder 동작원리

[Fiqure 2-32]에서와 같이 본 시스템은 질문기(Interrogator)를 통해 항공기에 1,030MHz 주파수로 항공기 식별을 위한 질문 신호(Interrogation Signal)를 송신하여 다시 항공기의 Transponder를 통해 1,090MHz 주파수 신호인 응답 신호(Reply Signal)를 통해 항공기 식별 및 고도 정보를 수신받아 문자정보로 처리하여 지상 관제사에게 알려주는 역할을 수행한다.

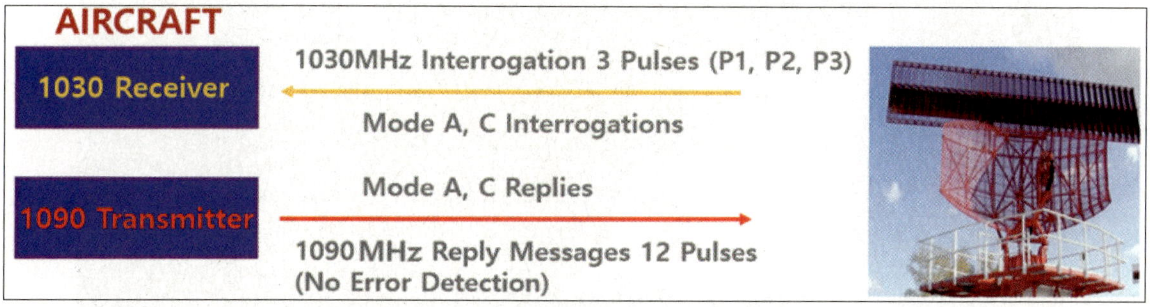

[Figure 2-32] 2차 레이더(SSR) 신호 흐름도

즉, 다시 말해 [Figure 2-33]에서와 같이 지상의 2차 레이더(SSR) 안테나를 통해 부호화된 질문 관련 펄스 신호를 RF 전파에 실어 비행 중인 항공기에 송신하면 항공기는 다시 자동으로 특정화된 부호 펄스로 응답 신호를 만들어 지상의 본 시스템(SSR)으로 회신하여 주게 된다.

본 시스템은 항공기에서 보내준 응답 신호를 수신 후 해독과정을 거쳐 항공기의 식별부호와 기타정보 등을 추적한다.

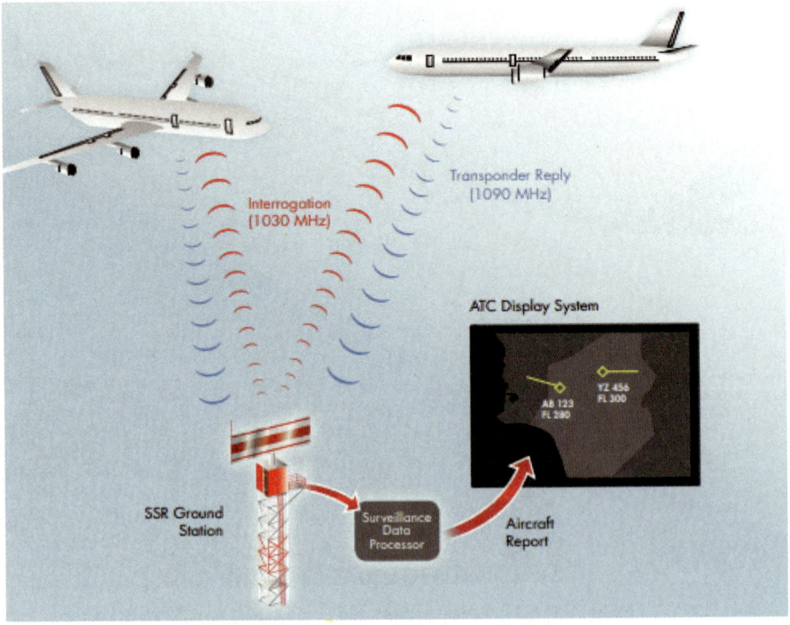

[Figure 2-33] 2차 감시레이더(SSR) 동작원리

한편, [Figure 2-34]에서는 인천공항을 입출항하는 수많은 항공기가 2차 레이더(SSR : Secondary Surveillance Radar)시스템을 통해 추적된 호출 부호를 비롯해 식별부호, 고도, 속도 정보 등이 표시되어 지시되고 있는 모습을 보여주고 있다.

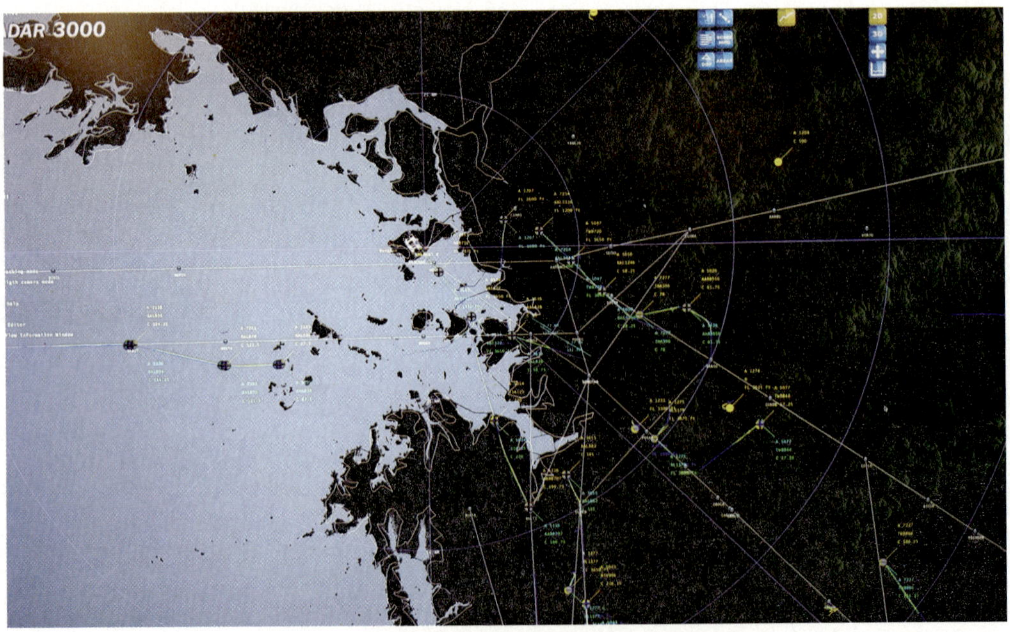

[Figure 2-34] 2차 레이더 항공기 항적 화면

2) 시스템 구성 및 기능

다음으로, 본 시스템 관련 하부시스템 구성 및 기능은 다음과 같다.

- 안테나[Antenna]
  동 안테나 시스템은 항공기에 질문 및 응답 신호를 송수신하기 위한 지향성(Directional) 안테나와 부엽전파(Side Lobe)를 억제(Suppression)하기 위한 P2 Pulse를 송신하는 무지향성(Omnidirectional) 안테나 등으로 구성이 된다.
- 송신기[Transmitter]
  동 송신기 시스템은 생성된 질문 신호(Mode-1, Mode-2, Mode-3/A, Mode-B, Mode-C, Mode-D 등 6종류)를 증폭 변조하여 안테나로 공급하는 역할을 수행한다. 한편 질문 신호 중 Mode-3/A는 항공기 식별용 코드로써 군/민간용 공통으로 사용되고 있으며, Mode-C는 민간용 전용으로써 항공기의 고도정보용 코드에 해당이 된다.
- 수신기[Receiver]
  동 수신기 시스템은 항공기로부터 되돌아온 응답신호(Mode 1, Mode-2, Mode-3/A, Mode-B, Mode-C, Mode-D 등 6종류)를 수신하여 증폭 변조하는 역할을 한다.
- 해독기[Decoder]
  동 해독기 하부시스템은 항공기로부터 수신된 응답 신호를 해독하는 역할을 수행한다. 한편, 기존의 2차 레이더(SSR)는 Interrogator의 질문 신호에 대해 비행 중인 모든 항공기 Transponder가 일제히 응답 신호를 보내주도록 설계가 되어 있으므로 항공교통량이 급속히 증가하는 공역 상에서는 응답신호(Reply Pulse Signal)가 중첩됨으로써 간섭의 우려가 예상된다.
  이와 같은 응답 Pulse에 대한 중첩 문제는 지상에 Mode-S 시스템을 구축한 후 Mode-S를 장착한 항공기와 1:1 개별 질문을 위한 Data-Link 시스템을 구성함으로써 개선할 수 있다.

3) Mode-S의 기본 원리

Mode-S의 특징은 Monopulse를 사용함으로써 정확한 항공기의 방위 정보 추적이 가능함에 따라 질문의 횟수를 줄일 수 있다는 데 있다.

아울러 [Figure 2-35]에서와 같이 Mode S의 동작은 현재 운용되고 있는 기존의 2차 레이더(SSR)와 동일하게 지상의 질문기와 항공기의 응답기인 Transponder등을 통해 이루어진다.

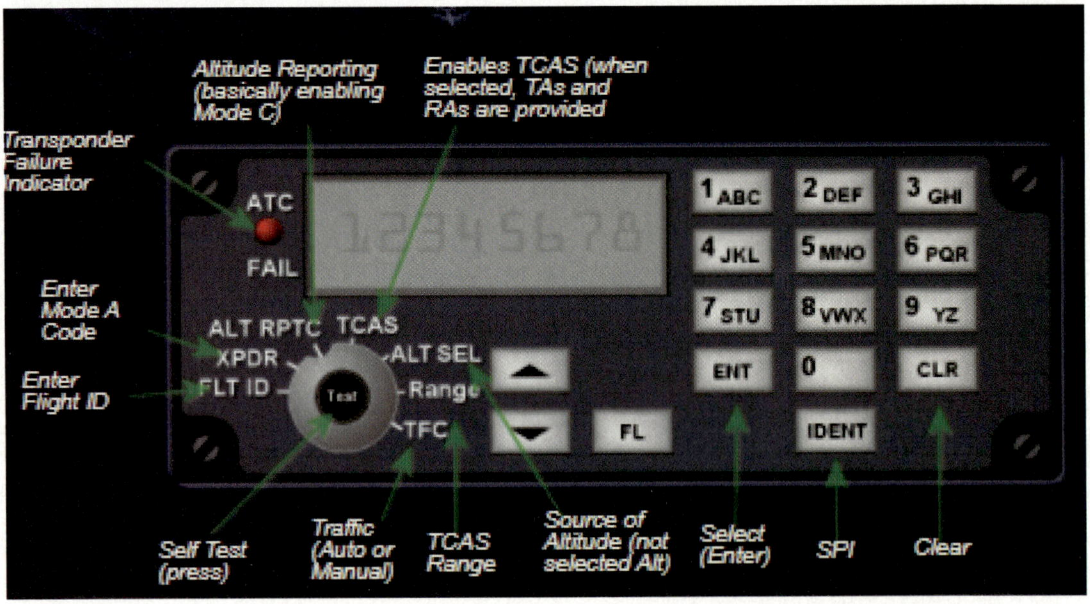

[Figure 2-35] Mode S Transponder 모습

향후 기존의 SSR 신호(Mode A & C)에서 Mode S 방식으로의 점진적인 전환을 위하여 [Figure 2-36]에서와 같이 기존 SSR 송수신 주파수(Up-Link : 1030MHz, Down-Link : 1090MHz)를 그대로 적용함과 아울러 신호 형식도 기존 SSR과 호환성을 갖도록 설계되었다.

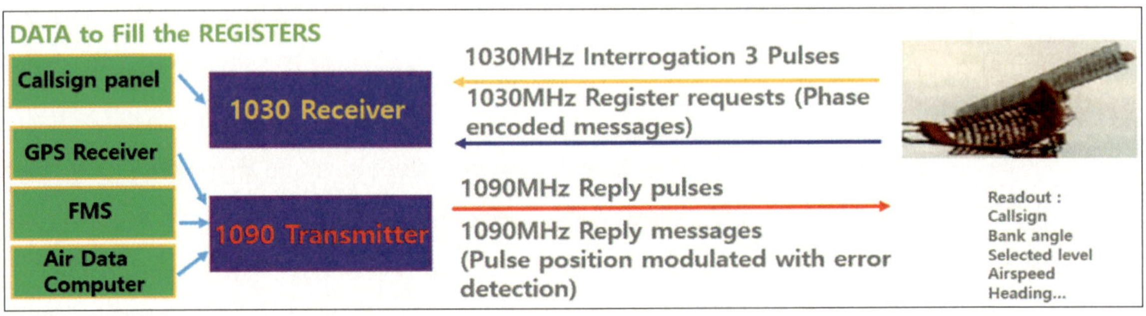

[Figure 2-36] Enhanced & Elementary Monitoring 신호 흐름도

본 시스템은 기존의 2차 레이더 시스템에 설치하여 운영되는 기능으로써 Mode-S 지상국과 Mode-S를 장착한 항공기에 개별적으로 질문 신호를 1:1의 Data-Link 방식으로 구성하여 운영된다.

따라서, Mode-S 지상국은 기준 SSR 질문과 같은 형식인 모든 항공기의 호출에 대해 일괄질문(All Call) 시 항공기의 Transponder가 응답한 신호에서 Mode-S Transponder를 장착한 항공기를 우선하여 먼저 추적한다.

즉, [Figure 2-37]에서와 같이 기존의 SSR 시스템 관련 항공기 Transponder는 지상 장비의 일괄질문 신호에 대해 Mode-A 또는 Mode-C와 관련된 응답 신호를 보내도록 설계가 되어있는데 반해 Mod-S Transponder는 질문 신호에서 P4 Pulse가 존재하는지를 추적하여 P4 Pulse 신호가 없으면 Mose-S의 질문 신호가 아닌 것으로 결정하여 Mode-A, C에 대한 응답 신호를 보내고, 반대로 P4 Pulse 신호가 검출되었을 때는 Mode-S Interrogation 신호로 인식되어 Mode-S Format을 통해 항공기 자체의 24개의 정보로 구성된 고유 Address를 송신한다.

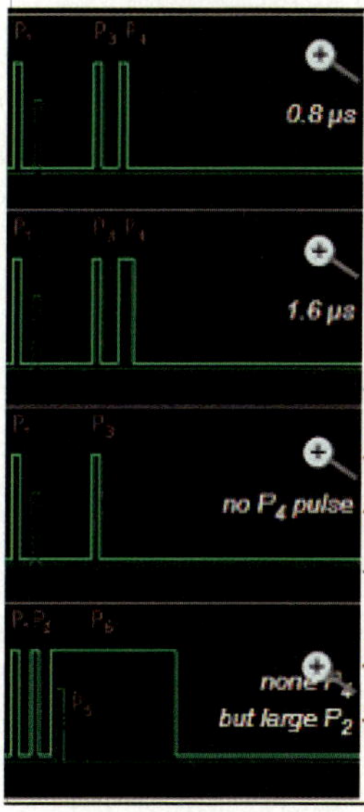

P4 펄스폭	모드S 인터 모드	
0.8 μs	응답 안함	모드 S 레이더에서 짧은 P4를 사용하는 경우 모드 S 응답기가 장착 된 항공기는 모드 S 형식으로 만 감지됩니다.
1.6 μs	All call 응답	긴 p4는 모드 S 모든 호출 응답을 얻는 데 사용될 수 있지만, 특히 모드 S의 질문자 ID (ii) 코드 및 연관된 모든 호출 잠금 기능이 이와 관련이 없기 때문에 그 사용이 다소 제한 될 것으로 예상됩니다.
no P_4 pulse	모드A 응답	이것은 초기 질문자에게 응답하기 위해 모드 S 응답기를 제공하는 하향 호환 모드입니다.
none P_4 but large P_2	모드 S 응답	인터로 게이터는 P1 펄스와 같이 전체 진폭의 P2를 보냅니다. 그러면 모드 S 응답기가 활성화되어 모드 S 특정 정보가 포함 된 다음 P6 펄스를 찾습니다. 구형 모드 A / C 트랜스 폰더는 ISLS- 상태로 보이며 응답하지 않습니다.

[Figure 2-37] Mod-S Up-Link Format

이와 같은 절차에 따라 Mode-S 지상국은 일괄질문(All Call) 시 Mode-S 항공기를 추적할 경우 동 항공기를 개별질문(Roll Call) 대상으로 설정한다.

한편 Roll Call의 Pulse Spacing은 2㎲로써 P2는 Mode-A, C 질문신호의 부엽파 억제(SLS : Side Lobe Suppression) 제어 Pulse 위치에 존재하고 있음으로 인해 SSR Transponder는 동 질문신호(P2, Mode-A, C)를 SSR 지상국의 Side Lobe에 의한 질문 신호로 판단하여 응답하지 않는다.

따라서, 개별질문 시에는 Data-Block 중에 고유의 Address로 지정된 Mode-S Transponder 만이 응답이 이루어진다.

참고로 〈Table 2-3〉에서는 Mode-S 통신을 통한 항공기와 질문 신호에 대한 응답 신호 Format 상태를 보여주고 있다.

〈Table 2-3〉 Mode-S Format 사용 목록표

NO	UF Up-Link	DF Down-Link	비고
0	Short Air-Air Surveillance-ACAS	Short Air-Air Surveillance- ACAS	L-1
4	Surveillance, Altitude Request	Surveillance, Altitude Reply	L-1
5	Surveillance, Identify Request	Surveillance, Identify Reply	L-1
11	Mode S Only All-Call	All-Call Reply	L-1
16	Long Air-Air Surveillance-ACAS	Long Air-Air Surveillance-ACAS	L-1
17		Extended Squitter	L-1
18		Extended Squitter/Nontransponder	L-1
20	Comm-A, Altitude Request	Comm-B, Altitude Reply-56bits	L-1
21	Comm-A, Identify Request	Comm-B, Identify Reply	L-2
24	Comm-C(ELM)	Comm-D(ELM)-80bits	L-3, 4, 5

라. 레이더데이터자동처리시스템[ARTS : Automated Radar Terminal System]

1) 시스템 개요

본 시스템은 [Figure 2-38]에서와 같이 제1, 2차 레이더 정보와 비행계획데이터를 결합한 항공기 식별 등 비행자료를 레이더 화면에 표출하여 항공관제사에게 제공하는 역할을 한다. 특히, 본 시스템에 표출되는 항공기 비행계획 관련 데이터는 항로교통관제소 내에 설치된 비행데이터 처리용 컴퓨터 또는 항공교통관제사에 의해 입력이 이루어진다.

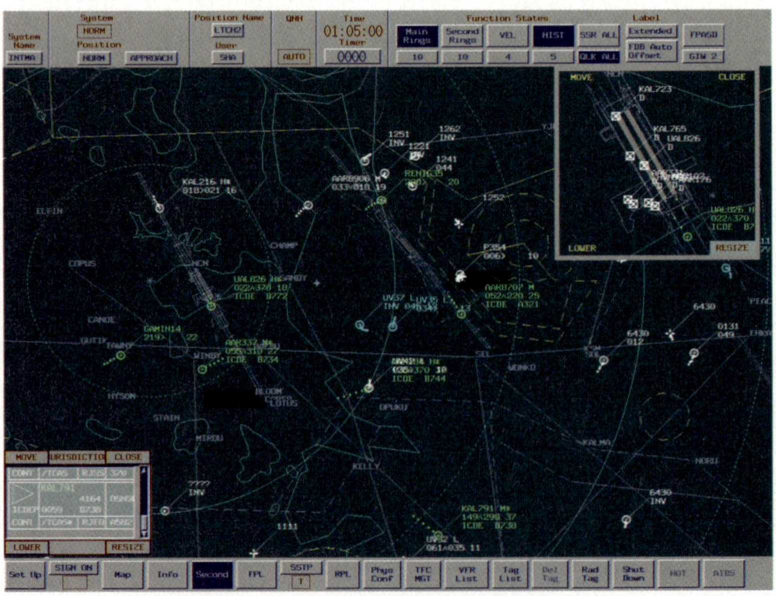

[Figure 2-38] ARTS 항공기 항적 화면

[Figure 2-39]에서와 같이 1, 2차 레이더 시설의 항공기 Target 자료를 비롯해 Mode-S, ADS-B 신호 등 항적 자료와 항공사의 비행자료를 받아 관제용 현시 장치에 숫자, 문자, 기호 등으로 항공기의 위치, 대지속도 및 항공기 식별 등을 처리하여 관제탑과 접근관제실에는 레이더관제 비행자료와 항공운항 안전관리 자료를 제공하고 탑승객을 비롯해 항공 관련 종사자 또는 일반인들에게는 항공기 출발과 도착 정보를 제공해 주는 역할을 한다.

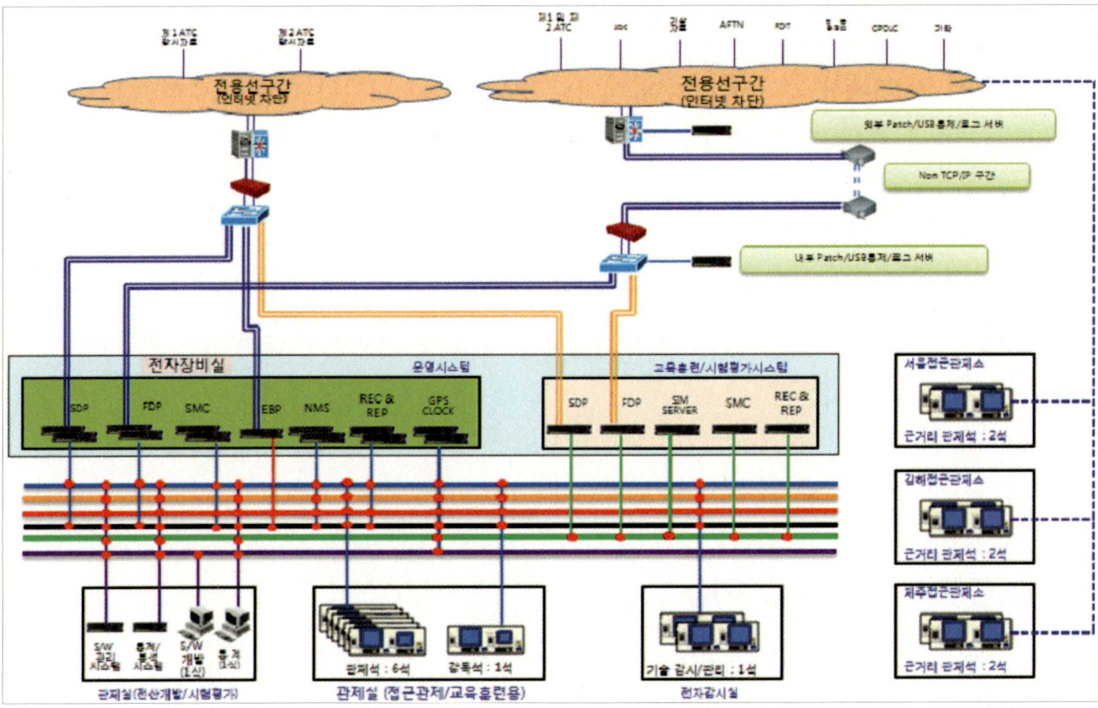

[Figure 2-39] ARTS시스템 구성도

2) 하부시스템 구성 및 기능

본 시스템 관련 하부시스템의 구성 및 기능은 다음과 같다.

가) 비행자료처리장치[FDP : Flight Data Processor]

본 시스템은 1차 레이더(PSR) 시스템으로부터는 가공 처리되지 않은 데이터를 수신함과 아울러 2차 레이더(SSR) 시스템으로부터는 항공기 Beacon 신호를 수신하여 해독(Decoding)한 후 디지털 신호로 다시 변환하여 데이터처리장치 채널로 보내는 역할을 한다.

나) 레이더데이터처리장치[RDP : Radar Data Processor or SDP : Sensor Data Processor]

본 시스템은 ARTS 시스템의 하부시스템 중 가장 중요한 부분으로써 항공교통관제소로부터 공급받은 항공기 비행 관련 데이터와 2차 레이더(SSR)로부터 수신된 항공기 Transponder의 Code 신호를 합성 처리하는 역할을 한다.

다) 비행자료현시장치[FDD : Flight Data Display]

본 시스템은 ARTS에서 처리된 레이더 데이터 정보를 현시시키는 역할을 수행함과 아울러 본 시스템의 컴퓨터를 통해 관제사가 비행계획정보를 입력하거나 항로교통관제소의 컴퓨터를 통해 자동적으로 입력된다.

라) 비행자료녹화장치녹화 및 녹음장치[SDRS : Sound & Display Recording System]

본 시스템은 ARTS 시스템을 통해 처리된 항공기 비행 및 관제과정 데이터를 연속적으로 기록 및 저장하는 역할을 한다.

또한, 본 시스템에 저장된 비행 관련 자료들은 사고조사 또는 항공기 비행 과정 등과 관련된 자료 분석 시 활용이 된다.

3) 시스템주요 인터페이스 기능

레이더의 자동처리장치(ARTS)는 [Figure 2-40]에서와 같이 1, 2차 레이더 시설을 비롯해 항공사, 관제탑, 접근관제실 및 출발과 도착 안내시스템 등과 인터페이스로 연결되어 있으며, 또한 사용자(관제사) 요구 시 MLAT 처리자료를 통합 처리가 가능하다.

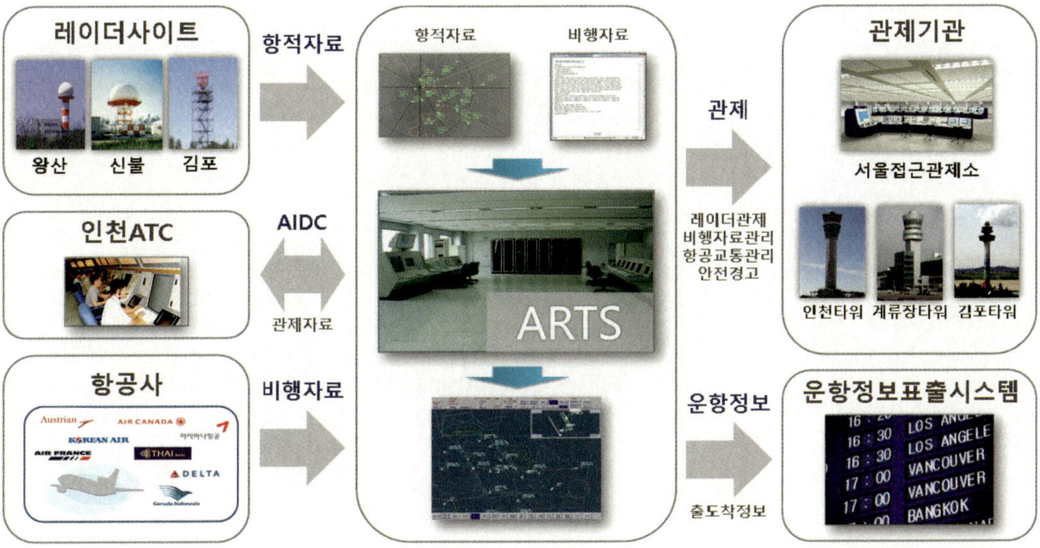

[Figure 2-40] ARTS시스템 Interface 구성도

[Figure 2-41]에서는 ARTS 시스템을 통해 1, 2차 레이더 항적(Track) 심볼을 비롯해 항공기 식별 코드, 항공기 고도 및 속도 등에 대한 항공기 관제에 필요한 정보로 처리된 데이터 현시 결과를 보여주고 있다.

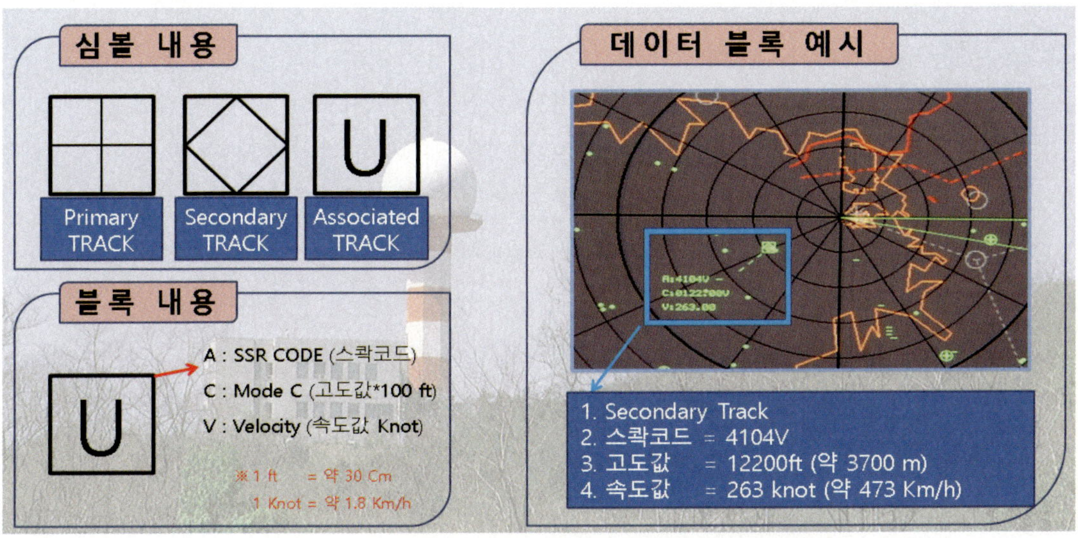

[Figure 2-41] 2차 레이더(SSR) 신호처리결과 자료

4) 주요안전경고 기능

ARTS 시스템의 주요 안전 경고 기능은 [Figure 2-42]에서와 같이 4가지로 분류되어 있다.

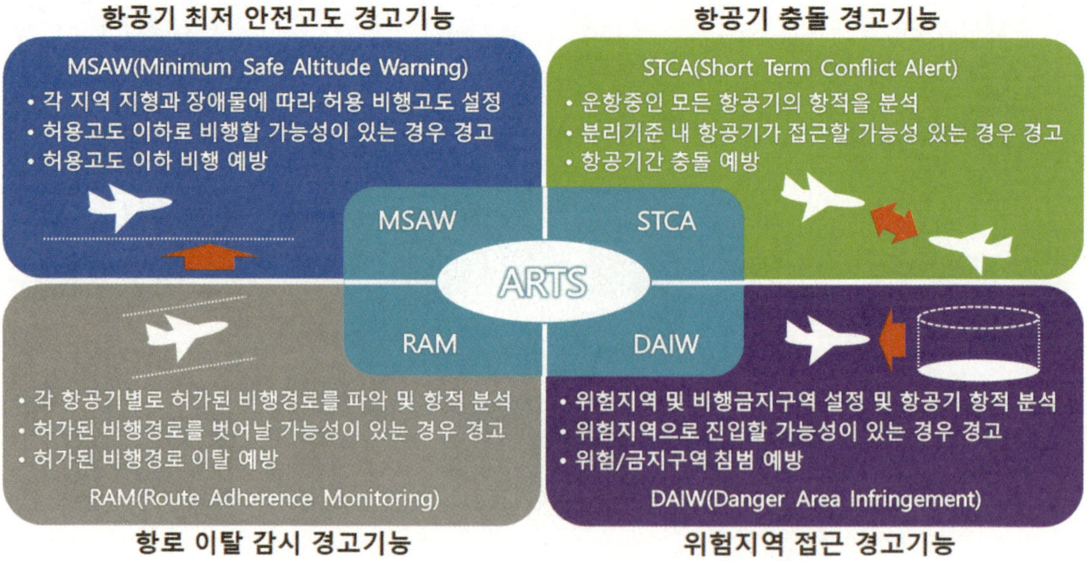

[Figure 2-42] ARTS Danger Warning 기능 체계도

가) 최저안전고도 경고기능[MSAW : Minimum Safety Altitude Warning]

최저안전고도경보(MSAW)의 핵심 기능은 고도 정보(MODE-C)를 가지고 있는 관제 중인 항공기가 지상 및 장애물로부터 안전하지 않은 고도에 있거나 그러할 것이 예상되는 경우 본 시스템 모니터 상에는 항공기 관련 Data-Block이 깜박거림과 동시에 경보음(Alarm Alert Sound)이 발생이 된다.

[Figure 2-43]에서와 같이 MSAW기능은 현재의 항공기 위치 또는 예정된 고도가 예정 시간 내(50~150초)에 침범이 예측될 경우 레이더 관제 화면상에서 관제사에게 경보 신호를 알려주게 된다.

한편 동 프로그램 기능은 지형 조건에 따라 가로, 세로 약 2마일 범위(제작사마다 다름)로 최소 안전고도를 설정하여, 관할구역 지도 프로그램에 입력할 경우, 침범이 예상되거나 이미 침범이 이루어졌을 때 안전고도 MSAW 기능이 경고신호를 발생시킨다.

또한, 유효한 고도 정보를 가진 항공기가 비행하는 공역 내에서 각 지역의 지형과 장애물로부터 안전하지 않은 고도에 있거나 그러한 것이 예상되는 경우에는 즉시 관제사에게 청각 및 시각적으로 경고신호를 알려준다.

뿐만 아니라, 각 항적에 대해 주기적으로 현재 속도 및 하강/상승비율을 사용해서 항적의 위치를 예측하고, 정해진 시간 내에 최저안전고도 침범이 발생할 것인지를 예측하는 기능을 갖추고 있다.

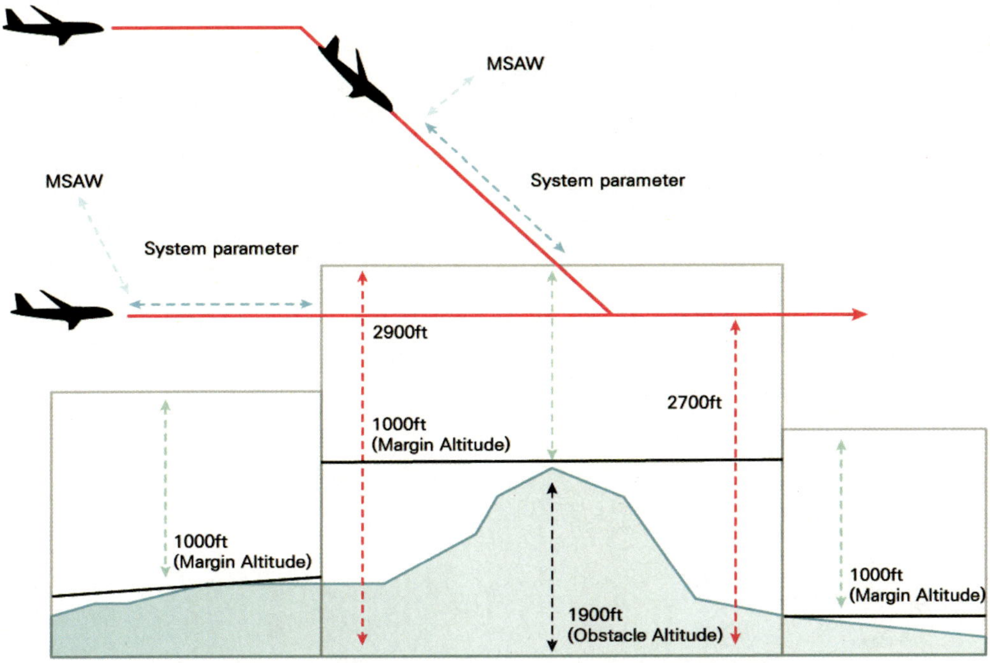

[Figure 2-43] ARTS MSAW 동작 이론 개념(측면도)

나) 착륙각감시시스템[APM : Approach Path Monitoring]

최종접근경로모드(APM)는 활주로 말단으로부터 1~2마일에서 약 5마일(또는 최종접근지점/FAF)까지 2마일 폭과 활주로 말단으로부터 하강 활공각 2.2도를 설정하고, 항공기가 활주로를 향해 접근경로를 따라 하강할 경우 탐지된 고도가 하강 활공각의 축 아래로 진입 시 경고신호를 관제사에게 제공해 주는 역할을 한다.

[Figure 2-44] 및 [Figure 2-45]에서와 같이 착륙로 감시기능(APM)은 비행장 내에서의 최종 착륙 구간에 해당하는 트랙에 대한 접근경로를 감시한다. 다시 말해, 동 기능은 미리 설정된 실제 활공각(Glide Path) 트랙으로 진입하는 항공기를 감시하는 것이다.

아울러 항공기가 착륙을 위해 진입하는 과정에서 설정된 범위를 벗어나 진입할 경우 관제탑의 관제 레이더 Display 상에 경보가 표시된다.

한편 최종 진입 지대를 나타내는 수평 Track의 넓이는 활주로 폭 정도 이상의 길이로써 활주로를 향해 사다리꼴 형식으로 뻗어 있으며 수직 착륙로(Vertical glide path)의 높이는 최저 및 최고 높이로 설정이 된다.

그리고 유효한 고도 정보를 갖춘 항공기가 최종 접근경로 상에 안전하게 접근하지 않거나 그러한 것이 예상되는 경우 관제사에게 청각 및 시각으로 경고신호를 알려준다.

통상 공항용 ARTS 시스템상에는 활공각과 최종접근 경로 등을 고려하여 해당 공항 환경에 적합한 착륙각 감시시스템(APM) 구역이 설정된다.

따라서, 레이더 ARTS 콘솔 상에는 착륙각 감시시스템(APM) 모니터링용 펍업 윈도우가 설치되어 항공기의 위치, 고도에 따른 3차원 착륙각 감시(Approach Path Monitoring) 기능을 제공한다.

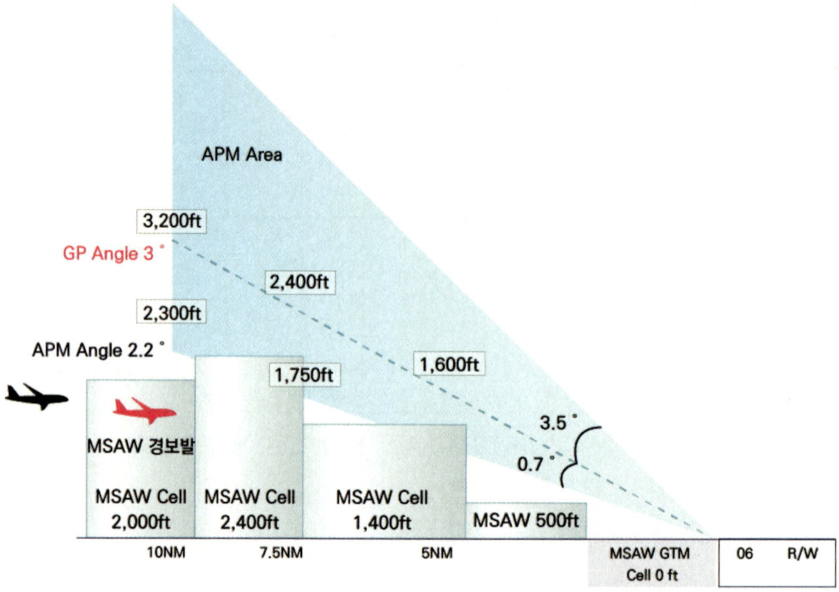

[Figure 2-44] ARTS APM 동작 이론 개념(측면도)

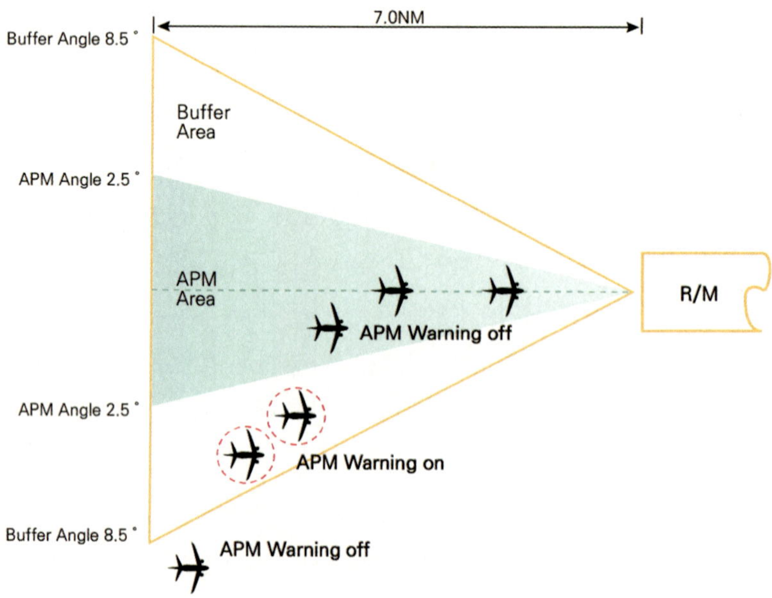

[Figure 2-45] ARTS APM 동작 이론 개념(평면도)

다) 위험제한구역 침입경고 기능[APW: Area Proximity Warning]

위험제한구역 침입경고(Area Proximity Warning)는 비행 중인 항공기가 갑자기 진입하거나 침범 또는 동적 제한 금지 및 위험 지역에 진입할 것으로 예상하는 때에 신호음으로 알려주는 기능이다.

이와 같이 비행중인 항공기에 대해 진입 금지 및 제한되는 위험구역은 비행고도 이상이나 이하에서 다각형 또는 원의 형태로 지정할 경우 ARTS 시스템상에서는 이를 사각형 형태로 변환시켜 시스템 타입 세트와 일치시키게 된다.

아울러, 관제시스템(ARTS)상에는 제한구역을 침범하는 항공기 비행계획 경로를 탐지하는 전략적인 기능이 설정된다.

그리고 유효한 고도 정보를 갖춘 항공기의 속도 및 고도상승/하강률 등을 고려하여 비행위험지역, 비행 금지 또는 비행 제한구역 등으로 설정된 구역으로 항공기가 접근하거나 침범이 예상되는 경우 관제사에게 청각 및 시각적인 경고를 제공한다.

특히, 침입경보구역(APW)은 다양한 크기 및 형태(다각형, 원), 상/하 고도 등 다수의 3차원적으로 설정이 가능할 뿐만 아니라, 경보 동작조건(예측시간, 경고시간, 경고조건, APW 운영시간 등)에 대한 운영 파라미터는 소프트웨어의 변경 없이 허용치 범위 내에서 변경할 수 있다.

위와 같은 ARTS 시스템의 경보기능 외에 충돌방지 경보기능을 비롯해 항공기의 비상상태 경보기능(Squawk 7700), 항공기의 무선통신 장비 장애 경보기능(Squawk 7600) 및 항공기의 공중납치 경보기능(Squawk 7500) 등을 갖추고 있다.

라) 활주로침범 불가 경보구역[Non-Transgression Zone(NTZ) Alert]

본 경보 구역은 활주로 침범 불가 구역으로써 국제민간항공기구(ICAO)가 평행활주로 운영 시 안전상 지정하는 기능으로 제한구역과 유사한 방법으로 처리된다.

즉, 실제 침범 금지구역으로의 트랙 침범이 발생하거나 예상되면 이를 탐지하는 트랙 모니터링에 의한 활주로 침범 불가 구역 경보(NTZ) 경고 기능이 작동된다.

[Figure 2-46] 활주로 침범 불가구역 경보(NTZ)구역에서의 항공기 동시 이착륙절차를 보여주고 있다.

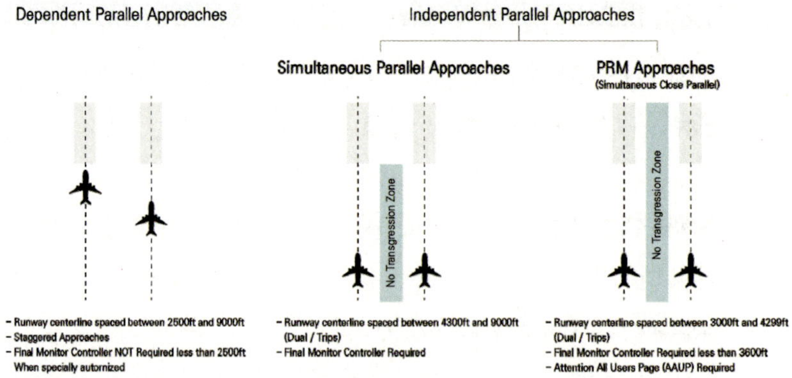

[Figure 2-46] Non-Transgression Zone(NTZ) Alert Warning

마) 근접충돌 경고[STCA : Short Term Conflict Alert] 기능

[Figure 2-47]에서와 같이 근접 충돌 경고(STCA) 기능은 고도 정보(MODE-C)를 가지고 있는 관제 중인 항공기 간의 이상 접근 상황을 사전에 예측하여 항공교통관제사에게 청각 및 시각적 경고를 알려주는 역할을 수행한다.

한편 STCA Area의 고도는 100~2,000ft이고, 종적 및 횡적 거리는 2~10 NM 구역까지 포함된다.

그리고 STCA 사전 예측 경고시간은 30~120초 정도 범위 내에서 설정이 가능하다.

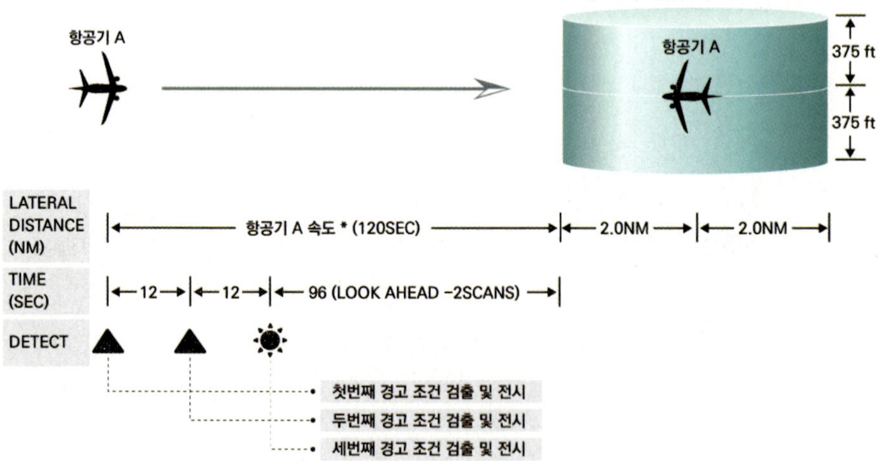

[Figure 2-47] ARTS STCA 동작 이론 개념(평면도)

바) 위험지역 침입경보(DAIW : Danger Area Infringement Warning) 기능

본 위험지역침입경보(DAIW) 기능은 MODE C(고도 정보)를 가지고 있는 관제 중인 항공기가 비행 금지 및 제한구역 등으로 설정된 구역으로 접근하는 것을 예측하여 사전에 항공교통관제사에게 청각 및 시각적 경고신호를 제공해 주는 역할을 한다.

아울러 DAIW 구역의 형태는 다각형(16 Point 이상), 원형(1~20 NM), 고도(0~99,000ft) 등으로 구성된다.

그리고 DAIW경고 기능은 00:00~24:00 시간 동안 운영이 되며, DAIW의 사전 예측 경고 시간은 30~120초 범위 내에서 설정이 가능하다.

사) 비상상황 경보(EMG : EMer Gency) 기능

본 비상경보 기능은 항공기의 공중납치가 발생이 되면 SSR Code(Squawk 7500)를 레이더 화면상에 표출함과 아울러 통신 수단이 두절되는 경우 SSR Code(Squawk 7600)를 그리고 연료 부족 또는 엔진 고장 등으로 위급한 상황이 발생하여 비상착륙 등을 수행하여야 하는 일반적인 비상상황이 발생하는 경우엔 SSR Code(Squawk 7700)가 표출된다.

마. 항공기정밀접근 레이더[PAR : Precision Approach Radar]

본 시스템은 항공기 착륙 접근로로 정밀접근중인 항공기를 착륙시키기 위해 공항에 설치되는 레이더 시설로써 최종접근(착륙) 중인 항공기가 활주로 방향으로 착륙을 시도할 때 지상의 관제사가 본 시스템에 관련된 2개의 안테나에서 발사된 활주로 중심점(AZ : Azimuth) 및 착륙 각(EL : Elevation) 유도정보를 항공기 조종사에게 알려줌으로써 항공기가 안전하게 최종접근절차를 통해 착륙이 이루어지도록 지원하는 역할을 한다.

본 시스템은 통상 군용으로만 사용이 되고 있으며, 이와 관련된 민간항공용 시스템은 계기착륙시스템(ILS : Instrument Landing System)이 이에 해당이 된다.

본 시스템은 두 개의 안테나 중 하나는 수직면을 주사(Scanning)하고 나머지 하나는 수평면을 주사(Scanning)함과 아울러 지시화면(Scope)도 두 부분으로 구분이 되어 상단부 화면에는 고도와 거리정보를 제공하고 하단부 화면에는 방위와 거리정보를 제공한다.

한편, 본 시스템의 동작범위(Coverage)는 약 10 miles까지 연장이 됨과 아울러 수평 방위 넓이는 활주로 중심선을 기준으로 좌우 10°(총 20°) 범위까지 펼쳐져 있으며, 최종접근 경로상의 수평면(Elevation)을 기준으로 상방 7°의 경사도를 갖는 영역을 포함하고 있다.

바. 공항지상감시레이더[ASDE : Airport Surface Detection Equipment]

본 시스템은 항공관제사에게 공항의 모든 활주로와 유도로의 항공기 위치를 정확히 파악할 수 있게 해주며 활주로 상에서의 안전을 증진하는 진보된 감시 및 경고 능력을 제공한다. 본 시스템은 특히 야간이나 악천후 시 또는 저시정에 따른 CAT-Ⅲ 운영 시 절대적으로 필요한 관제시스템으로써 기타 항공관제 레이더 시스템보다도 분해능이 가장 강한 성능을 갖춘 시스템에 해당이 된다.

본 시스템은 공항의 가장 중심점에 위치한 관제탑 상부에 설치되어 공항의 활주로를 비롯해 유도로 및 계류장 등 이동지역에 항공기 및 차량 등을 추적하여 항공교통관제사에게 제공하는 역할을 수행한다.

공항지상감시레이더시설은 공항반경 5 Km 이내에 지상에서 이동중인 항공기 및 차량위치를 탐지하여 관제 화면에 제공하는 기능을 비롯해 저시정 운영 시 필요한 A-SMGCS 등 관련시스템에 항공기 위치정보를 비롯해 출발 및 도착시간 등 정보를 제공한다.

한편 [Figure 2-48]에서는 지상감시레이더의 실제 화면의 모습을 보여주고 있다.

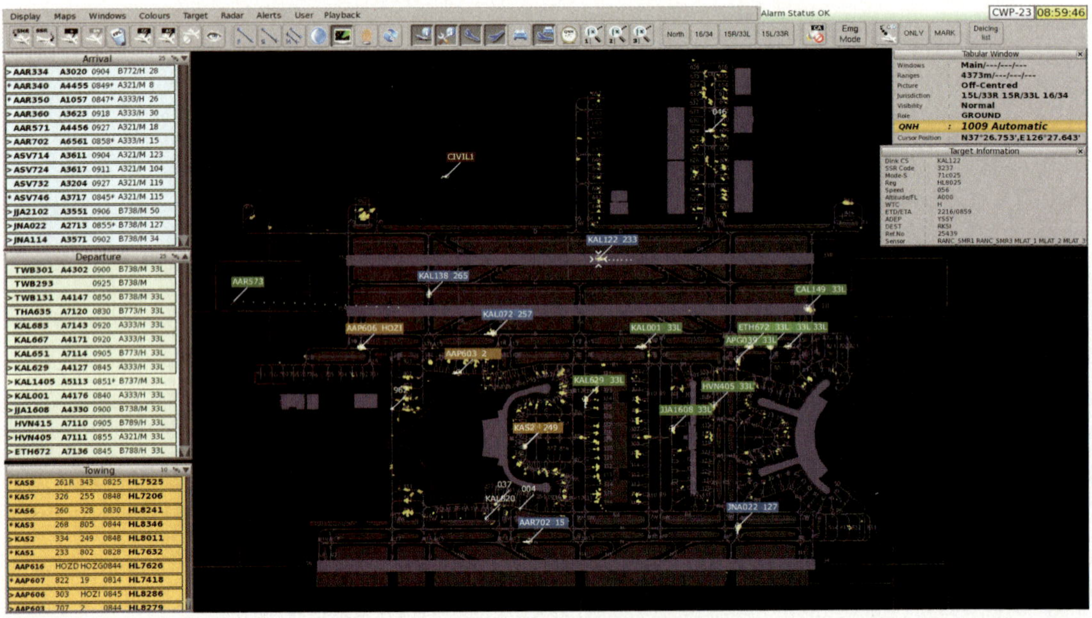

[Figure 2-48] ASDE 레이더 화면 자료

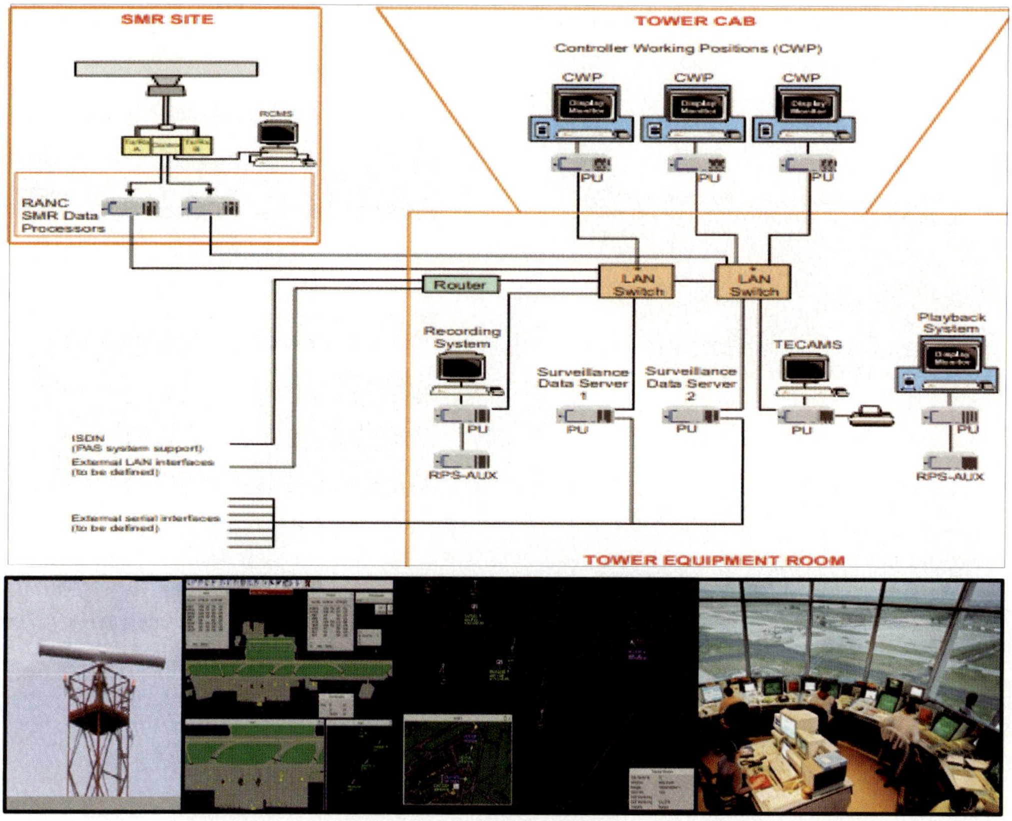

[Figure 2-49] 지상감시레이더(ASDE) 시스템 구성도

공항 지상감시레이더 안테나는 [Figure 2-50]에서와 같이 통상 관제탑 옥상에 설치되어 운영된다.

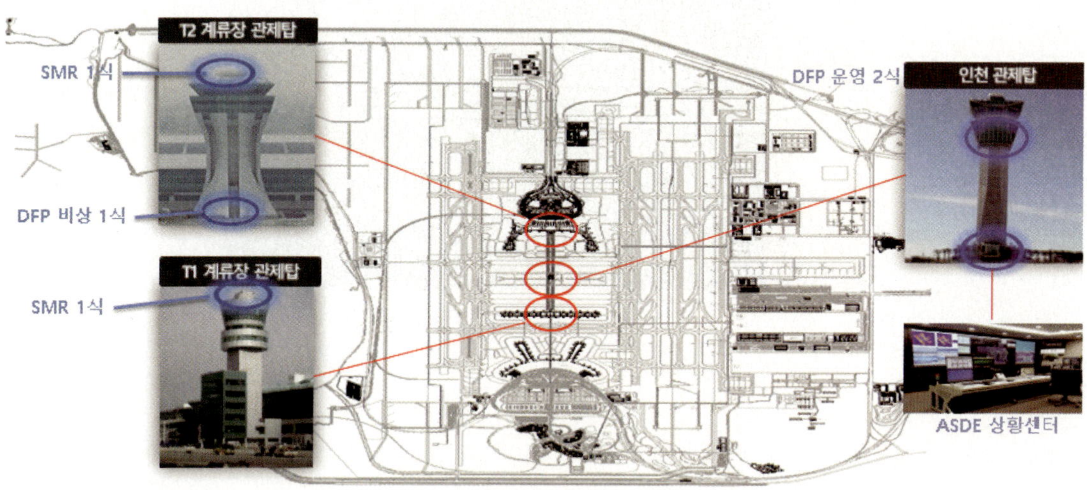

[Figure 2-50] 공항 내 지상감시레이더 시설 배치도

[Figure 2-51]에서는 지상감시레이더 시설과 관련 인터페이스 시스템 구성도를 보여주고 있다.

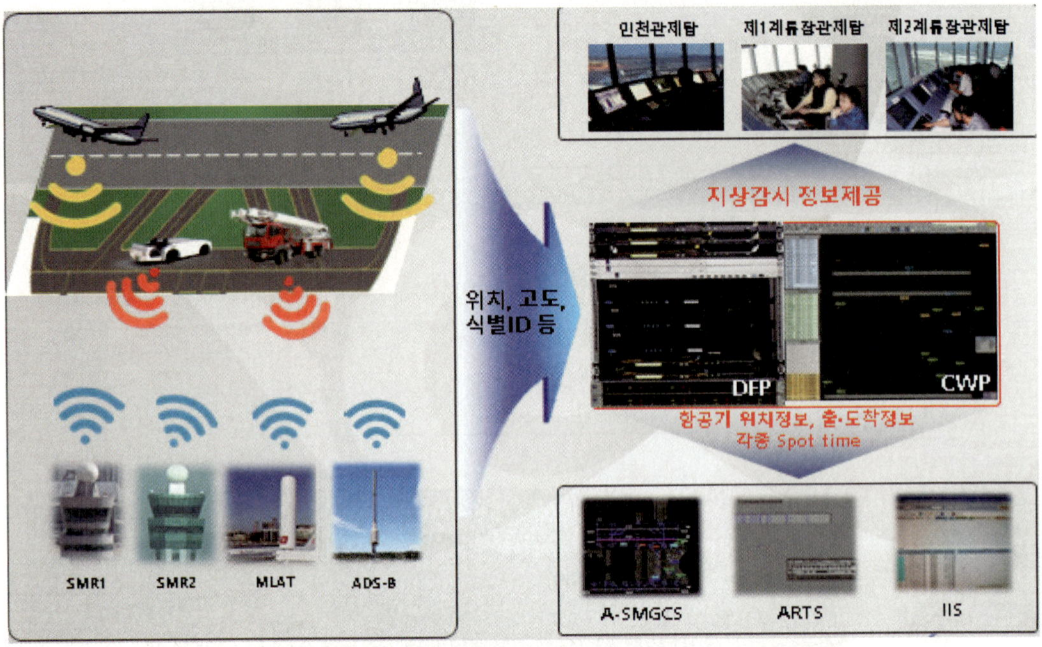

[Figure 2-51] 지상감시레이더 관련 인터페이스 시스템 구성도

[Figure 2-52]에서는 지상감시레이더 실제 화면을 보여주고 있다.

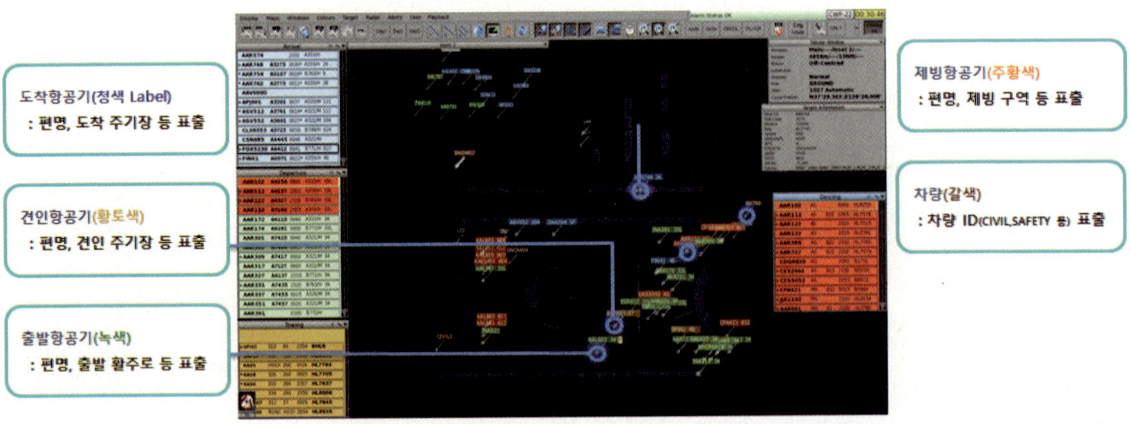

[Figure 2-52] ASDE 레이더 화면자료

메 모

제3장

항공정보통신 및 항공등화시설

1. 항공정보통신시설
2. 항공등화시설

제3장

항공정보통신 및 항공등화시설

1. 항공정보통신시설

본 시설은 항공기 운항과 관련된 정보통신시설로써 항공이동통신시설을 비롯해, 항공정보방송시설 및 항공고정통신시설 등으로 구성된다.

가. 항공이동통신시설

1) 시스템 구성

본 시설은 관제사, 통신사, 및 조종사 간의 정보교환을 위해 음성통신 및 데이터를 제공하는 시설로써 그 하부시스템 구성은 다음과 같다.

- 단거리이동통신시설[VHF/UHF Radio]
- 단파이동통신시설[HF Radio]
- 초단파디지털이동통신시설[VDL]
- 단파데이터이동통신시설[HFDL]
- 모드 S 데이터통신시설
- 항공이동위성통신시설[AMSS]
- 관제사 · 조종사간 데이터링크통신시설[CPDLC]
- 범용접속데이터통신시설[UAT]
- 음성통신제어시설[VCCS]

2) 단거리이동통신시설[VHF/UHF Radio]

가) 시스템 구성

본 시스템에 대한 항공이동통신시설의 하부시스템 구성은 [Figure 3-1]과 같다.

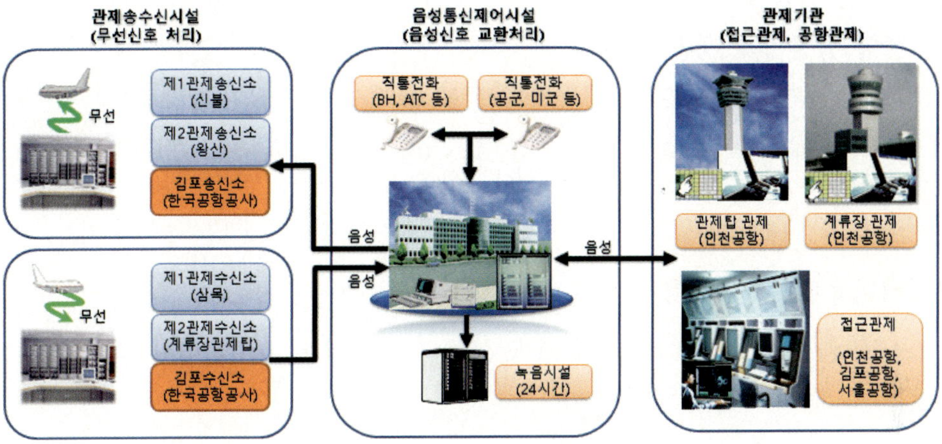

[Figure 3-1] 인천국제공항 내 항공정보통신시설 구성도

나) 단거리이동통신송수신시설[U/VHF Tx/Rx]

관제송수신시설은 [Figure 3-2]에서와 같이 인천국제공항 구역 내에 분산되어 설치 운영되고 있다.

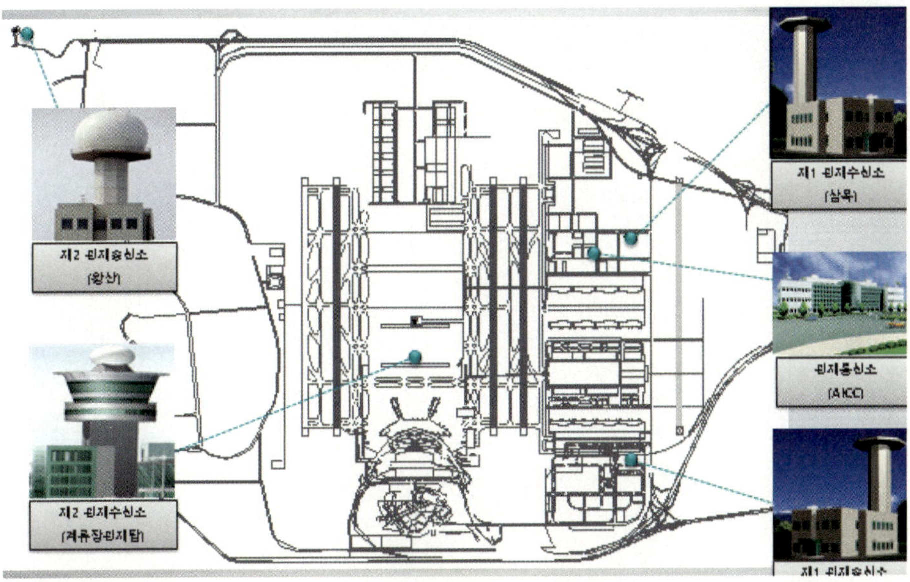

[Figure 3-2] 인천국제공항 내 관제송수신시설 배치도

관제송수신기는 관제사의 음성신호를 운항 중인 항공기 조종사에게 송신하거나 반대로 항공기 조종사의 음성신호를 수신하여 지상 관제사에게 제공하는 시설이다.

운영주파수는 민간항공기의 경우 VHF(118~136.975MHz) 대역을 사용하는 반면에 군용항공기는 UHF(225~399.975MHz) 대역을 사용한다.

현재 운영 중인 VHF 관제 통신 주파수는 15~40W의 출력으로 공항 반경 60 NM(약 100Km) 내에 비행 중인 항공기에 제공이 된다.

특히, 관제송수신기는 관제통신제어장치를 통해 관제사가 원격지(관제탑/접근관제실/계류장 관제탑)에서 주파수를 선택할 수 있음은 물론 Keying 조작, 출력, 주파수 등이 실시간으로 감시되도록 설치된다.

다) 단거리이동통신 송신기[ATC Transmitter]

[Figure 3-3]에서와 같이 관제탑 내 관제사의 음성을 받아 조종사에게 송신해 주는 역할을 수행한다.

[Figure 3-3] 관제 송신기 기본 개념도

관제용 송신기는 [Figure 3-4]와 같이 관제사의 음성신호를 받아 항공기 조종사에게 송신해 주기 위한 기본 동작 원리를 보여주고 있다.

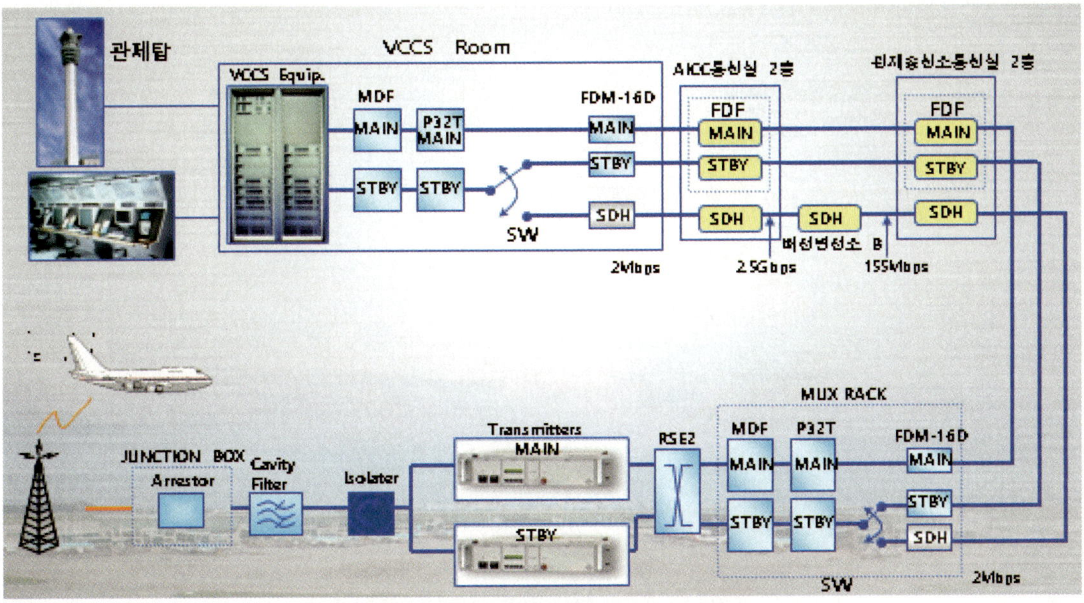

[Figure 3-4] 관제 송신기 신호 흐름도

라) 단거리이동통신시설 수신기[ATC Receiver]

[Figure 3-5]와 같이 관제탑 내 조종사의 음성을 수신하여 관제탑내 관제사에게 보내주는 역할을 수행한다.

[Figure 3-5] 관제수신기 기본 개념도

단거리 이동통신시설인 관제용 수신기는 [Figure 3-6]과 같이 항공기 조종사의 음성신호를 수신하여 관제탑 관제사에게 제공해 주기 위한 기존 작동원리를 보여주고 있다.

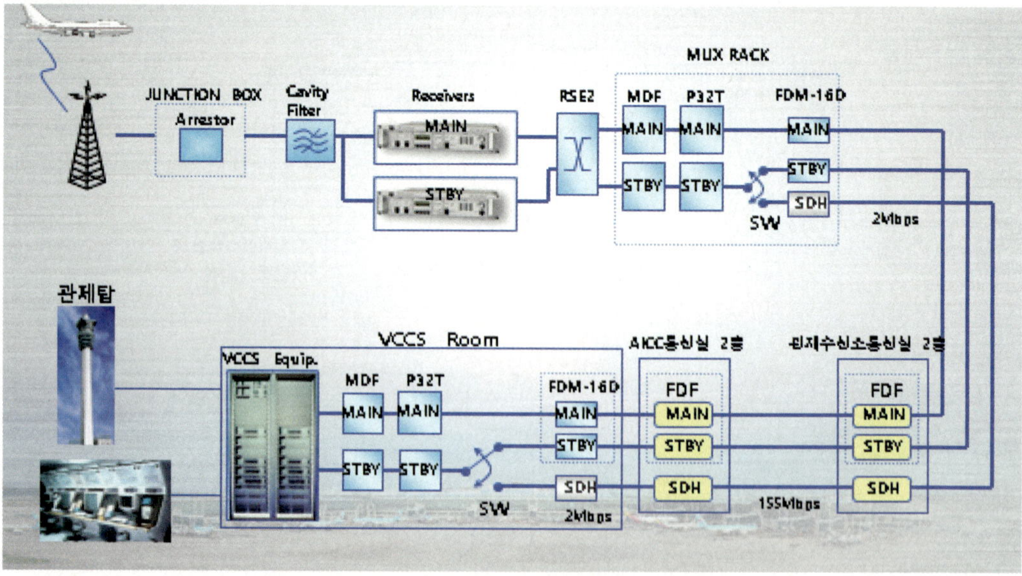

[Figure 3-6] 관제 수신기 신호 흐름도

마) 음성통신제어시설[VCCS/ECVS : Voice Control Communication System]

음성통신제어시스템(VCCS)은 관제탑을 비롯해 접근관제실 및 계류장 관제탑에서 이착륙 및 항로관제를 위해 필요한 관제송수신기를 원격조종하는 역할을 포함해 관제소 간의 통신기능, 유지보수 현장 간의 인터폰 기능 및 외부 관련 기관과의 비행정보 교환 업무 등을 제공하는 통합적인 제어시스템이다. 한편 [Fiqure 3-7]은 인천국제공항 음성통신제어실 내의 시스템 배치 전경을 보여주고 있다.

[Figure 3-7] 관제 통신감시실 내 VCCS/ECVS 배치도

한편 음성통신제어시설은 [Figure 3-8]과 같이 관제석을 비롯해 관제송수신기, 전용회선 등을 제어하는 각종 카드 회로로 구성되어 있으며, Microprocessor에 의한 제어방식을 통해 어느 특정 회로 카드에 장애가 발생이 되더라도 전체 시스템에는 영향이 없도록 설계가 된다.

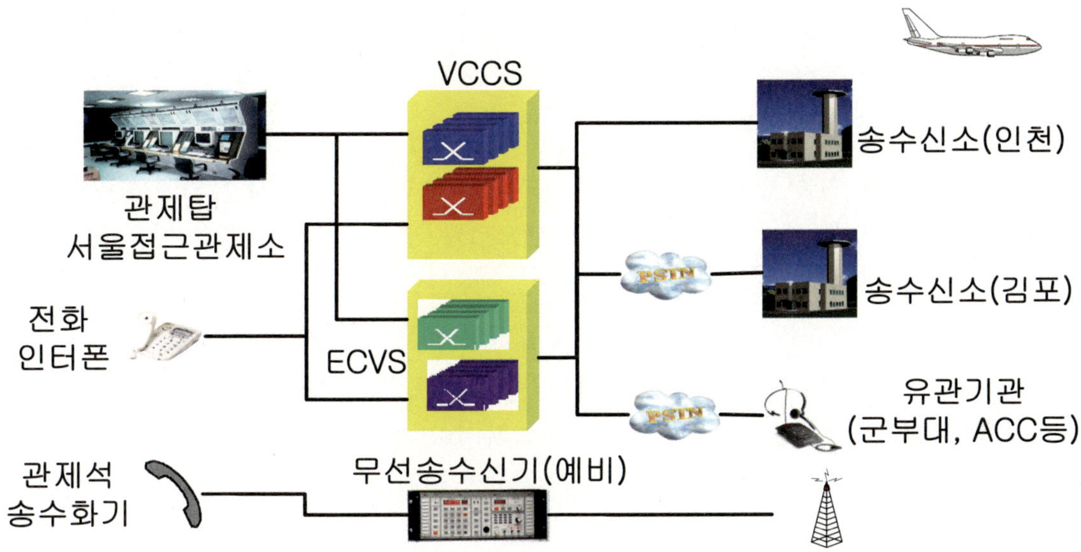

[Figure 3-8] 음성교환시스템 회로 구성도

그리고 또한 음성통신제어시설(VCCS)의 통신 관련 인터페이스 구성은 [Figure 3-9]와 같다.

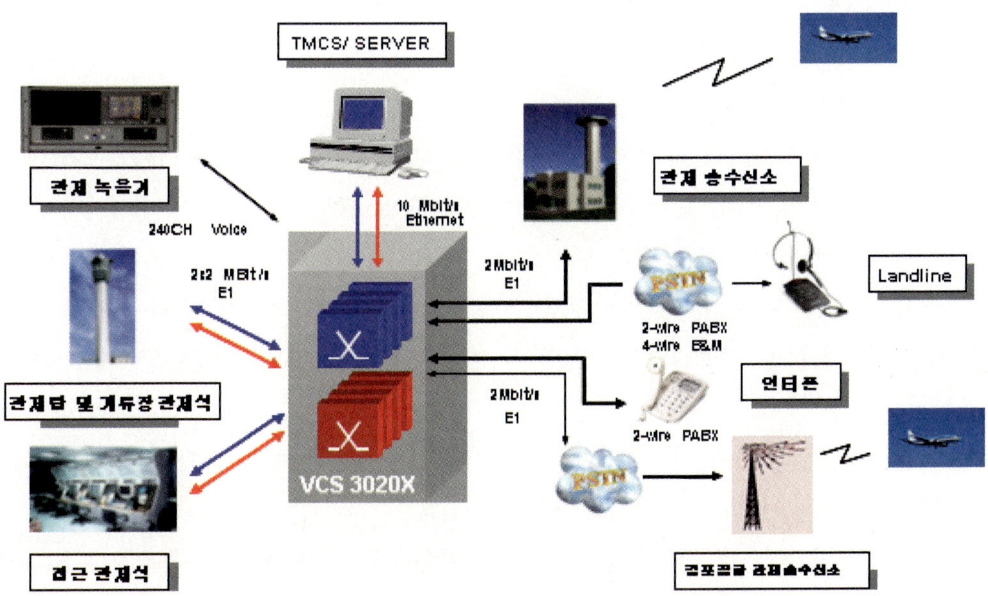

[Figure 3-9] VCCS시스템 통신방식 구성도

한편, 항공기 조종사와 지상관제사 간의 무선교신을 하기 위해 우리나라에서는 약 100여개 채널의 초단파(VHF)와 극초단파(UHF)를 관제사가 선별하여 사용할 수 있으며, 약 10개 정도의 원격공지 통신 사이트의 장비와 유선 및 위성을 통해 원격으로 연결하여 항공교통관제에 사용된다.

또한, 인접국 ACC, 접근관제소, 관제탑, 중앙방공통제소(MCRC) 등 외부기관과 비행정보를 교환할 수 있는 통신장비로 지점 간 통신장비인 직통선을 이용하여 비행 정보를 상호 교환한다.

바) 단파이동통신시설[HF Radio]

본 시스템은 항공용 이동 통신 서비스 영역으로 할당된 2.85~22MHz 사이의 주파수 대역에서 3kHz 간격으로 서비스가 운용되는 통신시스템으로써, 항공기 장거리 항공 이동 통신 수단으로 오래전부터 이용되고 있다.

특히, 본 시스템은 대양과 오지를 비행하는 항공기와 항공교통관제기관 사이의 ATS 음성통신을 지원하며 항공기와 항공사의 운항통제센터 간의 운항관리 통신에도 사용되고 있다.

특히, 본 시스템은 수천 킬로미터까지의 장거리 통신이 가능하지만 태양 활동과 다른 자연현상에 영향을 받을 때 통달 거리와 가독성이 유동적이며 어떤 주파수의 경우는 때에 따라 사용이 불가능한 상황이 발생이 될 수도 있다.

참고로, 본 시스템을 효과적으로 이용하기 위해서는 특수하게 훈련된 무선사(Radio Operator)와 숙련된 조종사가 필요하다.

사) 단파데이터이동통신시설[HFDL : High Frequency Data Link]

본 시스템은 1990년대 항공사 관련 산업에서 민간항공용으로 사용하기 위해 기술이 개발된 시스템으로써, 기술적인 특성은 다음과 같다.

- 본 시스템은 HF 음성통신과 같은 동일한 주파수와 장비를 통해 운영할 수 있다.
- 본 시스템은 SSB 디지털 변조 방식으로 3kHz 채널 단위로 운용되며 2.4 bits/s까지의 처리량(Throughput)을 제공한다.
- 본 시스템은 무선 주파수와 데이터 전송률에 따라 자동으로 적응/변화하는 프로토콜로 넓은 에러 감지 및 보정 알고리즘을 포함하기 때문에 HF 음성보다 전송 조건에 따른 민감도가 낮다.
- 본 시스템은 ATN의 서브 네트워크로써 작동하도록 설계된 비트 기반 데이터 프로토콜을 사용한다.
- 본 시스템은 항공기의 데이터 통신 인프라와 호환성을 갖게 하도록 문자 기본의 ACARS 메시지를 지원하고 있다.

• 본 시스템의 평균 전송 지연 값은 75초, 95% 전송 보장의 경우 200초 이내로 처리한다.
• 본 시스템은 AOC 및 상업용으로써, 현재 전 세계적으로 사용되고 있다.
• 본 시스템은 북태평양과 북대서양 지역에서의 ATS 구현을 위한 사전 운용점검 시험에도 활용되고 있다.
• 특히, 본 시스템은 위성통신 기술의 발전에 따라 HF 기술은 향후 정지 궤도 통신 위성이 없는 지역이나 도달할 수 없는 극지방에서 위성통신의 백업으로 사용될 가능성은 남아있다.

아) 음성기록장치[Recorder]

본 시스템은 항공기에 탑재되는 일명 블랙박스의 한 부분인 음성기록장치(CVR : Cockpit Voice Recorder)와 같이 지상에 설치되는 음성기록장치로써 기본적으로 지상 관제사와 항공기 조종사 간의 음성 교신내용을 포함해 관제용 인터폰 및 직통전화의 통신내용 등을 24시간 녹음하여 3개월 간 보관한다.

녹음된 자료는 향후 항공기 사고 등 발생 시 결정적인 사고 원인 분석 및 증거자료로 활용된다.

자) 멀티채널 송수신기

본 시스템은 음성 통신제어장치(VCCS) 및 관제 송수신기 장애 시 비상용으로 사용되는 항공무선통신 시설이다.

차) 휴대용 멀티채널 송수신기

본 시스템은 음성 통신제어장치(VCCS/ECVS)와 독립적으로 운영이 가능한 송수신기이다.

카) 초단파디지털이동통신시설[VDL : VHF Data Link System]

본 시스템은 항공기 조종사와 지상 관제사 간의 의사소통을 디지털 데이터(문자 메시지)를 통해 제공함으로써 기존 시스템의 아날로그 음성통신에 따른 의사소통 오류 발생 문제와 급속히 증가하는 항공교통량을 처리에 따른 주파수 자원 부족의 문제를 동시에 해결하기 위한 차세대 시스템을 말한다.

한편, 본 시스템의 기술 발전은 단거리 이동통신시설 구축 시 적용하여 음성신호에 의지하던 것을 데이터 교환도 동시에 이루어지도록 하여 음성통신의 단점을 해결할 것으로 생각된다.

참고로, 항공이동통신용 VHF 대역인 118.000MHz~136.975MHz 사이의 채널을 이용하는 VHF통신은 항공교통관제(ATC), 항공운항관리(AOC) 통신 등 분야에 중요한 무선통신 수단으로 사용되고 있음과 아울러 VDL mode 2.3.4로 구분하여 사용되고 있다.

참고로, 〈Table 3-1〉에서는 VHF 디지털 링크 시스템별 제원 관련 데이터가 명시되어 있다.

〈Table 3-1〉 VHF 디지털 링크 시스템별 제원

항 목	ACARS	VDL M2	VDL M3	VDL M4
할당주파수(MHz)	131.55	118~137	118~137	118~137
채널간격(KHz)	25	25	25	25
변조방식	DSB-AM/MSK	D8PSK	D8PSK	GPSK
다중접속	CSMA	CSMA	TDMA(CSMA)	STDMA
데이터전송률(kbps)	2.4	31.5	31.5	19.2
디지탈음성전송률(kbps)	N/A	N/A	N/A	N/A
운용범위(NM)	200	200	200	200
통신제공 수단	Data	Data	Data/Voice	Data
통신서브넷	공대지	공대지	공대지	공대지
응용분야	AOC/ATC	AOC/ATC	ATC	ATC
비 고			데이터 전용시 CSMA	

타) 관제사 조종사 간 데이터링크시설[CPDLC : Controller Pilot Data Link Communication]

본 시스템은 항공기 조종사와 지상 ATC 센터의 관제사 간에 이루어지는 메시지 교환 기능을 제공하는 시스템으로써 다음과 같은 특성을 갖고 있다.

(1) 시스템 주요 장점

- 본 시스템은 신속하고 정확한 Data 전송 능력을 지원한다.
- 본 시스템은 관제업무의 처리 능력을 증대시킨다.
- 본 시스템은 항공기의 운항 시간 및 거리를 단축시키도록 지원한다.
- 본 시스템은 항공기 도착 진행 절차를 단축시키도록 지원한다.
- 본 시스템은 관제 중 항공기에 대한 시기적절한 Clearances 처리가 가능하도록 지원한다.

(2) 시스템 주요기능

- 본 시스템은 음성통신이 아닌 문자데이터를 통한 조종사와 관제사 간 ATC 통신을 지원한다.
- 본 시스템은 항공기와 지상 ATC 센터 사이의 1대1 방식으로 데이터 연결을 지원한다.
- 본 시스템상에는 183개의 Uplink 메시지와 80개의 Downlink 메시지로 구성이 되어 있으며, 각 메시지상에는 고유의 식별 코드가 할당된다.
- 본 시스템은 항공기가 해당 FIR 영역을 벗어날 때 관제 이양이 이루어질 차기 ATC 센터를 자동 설정토록 지원한다.
- 본 시스템상에는 비트 지향형 어플리케이션이 적용된다.

- 본 시스템에는 ATN 네트워크에 대하여 OSI 모델 중 트랜스포트 계층의 프로토콜이 사용된다.
- 본 시스템은 비트-문자 변환 기능을 갖추고 있다.

파) 항공위성이동통신시설(AMSS)

(1) 항공위성이동통신시설 개요

본 시스템은 항공기의 하부시스템과 지상의 하부시스템 간을 정지 궤도 상의 인공위성과 지상국을 이용하여 직접 연결하는 세계적인 통신시스템이다.

그리고, 본 시스템은 항공기에 탑재한 최종 이용자와 지상에 본부를 둔 최종 이용자 간에 데이터 및 음성통신으로 지원하는 시스템이 등으로 구성이 된다.

여기에서 항공기의 최종 이용자는 항공기에 탑승한 승객을 물론 항공기의 탑재시스템을 의미하며, 아울러 지상의 최종 이용자의 대표적인 이용자는 항로관제소, 항공기를 운용하는 항공사 및 기타 공중통신망 가입자 등이 있다.

특히, 본 시스템을 통해 서비스가 지원되는 통신은 항공교통서비스(ATS), 항공운항관리(AOC), 항공업무통신(AAC) 및 항공여객통신(APC) 등 4개 분야로 크게 분류된다.

(2) 항공위성이동통신시설 기술 특성

본 시스템은 다음과 같은 기술 특성을 갖고 있다.

- 본 시스템은 정지 위성을 이용하여 디지털 음성과 데이터 서비스를 제공하며 이동 통신용 위성 서비스 주파수 대역인 1,545~1,555MHz와 1,646.5~1,656.5MHZ 사이의 UHF 주파수가 사용된다.
- 본 시스템은 항공종합통신망의 서브 네트워크의 일종으로 설계되어 ACARS 메시지를 지원한다.
- 본 시스템은 현재 남태평양 지역에서 FANS-1/A를 통해 항공교통업무를 지원하는데 사용되고 있으며, 평균 전송 지연 값 요구 사항으로 30초 이하를 명시하고 있다.
- 본 시스템은 북대서양 지역에서 ADS로 (ADS-C)로 결로점 보고가 가능한 항공기의 FANS-1/A 서비스를 지원하는데 활용된다.
- 본 시스템의 디지털음성부분은 지상의 공중전화교환망과 ATS 음성 네트워크 간에 인터페이스로 구성되어 있으며, 항공기 승객 통신과 항공교통업무 통신 및 항공운용관리 통신을 위한 고품질의 음성 통화 서비스를 제공하도록 구성되어 있다.
- 본 시스템에 의해 통신 서비스를 제공받는 일부 사용자들에게는 비상상황과 비정상 항로 비행 시 통신 수단으로 AMSS를 사용하는 방안이 제공되고 있다.

- 현재는 대략 3,000여대의 항공기가 본 시스템을 탑재하고 있으며 대부분은 항공승객 통신용으로 사용되고 있지만 ATS와 AOC용 음성통신이 가능하도록 되어 있다.
- 본 시스템과 관련된 ICAO SARPs와 참고 자료는 1995년 최초 공표되었으며 2000년에 갱신이 완료되었다.
- 특히 Inmarsat 상업용 통신 위성 시스템은 본 시스템 기능을 지원하고 극지방을 제외한 대부분의 영역을 커버하고 있다.
- 참고로, 현재 태평양 지역에서는 일본에서 MSAS 프로그램으로 발사된 MTSAT 위성이 운영되고 있다.

(3) 항공위성 이동통신시설 장단점

- **장점**

  본 시스템은 음성 및 데이터를 포함하는 양질의 양방향 통신을 제공하며, 아울러 그 어떠한 고도이든지 간에 서비스 영역 내에서 비행하는 항공기를 위한 통신이 가능하다.

  뿐만 아니라, 대기중 및 전리층에서의 전자파에 의한 영향을 받지 않는 통신 제공이 가능함은 물론 특히, 위성에서 지향성 안테나를 이용한 지구 표면의 특정된 지역을 커버하기 위한 통신 제공이 가능하다.

- **단점**

  본 시스템은 정지궤도위성으로 커버되지 않는 극지방을 위해 특별한 궤도를 갖는 제3의 위성이 필요함에도 불구하고 현재의 기술로는 대륙 간 VHF 통신장비보다 더 복잡하고 고가의 항공기 지구국 장비가 요구된다.

  그리고, 항공기 지구국과 위성사이, 위성과 지상 지구국 사이의 신호의 편파는 신호가 전리층을 통해 전파될 때 회전하게 되어 항공기지국, 위성, 지상 지구국을 위해 상대적으로 복잡한 원형편파의 사용이 요구된다.

  참고로, 향후 터미널 영역에서의 일부 위성을 이용한 통신은 항공사에 의해 사용될 지도 모르나 대부분의 항공기는 비용이 저렴한 VHF 사용이 지속될 것으로 예상된다.

하) 항공이동통신용 인공위성 데이터통신

항공이동통신용 인공위성은 일반적으로 우리가 가정이나 사무실에서 국제음성통신을 이용할 때 사용되는 인공위성과 유사한 인공위성이다.

즉, 항공용 위성과 일반용 인공위성 간에 기능은 동일하나 사용하는 주파수는 일반적으로 고정통신망은 C, Ku, Ka 밴드의 주파수를 이용하는 반면에 이동통신용은 L 밴드의 주파수를 이용한다.

특히, 이동 통신을 위해서는 적절한 보조능력을 가지면서 항공통신의 최대 목표인 전 세계를 커버하기 위해 최소 3개의 위성이 필요하다.

그리고, 이들 위성은 지구 정지 궤도를 이용하여 지구 적도면 상공에 존재함으로 인해, 지구와 동일 주기로 회전한다. 따라서, 본 궤도에 있는 위성은 지구와 같은 속도로 회전하고 있으므로 지구에서 위성을 보면 적도 상공에 정지하고 있는 것으로 보여진다.

위성에 장착된 안테나는 위성으로부터 보이는 지구 전역 혹은 필요에 따라서 일부분 영역으로만 전파를 발사할 수 있게 조정되어 있음으로 인해, 몇 개의 인공위성으로 극지방을 제외한 전체 지구를 커버할 수 있다.

참고로, 현재 세계적으로 통신 서비스를 제공하기 위한 위성은 경도 120도 간격으로 배치된 총 3개의 위성이 존재하고 있으며, 동 위성들은 지구 전역을 커버할 수 있는 안테나를 갖추고 있다.

뿐만 아니라, 통신량이 폭주하는 대서양에는 두 대의 위성이 배치되어 있으므로, 결국 전 세계적으로는 4대가 운용되고 있다.

인공위성 중계에 의한 데이터 통신망은 정보전달 특성상 동보성과 광역성을 가지고 있다.

그리고, 광역을 커버하기 위하여 인공위성의 중계방식 도입은 필수적이며 인공위성을 이용한 데이터 링크는 국제해사기구가 운용하고 있는 데이터 링크를 이용함으로써 수행될 수 있다. 비용효과 측면에서는 앞서 기술된 통신방식보다 덜 경제적이어서 대양, 사막 등 꼭 필요한 지역에서만 사용될 예정이다.

거) 범용접속데이터 통신시설(UAT : Universla Access Transceiver)

본 시스템은 공대공(Air-to-Air) 또는 공대지(Air-to-Ground) 등의 Surveillance 및 상황별 경고 등에 응용하기 위해 개발된 최적화 데이터링크 시스템을 말한다.

이와 관련하여, 미국 Mitre사에서는 3MHz대의 대역폭을 갖는 ADS-B를 위한 데이터링크 시스템 관련 본 시스템(UAT)을 가장 최근에 최초로 개발하였다.

본 시스템의 경우 초기에는 공중과 지상 기반의 Broadcast 애플리케이션을 지원하고 감시 및 주위 상황 파악 기능을 지원하는 최적화된 설계를 추구하였다.

참고로, 본 시스템의 데이터 전송속도는 대략 1MG 비트 정도로써, 초기 UAT의 운용은 966MHz의 실험용 주파수 대역을 사용하였으며, 알래스카에서의 기술시연(Capstone Program)에서는 UAT 주파수로써 981MHz를 사용하였다.

나) 항공고정통신시설

1) 시스템 구성

본 시설은 항공 관련 기관들이 각종 정보를 안정되게 교환할 수 있도록 구축한 통신망 시설로써, 그 하부시스템들은 다음과 같이 구성된다.

- 항공고정통신망[AFTN]
- 항공정보교환망[AMHS]
- 항공관제정보교환망[AIDC]
- 항공직통전화망
- 항공종합통신망[ATN]

2) 항공고정통신망(Aeronautical Fixed Telecommunication Network)

가) 항공고정통신망의 개요

본 시스템은 국제민간항공기구(ICAO)에 의해 전 세계적으로 인접국 간에 서로 항공전용 통신망을 구성하도록 규정된 통신망 시스템으로써, 우리나라를 비롯해 중국 및 일본 등은 동 시스템에 의해 상호 연결되어 전 세계와 항공전문을 공유하고 있다.

본 시스템은 문자정보를 통해 비행계획을 항공고시보(NOTAM : Notice To Airmen), 항공기상, 조난, 수색 및 구조 등 주요 항공 관련 정보를 전 세계의 각 공항은 물론, 관제기관 및 항공사 등과 공유하는 역할을 수행한다.

나) 항공고정통신망(Aeronautical Fixed Telecommunication Network)의 구성

- **우리나라 항공고정통신망 부통신센터 위치 및 가입자 구성**
  본 센터는 김포공항에 위치해 있으며, 가입자는 항공교통센터(ATC), 인천공항, 울진비행훈련원, 국내공항(14개), 국내 항공사, 항공기상대 등 118개 가입자로 구성이 되어 있다.
- **국제고정통신망 센터 위치 및 가입자구성**
  [Figure 3-10]에서는 국제항공고정통신망관련 주통신센터를 비롯해 부통신센터, 단말국 및 지역분할(22지역) 문자정보 설정구역을 보여주고 있다.
  여기에서 참고로, 우리나라는 부통신센터 및 단말국으로써 일본과 중국을 통해서 항공고정통신이 이루어지고 있다.

[Figure 3-10] 국제 항공고정통신망(AFTN) 구성망

다) 항공고정통신망(Aeronautical Fixed Telecommunication Network)의 법령

- **전문의 분류 및 우선순위**

(1) 항공전문의 종류

① AFTN에서 처리되는 전문의 종류.

- 조난전문
- 긴급전문
- 비행 안전전문
- 기상 전문
- 비행규칙 전문
- 항공정보업무(AIS) 전문
- 항공행정 전문
- 서비스 전문

② 조난전문(우선순위 SS)은 선박, 항공기, 또는 기타 이동체가 중대하고 급박한 위험 상황을 보고하는 전문과 조난 중인 항공기가 요구하는 긴급 원조에 관한 모든 전문

을 말한다.

③ 긴급전문(우선순위 DD)은 선박, 항공기 또는 기타 이동체, 선상 또는 시계내의 인명의 안전에 관한 전문을 말한다.

④ 비행 안전전문(우선순위 FF)은 다음 각호의 전문을 말한다.

- PANS-ATM(Doc 4444) Chapter 10에 정의된 이동 및 관제 관련 전문
- 비행 중이거나 이륙을 준비 중인 항공기에 대하여 항공사가 긴급히 발신하는 전문
- SIGMET 정보, 특별 항공보고서(Air-report), AIRMET, 화산재, 열대성 사이클론 정보 및 수정되는 예보로 제한된 기상 전문.

⑤ 기상 전문(우선순위 GG)은 다음 각호의 전문을 말한다.

- 터미널 공항예보(TAFs), 지역 및 항로예보 등 예보에 관한 기상 전문
- METAR, SPECI 등 관측 및 보고에 관한 기상 전문

⑥ 비행규칙 전문(우선순위 GG)은 다음 각호의 전문을 말한다.

- 중량 배분에 필요한 항공기 하중 전문
- 항공기 운항 스케쥴 변경에 관한 전문
- 항공기 업무에 관한 전문
- 비정상 운항에 따른 승객, 승무원 및 화물 등의 요구 사항 변경에 관한 전문
- 비정상 착륙에 관한 전문
- 비행 전 준비 및 비정기 항공기의 운항 업무에 관한 전문
- 항공사가 발신하는 항공기의 도착 또는 출발보고 전문
- 항공기 운항에 긴급히 필요한 부품 또는 자재에 관한 전문

(2) 항공정보업무 전문(우선순위 GG)은 다음과 같다.

- NOTAM에 관한 전문
- SNOWTAM에 관한 전문

(3) 항공행정업무 전문(우선순위 KK)은 다음과 같다.

- 항공기 운항의 안전성 또는 정규성을 위한 시설의 운영 또는 정비에 관한 전문
- 항공통신업무에 관한 전문
- 민간항공기관 간에 교환하는 항공 관련 업무에 관한 전문

(4) 서비스 전문(적당한 우선순위)은 회선 일련번호 확인 등 통신업무에서 부정확하게 송신한 전문에 관한 정보 획득 또는 조회를 위해 항공고정통신국 및 각 가입자가 발신하는 전문을 말한다.

2) 항공정보교환망(AMHS : ATS[Air Traffic Service] Message Handling System)

가) 시스템 개요

본 시스템은 기존 Text(문자) 기반의 AMS에서 처리할 수 없었던 파일 첨부를 비롯해 멀티미디어 정보전송, 보편성, 확장성 및 신기술 등이 적용된 시스템으로써 기존 대체할 차세대 항공정보처리시스템을 말한다.

나) 항공정보교환망 시스템 기술특성

기존 시스템(AMS)과 새로운 시스템(AMHS) 간의 기술 특성은 〈Table 3-2〉와 같다.

〈Table 3-2〉 항공정보 교환망 관련 신 · 구 시스템 간 기술 특성 비교표

항 목	(구 시스템) AMS	(신 시스템) AMHS
적용 기간	오래된 기술 (1930~40년대 확립된 기술)	신기술(1980~) 적용
기술 특성	비 보편적 기술(폐쇄적)	보편적 기술(개방적)
적용 범위	신기술 적용의 한계	신기술 적용 용이
연결방식	Point to Point 네트워크 연결	Router를 이용한 동적 routing 가능
제원	기능적 제한(기본적인 메시지 송, 수신) - 메시지 사이즈 : 2100자 - 수신처 개수 : 최대 21개 - 전송정보 종류 : Text(문자) - 파일 첨부 : 불가 - 보안성 : 낮음 - 디렉토리 서비스 : 없음	다양한 기능 지원 - 메시지 사이즈 : 제한 없음 - 수신처 : 제한 없음 - 정보전송 종류 : Text, 음성 등 멀티미디어 정보 - 파일 첨부 : 기능 - 보안성 : 높음 - 디렉토리 서비스 : 지원

참고로, 현재 우리나라는 국제 항공종합통신망(ATN) 구축사업에 의해 AMHS(AFTN/AMHS Gateway)가 구축되었지만, AMHS의 다양한 기능 중 한국-중국 간 ATN/AMHS 운영개시 협약에 의한 기존 AFTN 기반에서 지원하는 Text(문자) 기반 정보만 처리하여 운영 중에 있다.

3) 항공관제정보교환망(AIDC : ATS Inter-facility Documents Control)

가) 항공관제정보교환망의 개요

본 시스템은 [Figure 3-11]에서와 같이 기존의 인접 국가 간 자동 관제 이양 또는, 항공교통관제업무시설 간 데이터 통신으로써, ATS 기관들 사이에 데이터 통신을 이용한 통지(Notification), 관제 및 통신 기능의 이양(Transfer of Control and Communication functions)을 지원하는 시스템을 말한다.

특히, 본 시스템은 항공교통량의 증가로 인해 운항의 안전과 효율을 보장할 수 있는 새로운 시스템이 세계 여러 지역으로부터 강하게 요구되어 왔을 뿐만 아니라, 교통량의 증가와 함께 항공통신량도 증가함으로 인해 더욱 효율적인 통신시스템이 필요하게 되었다.

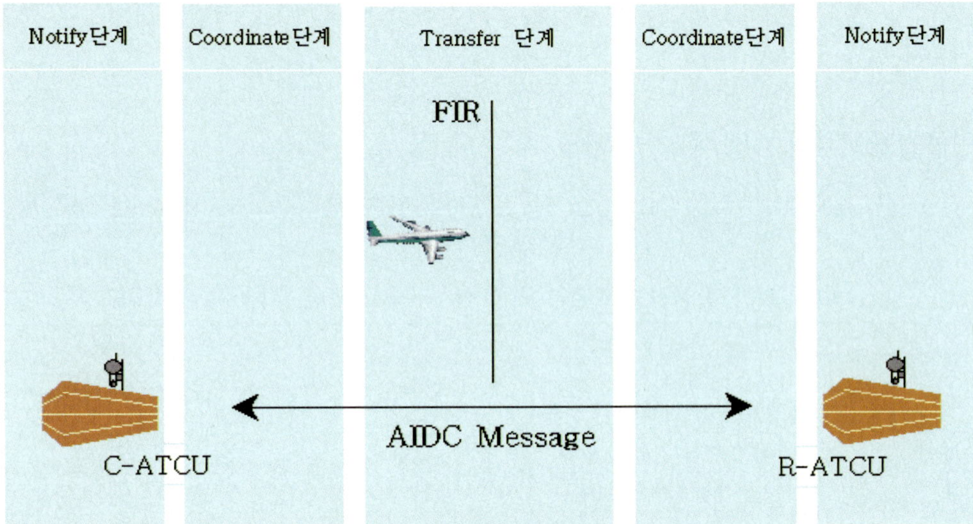

[Figure 3-11] 항공관제정보망(AIDC)의 개념도

나) 항공관제정보교환망의 메시지 구성

본 시스템의 AIDC Message Group은 〈Table 3-3〉에서와 같이 총 17개로써, 핵심 14, 선택 3, 한·일간 ICD 채택 7개 등으로 구성되어 있다.

그리고, 이와 관련하여 새로운 시스템은 국제민간항공기구(ICAO) 기준에 의거 표준 시스템으로 채택이 될 예정이다.

〈Table 3-3〉 AIDC Message Group

핵심	선택	Message Class	Message
○		Notification	ABI(Advanced Boundary Information)
○		Coordination	CPL(Current Flight Plan)
○			EST(Coordination Estimate)
○			MAC(Coordination Cancellation)
	○		PAC-(Preactivation)
○			CDN(Coordination)
○			ACP(Acceptance)
○			REJ(Rejection)
○		Transfer of Control	TOC(Transfer of Control)

다) 항공관제정보교환망의 특성

본 시스템은 ATN 시스템을 Ground-Ground 용으로 응용한 시스템으로써, 임의의 항공기는 지상의 ATC Units와 접속하여 항공운항에 필요한 다양한 정보를 교환할 수 있을 뿐만 아니라, ATC Units 및 항공사 간에도 접속할 수 있어 항공운항에 관련된 정보를 교환할 수가 있다.

특히, ATS 시설 간 데이터 통신인 본 AIDC 시스템은 FIR 사이의 관제 이양 및 통신 이양을 위해서는 기존 ATS 음성 회로망인 Voice 방식으로는 항공기가 대양 통과 시 통신의 한계로 인해 이를 극복하기 위한 대책 방안으로써 데이터에 의한 방식으로 병용토록 고안된 Application에 해당된다.

4) 항공종합통신망(ATN : Aeronautical Telecommunication Network)

가) 항공종합통신망의 개요

본 시스템은 2차 감시레이더의 MODE-S, VHF 데이터 링크 및 항공이동 위성 서비스(AMSS) 데이터와 같이 서로 다른 공중-지상 간의 데이터를 상호 공유할 수 있게 하도록 ICAO 또는 일부 선진국에서 개발 중인 시스템으로써, 패킷 데이터 서비스를 위한 항공이동위성서비스(AMSS)용 항공통신망 중의 한 부분 통신망(Sub network)으로 간주된다.

여기에서, 항공통신망이란 공중/지상 그리고 지상의 부분 통신망끼리 접속을 확립하여 서로 다른 개별적인 모든 항공통신망을 하나로 통합, 연결하는 개념이다.

특히, 서로 다른 기기끼리 상호운용이 되려면 시스템의 통신망 측면에서는 응용환경에 무관하여야 하며 하드웨어는 여러 가지 서로 다른 공중-지상링크로 분할될 수 있어야 한다.

그리고, 데이터통신망은 지상의 컴퓨터 또는 지상의 컴퓨터 간에 연결되어야 하는데 전 세계적으로 국가나 제작회사에 관계없이 모든 통신망 내의 컴퓨터가 국제표준화기구(ISO)에 의해 개발된 개방형 상호접속방식을 사용하여야 한다.

또한, 항공통신망은 항공이동위성서비스(AMSS)를 비롯한 위성항행시스템이 대부분의 구축이 이루어지는 시점에서 전체적인 통신망이 완성되기 때문에 대단히 방대하고 장기적인 사업이 될 것이다. 그러나 지상에서의 업무용 데이터 이용 시에는 컴퓨터 통신망을 통한 전송이 이루어지고 있으므로 점차 확장시켜 나가는 형태로 발전될 것이다.

한편, 항공통신망(ATN)은 위성항행시스템을 구성하는 하드웨어를 통합하여 전체 시스템으로 묶는 소프트웨어 작업으로써, 종단시스템인 항공기 탑재 컴퓨터와 지상 호스트 컴퓨터의 구성이 어떻게 되느냐에 따라 그 구성이 크게 달라질 수밖에 없다.

본 항공통신망은 항공이동위성서비스를 비롯한 위성항행시스템 대부분이 구축되는 시점에서 전체 통신망이 완성되지만, 국제민간항공기구(ICAO)에서 권장하고 있는 프로토콜의 방식이 부분적이라도 각각의 단말에는 지장을 초래하지 않으면서 통신망이 이루어지기 때문에 지상에서의 업무용 데이터 이동에는 이미 적용되기 시작하였다.

이와 관련하여, 컴퓨터 통신망의 개발은 항공통신망이 아니더라도 초기 접속과정과 프로토콜의 표준이 완성되면 과업의 절반을 수행한 것이나 다름이 없으므로 현재 항공통신망 프로토콜로 추천되고 있는 개방형 상호접속 프로토콜이 점점 구체적인 부분까지 확장되고 있다.

결론적으로, 2차 감시레이더의 MODE-S시스템을 이용한 데이터통신을 개발하고 있는 ICAO의 2차 감시레이더 개량 및 충돌방지위원회에서는 공지데이터 통신시스템에 개방형 상호접속방식을 채택하도록 권고하고 있다.

나) 항공종합통신망의 구축방안

본 시스템은 특성상 일시적인 구축이 아닌 단계적으로 구축이 이루어져야만 할 뿐만 아니라, 새로운 메시지 처리장치와 데이터링크시스템 간에는 코드 바이트 데이터 전송(Code-Byte independent data transmission)이 지원됨으로써, ATN과 완전히 호환되어야만 한다.

다) 항공종합통신망의 구성

본 시스템의 구성은 다음과 같이 이루어져 있다.

- 항공부문 : 항공기의 단말 시스템, 라우터, 서브 네트워크 등으로 구성된다.
- 공지부문 : 공지데이터 링크와 공지 ATN라우터를 포함하는 공지 시스템 등으로 구성된다.
- 지상부문 : 지상 단말 시스템, 지대지 ATN라우터, 지대지 서브 네트워크 등으로 구성된다.
- 서비스요소 : 통신 서비스의 응용계층을 의미한다.
- 지대지 서비스 요소 : ATN 지상부분 단독으로 사용하는 ATSMHS, ICC(AIDC) 등의 통신 서비스를 말한다.
- 공대지 서비스 요소 : 공중부문, 공대지, 지대지, 부문 모두를 사용하는 ADS CPDLC, FIS와 CM 등의 통신 서비스를 말한다.
- 단말 시스템 : OSI 7계층이 포함된 시스템으로 하나 또는 다수의 사용자 응용처리기 등을 말한다.
- 응용개체(AE : Application Entity) : OSI 7계층 중 응용계층에 해당하며 OSI 환경하에서 관련되는 응용처리 부분을 의미한다.

라) 항공종합통신망 관련 국내 구축 현황

ATN 관련 국내 구축 및 사용 현황은 〈Table 3-4〉에 제시되어 있다.

〈Table 3-4〉 국내 ATN 구축 및 사용 현황표

구 분	AFTN	ATN	비 고
연결 시스템(G/G)	AMS	AMHS AIDC	• Ground/Ground 어플리케이션 - AMHS(ATS Message Handling System) - AIDC(ATS Interfacility Data Communication)
연결 시스템(A/G)		CM ADS CPDLC FIS	• Air/Ground 어플리케이션 - CM(Context Management) - ADS(Automatic Dependent Surveillance) - CPDLC(Controller Pilot Data Link Communication) - FIS(Flight Information Services)

마) 항공종합통신망 관련 국내 현실태 및 항공정보처리내용

- **항공종합통신망 관련 국내 현실태**

  〈Table 3-4〉에 제시되어 있는 A/G, G/G 어플리케이션들은 향후 ICAO 정책, 국가 간 협의 및 기술수준 등이 성숙된 단계에서 시행·도입될 예정이며, 현재 우리나라는 국제 항공종합통신망(ATN) 구축사업에 의해 중국과 ATN이 구축되었으며, ATN 하부서비스(A/G, G/G)중 완전한 AMHS(AFTN/AMHS Gateway) 시스템이 도입되어 운용 중에 있다.

- **항공종합통신망 관련 항공정보처리내용**

  기존의 항공정보처리통신망인 항공고정통신망은 문자정보만을 제공할 수 있었으나 항공종합통신망은 문자, 사진, 동영상 등 다양한 항공정보 제공을 비롯하여 항공기와 지상 간의 항공정보 처리도 가능하다.

  한편, 한국-중국 간 항공종합통신망은 국제민간항공기구 아시아태평양 가입국 중 최초로 양국이 각각 자체개발한 시스템으로써, 차세대 항공통신 인프라 구성이 완료됨에 따라 향후 국내 차세대 항행 안전시설을 전환 도입하는 데도 크게 기여할 것으로 예상이 된다.

다. 항공정보방송시설

1) 시스템 구성

본 시설은 음성 및 데이터를 통해 기상, 운용주파수 등 운항에 필요한 공항정보를 제공하는 비행 중인 항공기 조종사에게 제공하는 시설로써, 그 하부시스템들은 다음과 같이 구성된다.

- 공항정보방송시설[ATIS]
- 디지털공항정보방송시설[D-ATIS]

2) 공항정보방송시설(ATIS : Automated Terminal Information System)

24시간 무중단으로 운항 중인 항공기에 공항 관련 정보를 제공하는 ATIS 시스템의 일반적인 하부시스템 구성은 [Figure 3-12]에 상세히 제시되어 있다.

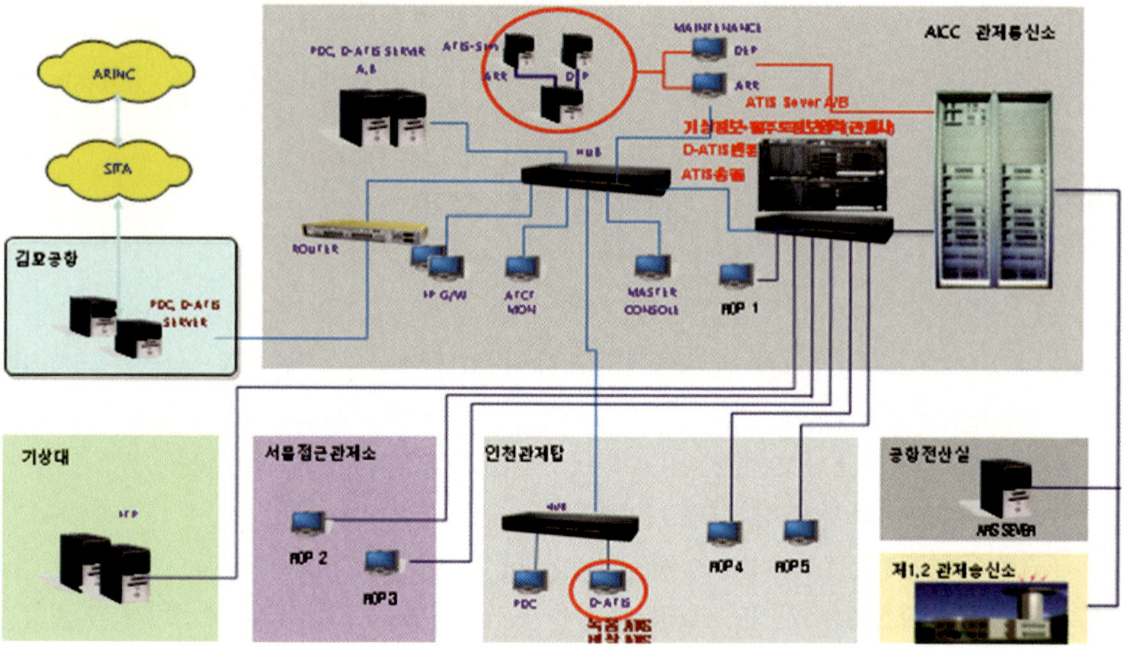

[Figure 3-12] ATIS 시스템 구성도

공항정보방송시설(ATIS)은 공항을 이용하는 항공기 조종사에게 공항의 정보와 기상상태 등 항공기 운항에 필요한 정보를 24시간 제공하는 역할을 수행한다.

[Figure 3-13]에서와 같이 ATIS 시스템의 기본적인 동작 원리를 보여주고 있다.

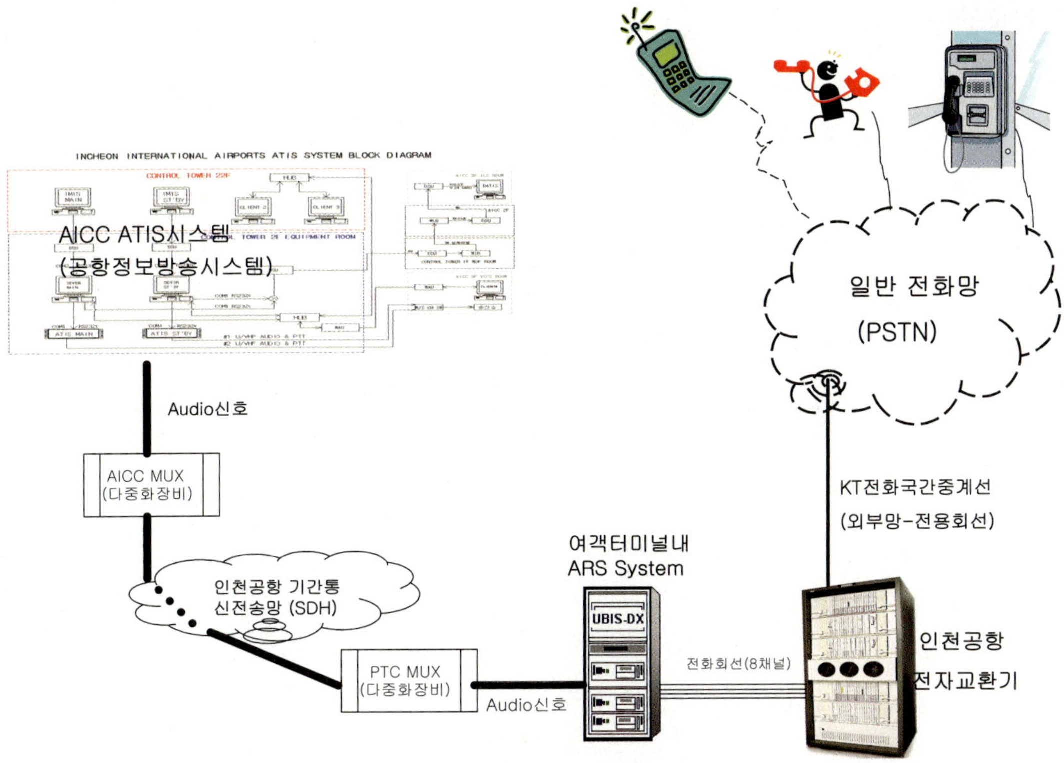

[Figure 3-13] ATIS의 동작 원리 개념도

2. 항공등화시설

가. 항공등화시설의 개요

1) 항공등화시설의 정의

본 시설은 광채, 배열, 배치 등을 통해 활주로로 착륙하는 항공기 조종사에게 진입 방향을 비롯해 진입 각도, 높이, 기체의 경도, 활주로 진입 단과 종단까지의 거리 등의 정보를 제공하는 시설을 말한다.

특히, 본 시설은 비행장이 있는 지상에 불빛과 표지시설 등을 설치하여 야간이나 악 기상 조건 하에서 항공기 조종사에게 비행장 및 활주로 위치, 활주로의 진입방향 등을 눈으로 직접 식별하여 안전하게 활주로로 착륙할 수 있도록 지원한다.

2) 항공등화시설의 구성

[Figure 3-14]에서는 CAT-Ⅱ/Ⅲ 정밀접근용 활주로상에 설치되는 항공등화 시설에 대한 하부시스템별 구성을 보여주고 있다.

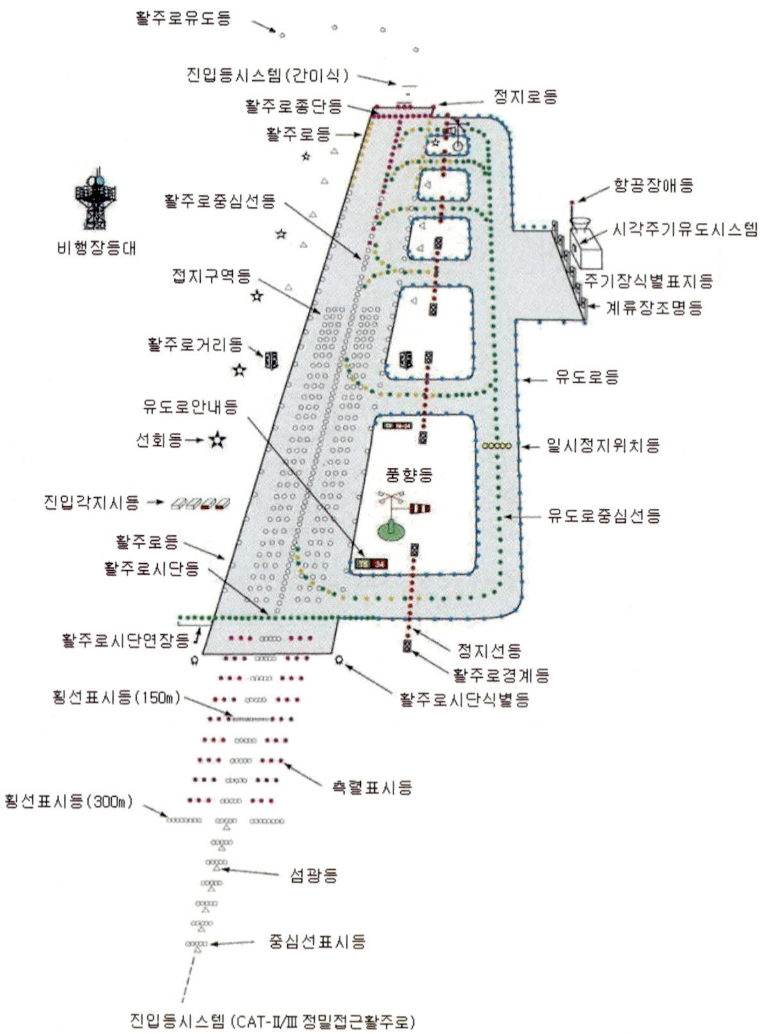

[Figure 3-14] CAT-Ⅱ/Ⅲ 정밀접근 활주로용 항공등화시설 배치도

나) 항공등화시설관련 하부시스템별 기본 이론

1) 항공등대(Aeronautical Beacon)

본 시설은 지표상의 특정 지점을 나타내기 위하여 연속적 또는 단속적으로 모든 방위각에서 보이는 등화를 말하며, 다음과 같이 비행장등대 및 비행장식별등대로 구분된다.

가) 비행장등대(Aerodrome Beacon)

본 시설은 항행 중인 항공기에 비행장의 위치를 알려주기 위하여 비행장 또는 그 주변에 설치되는 시설이다.

본 시스템의 불빛은 녹색과 백색등이 교차적으로 빛을 발생시켜야만 하지만, 국내공항의 경우 [Figure 3-15]에서와 같이 비행장등대는 180 degree로 녹색등과 백색등을 설치하여 360 degree 회전하는 방식으로 빛을 발하도록 운영되고 있다.

그리고, 항공등화시설이 없는 육상비행장의 경우에는 단일 백색 섬광으로 설치하여 운영된다.

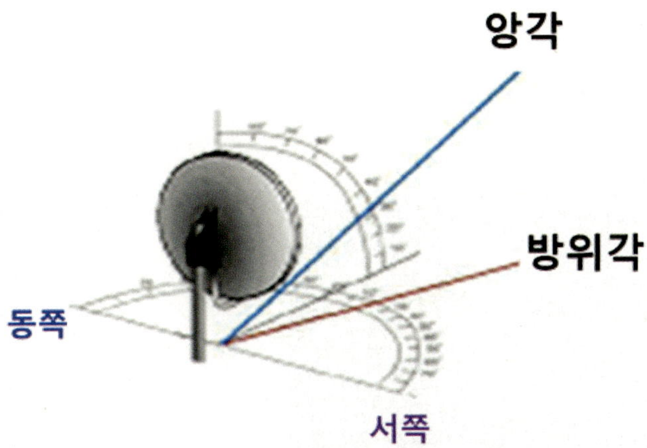

[Figure 3-15] 비행장 등대 동작관련 기술 기준

비행장등대의 등기구는 다음과 같이 2등형과 4등형이 있으며, 4등형으로 사용하는 경우 2등은 상시등으로, 2등은 예비등으로 운영이 된다.

나) 비행장식별등대(Aerodrome Identification Beacon)

본 시설은 항행 중인 항공기에 비행장의 위치를 알려주기 위하여 모스부호로 명멸하는 시설이다.

즉, 국제 모르스 부호에 따라 전파가 아닌 불빛으로 명멸 발신을 하게 되면, 조종사는 불빛 명멸을 문자로 해석하여 식별을 확인하게 된다.

2) 진입등시스템(Approach Lighting Systems)

본 시설은 착륙하려는 항공기에 그 진입로를 알려주기 위하여 진입구역에 설치되는 시설이다. 본 진입등시스템에 대한 활주로 운용등급에 따른 분류는 〈Table 3-5〉와 같다.

〈Table 3-5〉 활주로 운용등급에 따른 진입등시스템 분류표

활주로 운용등급		분류	구분
비계기/비 정밀접근활주로 (활주로 길이 1,200m 이상)		간이식	ICAO : SALS FAA : SSALF, SSALR, MALS 등
정밀접근활주로	CAT-Ⅰ	표준식	ICAO : 정밀접근 CAT-Ⅰ등화시스템 FAA : ALSF-Ⅰ
	CAT-Ⅱ/Ⅲ	표준식	ICAO : 정밀접근 CAT-Ⅱ/Ⅲ등화시스템 FAA : ALSF-Ⅱ

가) CAT-Ⅰ 정밀접근활주로 진입등시스템 설치기준

CAT-Ⅰ정밀접근활주로에 설치되는 표준식 진입등시스템(ALSF-Ⅰ)은 [Figure 3-16]과 같다.

[Figure 3-16] CAT-Ⅰ 정밀활주로 진입등시스템(ALSF-1)

나) CAT-Ⅱ/Ⅲ 정밀접근활주로 진입등시스템 설치기준

CAT-Ⅱ/Ⅲ 정밀접근활주로에 설치되는 표준식 진입등시스템(ALSF-2)은 [Figure 3-17]과 같다.

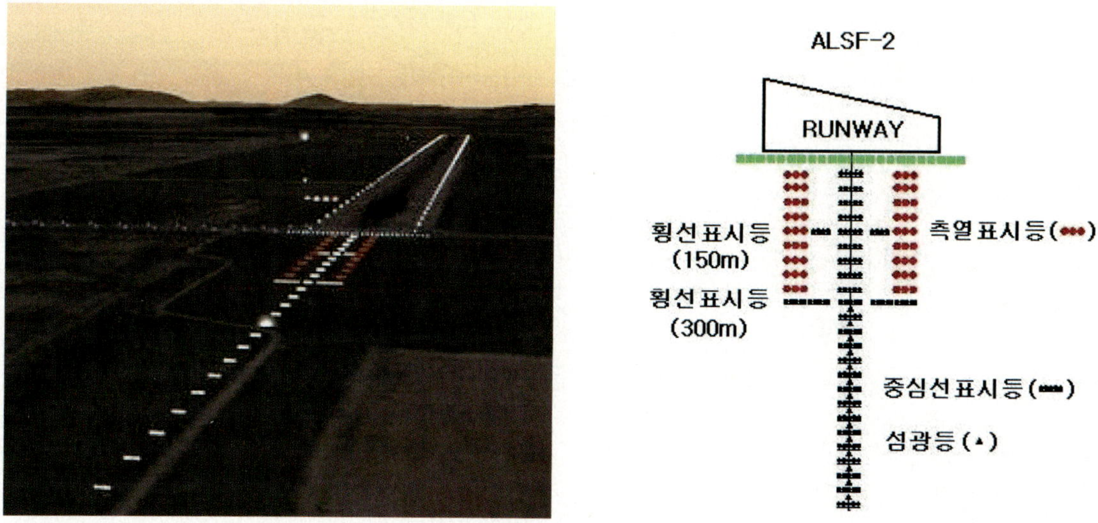

[Figure 3-17] CAT-I 정밀활주로 진입등시스템(ALSF-2)

그리고, 참고로 본 CAT-Ⅱ/Ⅲ 정밀접근활주로 진입등시스템상에서 활주로 중심선 표시등은 CAT I의 "중심선표시등"과 동일하게 설치된다.

3) 진입각지시등(Precision Approach Path Indicator)

본, 시설은 항공기의 착륙 시 진입 각의 적정 여부를 알려주기 위하여 활주로의 외측에 설치되는 시설이다.

가) 진입각지시등 설치기준

특히 본 시스템은 ILS의 GP 시스템이 설치된 활주로와 ILS의 GP 시스템이 설치되어 있지 않은 활주로에 따라 설치 위치가 다르다.

즉, GP 장비가 설치된 활주로에서는 GP 장비의 착륙 각도(3°)와 진입 각 지시 각도는 적절하게 일치되어야 하므로 PAPI는 통상 GP 뒤에 설치가 된다.

한편, [Figure 3-18]에서는 항공기 수신 안테나와 조종사의 시각(눈높이) 간 평균 간격(AEAH)을 고려하여 PAPI 설치 위치를 계산하는 절차를 보여주고 있다.

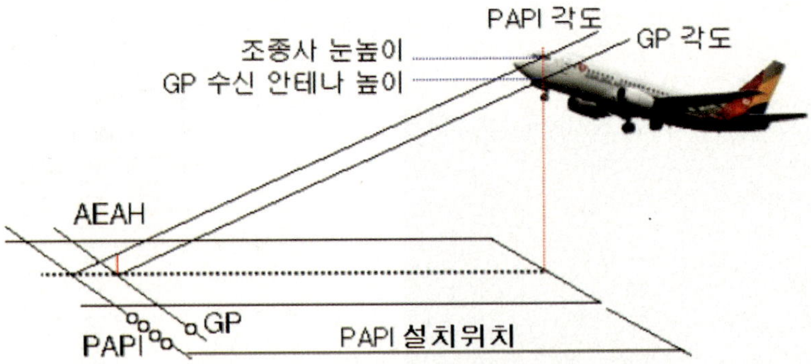

[Figure 3-18] 진입각지시등(PAPI) 설치 기준

[Figure 3-18]에서 제시된 항공기 수신 안테나와 조종사의 시각(눈높이) 간 평균 간격(AEAH) 관련 설정 기준은 〈Table 3-6〉에 제시되어 있다.

〈Table 3-6〉 항공기 수신 안테나와 조종사의 시각(눈높이) 간 평균 간격(AEAH) 관련 설정 기준자료

항공기 그룹	항공기 안테나와 조종사 시각(눈높이) 간 간격 (Eye-to-Antenna Height, EAH)	평균 간격 (Average Eye to Aerial Height, AEAH)
대형항공기	3.7 m~6.7 m	5.2 m
중형항공기	1.3 m~3.7 m	2.5 m
소형항공기	1.3 m까지	1.3 m

[Figure 3-19]에서는 착륙하는 항공기는 진입형태에 따라 항공기 랜딩기어와 조종사 시각(눈높이) 간의 고도차이에 따른 기준이 제시되어 있다.

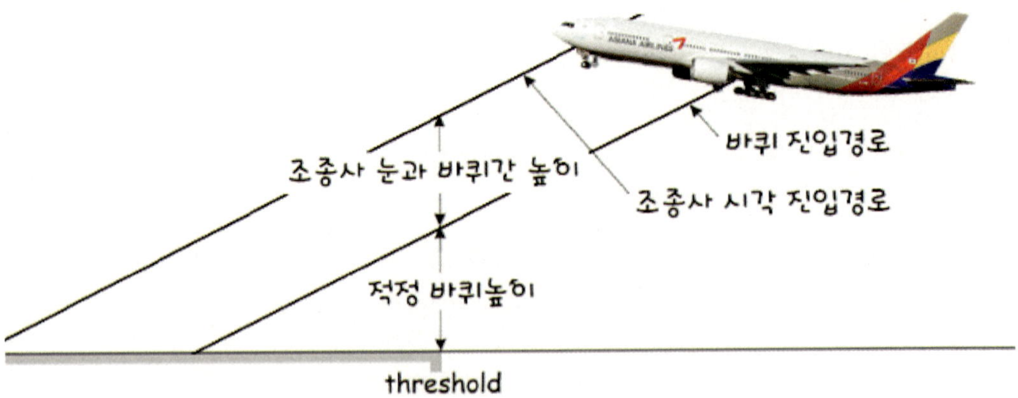

[Figure 3-19] 랜딩기어와 조종의 시각(눈높이) 간의 고도차이 기준

〈Table 3-7〉에서는 착륙 항공기가 활주로 시단을 통과할 때 랜딩기어와의 높이에 대하여 적정 높이와 최소 높이에 대한 분류 기준이 제시되어 있다.

〈Table 3-7〉 활주로시단으로부터 바퀴까지의 높이

진입형태에서 항공기 랜딩기어에서 조종사 시각(눈높이) 간(Eye-to-Wheel) 고도	적정 랜딩기어 높이 (Wheel Clearance)	최소 랜딩기어 높이 (Minimum Wheel Clearance)
3 m 까지	6 m	3 m
3 m 이상 5 m 미만	9 m	4 m
5 m 이상 8 m 미만	9 m	5 m
8 m 이상 14 m 미만	9 m	6 m

나) 진입각지시등 동작 원리

진입각지시등은 항공기의 진입 각도에 따라 [Figure 3-20]과 같이 지시된다.

[Figure 3-20] 항공기 진입 각도에 따른 진입각지시등 동작상태

다) 진입각지시등 각도(앙각) 설정기준

Glide Path가 설치되어 있지 않은 활주로의 PAPI 표준각도(3° 기준)와 Glide Path Angle(3°)이 설치된 활주로의 PAPI의 설정 각도와는 차이가 있다.

[Figure 3-21]에서는 진입각 설정각도가 제시되어 있다.

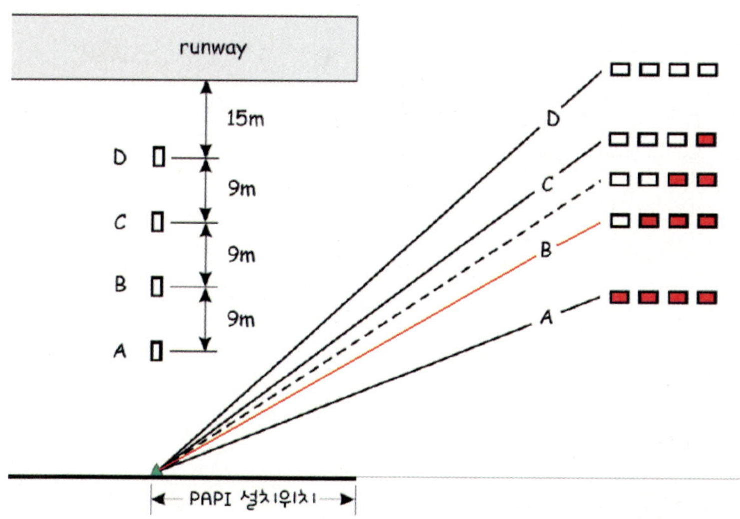

[Figure 3-21] 항공기 진입 각도에 따른 진입각 진입등 각도(앙각) 기준

한편, Glide Path가 설치되어 운영 중인 활주로에 설치되는 PAPI의 각도는 [Figure 3-22]와 같다.

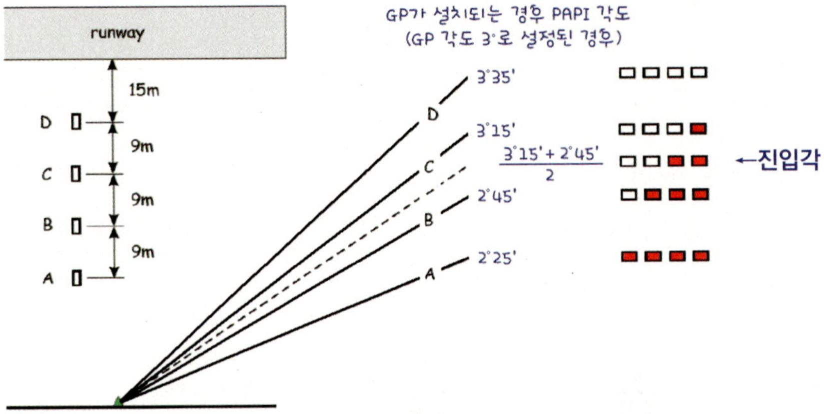

[Figure 3-22] Glide Path가 설치 운영중인 활주로에 설치되는 PAPI항공기 진입 각도 기준

4) 선회등(Circling Guidance Lights)

본 시설은 체공 선회 중인 항공기가 기존의 진입 등 시스템과 활주로등 만으로는 활주로 또는 진입지역을 충분히 식별하지 못할 때 선회비행을 안내하기 위하여 활주로의 외측에 설치되는 시설이다.

특히, 본 시스템은 진입 등화 및 활주로등 만으로는 선회유도가 불충분한 경우에 설치된다.

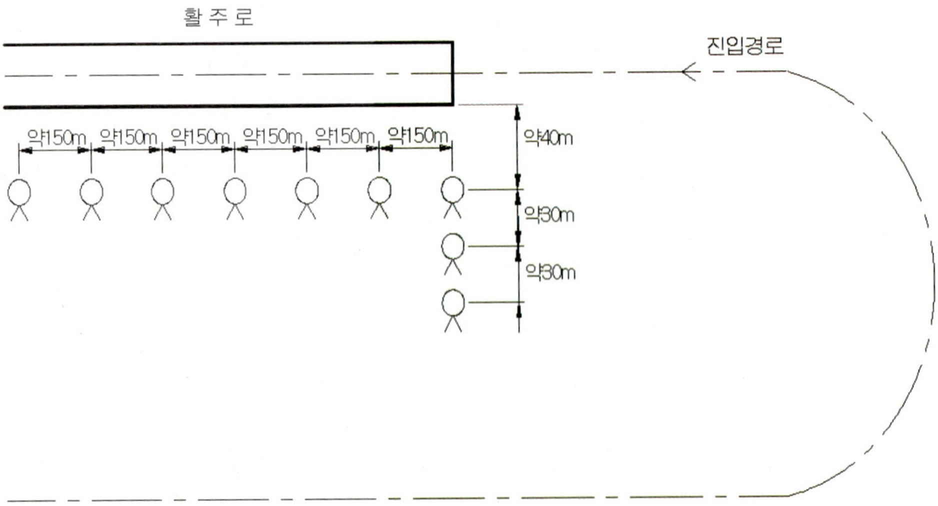

[Figure 3-23] 활주로 선회등 설치 기준

한편 항공기 착륙패턴(Traffic Pattern)에 따라 체공 선회 중인 항공기가 착륙하기 위해 활주로로 진입하기 위한 절차는 [Figure 3-24]와 같다.

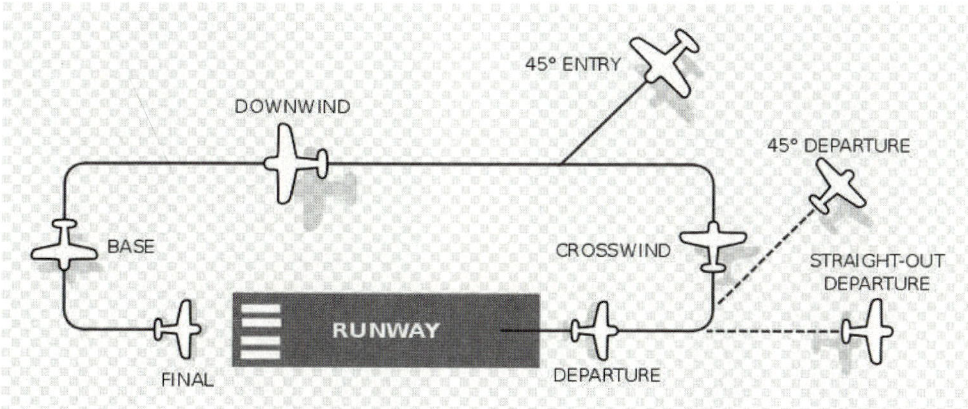

[Figure 3-24] 항공기 활주로 진입 선회 비행절차

5) 활주로등(Runway Edge Lights)

본 시설은 이륙 또는 착륙하려는 항공기에 활주로를 알려주기 위하여 그 양측에 설치되는 시설이다.

본 시스템은 CAT II/III 정밀접근활주로에서는 반드시 등 간격이 최대 60m까지 균일하게 설치되어야 한다.

특히, 본 활주로등은 활주로 종단지점에 가까이 접근하고 있음을 알려주기 위해, [Figure 3-25]와 같이 활주로 길이의 1/3 또는 600m 중 짧은 길이의 범위만 황색 등화가 설치된다.

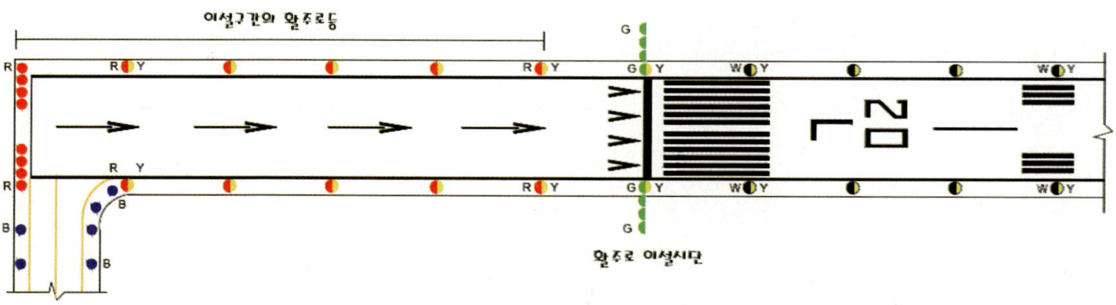

[Figure 3-25] 활주로 종단지역에서의 활주로등 설치 기준

참고로, 활주로등은 조종사에게 불빛이 잘 보이도록 하기 위해 활주로 폭에 따라 [Figure 3-26]과 같이 Toe-in 각이 설정되어 운영된다.

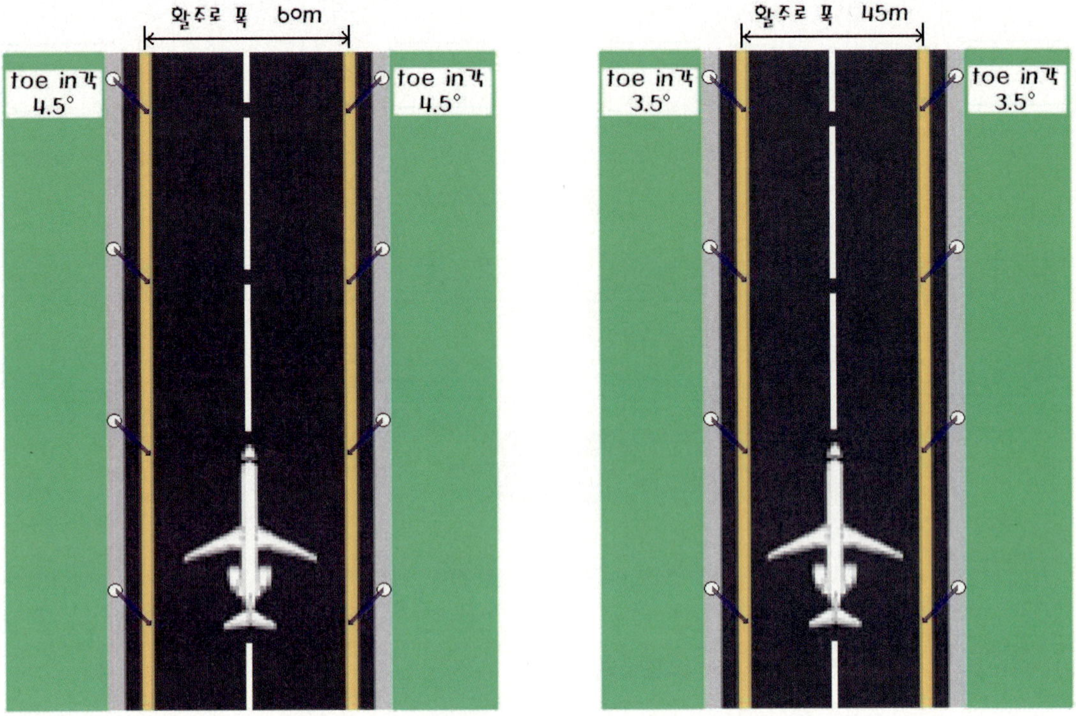

[Figure 3-26] 활주로 폭 식별용 Toe-In각 설치 기준

6) 활주로시단등(Runway Threshold Lights)

본 시설은 이륙 또는 착륙하려는 항공기에 활주로의 시단을 알려주기 위하여 활주로의 양 시단에 설치되는 시설이다.

가) 비계기활주로/비정밀접근활주로의 시단등

비계기활주로/비정밀접근활주로의 시단등은 [Figure 3-27]과 같이 활주로 시단이 종단과 일치하는 경우와 [Figure 3-28]과 같이 활주로 시단이 이설된 경우 등으로 구성된다.

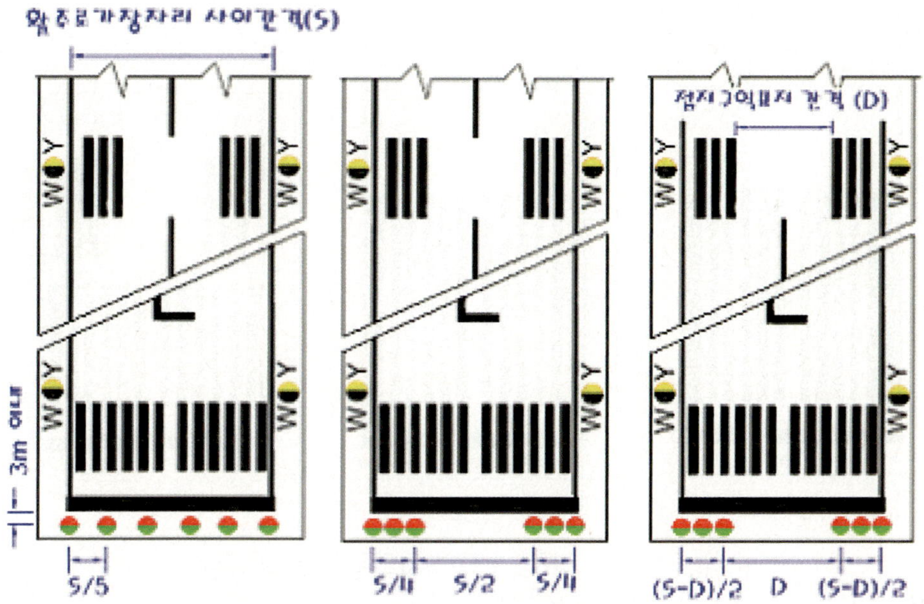

[Figure 3-27] 활주로시단이 종단과 일치하는 경우

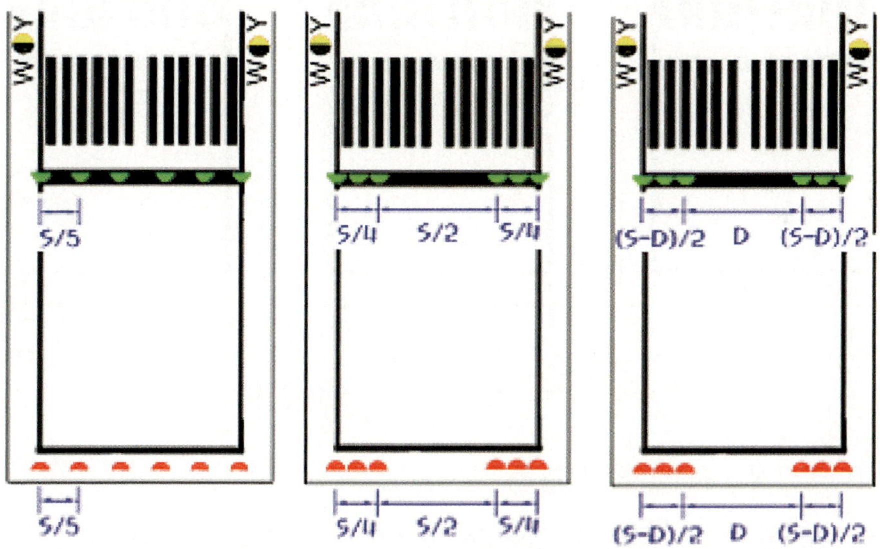

[Figure 3-28] 활주로시단이 이설된 경우

나) CAT-I 정밀접근활주로의 시단등

CAT-I 정밀접근활주로의 시단등은 [Figure 3-29]와 같이 활주로 시단이 종단과 일치하는 경우와 [Figure 3-30]과 같이 활주로 시단이 이설된 경우 등으로 구성된다.

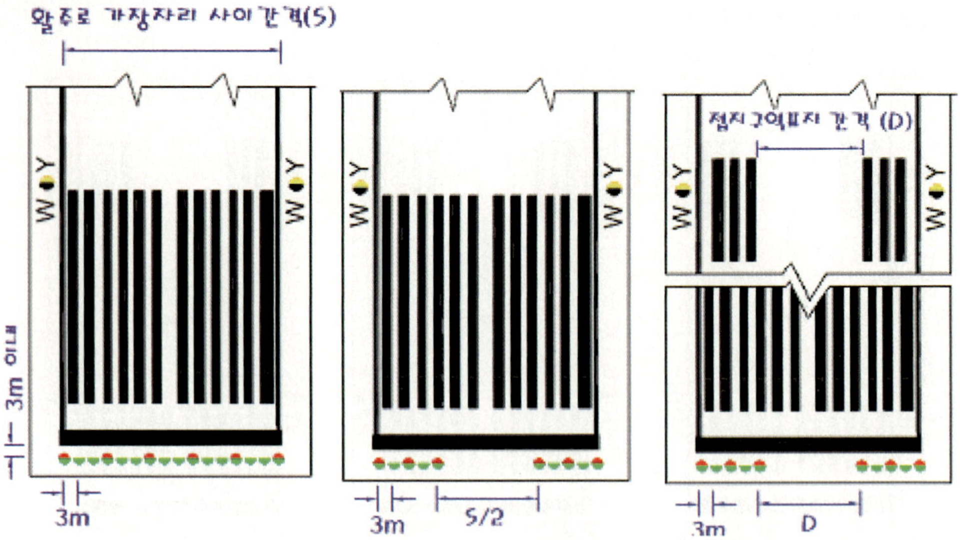

[Figure 3-29] 활주로 시단이 종단과 일치하는 경우

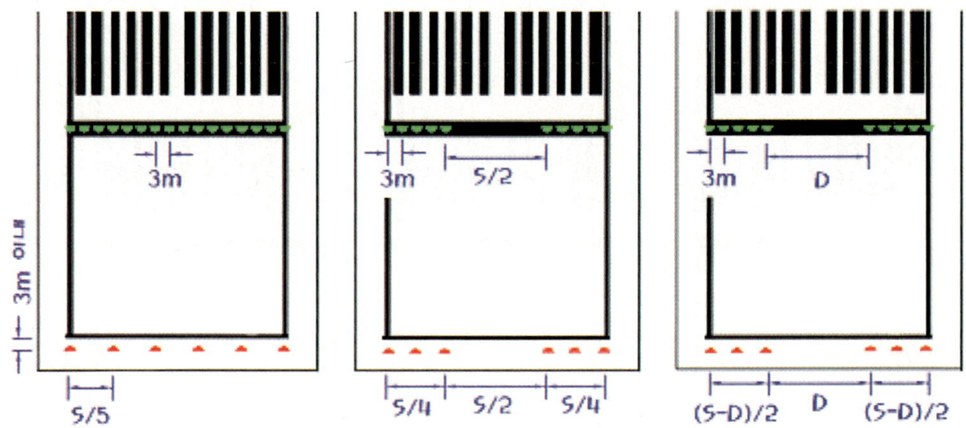

[Figure 3-30] 활주로 시단이 이설된 경우

다) CAT-II 정밀접근활주로의 시단등

CAT-II 정밀접근활주로의 시단등은 [Figure 3-31]과 같이 활주로 시단이 종단과 일치하는 경우와 활주로 시단이 이설된 경우 등으로 구성된다.

활주로 시단이 종단과 일치하는 경우

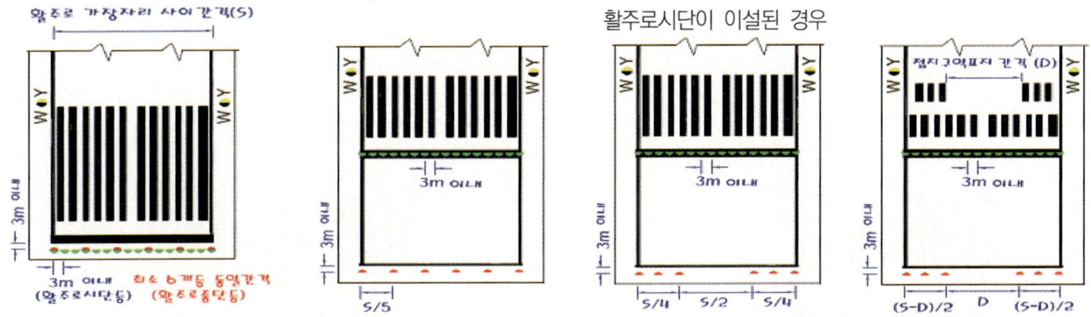

[Figure 3-31] CAT-II 정밀접근활주로의 시단등

라) CAT-Ⅲ 정밀접근활주로의 시단등

CAT-Ⅲ 정밀접근활주로의 시단등은 [Figure 3-32]와 같이 활주로 시단이 종단과 일치하는 경우와 활주로 시단이 이설된 경우 등으로 구성된다.

활주로 시단이 종단과 일치하는 경우

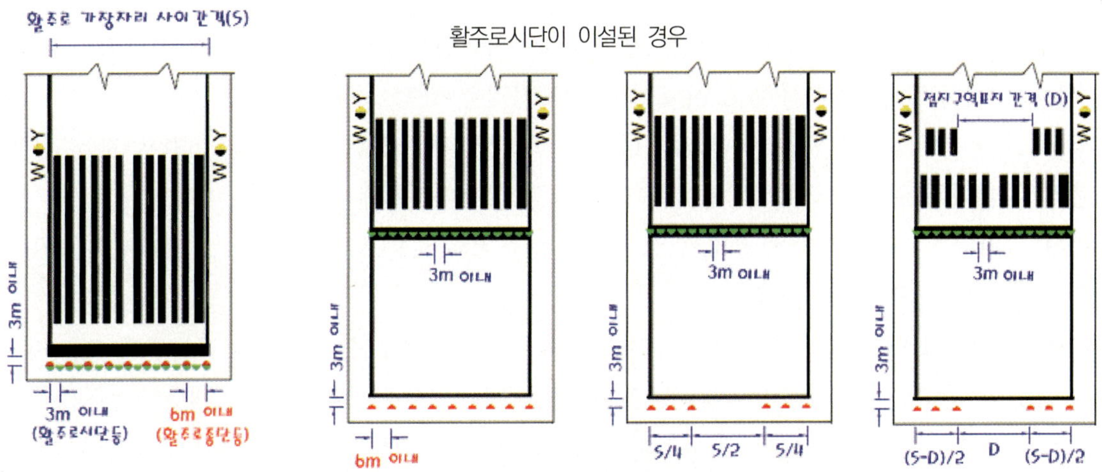

[Figure 3-32] CAT-Ⅲ 정밀접근활주로의 시단등

7) 활주로시단연장등(Runway Threshold Wing Bar Lights)

본 시설은 활주로시단등의 기능을 보조하기 위하여 활주로 시단 지역에 설치되는 시설이다. 특히, 활주로시단연장등은 착륙하는 항공기 조종사에게 활주로 시단을 시각적으로 더 확인이 쉽게 하도록 정밀접근활주로에 부가적으로 설치하는 등화시설이다.

한편, 비계기활주로 또는 비정밀활주로에서 시단이 이설되는 경우 이설된 지점에 활주로시단등을 설치하여야 하나, 활주로시단등이 설치되어 있지 않은 경우에는 활주로시단연장등이 설치된다.

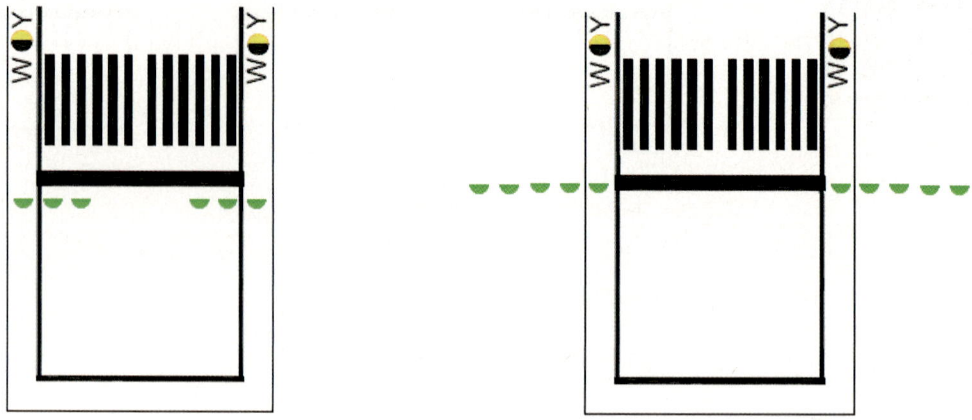

[Figure 3-33] 활주로시단등 설치 또는 활주로시단연장등 설치

8) 활주로시단식별등(Runway Threshold Identification Lights)

본 시설은 착륙하려는 항공기에 활주로 시단 위치를 명확하게 식별할 수 있도록 알려주기 위해 활주로 시단의 양쪽의 사각 모서리에서 깜빡거리는 섬광 등화시설이다.

본 시설은 특히, 진입등시스템이 없거나, 간이식 진입등시스템으로 설치된 경우 또는 활주로시단이 이설되어 활주로 시단을 명확하게 명시할 필요가 있을 때 설치가 된다.

한편, ICAO의 경우 본 시설은 활주로시단등 렬과 활주로등 렬이 만나는 교차점에서 약 10m 지점에 설치도록 규정하고 있다.

이에 비하여, FAA에서는 활주로 가장자리에서 12m 지점에 설치하도록 규정하고 있으며, 만약 VAISS와 함께 설치되는 경우에는 22.5m 지점에 설치토록 규정하고 있다.

그러나, 우리나라의 경우에는 양 규정을 혼용 적용하고 있으며, [Figure 3-34]에서와 같이 활주로등 렬에서 바깥으로 최대 22.5m까지 설치할 수 있도록 허용하고 있다.

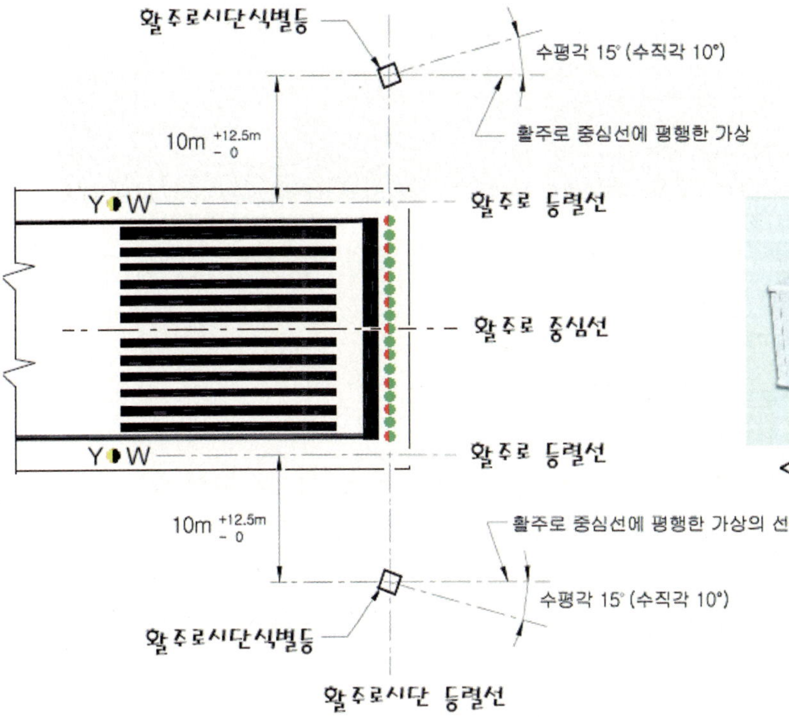

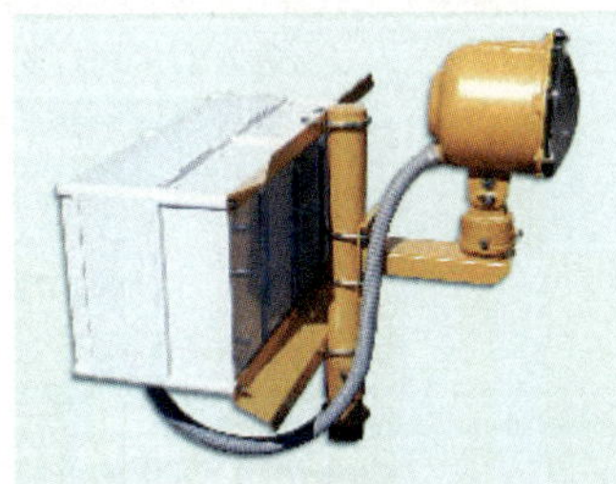

<활주로시단식별등 등기구>

[Figure 3-34] 국내의 활주로시단식별등 설치 기준

9) 활주로중심선등(Runway Center Line Lights)

본 시설은 이륙 또는 착륙하려는 항공기에 활주로의 중심선을 알려주기 위하여 그 중심선에 설치하는 등화를 말한다.

본 시설은 [Figure 3-35]에서와 같이 활주로 중심선 표지선상 또는 표지 좌우 60Cm이내에 매립형으로 설치되는 등화로써, 광채색변화(백색, 적 · 백색 및 적색)를 통해 활주로의 중심선 잔여거리 정보를 이 · 착륙하는 항공기 조종사에게 알려주는 역할을 수행한다.

특히, 본 시설은 CAT-II/III 정밀진입활주로 또는 RVR 400m 미만 운영 활주로에 대해서는 의무적으로 설치하고, CAT-I 정밀진입활주로 또는 활주로등 열 폭이 50m 이상인 활주로 등에는 설치를 권고하고 있다.

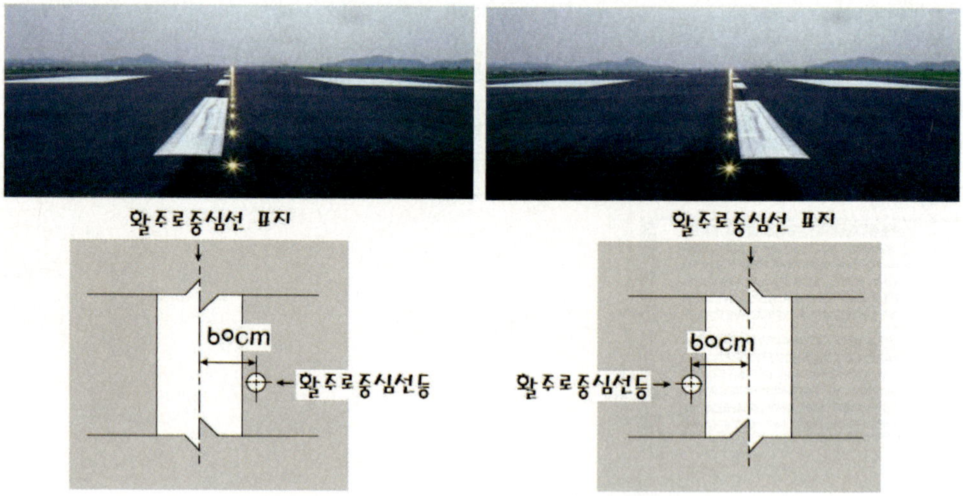

[Figure 3-35] 활주로중심선등 설치 기준

다음은 [Figure 3-36]에서와 같이 활주로 길이가 2,500m일 경우의 활주로중심선등의 색상을 보여주고 있다.

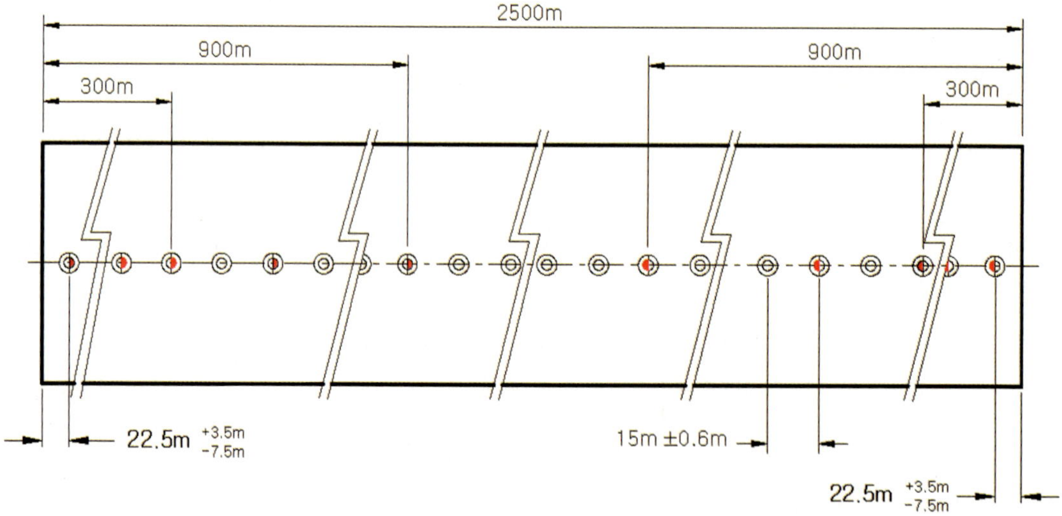

[Figure 3-36] 활주로 길이가 2,500m일 경우의 활주로중심선등의 색상

10) 활주로거리등(Runway Distance Marker Sign)

본 시설은 이 · 착륙하는 항공기 조종사에게 활주로의 잔여거리를 아라비아 숫자로 알려주는 등화시설로써, 표지판 내부에 조명시설을 설치하여 활주로 긴 변 양쪽에 300m 간격으로 설치가 된다.

본 시설은 [Figure 3-37]에서와 같이 활주로 길이가 1,950m인 경우, 전체 길이를 300m로

나눠 설치 개소와 간격을 정하고, 300m로 나누어 떨어지지 않는 나머지 길이는 이등분(150m÷2=75m) 하여 활주로 거리등 첫 번째(375m)와 마지막(375m)에 추가시켜 설치된다.

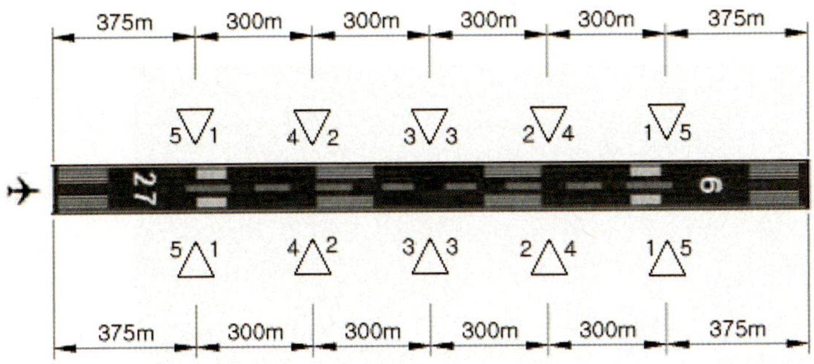

활주로 1,950m인 경우 활주로거리등 배치

활주로거리등

[Figure 3-37] 활주로잔여거리등 및 표지시설 설치 기준

다음은 활주로 길이가 1,950m일 경우의 활주로잔여거리등 설치 기준을 보여주고 있다.

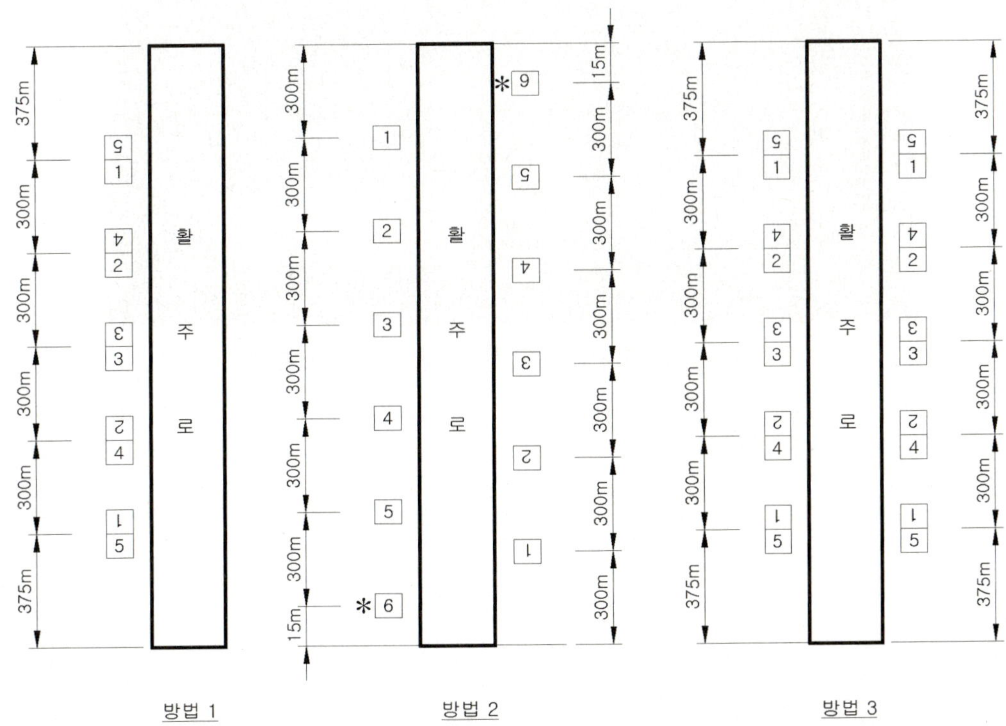

[Figure 3-38] 활주로 길이가 1,950m일 경우의 활주로잔여거리등 설치기준

11) 접지구역등(Touch-down Zone Lights)

본 시설은 [Figure 3-39] 및 [Figure 3-40]에서와 같이 활주로로 착륙하려는 항공기에 안전한 착륙을 유도하기 위해 접지 구역에 설치되는 시설이다.

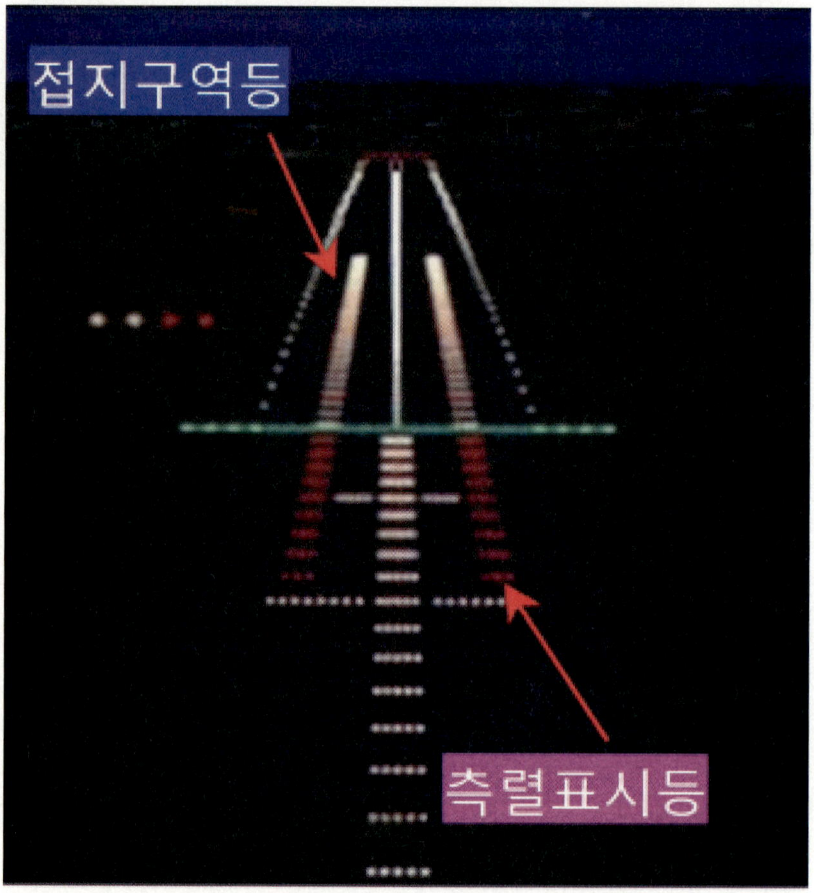

[Figure 3-39] 활주로접지구역등 및 측렬표시등

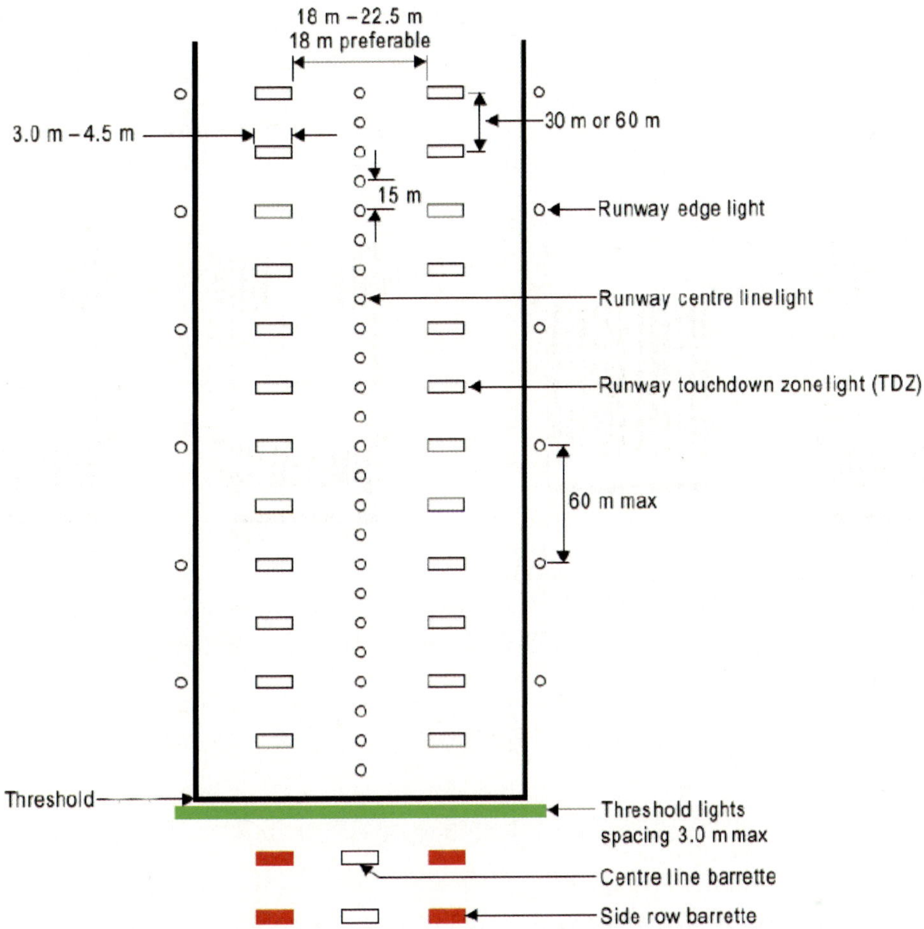

[Figure 3-40] 활주로 접지구역 및 측렬표시등 설치 기준자료

12) 활주로종단등(Runway End Lights)

본 시설은 [Figure 3-41]에서와 같이 활주로 짧은 변의 가장자리에 설치되는 등화로써, 이륙 또는 착륙하려는 항공기에 활주로의 끝 지점 위치를 알려주기 위해 설치되는 시설이다.

본 시설은 활주로 시단 등에 설치 기준과 동일하게 적용이 되어 설치된다.

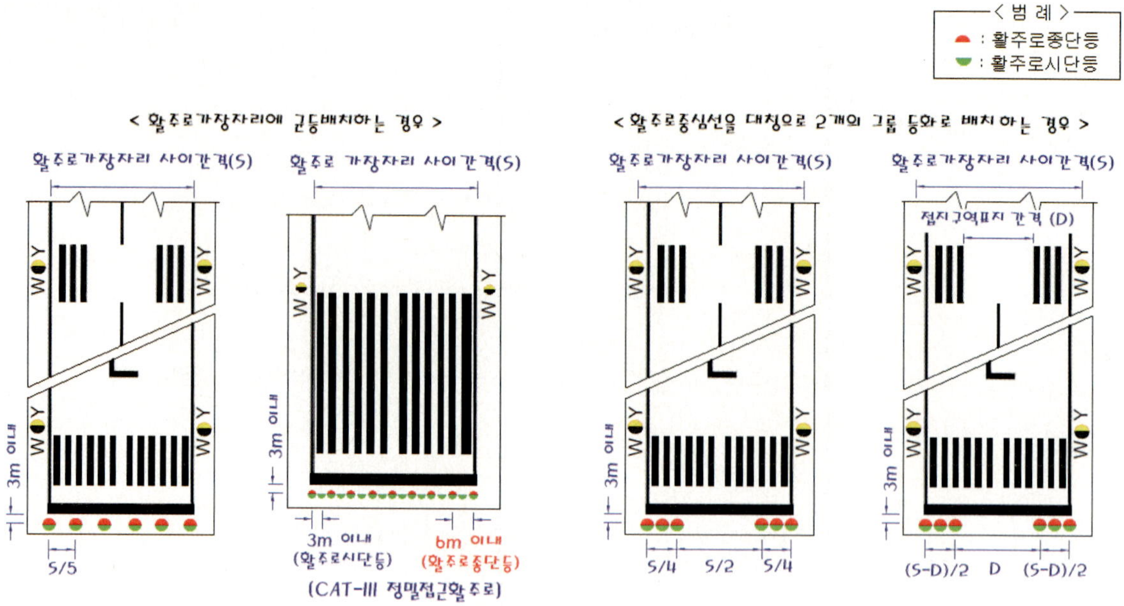

[Figure 3-41] **활주로종단 및 시단등 시설 관련 설치기준**

특히, 본 시설이 설치될 경우, [Figure 3-42]에서와 같이 활주로상에서 활주로 종단 방향으로만 보이도록 설치된다,

그리고, 참고로 적색 고정등의 종류로는 노출형과 매립형이 있으며, 정지로가 없는 경우에는 노출형으로 설치된다.

한편, 활주로종단등은 활주로시단등과는 달리 Toe-In 각이 적용되지 않는다.

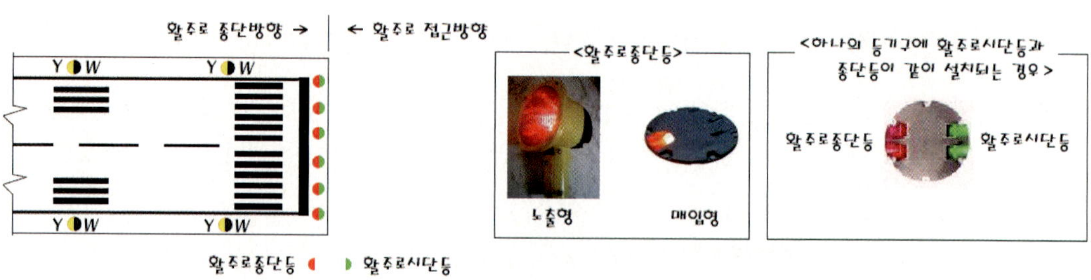

[Figure 3-42] **활주로종단등 실제 설치 모습**

13) 유도로등(Taxiway Edge Lights)

본 시설은 지상 주행 중인 항공기에 유도로 · 대기지역 또는 계류장 등의 가장자리를 알려주기 위하여 설치되는 시설이다.

14) 유도로중심선등(Taxiway Center Line Lights)

본 시설은 지상 주행 중인 항공기에 유도로의 중심 및 활주로 또는 계류장의 출입 경로를 알려 주기 위하여 설치되는 시설이다.

가) 활주로 운영등급 CAT-III로 운영시의 경우 유도로중심선등 설치 기준

본 시설을 CAT-Ⅲ등급으로 운영이 될 경우, 직선구간에서의 유도로중심선등 간에 대한 설치 간격은 15m로 설치가 되는 반면에 곡선 반경이 400m이하인 곡선구간에서는 7.5m 간격으로 설치된다.

또한, 아울러 곡선 구간과 만나는 전후의 직선 60m 구간에서도 7.5m 간격을 적용하여 설치 된다.

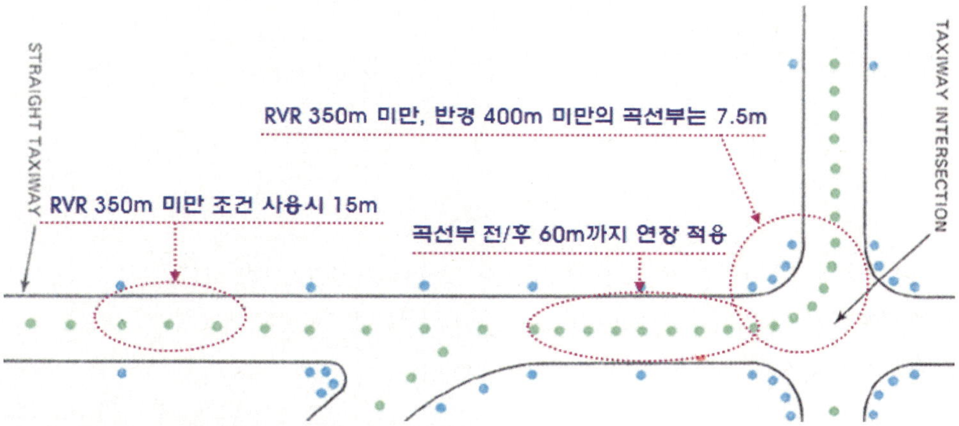

[Figure 3-43] 활주로 운영등급 CAT-III로 운영시의 경우 유도로중심선등 설치 기준

나) 활주로 운영등급 CAT-Ⅱ로 운영시의 경우 유도로중심선등 설치 기준

본 시설을 활주로 운영등급 CAT-II로 운영하는 공항의 경우, 직선구간에서의 유도로중심선등 간의 간격은 30m간격으로 설치된다,

그리고, 부가적으로 곡선구간에서는 곡선반경에 따라 〈Table 3-8〉에 제시된 등 간격으로 설치가 된다.

〈Table 3-8〉 유도로 곡선부에서의 중심심선등에 대한 설치 간격 기준표

곡선 반경 (m)	등 간격 (m)
400 이하	7.5
401~899	15.0
900 이상	30.0

15) 활주로유도등(Runway Lead-in Lighting Systems)

본 시설은 [Figure 3-44]에서와 같이 활주로 접근지역에 위험지역 또는 소음경감 지역 등이 있어 특정 경로로 활주로 진입을 유도할 경우 진입 경로를 따라 설치되는 섬광 등화시설을 말한다.

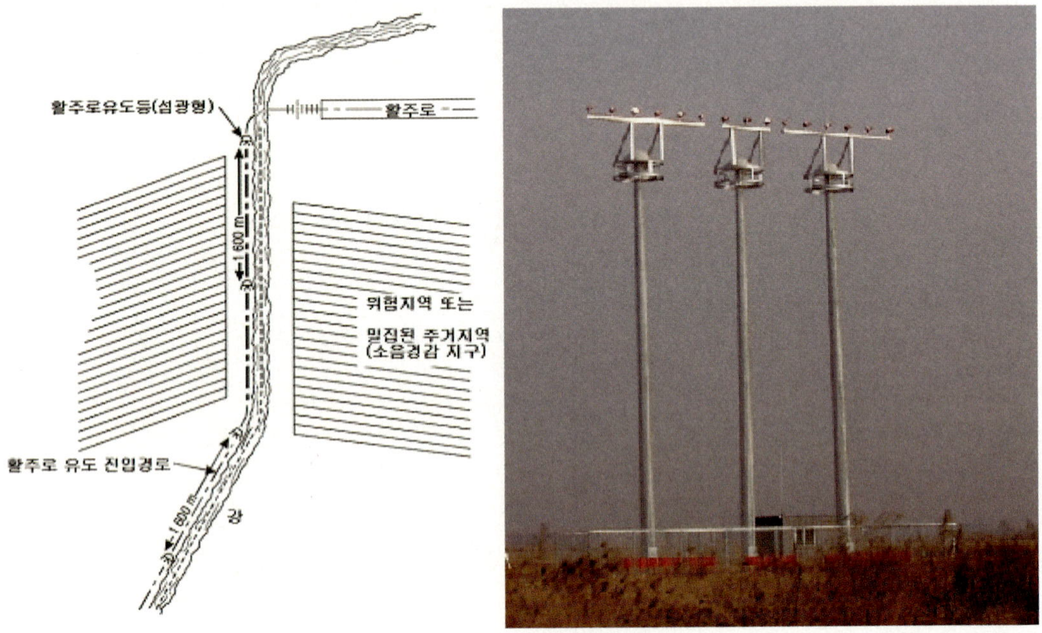

[Figure 3-44] 활주로유도등

16) 일시정지위치등(Intermediate Holding Position Lights)

본 시설은 지상 주행 중인 항공기에 일단정지 해야 하는 위치를 나타내기 위하여 설치되는 시설이다.

본 시설은 [Figure 3-45] 및 [Figure 3-46]에서와 같이 활주로일시정지위치등 활주로 가시범위가 350m 미만인 저시정 조건에서 공항을 운영하는 경우, 활주로/유도로 교차로 지역 등에서 지상 이동하는 항공기를 일시 정지시킬 목적으로 설치하는 등화로써, 일시 정지 위치 표지로부터 0.3cm 떨어진 지점에 3개 이상의 황색등으로 구성되어 설치된다.

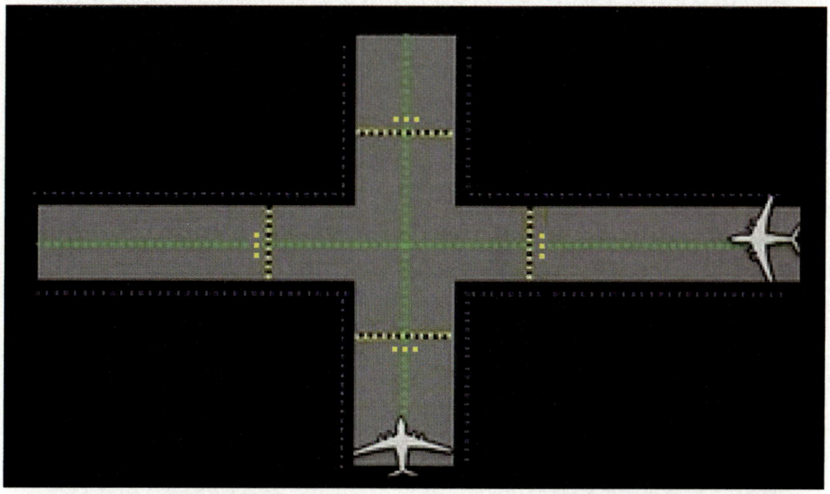

[Figure 3-45] 활주로 일시정지위치등

[Figure 3-46] 활주로 일시정지위치등

17) 정지선등(Stop Bar Lights)

본 시설은 유도정지 위치를 표시하기 위하여 유도로의 교차 부분 또는 활주로 진입 정지 위치에 설치되는 시설이다.

본 시설은 활주로 가시 범위 550m 미만의 저시정 조건에서 활주로를 운영하는 경우, 지상 이동하는 항공기의 활주로 침입 방지 수단으로 모든 활주로 정지 위치에 설치된다.

한편, 유도로 교차로 등 일시 정지 위치에 등화를 통해 시각적으로 교통을 통제하고자 할 때는 일시정지위치등 대신 정지선 등이 설치된다.

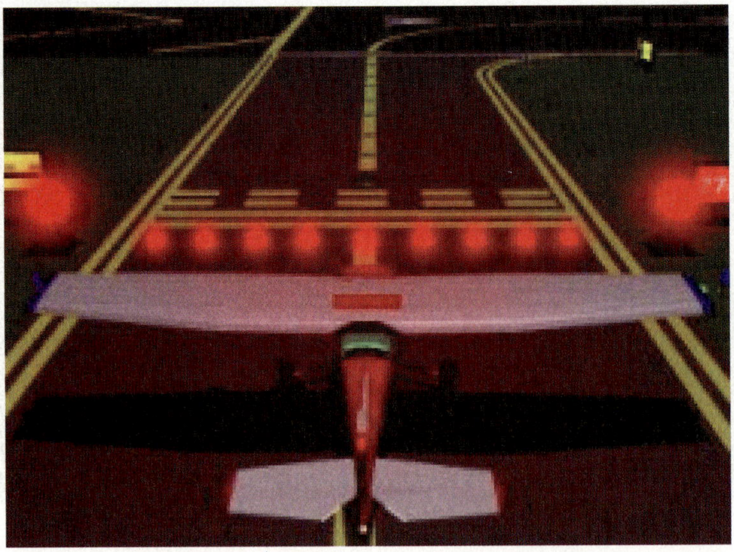

[Figure 3-47] 정지선등 설치 및 운영현황

가) 정지선등 연계 동작절차

정지선등과 유도로 중심선등은 [Figure 3-48]에서와 같은 점 · 소등 방식을 통해 순차적으로 연동되어 진행된다.

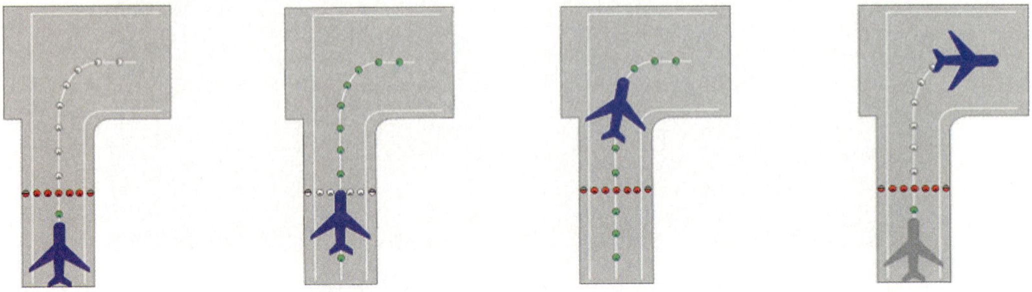

[Figure 3-48] 정지선등과 유도로 중심선등 간에 점, 소등 연계 동작과정

18) 활주로경계등(Runway Guard Lights)

본 시설은 유도로 상에서 이동 중인 항공기 조종사와 차량 운전자들에게 운용 중인 활주로에 무단으로 진입하지 못하도록 알려주기 위해 활주로 정지선 위치에 설치되는 등화시설을 말한다.

본 시설은 2가지의 표준 배열방식에 의거, 정밀 및 비정밀진입활주로 기준에 따라 [Figure 3-49]에서와 같이 활주로 중심선으로부터 이격하여 설치된다.

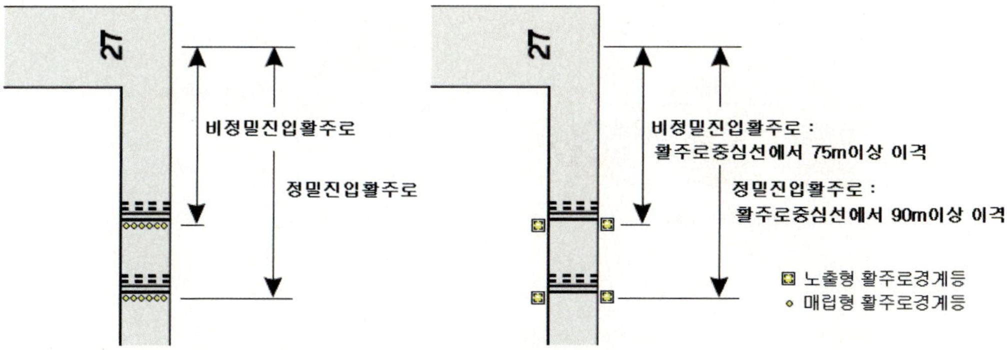

〈매립형 활주로경계등 설치〉 〈노출형 활주로경계등 설치〉

[Figure 3-49] 정밀 및 비정밀 활주로경계등 설치기준

19) 풍향등(Illuminated Wind Direction Indicator)

본 시설은 항공기에 풍향을 알려주기 위하여 설치되는 시설이다.

가) 풍향등 설치기준

본 시설은 [Figure 3-50]에서와 같이 활주로 지역의 바람 방향을 알려주기 위한 등화시설로써, 바람 방향을 알려주는 섬유제품의 지시기와 야간 사용이 가능하도록 지시기 상단에 조명등이 병설된다.

특히, 본 시설은 모든 비행장에는 1개소 이상의 풍향등이 접지구역 부근에 설치되어야 한다.

이와 관련하여 ICAO 및 FAA에서는 풍향등 설치수량에 관하여 구체적인 수량을 서술하고 있지는 않으나, 활주로 1본 당 양방향 접지구역 부근에 1개씩 2개를 설치하는 것을 언급하고 있다.

한편, 본 시설은 항공기 기류로부터 영향을 받지 않는 접지 구역 부근에 설치하되, 구체적인 위치는 공항의 여건을 고려하여 가능한 활주로 중심선으로부터 멀리 떨어지고 ILS의 민감/임계지역을 벗어난 지역에 설치된다.

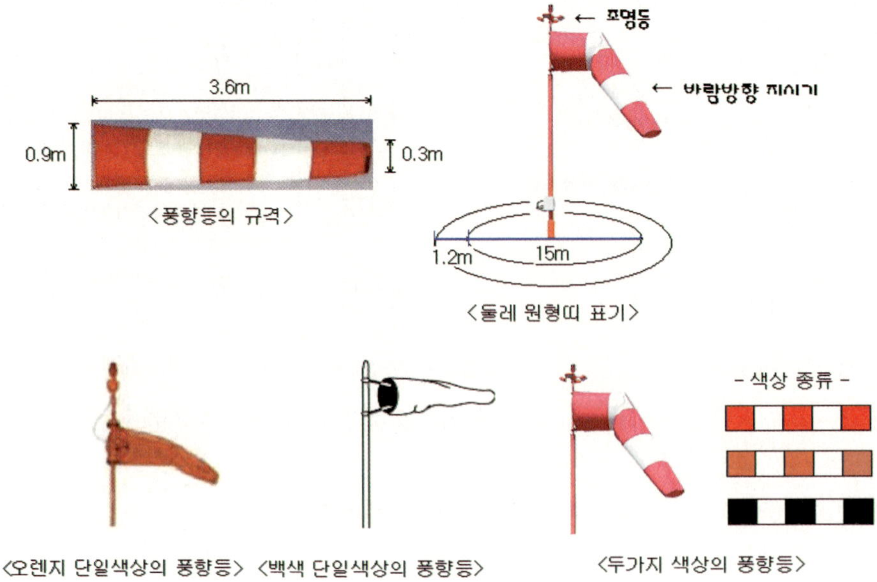

[Figure 3-50] 풍향등 설치기준

20) 지향신호등(Signaling Lamp, Light Gun)

본 시설은 항공교통의 안전을 위하여 항공기 조종사와 차량운전자 등에게 필요한 신호를 보내기 위하여 사용되는 비상용 시설을 말한다.

본 시스템은 [Figure 3-51]에서와 같이 관제탑과 항공기와의 무선통신이 두절된 경우 관제탑에서 지향신호등을 이용하여 당해 항공기 조종사에게 〈Table 3-9〉에서와 같이 불빛 색상으로 관제할 수 있도록 관제탑 내에 설치된다.

[Figure 3-51] 지향등 사용모습

〈Table 3-9〉 지향신호등의 신호체계

신호의 종류	의미		
	비행중인 항공기	지상에 있는 항공기	차량, 장비 및 사람
연속되는 녹색신호	착륙을 허가함	이륙을 허가함	통과 또는 진행할 것
연속되는 적색신호	다른 항공기에 진로를 양보하고 계속 선회할 것	정지할 것	정지할 것
깜박이는 녹색신호	착륙을 준비할 것	지상활주를 허가함	
깜박이는 적색신호	착륙하지 말 것	사용 중인 착륙 지역으로부터 벗어날 것	활주로 또는 유도로에서 벗어날 것
깜박이는 백색신호	착륙하여 계류장으로 갈 것	비행장안의 출발지점으로 돌아갈 것	비행장안의 출발지점으로 돌아갈 것

21) 착륙방향지시등(Landing Direction Indicator)

본 시설은 착륙하려는 항공기에 착륙방향을 알려주기 위하여 T자형 또는 4면체형의 물건에 설치되는 시설이다.

본 시설은 풍향 등만으로 착륙 방향(바람 방향)을 인지할 수 있어, 현재 국내공항에는 착륙방향지시등을 설치하여 운영하는 곳은 없는 실정이다.

22) 도로정지 위치등(Road-holding Position Lights)

본 시설은 활주로에 연결된 도로의 정지 위치에 설치되는 시설이다.

본 시설은 또한 활주로 가시 범위가 350m 미만인 조건에서 활주로를 사용한다는 것을 나타내도록 활주로에 연결된 각 도로의 정지 위치에 설치된다.

또한, 본 시설은 필요하면 활주로 가시 범위가 350m 이상 550m 미만인 조건에서 활주로를 사용한다는 것을 나타내도록 활주로에 연결된 각 도로의 정지 위치에 설치하여 운영되는 시설이다.

23) 정지로등(Stop Way Lights)

본 시설은 [Figure 3-52]에서와 같이 항공기가 이륙 실패 또는 착륙 시 비상사태를 대비하여 항공기가 정지로 지역을 넘어서면 위험하다는 것을 알려주기 위해 설치하는 등화로써, 야간에 사용하는 정지로에 설치되는 시설이다.

[Figure 3-52] 활주로정지로 등 설치 모습

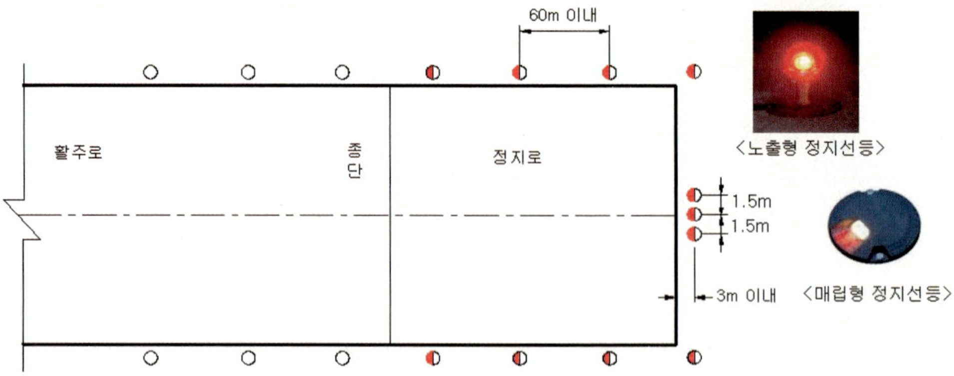

[Figure 3-53] 활주로정지로등 설치기준

24) 금지구역등(Unserviceability Lights)

본 시설은 [Figure 3-54]에서와 같이 유도로를 비롯해 계류장 또는 대기지역의 일부 포장면 파손 등으로 보수 중인 경우, 동 부분을 폐쇄하고 사용제한구역을 표시하기 위하며, 금지구역의 포장면 윤곽을 따라 항공기의 접근을 금지하기 위하여 설치하는 등화시설이다.

특히, 폐쇄된 활주로 및 유도로를 표시하기 위하여 설치하는 경우에는 폐쇄구역 입구를 따라 3m 이하의 간격으로 배열하고, 기타 금지구역의 주위는 경계선을 따라 7.5m마다 적어도 1개의 등이 설치된다.

[Figure 3-54] 활주로금지구역등 설치 모습

25) 활주로회전패드등(Runway Turn Pad Lights)

본 시설은 활주로 회전패드상에서 항공기가 180° 회전하는데 도움을 주기 위하여 설치되는 시설이다.

특히, 본 시설은 활주로와 평행하게 설치된 평행유도로가 없는 공항의 경우 항공기가 활주로 끝까지 이동해서 선회(U-Turn)해야 될 때 이를 위해 설치된 곳을 활주로선회구역이라 부른다,

그리고 본 시설은 또한 활주로 가시범위 350m 미만의 조건 또는 야간에 사용하는 활주로 회전구역에서 항공기가 180도 회전을 완료하고 활주로 중심선에 정렬할 수 있도록 활주로 회전패드 표지상에 설치하거나, 표지로부터 0.3m 이내에 설치된다.

한편 동 시설관련 등 간격은 직선구간에서는 15m간격으로, 곡선구간에서는 7.5m로 이격하여 설치된다.

[Figure 3-55] 활주로회전패드등 설치 운용모습

26) 주기장식별표지등(Aircraft Stand Identification Sign)

본 시설은 주기장으로 진입하는 항공기에 주기장을 알려주기 위하여 설치되는 시설이다.

27) 항공기주기장안내등(Aircraft Stand Maneuvering Guidance Lights)

본 시설은 저시정 및 시계 불량 시 항공기 주기장, 포장 계류장 또는 제빙 · 방빙시설 위에 항공기 주기 위치를 쉽게 알려줄 수 있도록 지원해 주기 위해 설치된다.

특히, 본 시설은 활주로 운영등급 CAT-III일 경우에 설치되는 시설로써 ICAO 기준에는 본 시설에 관련된 특성에 대해 정확한 언급은 되어있지는 않으나, 유도로중심선등과 같은 특성을 갖는 등화로 설치가 가능하다.

[Figure 3-56] 활주로주기장안내등 설치모습

28) 계류장조명등(Apron Floodlighting)

본 시설은 야간에 작업할 수 있도록 계류장에 설치되는 시설이다.

가) 계류장조명등 설치 기준

본 시설은 야간에 사용하는 계류장, 제빙 · 방빙 시설 및 지정된 격리장소의 항공기 주기장에 설치된다.

또한, 본 시설은 모든 계류장 업무지역을 충분히 조명할 수 있는 위치에 눈부심이 최소한도가 되도록 설치하되, 조명등의 배치 및 조명은 빛의 그늘이 최소한도가 되도록 주기된 항공기가 두 대 또는 그 이상의 방향에서 빛을 받을 수 있게 설치된다.

특히, 본 시설은 야간에 사용하는 계류장 내의 항공기가 주기하는 모든 주기장 지역에 항공기의 안전한 출입을 포함해, 지상조업의 원활한 업무수행 및 공항보안 관리를 위한 목적으로 설치된다.

참고로 본 시설의 직사광이 관제탑이나 착륙 항공기 방향으로 향하지 않도록 다음과 같이 조명등의 각도를 설정한다.

그리고, 본 시설의 높이 또한 [Figure 3-57]에서와 같이 조명등 빛으로부터 조종사의 눈부심 방지를 위해 조종석 높이의 2배 이상이 되도록 설치된다.

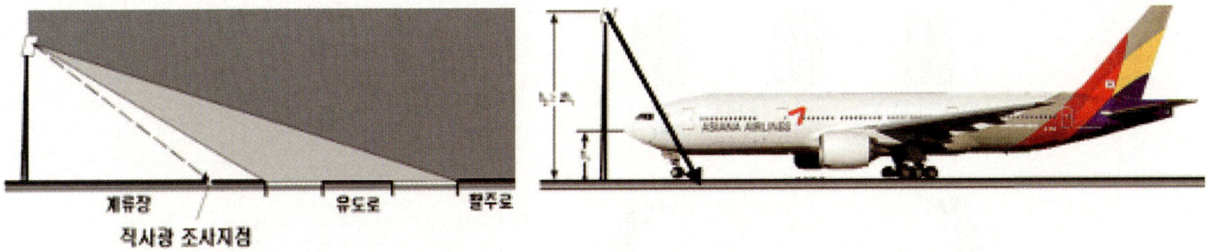

< 조종사의 눈부심방지를 위한 직사광의 조사지점 >　　　　< 계류장조명등의 설치높이 >

[Figure 3-57] 계류장조명등 설치기준

29) 시각주기유도시스템(Visual Docking Guidance System)

본 시설은 항공기가 주기장에 진입하여 지정된 정지 지점에 도달하기까지 조종사에게 시각적으로 잔여거리 및 중심선 위치 등의 정보를 제공하여 항공기가 정지점에 정확하게 주기할 수 있도록 유도하는 시스템으로써, 정밀 유도가 요구되는 곳 또는 지상 유도원이 없는 경우에 곳에 설치되어 운영되는 시스템이다.

본 시스템은 항공기 주기 진입 방향에서 조종사가 볼 수 있도록 정면의 위치에 설치되며, 시스템 구성은 [Figure 3-58]에서와 같이 정지 위치지시기와 방위 안내지시가 등으로 이루어진다.

여기에서 정지 위치지시기는 숫자 또는 막대 바의 형태로 정지 점까지의 잔여 거리를 지시하는 데 반해, 방위 안내지시기는 항공기가 주기장표지 중심에서 이탈하는 경우 좌우 조종을 화살표시 등으로 안내를 유도한다.

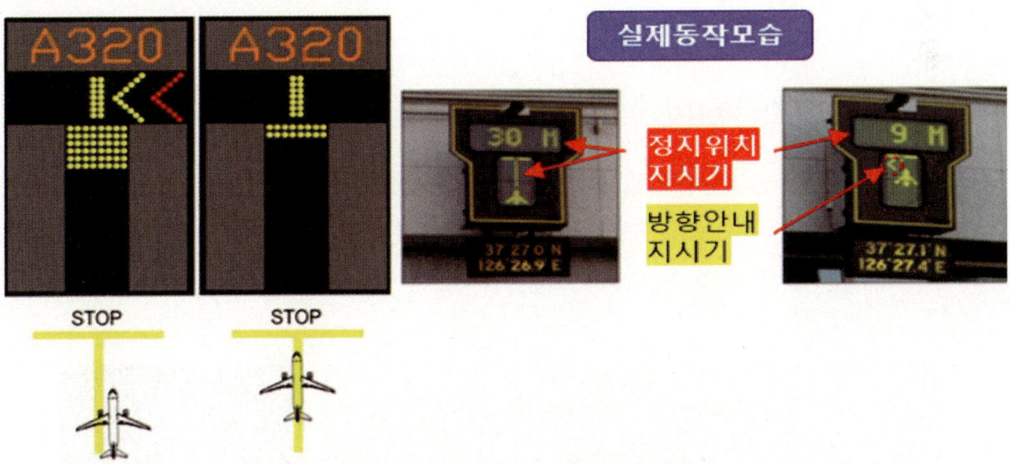

[Figure 3-58] 계류장 시각주기 유도시스템 동작장면

한편, 본 시스템은 [Figure 3-59]에서와 같이 주기를 위해 접근하는 항공기에 색상변화를 통해 방위를 안내 유도한다.

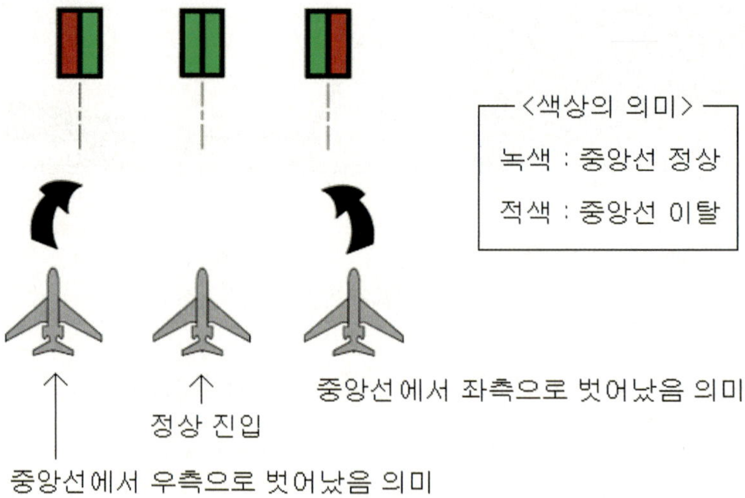

[Figure 3-59] **시각주기유도시스템에 의한 항공기 유도안내 동작 장면**

30) 유도로안내등(Taxiway Guidance Sign)

본 시설은 지상주행 중인 항공기에 행선지 · 경로 및 분기점을 알려주기 위하여 설치되는 시설이다.

31) 제빙 · 방빙시설출구등(De/Anti-Icing Facility Exit Lights)

본 시설은 유도로에 인접하여 있는 제빙 · 방빙시설의 위치를 알려주기 위하여 출구에 설치되는 시설이다.

32) 고속탈출유도로지시등(Rapid Exit Taxiway Indicator lights)

본 시설은 [Figure 3-60]에서와 같이 조종사에게 활주로에 가장 가까운 고속탈출 유도로의 정보를 제공하고, 활주로 가시 범위 350m 미만의 조건 또는 교통 밀도가 고밀도일 때 착륙 이후 활주로를 효율적으로 벗어날 수 있도록 도움을 주기 위해 설치되는 시설이다.

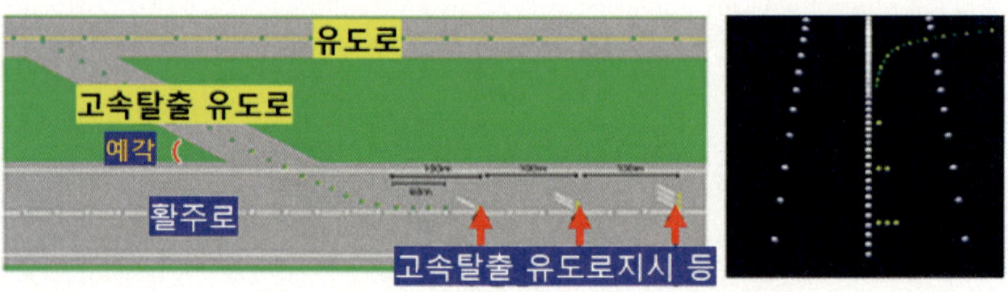

[Figure 3-60] **고속탈출유도로지시등 설치모습**

33) 헬기장등대(Heliport Beacon)

본 시설은 항행 중인 헬리콥터에 헬기장의 위치를 알려주기 위하여 헬기장 또는 그 주변에 설치되는 시설이다.

34) 헬기장진입등시스템(Heliport Approach Lighting System)

본 시설은 착륙하려는 헬리콥터에 그 진입로를 알려주기 위하여 진입구역에 설치되는 시설이다.

35) 헬기장전입각지시등(Heliport Approach Path Indicator)

본 시설은 착륙하려는 헬리콥터에 진입 각의 적정 여부를 알려주기 위하여 설치되는 시설이다.

36) 시각정렬안내등(Visual Alignment Guidance System)

본 시설은 헬기장으로 진입하는 헬리콥터에 적정한 진입 방향을 알려주기 위하여 설치되는 시설이다.

37) 진입구역등(Final Approach & Take-off Area Lights)

본 시설은 헬기장의 진입 구역 및 이륙 구역의 경계 윤곽을 알려주기 위하여 진입 구역 및 이륙 구역에 설치되는 시설이다.

38) 목표지점등(Aiming Point Lights)

본 시설은 헬기장의 목표지점을 알려주기 위하여 설치되는 시설이다.

39) 착륙구역등(Touchdown & Lift- off Area Lighting System)

본 시설은 착륙구역을 조명하기 위하여 설치되는 시설이다.

40) 견인지역조명등(Winching Area Floodlighting)

본 시설은 야간에 사용하는 견인지역을 조명하기 위하여 설치되는 시설이다.

41) 장애물조명등(Floodlighting of Obstacles)

본 시설은 헬기장 지역의 장애물에 장애 등을 설치하기가 곤란한 경우에 장애물을 표시하기 위하여 설치되는 시설이다.

제4장

CAT 성능별 계기착륙 및 지상이동절차

1. CAT 성능별 계기착륙절차 개요
2. CAT 등급별 세부요구 사항
3. CAT 성능등급 관련 항공기 정밀계기착륙절차
4. CAT 운영등급 관련 항공기 지상이동절차

제4장

CAT 성능별 계기착륙 및 지상이동절차

1. CAT 성능별 계기착륙절차 개요

가. CAT-I/II/III 기본이론

CAT는 Category의 약자로써 계기착륙시스템의 성능 등급에 따라 CAT-I/II/III로 분류된다. 이와 관련하여 첫 번째로, CAT-I 성능을 갖춘 계기착륙시설을 통해 항공기가 활주로로 착륙 시에 조종사는 수평으로 전방 시정이 800m 이상이면서 수직으로 고도가 60m 시정이 확보될 때 착륙이 가능하다.

다음은 두 번째로, CAT-II 성능을 갖춘 계기착륙시설을 통해 활주로로 항공기가 착륙 시에 조종사는 수평으로 전방 시정이 400m 이상이면서 수직으로 고도가 30m 시정이 확보될 때 착륙이 가능하다.

마지막 세 번째로, CAT-III 성능을 갖춘 계기착륙시설을 통해 활주로로 항공기가 착륙 시에 조종사는 수평 또는 수직 방향으로 시정이 0m 이하에서도 착륙할 수 있다.

나. CAT-III 정의

CAT-III 계기착륙시스템을 통해 항공기는 시정에 관계없이 착륙이 가능함에 따라, CAT-III란 "극히 제한된 기상 조건하에서 승무원의 개입 없이 항공기가 자동착륙장치로 지상의 ILS장비를 이용하여 자동으로 활주로 표면에 착륙하는 절차"를 의미하는 것으로 정의하고 있다.

다. CAT-Ⅲ 운영 관련근거

본 CAT-Ⅲ 운영절차를 시행하기 위해서는 다음과 같이 국제기준(ICAO, FAA)에 근거하여 시행하여야 한다.

1) 국제민간항공기구(ICAO) Standards

- ICAO DOC 9365-AN/910 『Manual of All-Weather Operation』(전천후 운항절차)
- ICAO Annex 10, Volume I
  - Localizer MTBO : 4,000시간 달성요구
  - Glide Path MTBO : 2,000시간 달성요구
- ICAO Doc 8071
  - ILS CAT-III 비행검사절차 및 기준(Standard & Tolerance)
  - ILS CAT-III 성능 기준(Standard & Tolerance)

2) 미국 연방항공청(FAA) Standards

- FAA Order 8200.1b : ILS CAT-III 비행 검사절차 및 기준(Standard & Tolerance)
- FAA Order 6750.49A : ILS CAT-III 성능 기준(Standard & Tolerance)
- FAA Order 6750.24
  - Localizer MTBO : 4,000시간 달성요구
  - Glide Path MTBO : 2,000시간 달성요구

    ※ MTBO(Mean Time Between Outage) : 장애없이 정상운영된 시간을 의미함
  - FAA 교범 AC120-28D "CAT-Ⅲ 인가기준"

3) 국내법

- 항공안전법 제67조(항공기의 비행규칙)
  - 시행규칙 제177조(계기접근 및 출발절차 등)

2. CAT 등급별 세부요구 사항

가. ICAO ILS CAT 등급별 착륙 최저치

〈Table 4-1〉에서는 ICAO CAT-Ⅰ/Ⅱ/Ⅲ 운영관련 착륙 최저 기준치를 보여주고 있다.

참고로, 〈Table 4-1〉에서 제시된 ILS System Performance Class란 항공기가 CAT-Ⅲ 성능으로 계기착륙 시 조종사의 시정 확인 필요없이 오직 지상의 계기착륙시스템과 항공기 탑재장비인 자동착륙장치만을 통해 착륙이 이루어지는 과정을 의미한다.

〈Table 4-1〉 CAT-Ⅰ/Ⅱ/Ⅲ 운영 관련 착륙 최저치 기준표

Categories		DH(착륙 결심고도)	RVR(활주로 시정)
ILS System Performance Class	CAT-Ⅰ	60m(200') 이상	RVR 550m 이상
	CAT-Ⅱ	60m(200') ~30(100')	RVR 350m 이상
	CAT-Ⅲ	No DH	RVR No Limit
Pilot Ground Movement Operation Class	CAT-Ⅲa	30m(100'이하) or No DH	RVR 200m~50m
	CAT-Ⅲb	15m(50' 이하) or No DH	RVR 200m~50m
	CAT-Ⅲc	No DH	RVR No Limit

그리고, Pilot Ground Movement Operation Class는 항공기가 자동착륙장치로 활주로상에 정상 착륙 후 유도로(Taxi Way) 및 계류장을 거쳐 터미널 주기장(Gate)까지 이동하는 절차로써 짙은 안개 등으로 인한 저시정 시 유도로 및 계류장 동선상에 설치된 중심선 유도용 등화를 따라 이동한다.

한편 〈Table 4-2〉에서는 지상의 계기 착륙시스템의 주요 시스템 파라미터 기준치는 CAT-Ⅲ a/b/c에 관련 없이 한가지로 동일한 기준치를 적용하고 있음을 보여주고 있다.

〈Table 4-2〉 CAT-Ⅰ/Ⅱ/Ⅲ 운영 관련 계기착륙시스템 기술 성능 기준표

System	Check-List	CAT-Ⅰ	CAT-Ⅱ	CAT-Ⅲ
Localizer	Displacement Sensitivity or Course Width	± 17%	± 17%	± 17%
	Course Alignment	± 10.5m (35ft)	± 7.5m (25ft)	± 5m (10ft)
	Polarization	± 15uA	± 7.5uA	± 4uA
Glide Path	Path Angle	3 ° ± 7.5%	3 ° ± 7.5%	3 ° ± 4%
	Symmetry	50% (34~67%)	50% ± 8%	50% ± 8%
	RDH (Reference Datum Height)	Max 60ft	50~60ft	50~60ft

나. ICAO CAT-Ⅰ/Ⅱ/Ⅲ/ 등급별 ILS 비행검사 구역

[Figure 4-1]에서는 CAT-Ⅰ/Ⅱ/Ⅲ 등급별 ILS 시스템 성능 점검을 위한 비행검사구역 설정 범위를 보여주고 있다. 여기에서 CAT-Ⅲ 계기착륙시스템 비행검사구역은 CAT-Ⅲa/b/c로 구분되어 있지가 않고 오직 한가지의 성능 기준만 적용이 되고 있음을 의미한다.

따라서 CAT-Ⅲ 계기착륙시스템의 성능으로 착륙하는 항공기는 자동착륙장치(Auto Landing System)기능에 따라 Z1/Z2/Z3/Z4/Z5 전구역을 활주로 시정치(RVR or Visivility) 0m 조건하에서도 안전하게 착륙이 보장된다.

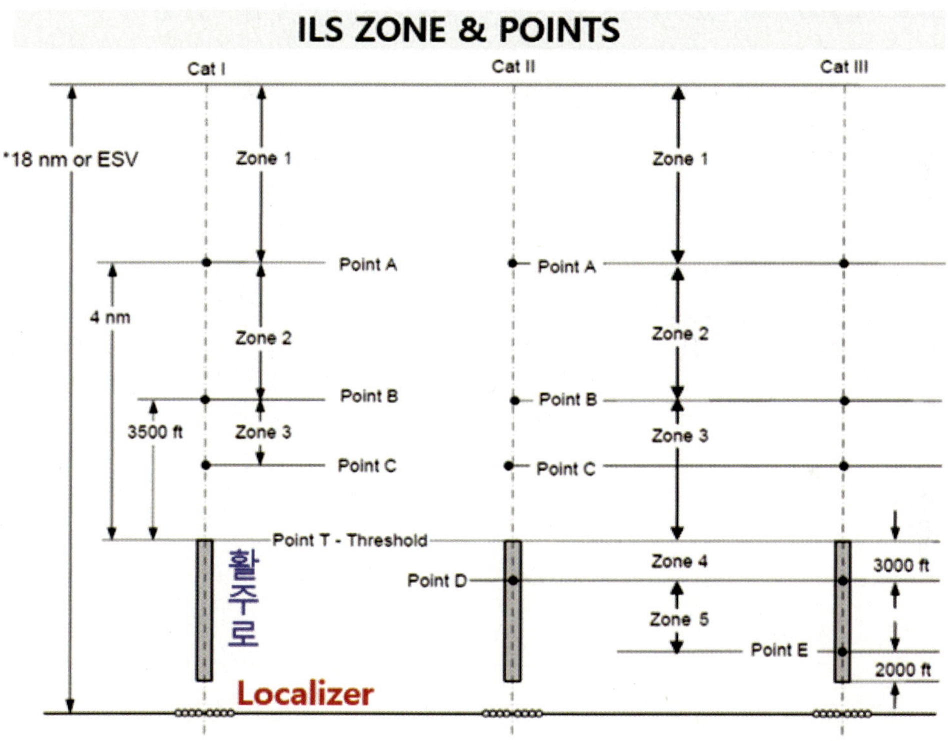

[Figure 4-1] CAT-I/II/III성능별 ILS 비행검사구역 설정도 기준표

다. CAT-Ⅲ 운영 관련 승인절차

CAT-Ⅲ 운영을 위해서는 〈Table 4-3〉에서와 같은 승인절차를 득하여야만 가능하다.

〈Table 4-3〉 CAT-Ⅲ 운영 관련 승인 절차

구 분	승인조건			
	1단계	2단계	3단계	최종단계
공항운영자	공항시설 설치 및 운용 (활주로, ILS, 항공등화, 정밀계기접근절차 등)	항행안전시설 CAT-Ⅲ 비행검사 합격	국토교통부 검사 및 판정	승 인
항공사	항공기 및 승무원 (탑재장비, 감항능력, 정비유지, 자격구비, 교육훈련 등)	자격심사 항공기 운항등급 판정 승무원 자격판정		

라. CAT-Ⅰ/Ⅱ/Ⅲ 운영 관련 필수 항행안전시설 현황

1) CAT-Ⅰ/Ⅱ/Ⅲ 운영 관련 필수 항법/감시/기상시설 현황

〈Table 4-4〉에서는 CAT-Ⅰ/Ⅱ/Ⅲ 운영 관련 필수 항법/감시/기상 현황을 보여주고 있다.

〈Table 4-4〉 CAT-Ⅰ/Ⅱ/Ⅲ 운영 관련 필수 항법/감시/기상 현황

구분		비계기접근활주로	비정밀접근활주로	계기접근활주로					
				Category-Ⅰ		Category-Ⅱ		Category-Ⅲ	
				ICAO	FAA	ICAO	FAA	ICAO	FAA
Localizer		-	○	○		○		○	
Glide Path		-	-	○		○		○	
MB	IM	-	-	-	-	○	○	○	-
	MM			○	○	-	-	-	-
	OM			○	○	○	○	○	○
VOR		-	○	○		○		○	
RADAR		-	○	○		○		○	
NDB		-	○	-		-		-	
COMLO		-	-	-		-		-	
ASDE		-	-	-		-	○	-	○
DME		-	-	-		-		-	
GBAS		-	-	○	-	-		-	
LAAS		-	-	-	○	○		○	
RVR		-	-	○		○		○	
운고계		-	-	○		○		○	
WIND SHEAR		-	-	○		○		○	

2) CAT-Ⅰ/Ⅱ/Ⅲ 운영 관련 필수 항공등화시설 현황

〈Table 4-5〉에서는 CAT-Ⅰ/Ⅱ/Ⅲ 운영 관련 필수 항공등화시설 현황을 보여주고 있다.

〈Table 4-5〉 CAT-Ⅰ/Ⅱ/Ⅲ 운영 관련 필수 항공등화시설 현황

Types of Airfield Lighting	Landing Airodrom				
	Non-Instrument	Instrument			
		Non-Precision	CAT-Ⅰ	CAT-Ⅱ	CAT-Ⅲ
Aerodrome Beacon	○	○	○	○	○
Illuminated Wind Direction Indicator	○	○	○	○	○
Approach Lighting System	-	○	○	○	○
Precision Approach Path Indicator	○	○	○	○	○
Runway Edge Lights	○	○	○	○	○
Runway Threshold End Lights	○	○	○	○	○
Runway Centerline Lights	-	-	-	○	○
Touch-down Zone Lights	-	-	-	○	○
Road Holding Position Lights	-	-	-	△	○
Taxiway Edge Lights	○	○	○	○	○
Taxiway Centerline Lights	-	-	-	△	○
Intermediate Holding Position Lights	-	-	-	-	○
Stop Bar Lights	-	-	-	○	○
Runway Guard Lights	-	-	-	○	○
Signaling Lamp, Light Gun	○	○	○	○	○
Stop Way Lights	○	○	○	○	○
Taxiway Guidance Sign	○	○	○	○	○

마. CAT-Ⅰ/Ⅱ/Ⅲ 운영 관련 계기착륙시설 전파 보호구역

1) CAT-Ⅰ/Ⅱ/Ⅲ 운영 관련 ICAO Localizer 전파보호구역 설정기준

[Figure 4-2]에서는 CAT-I/Ⅱ/Ⅲ 성능별 ICAO Localizer 전파 보호구역 설정 기준을 보여주고 있다.

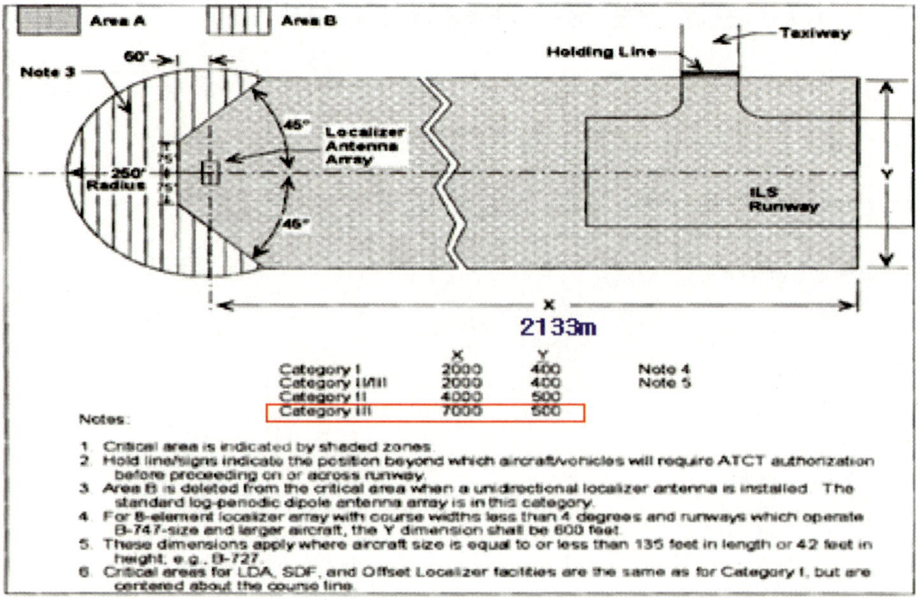

[Figure 4-2] CAT-I/II/Ⅲ 성능별 ICAO Localizer 전파 보호구역 설정 기준

2) CAT-Ⅰ/Ⅱ/Ⅲ 운영 관련 ICAO Glide Path 전파 보호구역 설정기준

[Figure 4-3]에서는 CAT-I/Ⅱ/Ⅲ 성능별 ICAO Glide Path 전파 보호구역 설정 기준을 보여주고 있다.

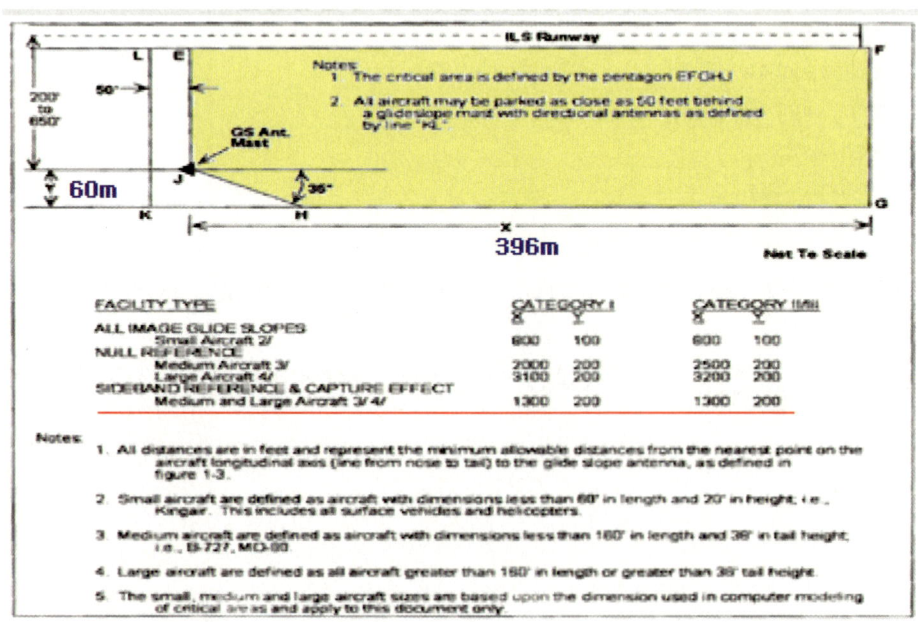

[Figure 4-3] CAT-I/II/Ⅲ성능별 ICAO Glide Path 전파 보호구역 설정 기준

바. CAT-Ⅱ/Ⅲ 운영 관련 관제절차

1) 항공기 이/착륙 관제절차

- 항공교통관제사는 활주로가시범위(RVR)가 550m 미만 또는 운고(Ceiling)가 60m(200ft) 미만의 기상상태로 접어들 때 CAT-Ⅱ/Ⅲ 운영에 돌입한다.
- 항공교통관제사는 CAT-Ⅱ/Ⅲ 운영개시와 종료를 접근관제소를 비롯해 관련 기관에 통보한다.
- 활주로 고속탈출 유도로 상에서 이동 중인 항공기 간 분리 간격을 제어한다.
- 동일 활주로상에서 항공기가 연속적으로 착륙하는 경우 후행 항공기가 활주로 시단으로부터 2 NM 거리까지 도달하기 전에 이미 도착한 선행 항공기 또는 활주로를 통과한 항공기가 LSA 지역을 벗어나거나 외곽도로(Outer Taxiway)상에 있도록 관제한다.
- 항공교통관제사는 항공기 이/착륙 최저치(Aircraft Takeoff and Landing Minima)를 적용하여 관제한다.

2) 항공기 기동지역 통제(Ground Movement Control)

- 항공교통관제사는 지상이동통제시스템(SMGCS)을 이용하여 활주로 및 유도로의 지정된 유도경로를 경유토록 지시하고 항공기 또는 차량과의 충돌을 예방한다.
- 항공교통관제사는 공항지상감시레이더(ASDE)를 이용하여 항공기나 차량의 이동상황을 감시한다.
- 항공교통관제사는 활주로와 ILS 전파보호구역(Critical & Sensitivity Area)에 대한 감시 및 특별조치를 세운다.
- 항공교통관제사는 항공기 또는 차량 간 분리 기준은 400m를 적용하여 관제한다.

사. 항공기 CAT-Ⅱ/Ⅲ 저시정운영(SMGCS) 시스템기능

- 활주로가시범위(RVR : Runway Visual Range)란 활주로 주변에 설치된 기상관측시스템으로 측정한 활주로 시정치를 말한다.

  동 시스템은 CAT-Ⅰ으로 운영 시에는 착륙 방향으로 Touch-Down Zone에 한 장소에만 설치가 되고, CAT-Ⅱ로 운영 시에는 활주로 착륙 방향으로 Touch-Down Zone 및 중간지점(Mid-Point) 등 2개 지점에 설치하여 운영된다.

  그러나, CAT-Ⅲ 성능으로 운영하기 위해서는 활주로 시단 Touch-Down 지점과 Mid-

Point 및 활주로 말단 Roll-out 지점 등 3군데 장소에 설치하여 활주로 시정치를 관리한다.

- 저시정운영절차란 활주로 상에 설치되어 운영 중인 3개의 RVR시스템 중 어느 한 지점의 RVR에서 측정된 시정치가 550m 미만 또는 운고(Ceiling)가 60m(200ft)이하 시 적용하도록 수립된 절차를 말한다.
- 지상이동통제시스템(SMGCS : Surface Movement Guidance Control System)이란 지상이동안내 및 관제시스템으로써 공항의 기상조건에 따른 운영등급에서 요구되는 안전수준 확보 및 저시정 운영절차 운영 시에도 항공기 운항률을 유지하기 위하여 항공기 또는 차량에 대한 감시, 경로지정, 안내 및 제어기능을 제공하는 통합시스템을 말한다.

아. CAT-Ⅱ/Ⅲ 운항 관련 항공기 탑재용 항법장비

CAT-Ⅲ 성능으로 계기착륙을 하고자 하는 항공기는 다음과 같은 항법시스템을 탑재하여 운영하여야 한다.

- 이중화된 비행조종장치(Flight Control System) 또는 비행유도장치(Flight Guidance System)
- Fail Operational Landing System
- ILS(Localizer & Glide Path) 수신장치(Receiver System)
- 자동출력조종장치
- 이중화된 전파고도계
- 다음과 같은 CAT-Ⅲ 운항 시의 실패 접근 유도장치
  - 피치자세표시기(Pitch Attitude Makers) 또는 지시기(Pitch Command Display) 기능을 갖춘 자세계(Attitude Display)
  - 비행착륙각지시기(Flight Path Angle Display)
  - 자동 또는 수동용 복행 장치
- 항공기전방표시장치(HUD : Head-Up Display)
  동 시스템은 [Figure 4-4]에서와 같이 항공기 조종석 전면에 위치되는 시스템으로써 주/야간에 관계없이 조종사에게 주위 지형에 대한 시야를 확보해 줌은 물론 각종 계기 상의 지시를 현시시켜 줌으로써 전방만을 주시하며 정확한 비행이 가능하도록 지원한다.

[Figure 4-4] 항공기전방표시장치(HUD) 화면자료

자. CAT-Ⅱ/Ⅲ 운항 관련 항공기 감항능력

- **항공기 감항능력**

  항공기 감항능력이란 항공기가 자체 안전성을 유지하기 위해 갖추어야만 하는 능력을 의미하는 것으로써, 항공기 자체의 성능을 비롯해, 비행성, 플래터, 지동, 지상 또는 수상에서의 특성, 강도 및 구조 등이 항공에 적합한 안전성과 신뢰성을 갖추고 있는지를 판단하기 위한 기술적인 판단 기준을 의미한다.

  다시 말해, 항공기 및 장비부품의 안전성 확보를 위한 기술상의 기준에 구체적으로 감항능력에 대한 한계와 기준이 제시되며, 동 기준에 적합하여야만 해당 항공기의 감항 능력이 인정된다.

  또한, 항공기에 대한 감항능력은 감항증명서에 의해서만 공식적으로 인정된다.

- **항공기 감항증명**

  항공기 감항증명이란 항공기에 대한 사고방지의 견지에서 동 항공기가 비행하기에 적합한 안전성과 신뢰성을 갖고 있는가에 대한 증명을 말한다.

  본 증명은 국토교통부장관에 의해 항공기 마다 개별적으로 교부가 됨으로써 증명이 되며, 각 항공기는 본 감항증명서를 기내에 비치하지 않는 한 비행을 하여서는 안 된다.

3. CAT 성능등급 관련 항공기 정밀계기착륙절차

가. 정밀계기착륙절차(시스템 성능절차) 개요

계기착륙절차는 정밀계기착륙절차와 비정밀계기착륙절차로 구분할 수 있다. 여기에서 정밀절차 또는 비정밀절차를 구분하는 기준은 계기착륙시설 중 활공각 장비(Glide Path)가 정상 동작이 이루어지고 있는가에 따라 결정된다. 따라서 활공각장비를 통해서 3° 각도로 활공하면서 안전하게 착륙이 이루어지고 있는지 아니면 활공각장비 신호가 제공되지 않음으로 인해 일정 구간을 두고 계단식(Step-Down)으로 착륙이 이루어지고 있는가에 초점을 두고 있다.

1) CAT-I 정밀계기착륙절차

본 CAT-I 정밀계기착륙절차는 시정이 약 800m(RVR 550m)일 경우에만 운영되는 계기착륙시스템의 성능등급으로써 계기착륙절차가 정식 시작되는 최종접근점(FAF : Final Approach Fix)에서부터 활주로 시단(Threshold)으로부터 1050m 떨어진 지점에 위치해 있는 중방거리위치표지시설(MM : Middle Marker) 상공 60m 지점까지만 항공기를 자동유도(Auto-Landing)하는 No autoland 절차를 의미한다.

여기에서 MM 상공 60m 지점이 CAT-I 계기착륙결심고도에 해당이 된다. 동 지점에서 항공기 조종사는 활주로 착륙대 지점에 설치되어 운영되는 항공등화시설인 정밀착륙각지시기(PAPI : Precision Approach Path Indicator)에 맞춰 착륙을 시도하게 된다.

2) CAT-II 정밀계기착륙절차

본 CAT-II 정밀계기착륙절차는 시정이 약 400m(RVR 350m)일 경우에만 운영되는 계기착륙시스템의 성능등급으로써 계기착륙 절차가 정식 시작되는 최종접근점(FAF : Final Approach Fix)에서부터 활주로 시단(Threshold)으로부터 3150m 떨어진 지점에 위치해 있는 내방거리위치표지시설(IM : Inner Marker) 상공 30m 지점까지만 항공기를 자동유도(Auto-Landing)하는 Fail-passive 절차를 의미한다.

여기에서 IM 상공 30m 지점이 CAT-II 계기착륙결심고도에 해당이 된다. 동 지점에서 항공기 조종사는 활주로 착륙대 지점에 설치되어 운영되는 항공등화시설인 정밀착륙각지시기(PAPI : Precision Approach Path Indicator)에 맞춰 착륙을 시도하게 된다.

3) CAT-Ⅲ 정밀계기착륙절차

본 CAT-Ⅲ 정밀계기착륙절차는 시정이 약 0m(RVR 0m) 이하, 즉 짙은 안개 등 악 시정하에서도 불구하고 전천후로 운영이 되는 계기착륙시스템의 성능등급으로써 계기착륙절차가 정식 시작되는 최종접근점(FAF : Final Approach Fix)에서부터 활주로상에 착륙 후 정지할 때까지 항공기를 자동유도(Auto-Landing)하는 Fail operational 절차를 의미한다.

이와 같이 CAT-Ⅲ 성능등급으로 정밀계기착륙하고 있는 항공기 조종사는 모든 착륙 절차를 항공기 Auto-Landing 기능에만 의존하며 착륙을 시도하게 된다. 다만 비상시를 대비한 조종간은 살짝 손에 잡은 상태로 대응 체제만을 준비하며 착륙을 시도한다.

4. CAT 운영등급 관련 항공기 지상이동절차

가. 저시정지상이동절차 개요

[Figure 4-5]에서와 같이 항공기 지상이동유도 및 관제시스템(A-SMGCS : Advanced - Surface Movement Guidance & Control System)은 관제사와 조종사에게 항공기 지상이동 유도 기능을 포함하고, 감시 및 경로 제어 등의 기능을 제공함은 물론 ILCMS시스템과의 연동을 통해 기상 악화 시 또는 야간에 항공기 운항 시의 안전운항을 제공하는 통합시스템이다.

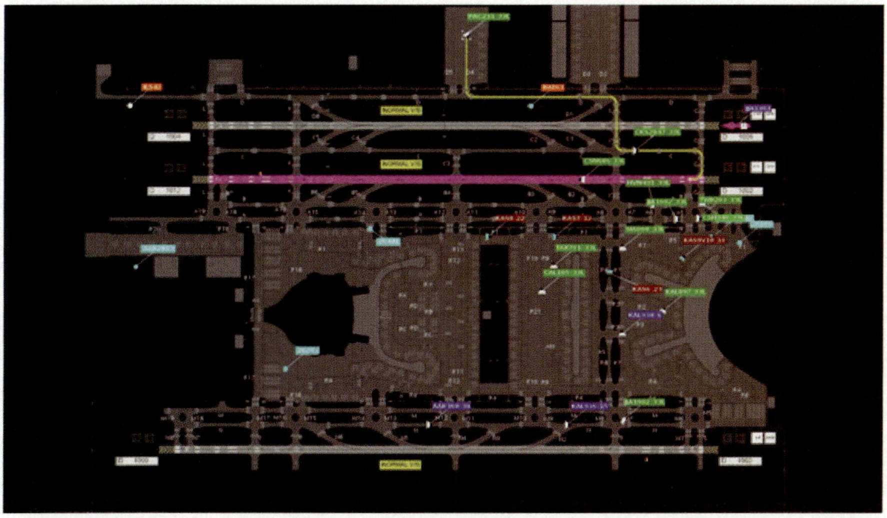

[Figure 4-5] A-SMGCS에 의한 항공기 저시정이동절차 화면

나. CAT-Ⅲa 지상이동절차

본 CAT-Ⅲa 이동절차는 활주로가시거리측정장치(RVR : Runway Visual Range)에 의한 측정치가 200m 이상일 경우에 항공기 이착륙이 운영되는 절차로써 항공기 조종사는 활주로에 착륙 후 유도로 중심선등(A-SMGCS)의 안내에 따라 계류장까지 이동하는 절차를 말한다.

본 이동절차는 A-SMGCS Level Ⅲ 절차로써 수동에 의한 개별 등화 점등/소등 및 감시제어 시스템(ILCMS : Individual Lighting Control and Monitoring System)에 의거 유도로 중심선등을 통한 항공기 이동계획 경로 설정을 포함해 이동지역의 모든 충돌 상황을 탐지한다.

한편 ILCMS시스템은 항공기가 지나간 경로 동선에만 일시적으로 항공등화 조명이 점등된 후 항공기가 지나간 동선 부분의 항공등화 조명은 자동 소등되는 시스템이다.

다. CAT-Ⅲb 지상이동절차

본 CAT-Ⅲb 이동절차는 활주로가시거리측정장치(RVR : Runway Visual Range)에 의한 측정치가 200m~50m 이상일 경우에 항공기 이착륙이 운영되는 절차로써 항공기 조종사는 활주로에 착륙 후 유도로 중심선등(A-SMGCS)의 안내에 따라 계류장까지 이동하는 절차를 말한다.

본 이동절차는 A-SMGCS Level Ⅳ 절차로써 자동제어에 의거 유도로 중심선등을 통한 항공기 이동계획 경로 설정을 포함해 이동지역의 모든 충돌 상황에 대한 해결책을 관제사와 조종사에게 제공한다.

라. CAT-Ⅲc 지상이동절차

본 CAT-Ⅲc 이동절차는 활주로가시거리측정장치(RVR : Runway Visual Range)에 의한 측정치가 50m~0m일 경우에 항공기 이착륙이 운영되는 절차로써 항공기 조종사는 활주로에 착륙 후 유도로 중심선등(A-SMGCS)의 안내에 따라 계류장까지 이동하는 절차를 말한다.

본 이동절차는 A-SMGCS Level Ⅴ 절차로써 항공기에 탑재된 Aircraft On-Board(HUD Set)와 Vehicle Navigation(All integrated System) 등을 통해 활주로 가시거리 0m 이하에서도 항공기 조종사에 의한 지상 이동이 가능할 것으로 사료된다.

메 모

제5장

항공교통관제 [Air Traffic Control Procedures]

1. 항공기 운항절차
2. 항공교통관제 개요
3. 항공교통관제 기본이론

제5장

항공교통관제[Air Traffic Control Procedures]

1. 항공기 운항절차

가. 항공기 운항절차 개요

항공기 운항은 [Figure 5-1]에서와 같이 7단계의 절차를 거쳐 비행이 이루어진다. 이와 같은 단계별 운항절차가 이행되기 위해서는 지상 항행안전시설(항법/관제/통신)을 포함해 항공관제, 비행정보 등에 의한 지원이 절대적으로 필요하다.

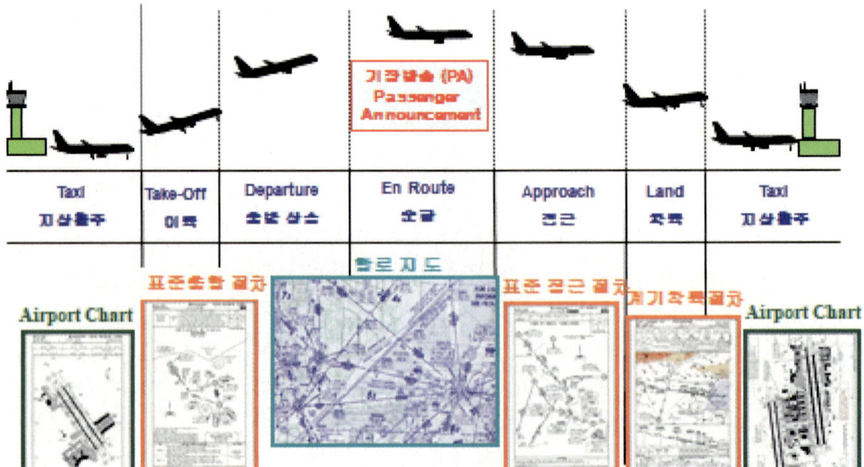

[Figure 5-1] 항공기 운항절차도

나. 단계별 항공기 운항절차

단계별 항공기 운항절차는 다음과 같다.

1) 제1단계 : 지상이동 및 활주로이륙(Taxiing and Take-off)

본 단계는 항공정보간행물(AIP : Aeronautical Information Publication) 상의 Airport Chart에 따라 항공기 지상이동(Taxiing)을 거쳐 활주로상에서 이륙(Take-Off) 절차가 진행되는 구간을 말한다.

2) 제2단계 : 출발상승(Departure)

본 단계는 항공정보간행물(AIP) 상의 표준계기출발(SID : Standard Instrument Departure) 절차에 따라 항공기가 항로에 도달하기까지의 구간을 말한다.

3) 제3단계 : 항로순항(En-Route)

본 단계는 항공정보간행물(AIP) 상의 항로지도 절차에 따라 항공기가 항로상에서 순항절차가 진행되는 구간을 말한다.

본 단계 절차가 시작되면 항공기 내에서는 승무원이 기내 승객에게 기내방송(PA : Passenger Announcement)이 진행된다.

4) 제4단계 : 접근하강(Approach)

본 단계는 항공정보간행물(AIP) 상의 표준계기도착(STAR : Standard Instrument Arrivals) 절차에 따라 항공기가 항로상으로부터 계기접근절차가 시작되는 시점까지 진행이 되는 구간을 말한다.

5) 제5단계 : 활주로착륙(Landing)

본 단계는 항공정보간행물(AIP : Aeronautical Information Publication) 상의 계기착륙(Instrument Landing) 절차가 진행되는 구간을 말한다.

6) 제6단계 : 지상이동(Taxiing)

본 단계는 항공정보간행물(AIP : Aeronautical Information Publication) 상의 Airport Chart에 따라 항공기가 유도로를 거쳐 계류장까지 이동하는 구간을 말한다.

2. 항공교통관제 개요

가. 항공교통관제의 정의

항공교통관제란 지상의 관제사가 항로를 비행 중인 항공기 조종사와 지속적인 교신을 통해 항공기 간 또는 장애물들로부터의 항공기 충돌을 방지케 함으로써 항공기에 대한 안전운항을 지원하는 업무로써, 항공기가 공항의 지상에서 출발을 시작하여 활주로에 도착할 때까지를 비롯해 공항의 이동지역 내에서의 이동 및 이륙 후 목적지 공항에 도착하여 정지하기까지의 전 비행과정 시 항공기 상호 간의 원활한 흐름을 유지 및 지원하는 것을 목적으로 하는 업무이다.

나. 항공교통관제 구역

항공교통관제 구역은 [Figure 5-2]에서와 같이 터미널 및 계류장 지역에 항공기를 관제하는 계류장관제(Ramp Control)를 비롯해 이착륙을 위해 유도로 및 활주로로 이동 후 이착륙할 때까지의 항공기를 관제하는 관제탑 또는 비행장관제(Tower or Ground Control), 항공기의 접근/출발(Approach/Departure) 비행을 관제하는 접근 및 출발 관제(Approach/Departure Control) 그리고 항로를 비행중인 항공기를 관제하는 항로관제(En-Route Control) 또는 지역항공교통관제(Area Control) 등으로 구분할 수가 있다.

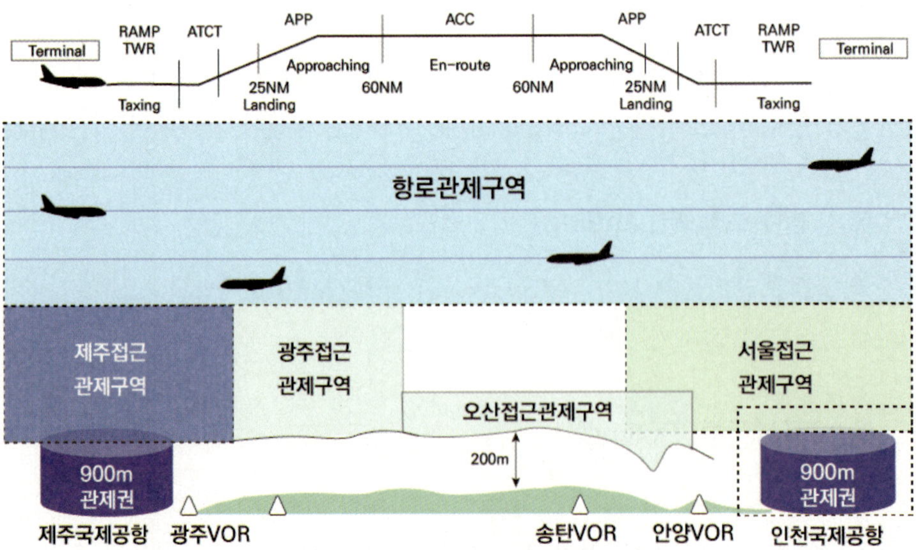

[Figure 5-2] 항공관제구역 설정도

3. 항공교통관제 기본이론

가. 계류장 관제절차

1) 제1단계 지상이동(Surface Movement)

항공기가 본 단계를 수행하기 위해 지원되는 관제절차 및 지상 장비는 다음과 같다.

가) 출발허가 절차

출발 예정인 항공기는 사전에 제출된 비행계획서에 따라 사전 출발허가 전용 VHF RF Voice 또는 시스템(PDC : Pre-Departure Clearance)을 통해 관제탑 관제사로부터 출발허가를 발부 받아 지상이동을 시작한다.

그리고 항공기가 지상 이동을 시작하기에 앞서 항공기 조종사는 공항정보방송시설(ATIS : Automatic Terminal Information Service) 또는 D-ATIS를 통해 항공기 이착륙과 관련된 공항명을 비롯해 공항의 기상정보(풍향, 풍속, 시정, 일기, 기온 등)를 청취 및 시청한다.

2) 계류장 이동절차

[Figure 5-3], [Figure 5-4], [Figure 5-5]에서와 같이 계류장 지역 내에서 항공기 지상 이동 절차는 계류장 관제사 관제 지시하에 지상감시레이더(ASDE) 및 저시정 이동안내제어시스템(SMGCS : Surface Movement Guidance Control System)을 통해 이루어진다.

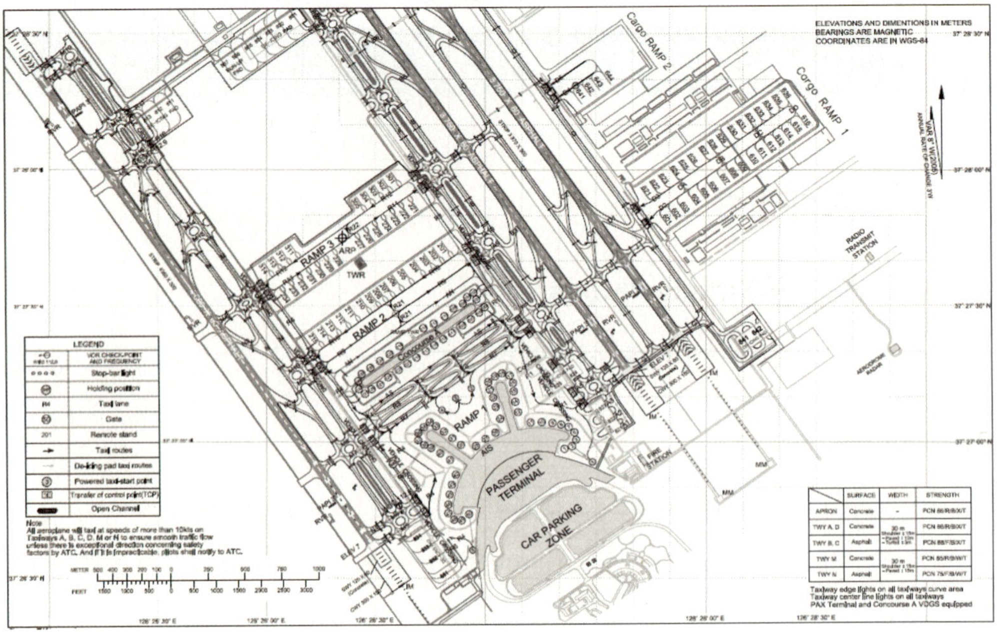

[Figure 5-3] AIP Chart for Departure

특히 지상감시레이더(ASDE) 및 저시정 이동안내제어시스템(SMGCS)은 계류장을 포함한 유도로 및 활주로 지역의 시정이 매우 악화한 조건에서도 항공기 이동관제업무를 정상적으로 지원하기 위한 시스템으로써 CAT-Ⅲa/Ⅲb/Ⅲc 항공기 저시정 운영 시에는 절대적으로 필요한 시스템이다.

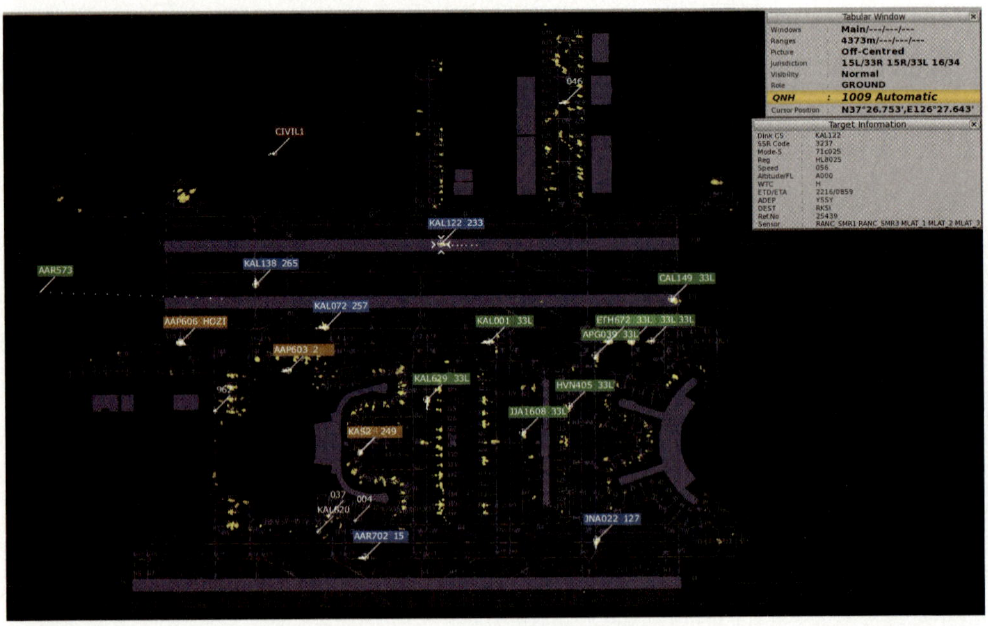

[Figure 5-4] ASDE 레이더 화면자료

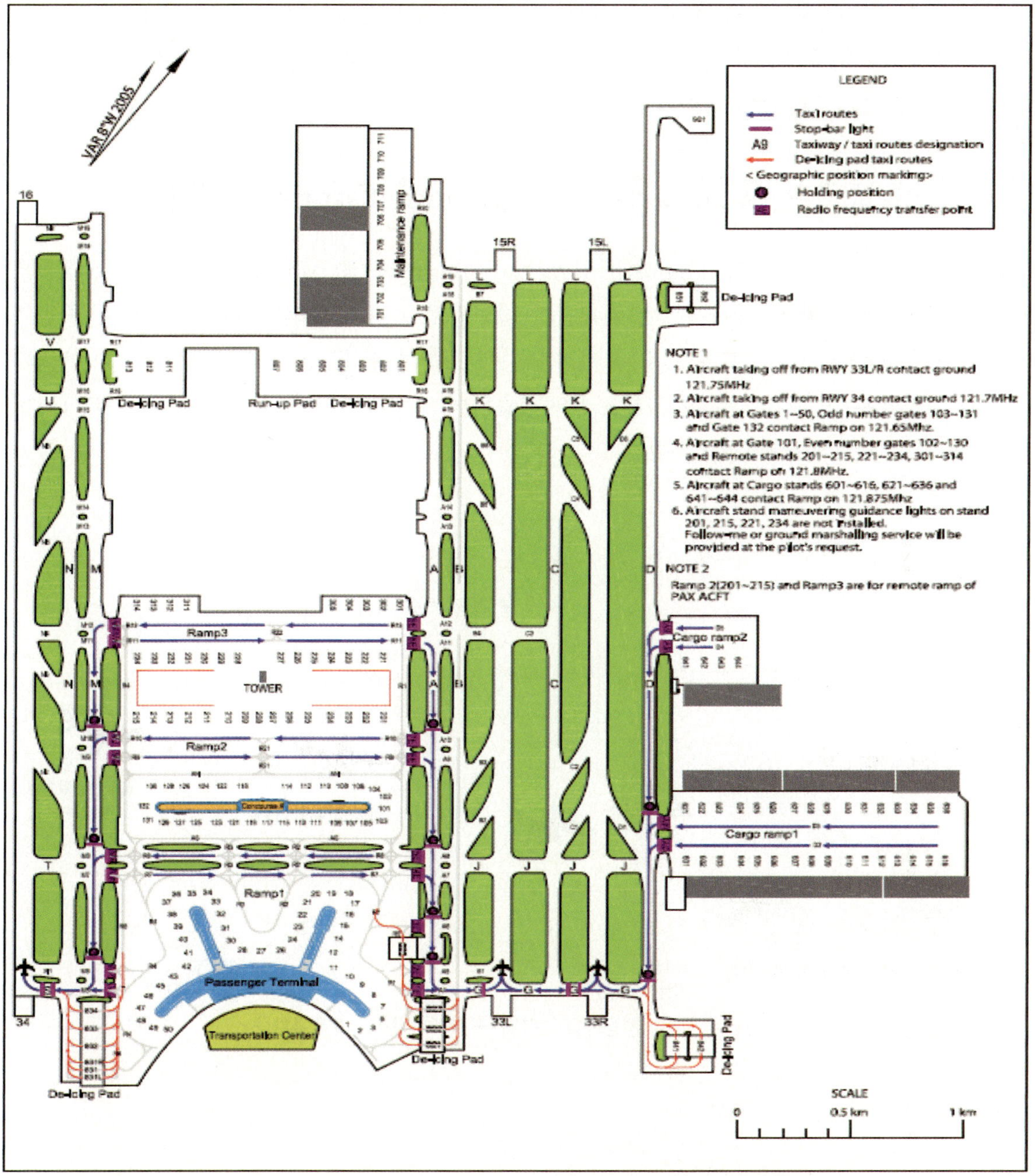

[Figure 5-5] SMGCS 시스템을 통한 항공기 출발 이동절차도

나. 비행장관제(Airport Control Tower) 절차

관제탑(TWR)은 활주로 말단이 장애물 없이 보이는 높이의 공항지점에 위치하여 통상 관제탑 반경 9Km 이내의 지역에서 이동 또는 이착륙 중인 항공기를 관제한다.

[Figure 5-6], [Figure 4-2-5]에서와 같이 항공기가 활주로를 이륙하기 위해 지상 이동 시에는 관제탑 관제사에 의해 지상감시레이더(ASDE) 및 저시정 이동안내제어시스템(SMGCS)을 통해 설정된 항로로 안전하게 정확히 이동이 이루어진다.

다. 출발/접근관제(Departure/Approach Control) 절차

접근 관제는 [Figure 5-7], [Figure 5-8]에서와 같이 공항반경 100Km 내에서 계기비행 중인 항공기에 제공되는 항공교통관제로써 관제탑과 접근관제소 간의 협정에 따라 계기비행 중인 항공기가 공항을 출발하여 지정된 고도나 지점(Fix)에 도착하면 [Figure 5-6]에서와 같이 정상적인 접근 관제업무가 시작된 후 항공기가 계속 상승하여 지역관제소에서 담당하는 항공로나 지정된 지점에 도착할 때까지 이어진다.

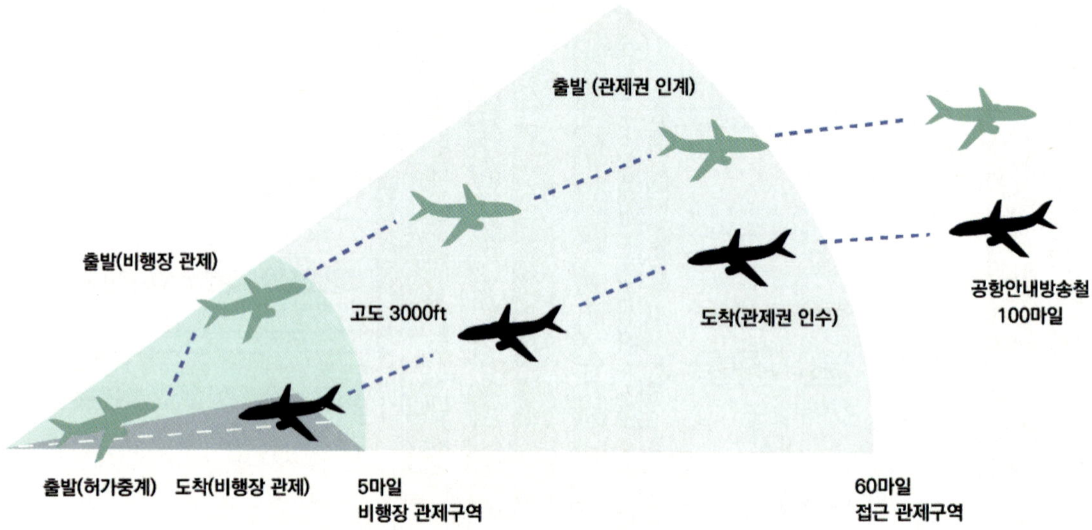

[Figure 5-6] 항공기레이더 접근/도착 관제 이양절차도

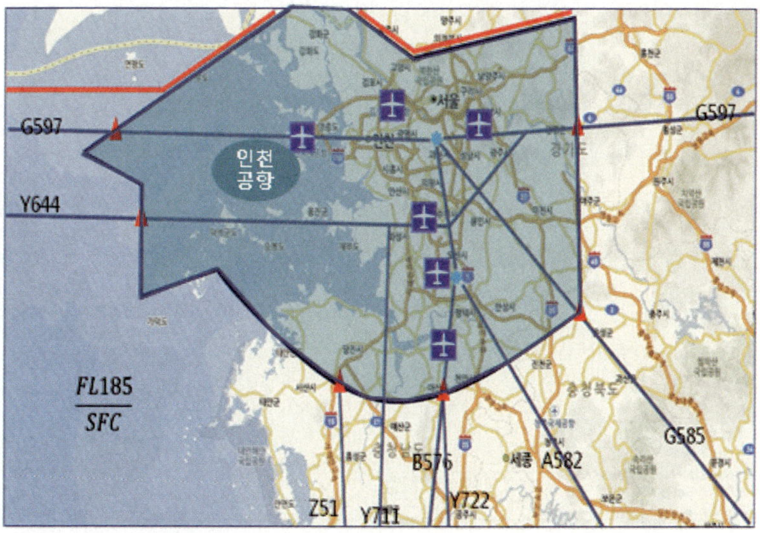

관할 구역	• 김포공항 반경 약110km(60NM)
관할 고도	• 18,500ft 이하(5,638m)

[Figure 5-7] 접근 관제구역 설정도

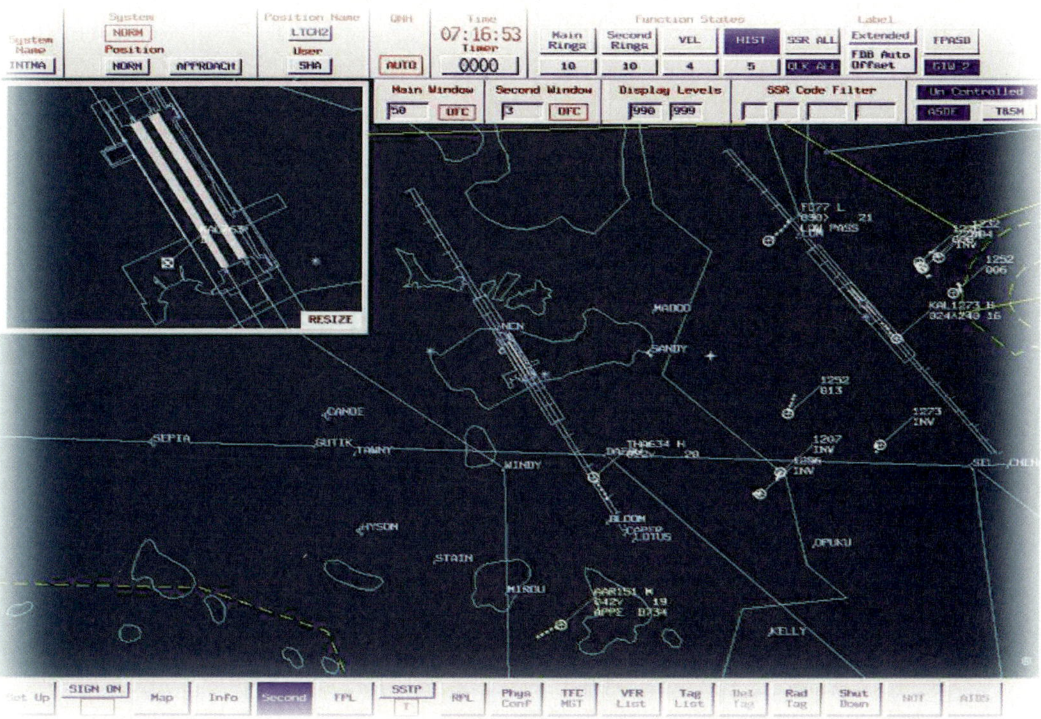

[Figure 5-8] 접근관제 레이더 화면

그리고, 항공기가 본 단계에서 정상적인 출발 상승 비행을 수행하기 위해서는 지상의 공항감시레이더(ASR/SSR) 시스템을 통한 항공 접근관제사의 관제 지시하에 지상의 전방향표지시설(TVOR/DME)에 의해 제공되는 방위 및 거리정보 신호를 바탕으로 설정된 표준계기출발(SID : Standard Instrument Departure)절차용 항로를 따라 안전하게 비행이 이루어진다.

한편 [Figure 5-9]에서와 같이 지상의 TVOR/DME장비에 의한 방위 및 거리정보 신호를 바탕으로 비행 중인 항공기는 부가적으로, 자체 항법시스템인 관성항법장치(Inertial Navigation System) 또는 위성항법시스템(GNSS) 등을 통한 RNAV(Area Navigation) 절차에 의거 직선화된 항로로 따라 신속한 비행이 이루어진다.

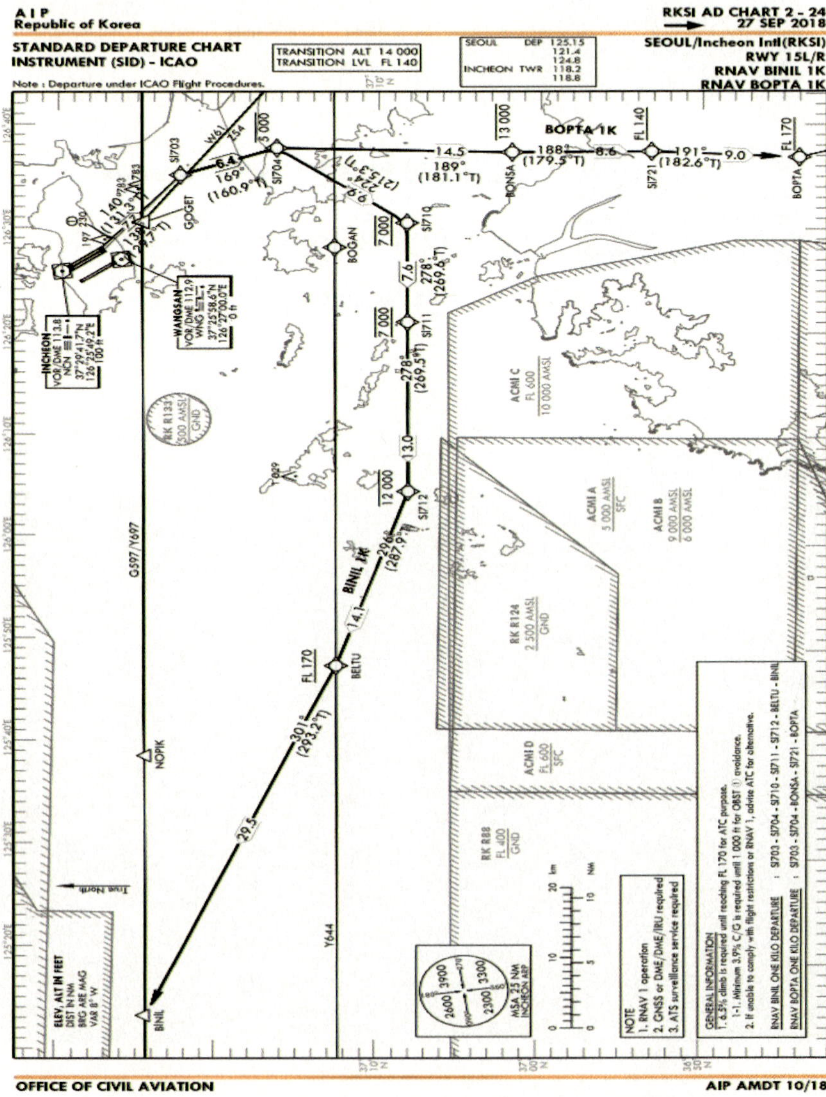

[Figure 5-9] VOR/DME신호를 통한 RNAV 비행절차도

라. 제4단계 항로 또는 지역관제(En-Route or Area Control) 절차

본 관제절차는 [Figure 5-10]에서와 같이 비행정보구역(FIR : Flight Information Region) 내의 모든 항공기에 비행 정보업무 및 경보업무를 제공하고, 공역 운영업무와 항공교통흐름 관리 업무를 제공하며, 항공로(En-Route) 상을 비행하는 계기비행 항공기에 항공교통관제 업무를 제공한다.

항공로 구성현황

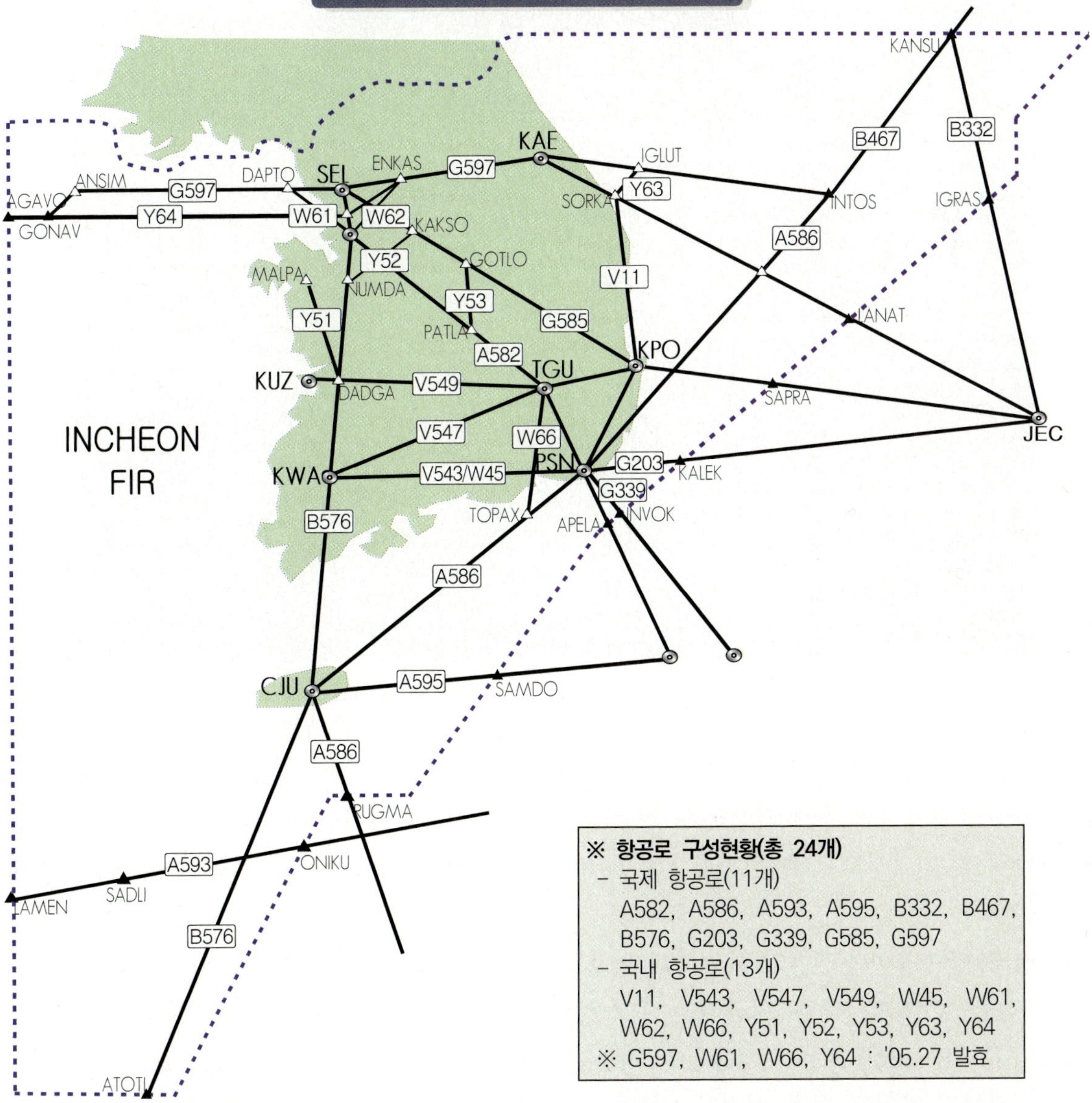

[Figure 5-10] 비행정보구역(FIR : Flight Information Region) 설정도

한편, 본 관제는 항로 관제센터(En-Route Control Center)와 비행정보센터(Flight Information Center)로 구성되어 있으며, 특히 넓은 공역에 대하여 항공교통업무를 제공하기 때문에 공역의 구조나 항공교통량에 따라 효율적으로 업무를 수행하기 위하여 해당 관제 구역을 섹터(Sector)로 분할하여 섹터별로 관제업무를 수행한다.

참고로, 본 관제업무는 우리나라의 경우 [Figure 5-11]에서와 같이 인천공항, 대구공항 및 제주도 등 3군데 지역에 항로관제를 위한 레이더 관제소를 설치하여 운영되고 있다.

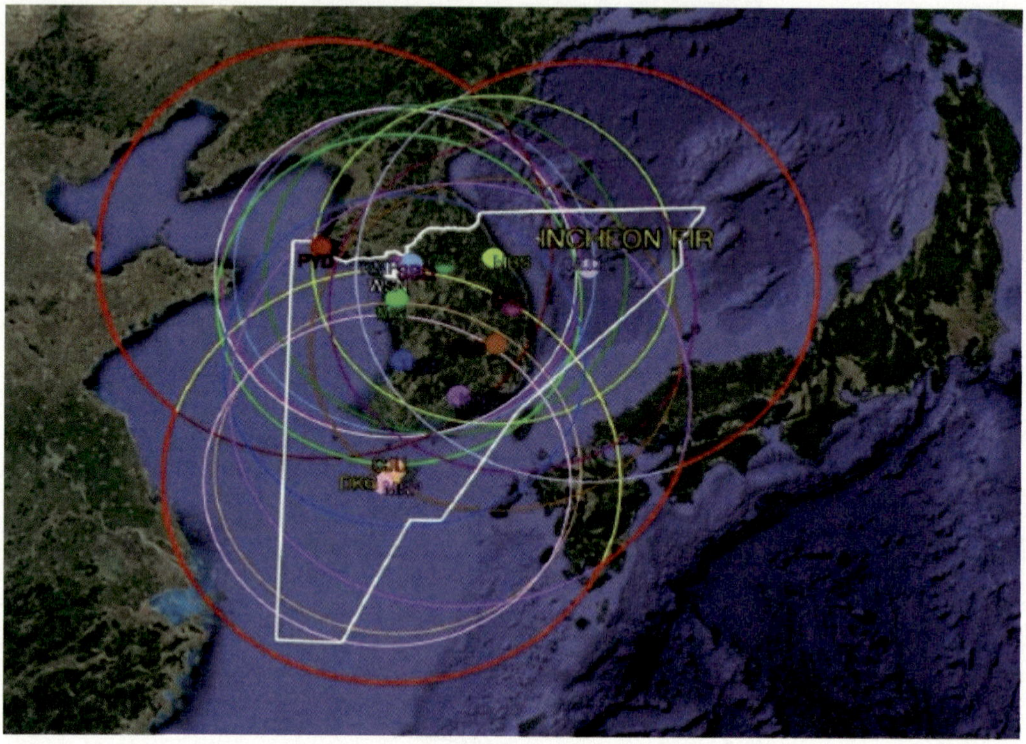

[Figure 5-11] 항로관제 Coverage 설정도

항공기가 출발 상승을 거쳐 본 단계에 이르면 항공기는 지상의 항로 감시레이더(ARSR/SSR)를 통한 항로관제사의 관제 지시하에 지상의 항로용 전방향표지시설(EVOR/DME)에 의해 제공되는 방위 및 거리정보 신호를 바탕으로 설정된 항로비행 절차용 항로를 따라 안전하게 비행이 이루어진다.

한편 제4단계의 비행절차와 동일하게 항로용 EVOR/DME 장비에 의한 방위 및 거리정보 신호를 바탕으로 비행 중인 항공기는 부가적으로, 자체 항법시스템인 관성항법장치(Inertial Navigation System) 또는 위성항법시스템(GNSS) 등을 통한 RNAV(Area Navigation) 절차에 의거 직선화된 항로로 따라 신속한 비행이 이루어진다.

마. 제5단계 출발/접근관제[Departure/Approach Control] 절차

항로비행을 종료한 항공기가 목적 공항 부근에 도착하면 항로관제센터의 관제업무는 동시에 종료되고 대신 접근 관제를 통해 강하하여 조종사가 시각으로 비행장을 볼 수 있거나, 미리 협정된 절차에 따라 지정된 상황에 도달하면 접근 관제업무도 종료가 된다.

한편, 항공기가 본 단계에 따라 정상적인 접근 강하 비행을 수행하기 위해서는 [Figure 5-12]와 같이 지상의 공항감시레이더(ASR/SSR) 시스템을 통한 항공 접근관제사의 관제 지시하에 지상의 전방향표지시설(TVOR/DME)에 의해 제공되는 방위와 거리정보 신호를 바탕으로 설정된 표준계기도착(STAR : Standard Instrument Arrival) 절차용 항로를 따라 안전하게 비행이 이루어진다.

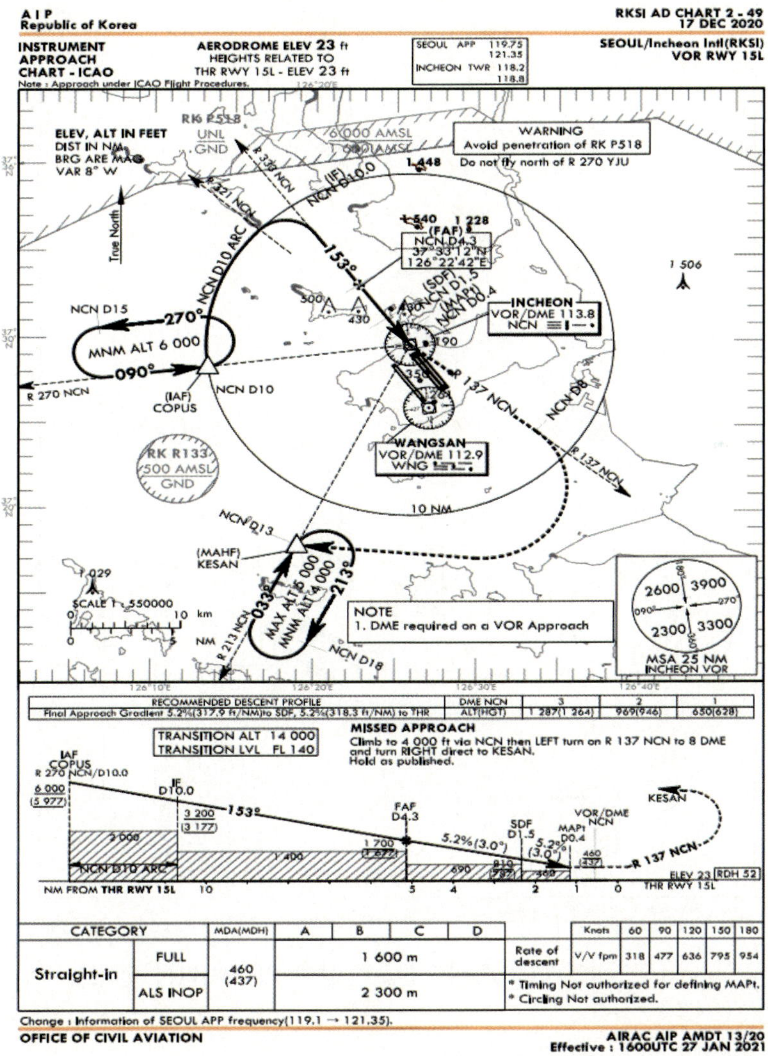

[Figure 5-12] VOR/DME 신호를 통한 항공기 표준계기도착 절차도

또한, 이와 같은 지상의 TVOR/DME 장비에 의한 방위 및 거리정보 신호를 바탕으로 비행중인 항공기는 부가적으로, [Figure 5-13]에서와 같이 자체 항법시스템인 관성항법장치(Inertial Navigation System) 또는 위성항법시스템(GNSS) 등을 통한 RNAV(Area Navigation) 절차에 의거 직선화된 항로로 따라 신속한 비행이 이루어진다.

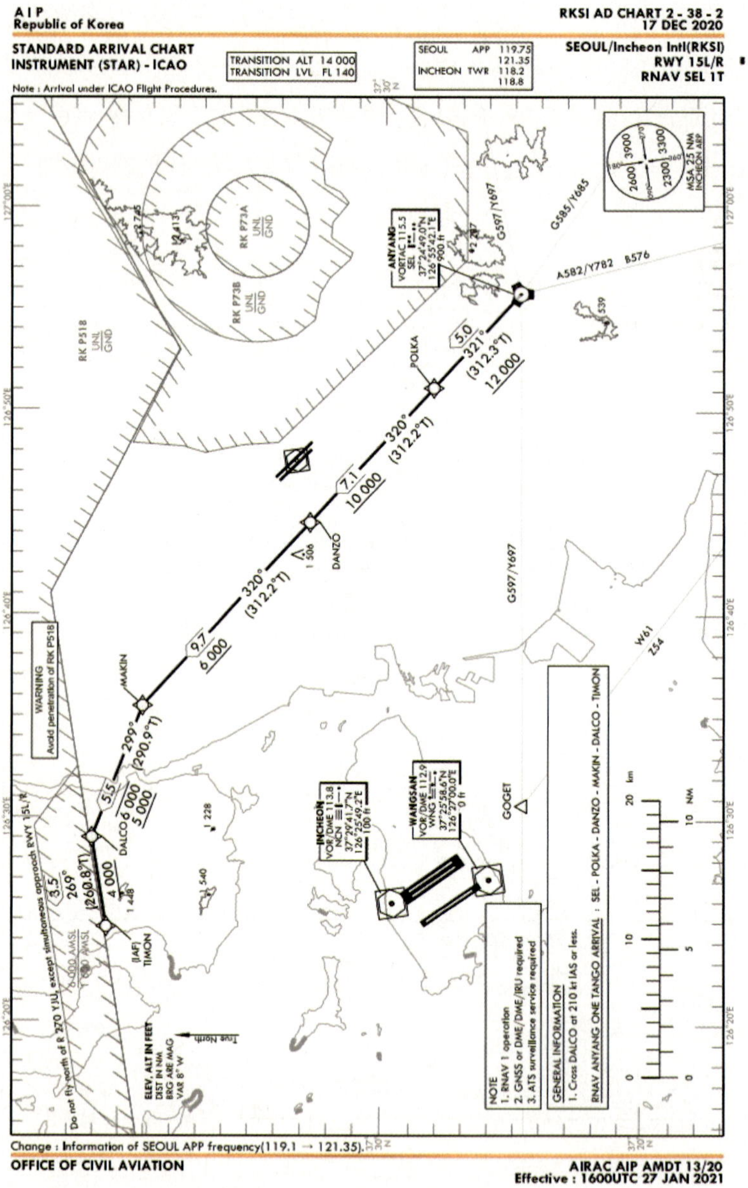

[Figure 5-13] VOR/DME 신호를 통한 RNAV 비행 절차도

바. 제6단계 활주로 계기착륙(Instrument Land) 절차

먼저, 비행 중인 항공기가 정밀계기착륙절차를 시도하기에 앞서 항공기 조종사는 공항정보방송시설(ATIS : Automatic Terminal Information Service) 또는 D-ATIS를 통해 항공기 이착륙과 관련된 공항명을 비롯해 공항의 기상정보(풍향, 풍속, 시정, 일기, 기온 등)를 청취 및 시청한다.

다음으로, 본 단계에 따라 항공기가 정상적으로 활주로로 정밀계기착륙절차를 수행하기 위해서는 [Figure 5-14]에서와 같이 공항감시레이더(ASR/SSR) 및 지상감시레이더(ASDE) 시스템을 통한 관제탑 관제사의 관제 지시하에 지상의 정밀계기착륙시설(ILS : Instrument Landing System)에 의해 제공되는 활주로 중심선 및 착륙 각 정보를 포함한 결심고도 정보로 설정된 CAT-Ⅰ/Ⅱ/Ⅲ 등급에 따라 정상적인 착륙이 이루어진다.

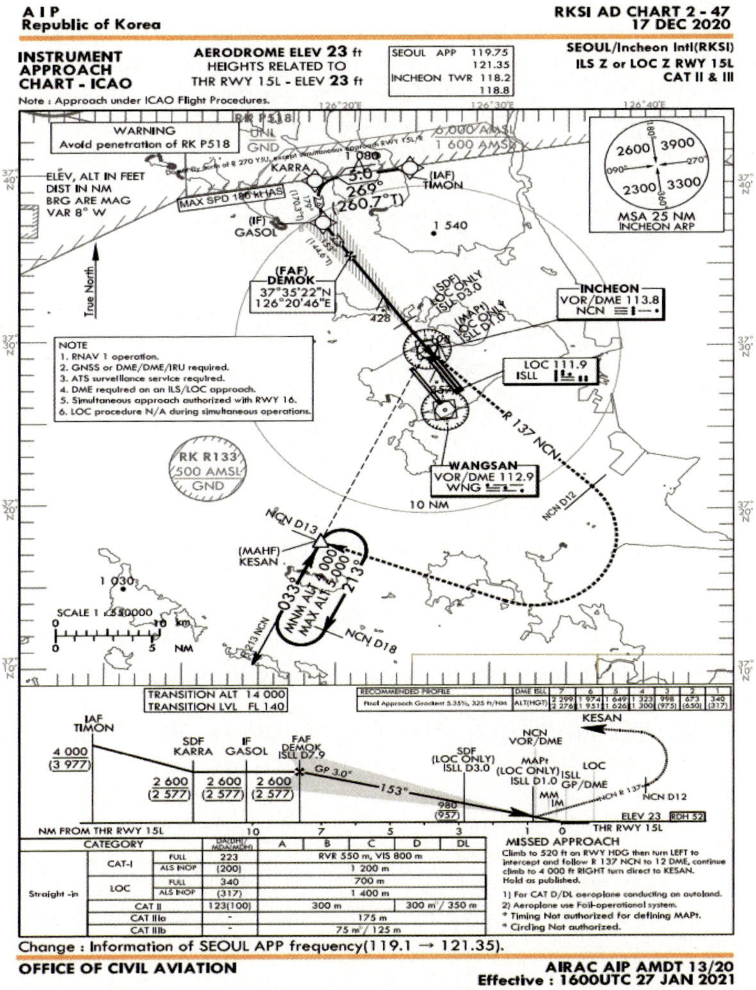

[Figure 5-14] 계기착륙시스템(ILS)을 통한 항공기 계기착륙 절차도

사. 제7단계 지상이동(Surface Movement) 절차

최종적으로, 활주로상에 착륙한 항공기는 [Figure 5-15], [Figure 5-16]에서와 같이 지상감시레이더(ASDE) 및 저시정 이동안내제어시스템(SMGCS : Surface Movement Guidance Control System)을 통한 계류장 및 관제탑 관제사의 관제 지시하에 설정된 경로를 따라 지상이동 절차를 거친다.

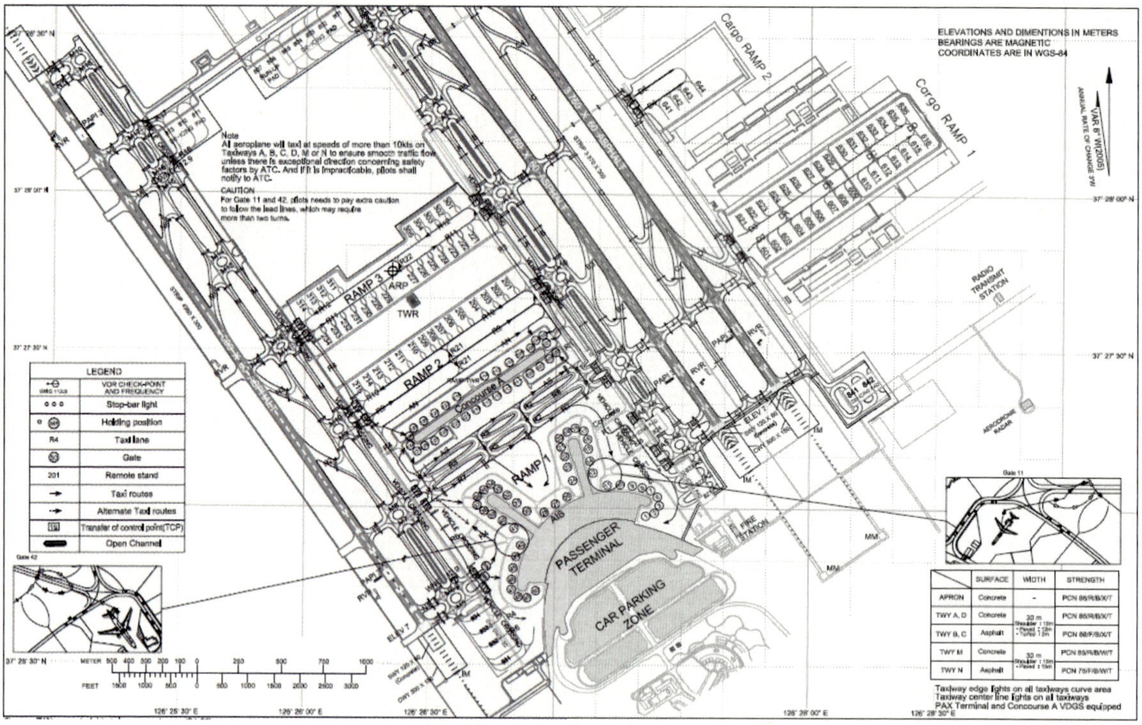

[Figure 5-15] AIP Chart for Arrival

특히 지상감시레이더(ASDE) 및 저시정이동안내제어시스템(SMGCS)은 계류장을 포함한 유도로 및 활주로 지역의 시정이 매우 악화한 조건에서도 항공기 이동을 정상적으로 지원하기 위한 시스템으로써 CAT-Ⅲa/Ⅲb/Ⅲc 항공기 저시정 운영 시에는 절대적으로 필요한 시스템이다.

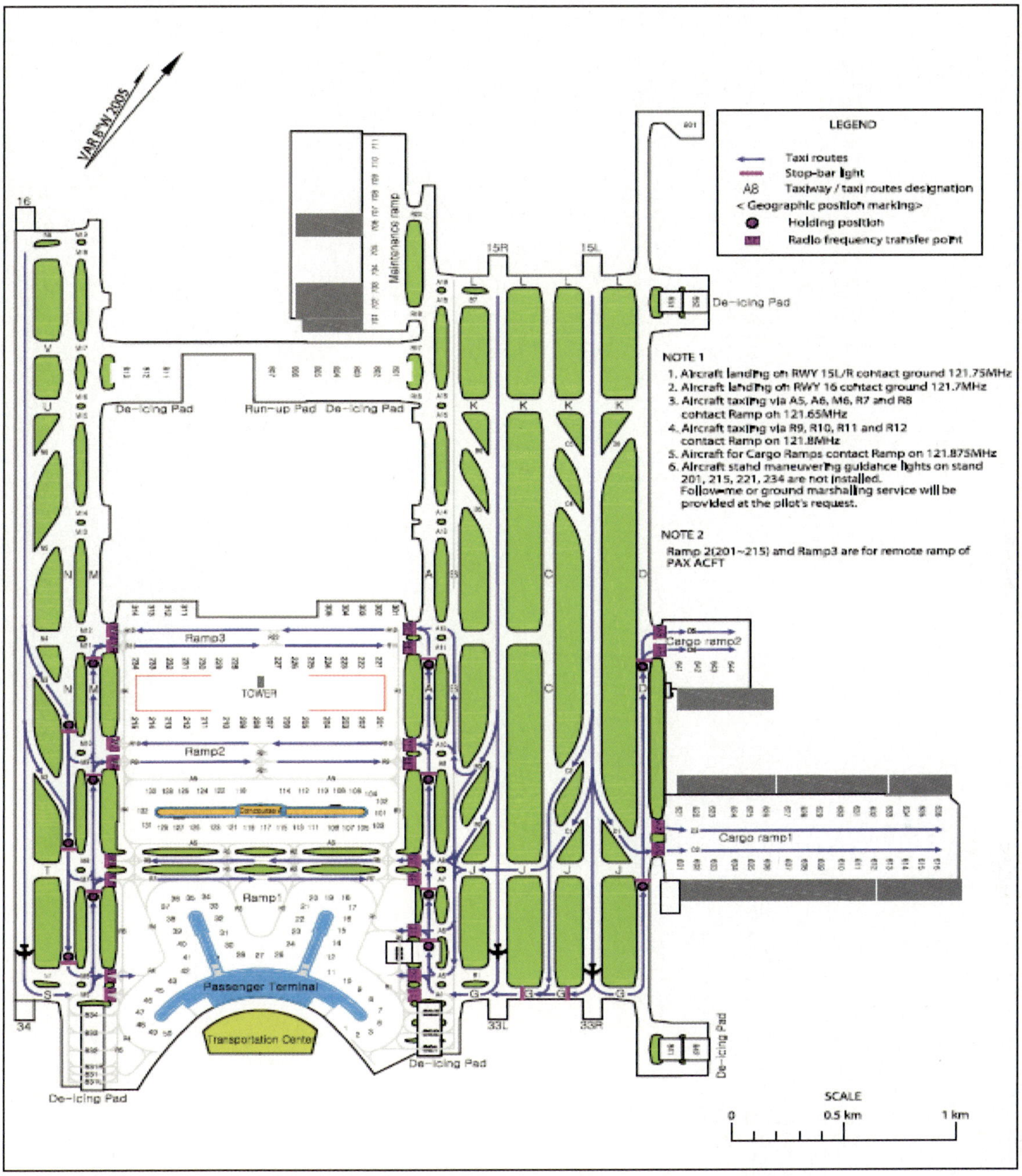

[Figure 5-16] SMGCS 시스템을 통한 항공기 도착 이동절차도

제6장

비행검사[NAVAIDS Flight Inspection Procedures]

1. 비행검사의 개요
2. 계기착륙시설 비행검사절차
3. 전방향표지시설 비행검사절차
4. 레이더시설 비행검사절차
5. 항공관제통신시설 비행검사절차

제6장

비행검사[NAVAIDS Flight Inspection Procedures]

1. 비행검사의 개요

가. 비행검사의 정의

비행 검사용 항공기를 통해 항행안전시설에 대한 항공기 계기비행절차의 이용 가능성을 분석 및 평가하는 것을 말한다.

나. 비행검사의 목적

항행안전시설의 성능이 비행 검사를 통해 국제기준에 부합되고 있는지를 검증하여 차질 없는 항공기 안전운항에 이바지하기 위한 데 그 목적이 있다.

다. 관련근거

- ICAO Annex 10 & Doc 8071 Volume I/II
- FAA Order 8200.1 : United States Standard Flight Inspection Manual
- 항행안전시설 비행검사규정(국토부고시 제2013-896호)

라. 비행검사의 종류

- **위치평가검사**(Site Survey)
  신설 예정인 항행안전시설의 설치 위치가 적합한지 아닌지를 확인하는 검사를 말한다.
- **운영개시검사**(Commissioning Inspection)
  신설된 항행안전시설이 운용 전 사용 가능성 여부를 결정하는 비행검사를 말한다.
- **정기검사**(Periodic Inspection)
  운영개시검사 이후 계속해서 시스템 성능이 국제기준 이내로 정상 유지되고 있는지를 일정 기간마다 실시하는 비행 검사를 말한다.
- **감시검사**(Monitoring Inspection)
  본 검사대상 항행안전시설을 검사 중에 타 항행안전시설의 동작 상태를 감시하는 비행검사를 말한다.
- **특별검사**(Special Inspection)
  항행안전시설의 운용중단을 포함해 고장 수리 후 또는 정기검사 기간이 만료된 시설에 대한 비행검사를 말한다.

마. 비행점검센터 운영

1) 비행점검센터 역할

비행점검센터는 현재 서울지방항공청 소속으로써 국내 민간이나 군 공항에 설치되어 운영 중인 항행안전시설에 관해 규정된 주기별로 비행검사를 수행하여 시스템의 운영 가능 여부를 결정하는 검사기관이다.

2) 비행점검센터의 조직 구성

비행점검센터는 비행검사용 항공기 조종사 2명을 비롯해 비행검사관 2명 등으로 구성이 되어 있으며, 미연방항공청(FAA : Federal Aviation Administration)의 Academy에서 비행점검사 전문교육을 이수 후 자격을 부여받는다.

3) 비행검사용 항공기 제원

비행점검센터 내 비행검사용 항공기 기종은 [Figure 6-1]에서와 같이 1996년 08월에 캐나다로부터 도입된 Challenger 601과 2013년 04월에 미국으로부터 도입된 Hawker 750등 2대를 보유 중이다.

[Figure 6-1] 비행검사용 항공기 사진 자료

4) 비행검사용 항공기내 시스템 구성 및 역할

가) 비행검사용 항공기 내 시스템 구성

비행검사 항공기 내에는 다음과 같이 항공기 조종석 전면 상에 설치된 항법시스템과 항공기 객실에 설치되어있는 항행안전시설 비행검사용 측정 장비(Consol) 등이 구성되어 있다.

나) 비행검사용 항공기내 시스템 역할

- **항공기 조종석내 항법 시스템**

  조종실 내 항법시스템은 [Figure 6-2]에서와 같이 비행검사 조종사에게 항행안전시설 비행검사 시 지상의 검사 대상시스템으로부터 수신되는 신호를 따라 비행을 하도록 지원하는 역할을 수행한다.

[Figure 6-2] 비행검사용 항공기 조종석 내 항법시스템 구성 모습

- **항공기 객실내 비행검사용 측정장비**

  객실내부 비행검사용 측정장비는 [Figure 6-3]에서와 같이 지상의 비행검사 대상 시스템으로부터 보내온 신호를 수신하여 자체 측정장비내에 설정된 기준 데이터와 비교하여 기준치 및 허용치에 부합되는 지의 여부를 확인하는 역할을 수행한다.

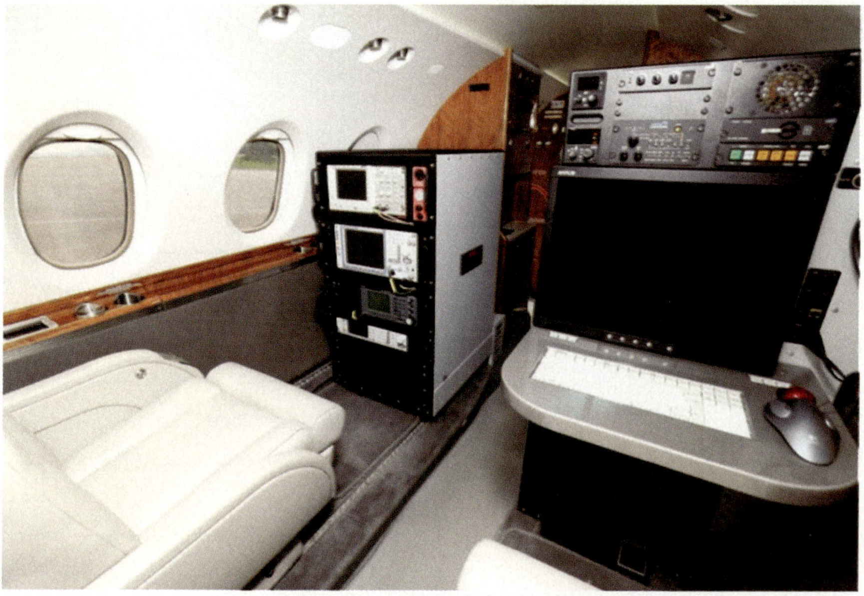

[Figure 6-3] 비행검사용 항공기 객실 내 항행안전시설 비행 검사용 측정 장비(Consol) 설치 모습

2. 계기착륙시설 비행검사절차

비행검사 대상 항법시설은 계기착륙시설을 비롯해 전방향표지시설(VOR/DME) 등이 이에 해당된다.

가. CAT-Ⅰ/Ⅱ/Ⅲ Flight Inspection Sector Standards

- **국제 관련기준** : FAA Order 8200.1
- **설정목적** : CAT-Ⅰ/Ⅱ/Ⅲ 정밀계기착륙절차에 따른 구역을 국제기준대로 설정하여 운영함으로써 항공기 안전운항에 이바지하기 위한 데 그 목적이 있다.
- **설정기준** : [Figure 6-4]에서 언급된 대로 CAT-Ⅰ의 Sector는 zones(1, 2, 3), CAT-Ⅱ는 Zones(1, 2, 3, 4), 그리고 CAT-Ⅲ의 Sector는 Zones(1, 2, 3, 4, 5) 로 설정이 된다.

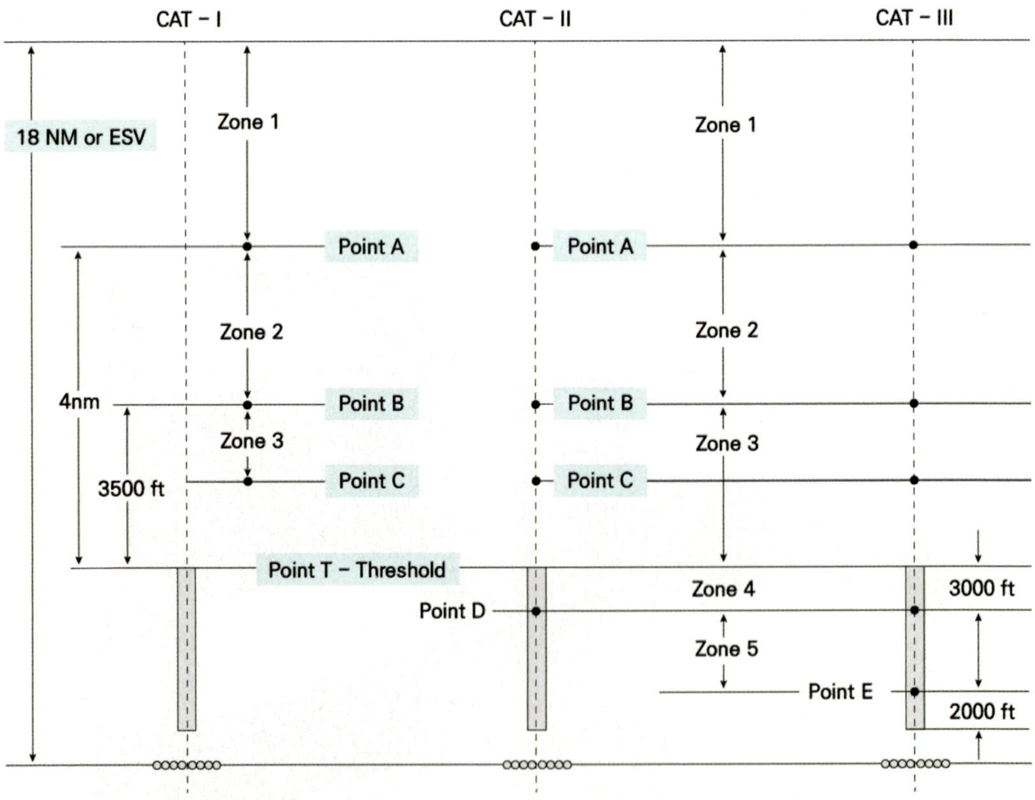

[Figure 6-4] CAT-Ⅰ/Ⅱ/Ⅲ별 정밀계기착륙시설 비행검사 관련 Sector Plane 설정도

나. ILS Reference Point Standards

- **국제관련 기준** : FAA Order 8200.1
- **설정목적** : 정밀계기착륙시설 Reference Point를 국제 기준치대로 설정하여 운영함으로써 항공기 안전운항에 이바지하기 위한 데 그 목적이 있다.
- **설정기준** : [Figure 6-5]에서와 같이 Ⓐ Point는 정밀계기착륙절차가 시작되는 최종접근점(FAF : Final Approach Fix)에 해당하는 외측거리위치표지시설(OM : Outer Marker)이 위치하는 지점을 말한다. Ⓑ Point는 CAT-Ⅰ 정밀계기착륙절차 운영 시 결심고도에 해당이 되는 중앙거리위치표지시설(MM : Middle Marker)이 위치하는 지점을 말하고 마지막으로 Ⓒ Point는 CAT-Ⅱ 정밀계기착륙절차 운영 시 결심고도에 해당이 되는 내측거리위치표지시설(IM : Inner Marker)이 위치하는 지점에 설정된다.

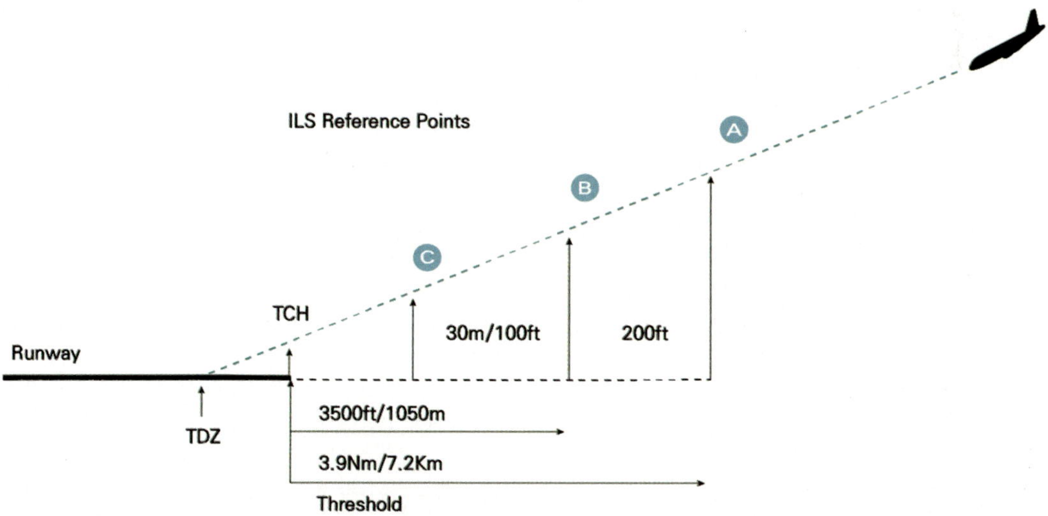

[Figure 6-5] 정밀계기착륙시설 비행검사 관련 Reference Points Profile 설정도

다. CAT-Ⅱ/Ⅲ 정밀계기착륙시설 Sector Standards

- **국제관련 기준** : FAA Order 8200.1
- **설정목적** : CAT-Ⅱ/Ⅲ 정밀계기착륙시설 관련 Sector를 국제기준대로 설정하여 운영함으로써 항공기 안전운항에 이바지하기 위한 데 그 목적이 있다.
- **설정기준** : [Figure 6-6]에서와 같이 CAT-Ⅱ 성능 등급으로 ILS 비행검사 시 적용 Sector는 Zones(1, 2, 3, 4)이고, CAT-Ⅲ 성능 ILS 비행검사 시 적용 Sector는 Zones(1, 2, 3, 4, 5)로 적용된다.

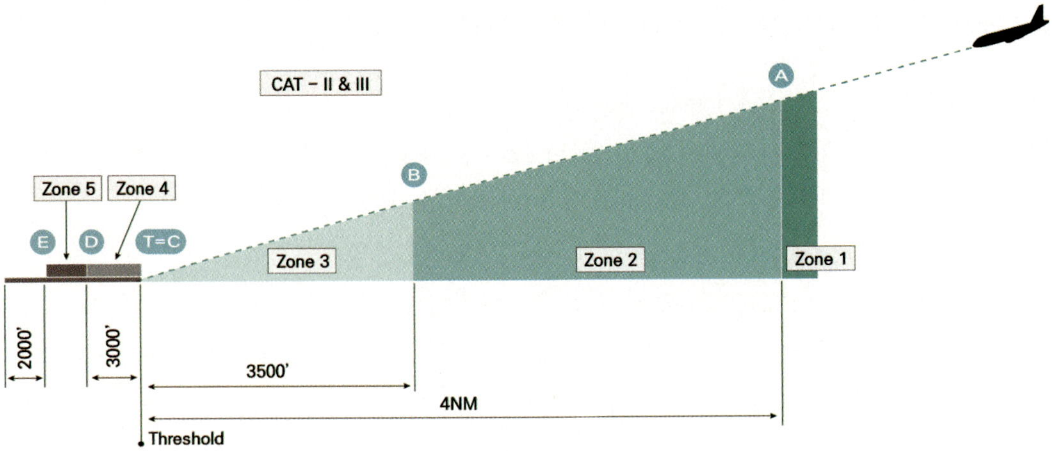

[Figure 6-6] CAT-II/III 정밀계기착륙시설 비행검사 관련 구역 Profile 설정도

한편 〈Table 6-1〉에서는 계기착륙시설 비행검사 구역별 용어가 제시되어 있다.

〈Table 6-1〉 계기착륙시설 비행검사 구역별 용어 정의

구 분	용어의 정의
Point A	항공기가 착륙하는 활주로 시단(Threshold)으로부터 중앙선의 연장선을 따라 4NM이 되는 지점에서 Localizer의 Course Line 신호와 Glide Path Angle 신호가 교차(Intercept)하는 가상점을 의미한다. 한편 동 지점은 외측 마커(OM)로써 계기접근절차가 종료되는 최종접근점(FAF : Final Approach Fix)에 해당이 된다.
Point B	항공기가 착륙하는 활주로 시단(Threshold)으로부터 중앙선의 연장선을 따라 1050m(3500ft) 되는 지점에서 Localizer의 Course Line 신호와 Glide Path Angle 신호가 교차(Intercept)하는 60m(200ft) 상공의 가상점을 의미한다. 한편 동지점은 CAT-I 정밀계기착륙절차 시 결심고도(DH : Decision Height)가 되는 지점으로써 중앙마커(MM : Middle Marker)가 위치되는 지점에 해당이 된다.
Point C	항공기가 착륙하는 활주로 시단(Threshold)으로부터 중앙선의 연장선을 따라 315m(1050ft)가 되는 지점에서 Localizer의 Course Line 신호와 Glide Path Angle 신호가 교차(Intercept)하는 30m(60ft) 상공의 가상점을 의미한다. 한편 동지점은 CAT-II 정밀계기착륙절차 시 결심고도(DH : Decision Height)가 되는 지점으로써 내측마커(IM : Inner Marker)가 위치되는 지점에 해당이 된다.
Point D	활주로 시단(Threshold)으로부터 중앙선을 따라 방위각안테나 방향으로 3000ft 되는 점에서의 상공 12ft가 되는 가상점을 의미한다.
Point E	활주로 말단(End of Runway)에서 중앙선을 따라 활주로 시단(Threshold) 방향으로 2000ft가 되는 점에서의 상공 12ft 되는 가상점을 의미한다.
Zone 1	Localizer와 Glide Path 신호의 유효거리에서 Point A까지의 구역을 의미한다.
Zone 2	Point A에서 Point B까지의 구역을 의미한다.
Zone 3	Category I 인 경우에는 Point B에서 Point C까지의 구역이고, Category II, III인 경우에는 Point B에서 Point D(활주로 시단)까지의 구역을 의미한다.
Zone 4	활주로 시단에서 Point D까지의 구역을 의미한다.
Zone 5	Point D에서 Point E까지의 구역을 의미한다.

라. Mode-I Flight Inspection(1)

- **국제관련 기준** : FAA Order 8200.1
- **비행검사 목적** : Localizer Course Width를 비롯해 Clearance, Symmetry(90Hz only), Monitor Width(Narrow & Wide) 및 Dephasing(Advance & Retard) 신호가 국제기준에 부합되어 동작이 되고 있는지를 검사함으로써 항공기 안전운항에 이바지하기 위한 데 그 목적이 있다.
- **비행검사 절차** : [Figure 6-7]에서와 같이 비행검사용 항공기를 Localizer Antenna로부터 최소 6NM(4~14 NM) 떨어진 지점의 평균지표면(AGL : Average Ground Level)을 기준으로 약1500ft 상공에서 시계 또는 반시계방향으로 Arc-Turn(or Orbit)방식으로 비행하면서 Localizer장비의 Localizer Course Width, Clearance, Symmetry (90Hz only), Monitor Width(Narrow & Wide) 신호를 검사한다.

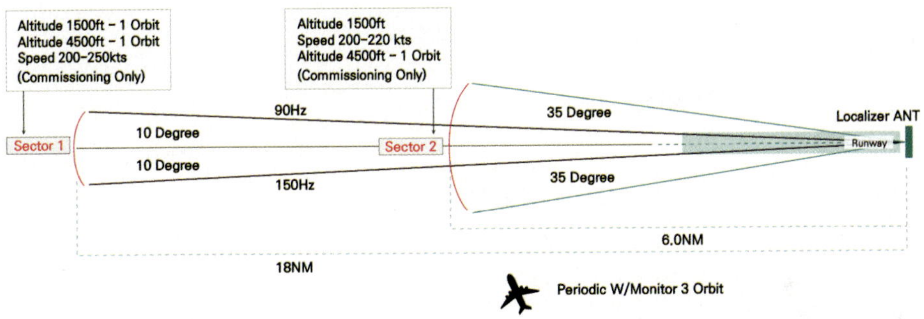

[Figure 6-7] Mode-I Localizer Flight Inspection Procedures(1)

마. Mode- Flight Inspection(2)

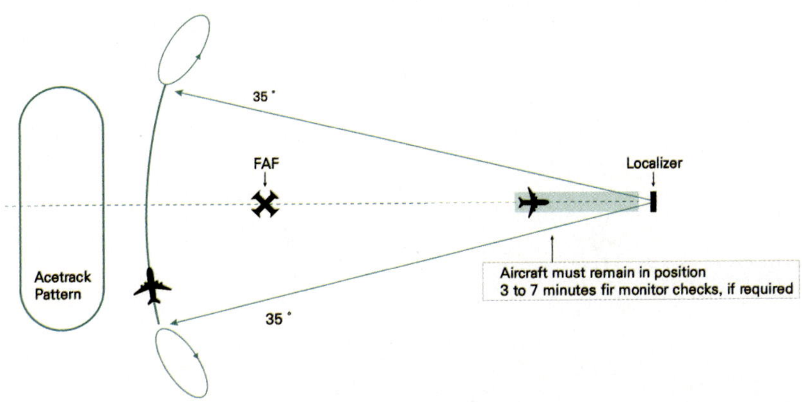

[Figure 6-8] Mode-I Localizer Flight Inspection Procedures(2)

바. Mode-Ⅱ Flight Inspection(1)

- **국제관련 기준** : FAA Order 8200.1
- **비행검사 목적** : Glide Path의 Angle & Width, Clearance(Structure Below Path), Symmetry(90Hz only), Monitor Width(Narrow & Wide), Tilt 신호가 국제기준에 부합되어 동작이 되고 있는지를 검사함으로써 항공기 안전운항에 이바지하기 위한 데 그 목적이 있다.
- **비행검사 절차** : [Figure 6-9]에서와 같이 비행검사용 항공기를 Glide Path Antenna로부터 12NM에서 4NM까지의 구간에서 평균해수면(MSL : Mean Sea Level)을 기준으로 약 1500ft 상공에서 수평비행(Level Run)방식으로 비행하면서 Glide Path 장비의 Path Angle & Width, Clearance(Structure Below Path), Symmetry(90Hz only), Monitor Width(Narrow & Wide), Tilt 신호를 검사한다.

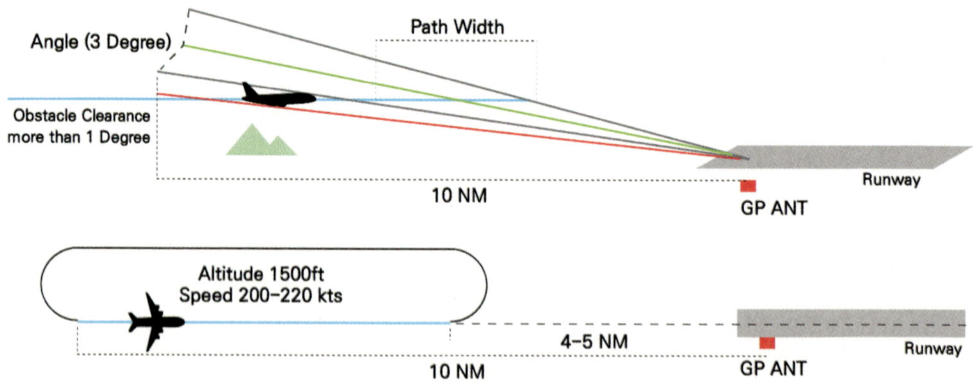

[Figure 6-9] Mode-II Glide Path Flight Inspection Procedures(1)

사. Mod-Ⅱ Flight Inspection(2)

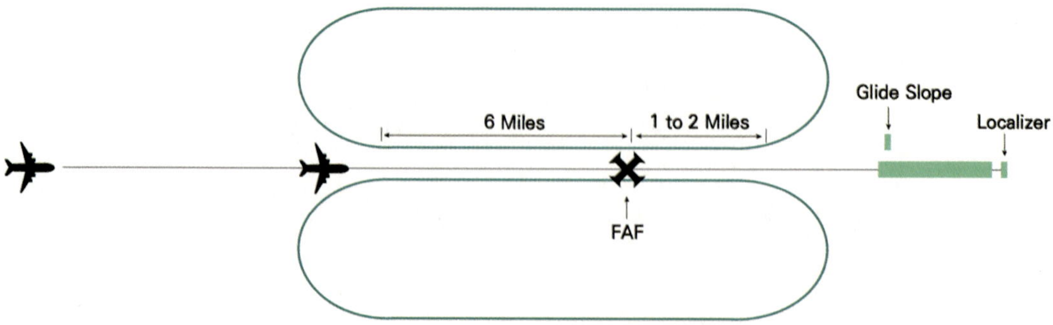

[Figure 6-10] Mode-II Glide Path Flight Inspection Procedures(2)

아. Mode-Ⅲ Flight Inspection(1)

- **국제관련 기준** : FAA Order 8200.1
- **비행검사 목적** : Localizer System의 Course Structure & Alignment, Modulation and Coverage를 비롯해 Glide Path Modulation Balance & Power Ratio(Course /Clerarance Tx) 및 Marker장비의 Minor Axis Width 신호가 국제기준에 부합되어 동작이 유지되고 검사함으로써 항공기 안전운항에 이바지하기 위한 데 그 목적이 있다.
- **비행검사 절차** : [Figure 6-11] 비행검사용 항공기를 Localizer Antenna로부터 12NM 떨어진 지점부터 Localizer on-Course 및 실제 활공각각도(Mean Angle)를 따라 비행하면서 접근하면서 Localizer Course Structure & Alignment, Modulation and Coverage를 비롯해 Glide Path Modulation Balance & Power Ratio(Course/ Clearance Tx) 및 Marker장비의 Minor Axis Width신호를 검사한다.

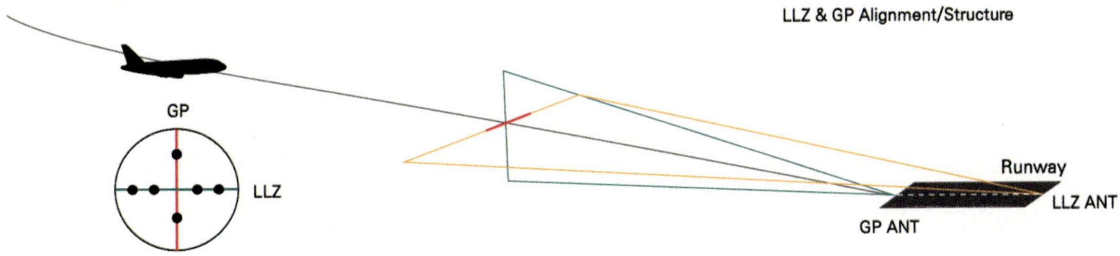

[Figure 6-11] Mode-Ⅲ Localizer Glide Path & Marker Fight Inspection Procedures(1)

자. Mode-Ⅲ Flight Inspection(2)

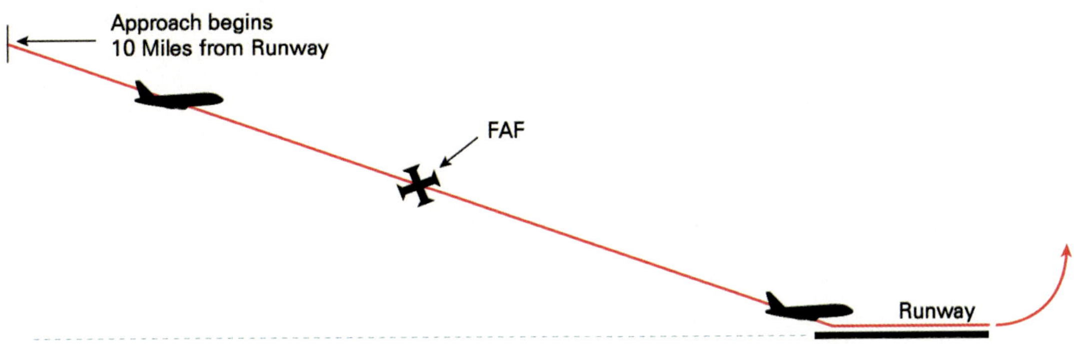

[Figure 6-12] Mode-Ⅲ Localizer Glide Path & Marker Fight Inspection Procedure(2)

차. Localizer Flight Inspection Procedures

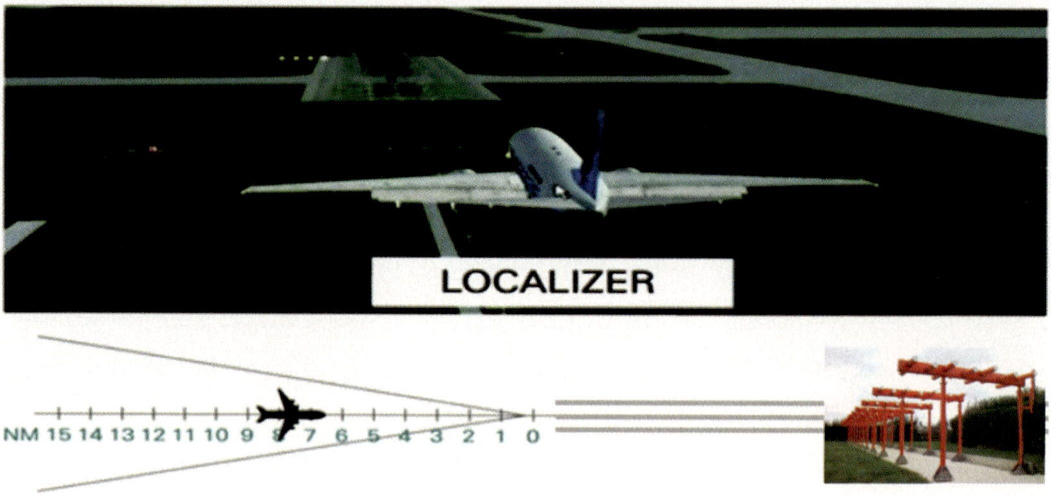

1) Localizer RF Signal Coverage Standards

- **국제관련 기준** : ICAO Annex 10 & Doc 8071 Volume I
- **설정목적** : Localizer RF Coverage를 국제기준대로 설정하여 운영함으로써 항공기 안전운항에 이바지하기 위한 데 그 목적이 있다.
- **설정기준** : [Figure 6-13]에서와 같이 Localizer Coverage는 안테나를 기준으로 좌/우 10°구역에서는 25NM(46.3Km)까지 연장되고, 좌/우 35°구역에서는 8.4NM(15.5Km)까지 연장된다. 그리고 신호 통달 고도는 좌/우 35°구역에서는 7° 경사각을 이루며 높이 1900m(6250ft)까지 도달된 후 좌/우10°구역에서는 동일한 높이로 유지된다.

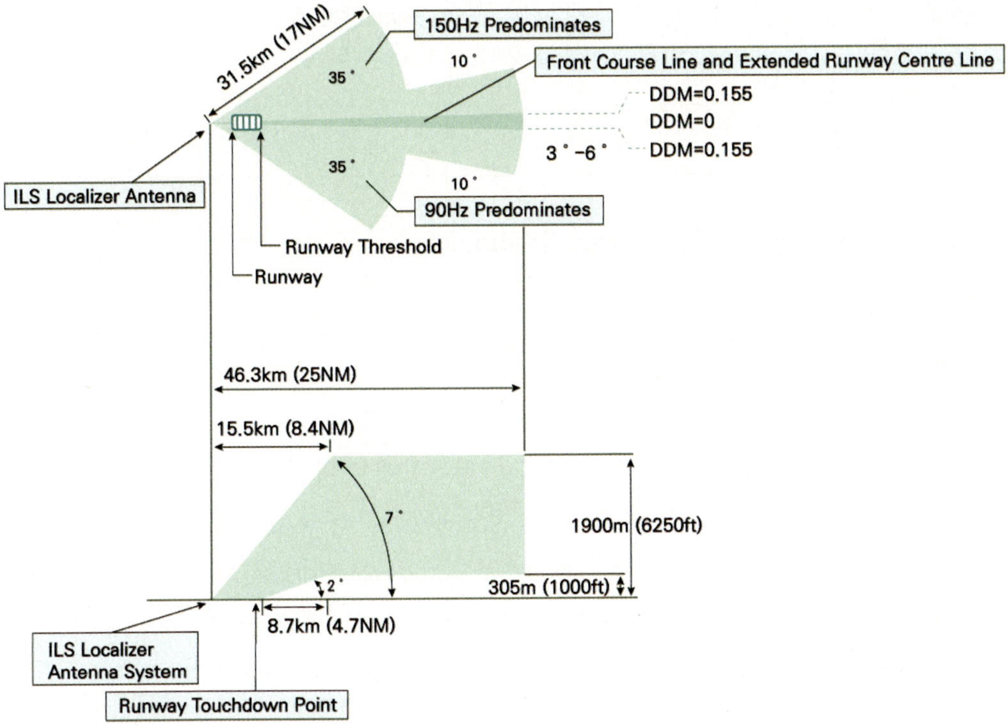

[Figure 6-13] Localizer Horizontal & Vertical Coverage Standards

한편 〈Table 6-2〉에서는 Localizer 비행검사 관련구역 용어가 제시되어 있다.

〈Table 6-2〉 Localizer 비행검사 관련구역 용어의 정의 리스트

구 분	용어의 정의
Threshold	활주로가 시작되는 지점을 의미한다.
End of the Runway	활주로가 끝나는 지점을 의미한다.
Clearance	항공기가 활주로 중심선을 기준으로 좌측 또는 우측으로 벗어나 있거나 활공각(3°)을 기준으로 상단 또는 하단을 벗어난 정도를 DDM 또는 uA로 표시하는 양을 의미한다.
Course Line	Localizer Course Alignment와 Glide Path Angle이 일치하는 지점으로 변조도 차를 의미한다. 방위각과 활공각의 DDM이 영으로 활주로 중앙선에 일치하는 선으로 ILS On-Course라고 한다.
DDM	Difference in Depth of Modulation으로 90Hz/150Hz 간에 변조도 차를 의미한다. 한편 활주로 Threshold에서의 Localizer Course Width점에서의 변조도차(DDM)를 계산하면 0.00044DDM×350ft=0.155 DDM〉이 되고 이것을 "μA" 단위로 다시 환산하면 그 고정점에서 150μA가 된다.
Course Sector	Localizer Course Line을 중심으로 좌우 각각 150uA의 신호가 지시되는 지점까지의 거리를 의미한다.
Course Structure	전파의 휨(Bend), 주기성 진동(Scalloping, 불규칙성(Roughness) 등이 포함된 발사전파의 질(Quality) 또는 특성(Characteristic)을 의미한다.
LLZ Clearance Sector 1	Localizer Course Line을 중심으로 좌우 각각 10° 까지의 영역을 의미한다.

구 분	용어의 정의
LLZ Clearance Sector 2	Localizer Course Line을 중심으로 Sector 1 이 끝나는 시점부터 좌우 각각 35° 까지의 범위를 의미한다.
LLZ Clearance Sector 3	Localizer Course Line을 중심으로 Sector 2 이가 끝나는 시점부터 90° 까지의 범위를 의미한다.

2) Localizer RF Signal Coverage Standards

[Non-Radar Approach Control]

- **국제관련 기준** : ICAO Annex 10 & Doc 8071 Volume I
- **설정의 목적** : Non-Radar Approach Control 시의 Localizer RF Coverage를 국제기준대로 설정하여 운영함으로써 항공기 안전운항에 이바지하기 위한 데 그 목적이 있다.
- **설정의 기준** : [Figure 6-14]에서와 같이 Non-Radar Approach Control 시의 Localizer Coverage는 안테나를 기준으로 좌/우 25° 범위 구역내에서는 17NM(31.5Km)까지, 그리고 좌/우 10° 범위 구역내에서는 25NM(46.3Km)까지 길게 이어진다.
  이와 같은 사유는 Non-Radar로 유도 관제가 적용되지 못하는 데 있다.

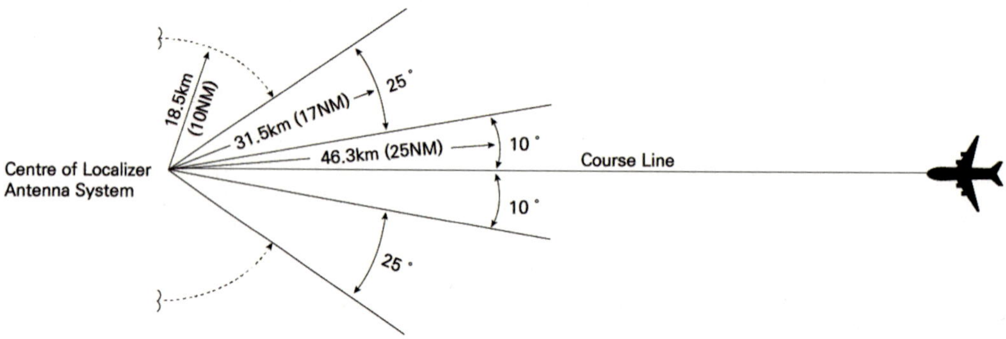

[Figure 6-14] Non-Radar Control 시의 Localizer Coverage Standards

3) Localizer RF Signal Coverage Standards

[Radar Vector Control]

- **국제관련 기준** : ICAO Annex 10 & Doc 8071 Volume I
- **설정목적** : Radar Vector Control 시의 Localizer RF Coverage를 국제기준치대로 설정하여 운영함으로써 항공기 안전운항에 이바지하기 위한 데 그 목적이 있다.
- **설정기준** : [Figure 6-15]에서와 같이 Non-Radar Approach Control 시의 Localizer Coverage는 안테나를 기준으로 좌/우 25° 범위 구역내에서는 10NM(18.5Km)까지,

그리고 좌/우 10° 범위 구역내에서는 18NM(33.4Km)까지 단축되어 이어진다. 이와 같은 사유는 Radar Vector 관제로 유도 관제가 이루어지기 때문이다.

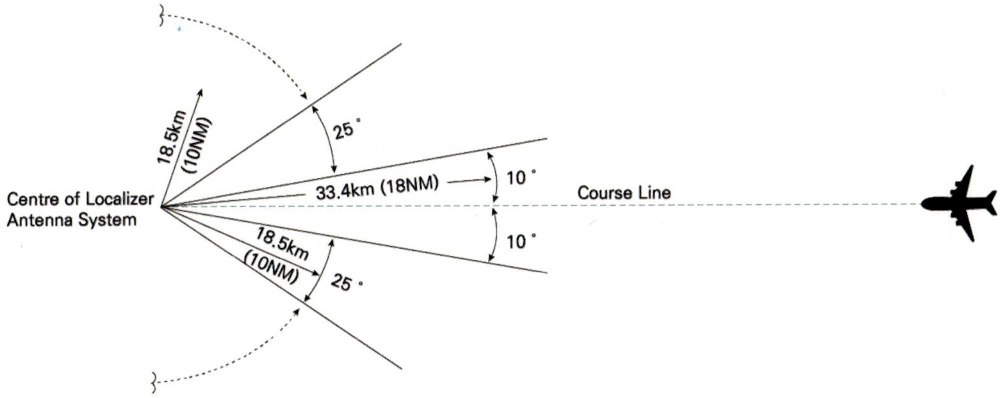

[Figure 6-15] Radar Vector Control 시의 Localizer Coverage Standards

4) Localizer RF Signal Vertical(Elevation Coverage) Standards

- **국제관련 기준** : ICAO Annex 10 & Doc 8071 Volume I
- **설정목적** : Localizer안테나 전방 진입표면 지역에 장애물 회피에 따른 Localizer RF Vertical Coverage를 국제기준대로 설정하여 운영함으로써 항공기 안전운항에 이바지하기 위한 데 그 목적이 있다.
- **설정기준** : [Figure 6-16]에서와 같이 Localizer 안테나 전방 진입표면 지역에 장애물이 존재 시에는 회피 고도를 장애물로부터 300m(1000ft) 정도 이격하여 설정이 된다.

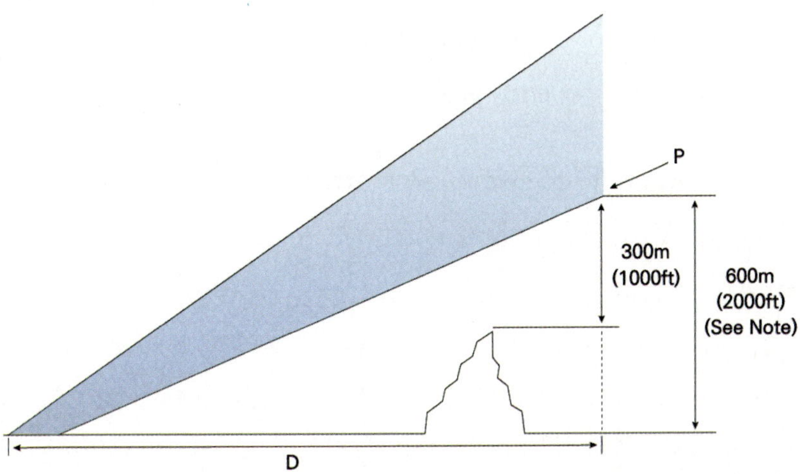

[Figure 6-16] 장애물에 회피 관련 Localizer Vertical Coverage Standards

5) Localizer RF Frequency Signal Electric Field Intensity Standards

- **국제관련 기준** : FAA Order 8200.1 & ICAO Annex 10 and Doc 8071 Volume Ⅰ
- **설정목적** : CAT-Ⅰ/Ⅱ/Ⅲ별 정밀계기착륙절차 시 Localizer RF Coverage 내의 전계강도를 국제 기준대로 설정하여 운영함으로써 항공기 안전운항에 이바지하기 위한 데 그 목적이 있다.
- **설정기준** : [Figure 6-17]에서와 같이 항공기가 정식 정밀계기착륙절차를 시작하는 지점(FAF : Final Approach Fix)에서의 전계강도는 CAT-Ⅰ/Ⅱ/Ⅲ 절차 모두 동일하게 100μV/m이상 나타나도록 규정하고 있는 조건하에서 CAT-Ⅰ 운영절차 시의 경우에는 CAT-Ⅰ 결심고도 지점인 중간마커(MM : Middle Marker) 지점까지만 100μV/m이상 나타나도록 규정하고 있다.

  아울러 CAT-Ⅱ운영절차 시에는 CAT-Ⅱ 결심고도 지점인 내측마커(IM : Inner Marker) 지점부터 Glide Path 안테나가 위치해 있는 지점까지는 200μV/m이상이 나타나도록 규정하고 있다.

  그러나 CAT-Ⅲ 운영절차 시의 전계강도는 활주로 말단(End of Runway)로부터 300m 이전 지점까지는 100μV/m 이상 나타나도록 규정하고 있다.

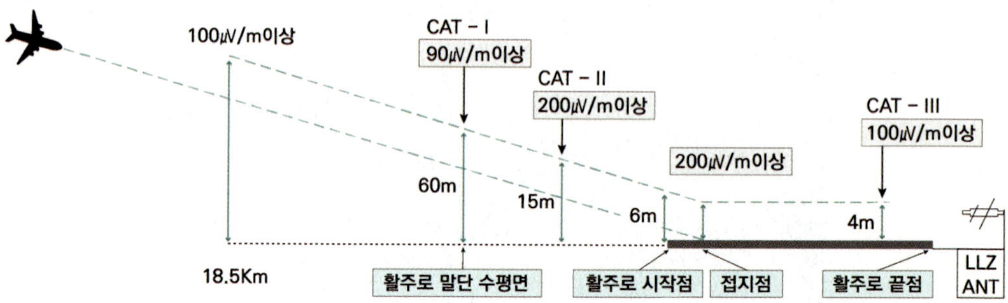

[Figure 6-17] Localizer RF Frequency Signal Electric Field Intensity Inspection Procedures

6) Localizer RF Single Frequency Pattern

- **국제관련 기준** : FAA Order 8200.1
- **전파패턴 기능** : [Figure 6-18]에서와 같이 Localizer RF Single Frequency Pattern을 보여주고 있다. 본 Single Frequency 패턴은 활주로 주변에 계기착륙시스템 신호에 간섭을 주는 장애물(격납고, 터미널)이 존재하지 않는 지역에 주로 적용되는 방식이다. 따라서 본 시스템은 주로 과거에만 사용한 시스템으로써 현재 대부분 공항에서는 2중 주파수 방식(Capture Effect Type) 시스템을 사용하고 있다.

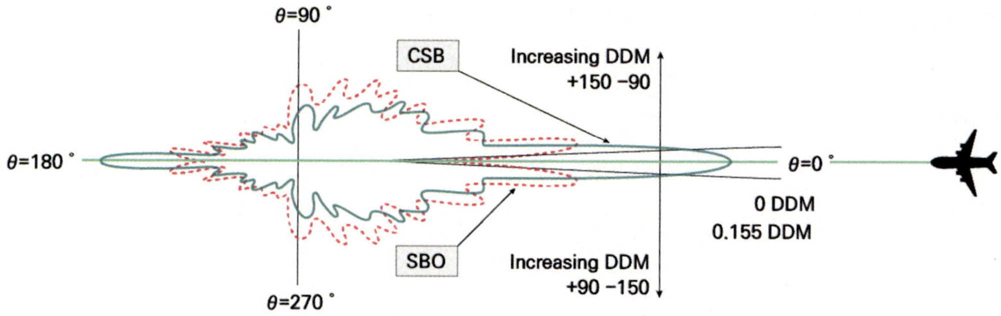

[Figure 6-18] Localizer RF Single Frequency Pattern

7) Localizer Course Structure Signal Interference Pattern

- **국제관련 기준** : FAA Order 8200.1
- **전파패턴 기능** : [Figure 6-19]에서와 같이 Single Frequency 패턴은 활주로 주변에 장애물(격납고 등)이 존재할 경우 계기착륙시스템의 Course 신호에 직접적인 간섭(Interference) 영향을 초래할 수 있음을 보여주고 있다.

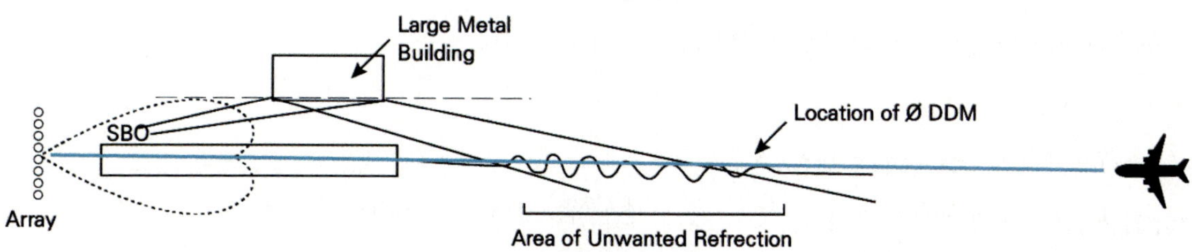

[Figure 6-19] RF Single Frequency Localizer Interference Pattern by an abstacles

8) Localizer RF Two Frequency Pattern

- **국제관련 기준** : FAA Order 8200.1
- **전파패턴 기능** : [Figure 6-20]에서와 같이 Localizer RF Two Frequency Pattern을 보여주고 있다. 본 Two Frequency 패턴은 활주로 주변에 계기 착륙시스템 신호에 간섭하는 장애물(격납고, 터미널) 등이 존재하더라도 문제없이 사용할 수 있도록 설계된 시스템 방식이다.

  즉, 이와 같은 논리가 가능한 데에는 Single Frequency 시스템 방식은 Course 신호만을 발사하여 활주로 중심선을 기준으로 좌/우측(150Hz Zone/90Hz Zone)의 35° 이상까지 모든 영역을 Cover 함으로써 주변의 장애물로부터 신호간섭 영향이 발생할 시 직접적인 반사파 신호를 유발하여 활주로 중심선 정보(Structure Signal)에 치명적인 결과를 초래하는 문제점이 있는 반면에 Two Frequency 시스템은 안테나에서 활주로 중심선에서 좌/우 10°까지는 장애물에는 전혀 영향을 받지 않는 안전한 Course 신호를 발사하여 착륙하는 항공기에 제공하도록 설계가 되어 있으며 이외에 활주로 중심선을 기준으로 좌/우 10°~35° 범위까지는 주변 장애물로부터 간섭영향을 받더라도 Capture Effect의 효과로 Course 신호에는 영향을 미치지 않도록 설계된 Clearance 신호를 발사하도록 설계되어 있다.

한편 Capture Effect란 항공기 탑재 장비의 동작 특성에 근거하여 명명된 용어로써 계기착륙시설(Localizer & Glide Path)은 안테나에서 Course와 Clearance 신호를 발사할 시에 동 신호 간에 혼변조가 되지 않도록 주파수와 변조도 신호의 차이를 두고 항공기에 발사함으로써 항공기 탑재 수신기에서는 Course 신호영역(활주로 중심선을 기준으로 좌/우 10° 범위 이내)으로 진입 시에는 Course 신호만이 수신되는 반면에 Clearance 신호영역(활주로 중심선을 기준으로 10°~35°범위 이내)으로 진입 시에는 Clearance 신호만을 수신이 되도록 설계된 시스템 방식을 말한다.

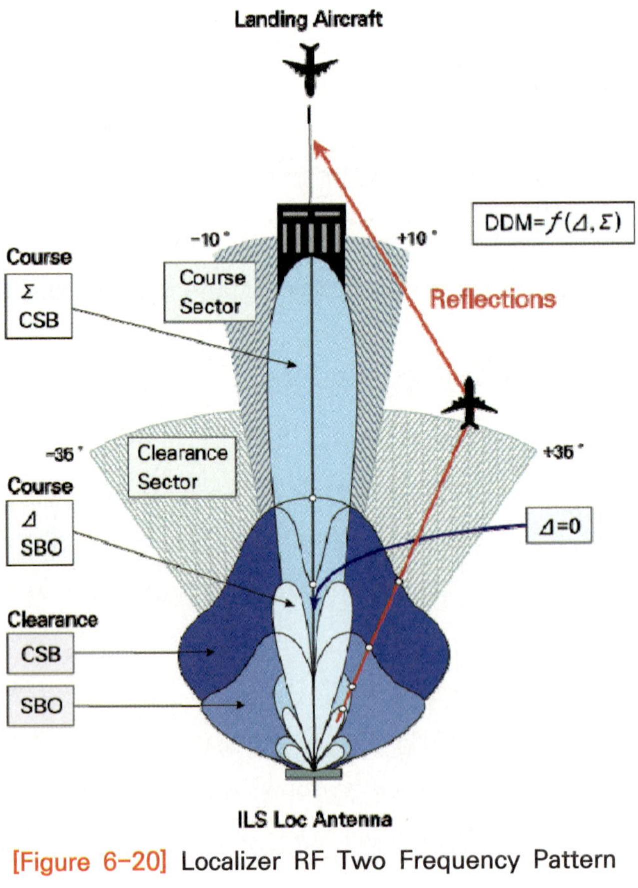

[Figure 6-20] Localizer RF Two Frequency Pattern

9) Localizer Course Signal Pattern

- **국제관련 기준** : FAA Order 8200.1
- **전파패턴 기능** : [Figure 6-21]에서와 같이 Localizer Course Signal 주요 핵심기능은 활주로로 착륙하는 항공기에 활주로 중심선 정보를 포함해 항공기 탑재 장비인 지시기의 Edge점까지 지시해 주는 Course Width를 알려준다.
  여기에서 Course Width Point는 국제규정상 활주로 시단(Threshold 점) 중심선점을 기준으로 좌/우 350ft(106.7m) 지점에 해당이 된다.
  따라서, 활주로상으로 착륙하는 항공기가 만약 활주로 중심 선상에 있을 때 항공기 탑재 수신기상에서는 중심점을 지시하고 중심점을 벗어나 Course Width 점에 위치하면 항공기 탑재 수신기상에서 Edge 점을 지시하게 될 것이다.
  그리고 활주로로 착륙하는 항공기가 Course Width Point를 기준으로 좌/우 35° 이내로 위치되어 진입할 경우, 항공기 탑재 수신기는 무조건 Edge 지점을 지속해서 유지하며 지시될 것이다.

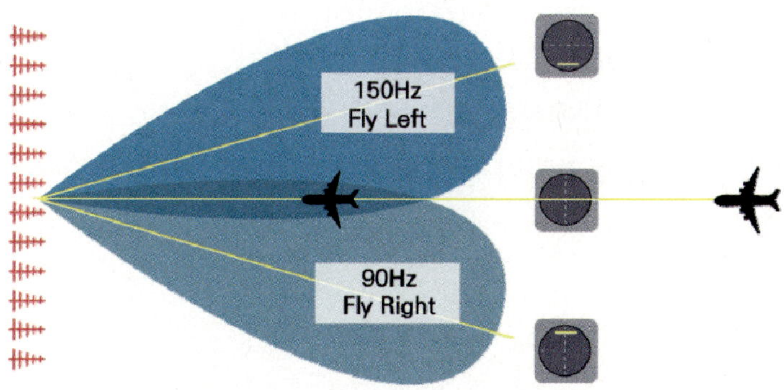

[Figure 6-21] Localizer Course Signal Pattern

10) Localizer Course Structure Signal Standards

- **국제관련 기준** : FAA Order 8200.1
- **설정목적** : [Figure 6-22]에서는 CAT-I/II/III 성능별 Localizer Course Structure Signal을 국제기준대로 설정하여 운영함으로써 항공기 안전운항에 이바지하기 위한 데 그 목적이 있다.
- **전파신호 기능** : 본 Structure Signal은 전파의 질을 나타내는 요소로써 계기착륙시스템의 가장 핵심적인 신호로써 CAT-I/II/III 성능을 결정하는 기준이 된다.
  따라서 본 도표상에서와 같이 CAT-III 운영 시 항공기가 활주로상에 착륙은 물론 정지할 때까지 항공기 Auto Landing System을 통해 안전하게 비행이 이루어지도록 지원한다.

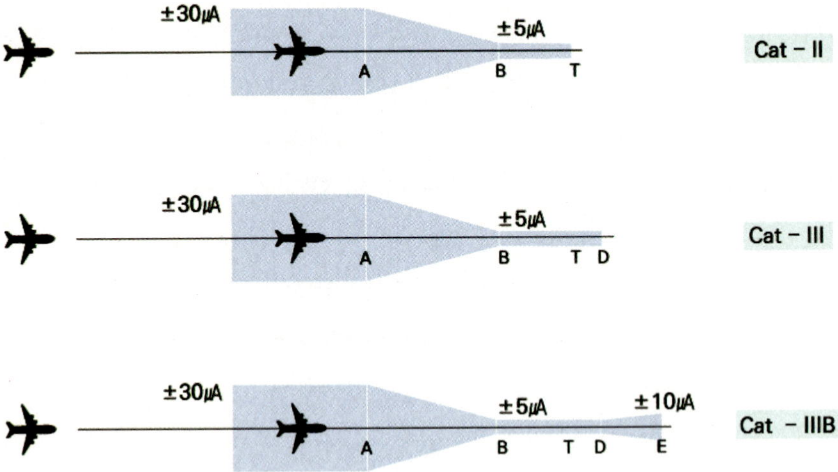

[Figure 6-22] CAT-Ⅰ/Ⅱ/Ⅲ 성능별 Localizer Course Structure Standards

11) Localizer Course Structure Signal Standards(2)

- **국제관련 기준** : FAA Order 8200.1
- **설정목적** : [Figure 6-23]에서는 CAT-I/Ⅱ/Ⅲ 성능별 Localizer Course Structure Signal을 국제기준대로 설정하여 운영함으로써 항공기 안전운항에 이바지하기 위한 데 그 목적이 있다.

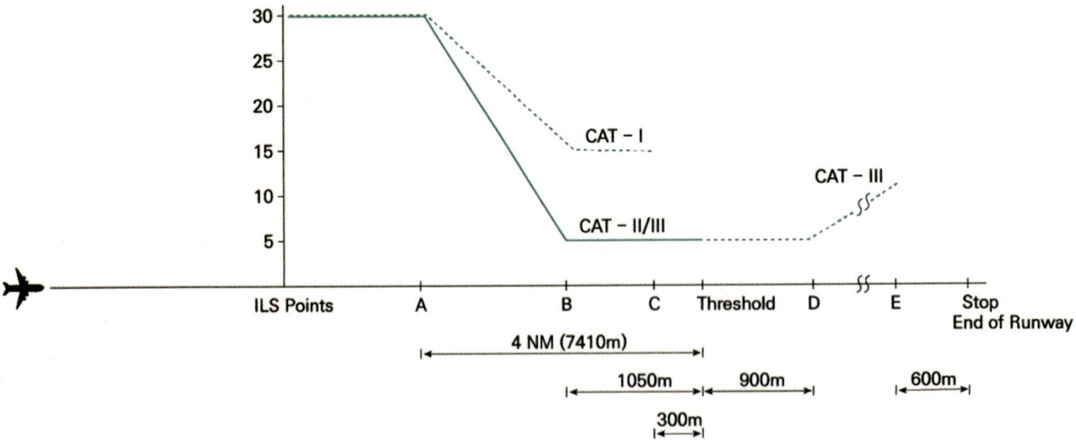

[Figure 6-23] CAT-Ⅰ/Ⅱ/Ⅲ 성능별 Localizer Course Structure Signal Standards(2)

12) Localizer Course Structure Signal Flight Inspection

- **국제관련 기준** : FAA Order 8200.1
- **비행검사 목적** : [Figure 6-24]에서와 같이 정밀계기착륙 구간에서 비행 중인 항공기에 Localizer Course Structure Signal이 국제기준대로 정상 유지되고 있는지를 검사함으로써 항공기 안전운항에 이바지하기 위한 데 그 목적이 있다.
- **전파신호 기능** : Localizer의 Course Structure Signal이 외부장애물들로 인해 발생하는 Scalloping /Roughness/Bend 등으로 인한 신호 간섭영향으로 국제기준을 초과하여 Auto-Landing Procedure를 통해 활주로로 착륙하는 항공기에 제공될 경우 즉시 Auto-Landing Procedure 기능이 해제되어 조종사는 수동방식에 따른 계기착륙절차로 전환하여 착륙을 시도하도록 유도한다.
- **비행검사 절차** : [Figure 6-24]에서와 같이 Localizer의 Course Structure Signal이 CAT-Ⅰ성능으로 운영 시에는 활주로 중심선을 따라 Zone 1에서부터 Zone 3까지, 그리고 CAT-Ⅱ는 Zone 1에서부터 Zone 4까지의 구간을 검사하고 마지막으로 CAT-Ⅲ 성능으로 운영 시에는 Zone 1에서부터 Zone 5구역까지 검사하여 Structure Signal이 국제기준대로 유지되어 운영되고 있는지를 확인한다.

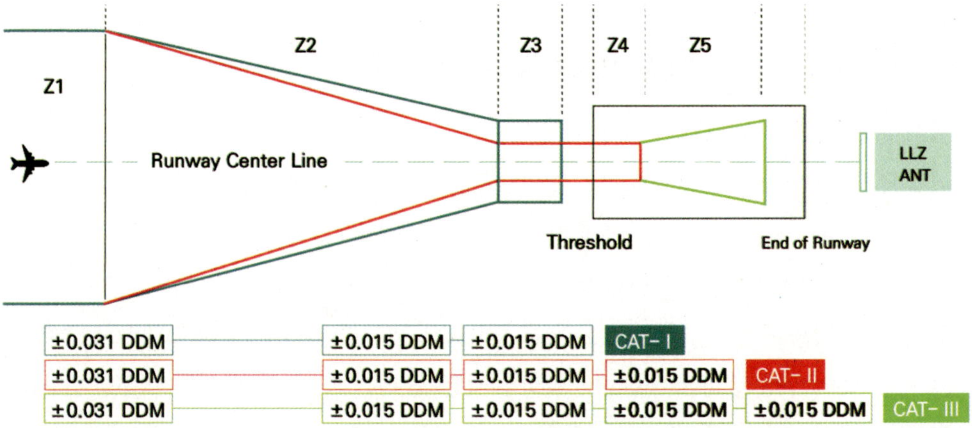

[Figure 6-24] CAT-Ⅰ/Ⅱ/Ⅲ 성능별 Localizer Course Structure Signal Flight Inspection

13) Localizer Course Alignment Signal Flight Inspection

- **국제관련 기준** : FAA Order 8200.1
- **비행검사 목적** : [Figure 6-25]에서와 같이 CATI/Ⅱ/Ⅲ 성능별 Localizer Course Alignment Signal이 국제기준대로 유지되어 운영되고 있는지를 검사함으로써 항공기

안전운항에 이바지하기 위한 데 그 목적이 있다.

- **전파신호 기능** : Localizer Course Alignment Signal은 Course Line이 활주로 중심선과 어느 정도 일치되고 있는지를 확인하는 절차로써 Localizer Course Structure 신호 다음으로 중요한 신호에 해당한다.
- **비행검사 절차** : [Figure 6-25]에서와 같이 활주로 시단(Threshold)으로부터 활주로 중심선을 따라 1NM 떨어진 지점부터 검사한다.

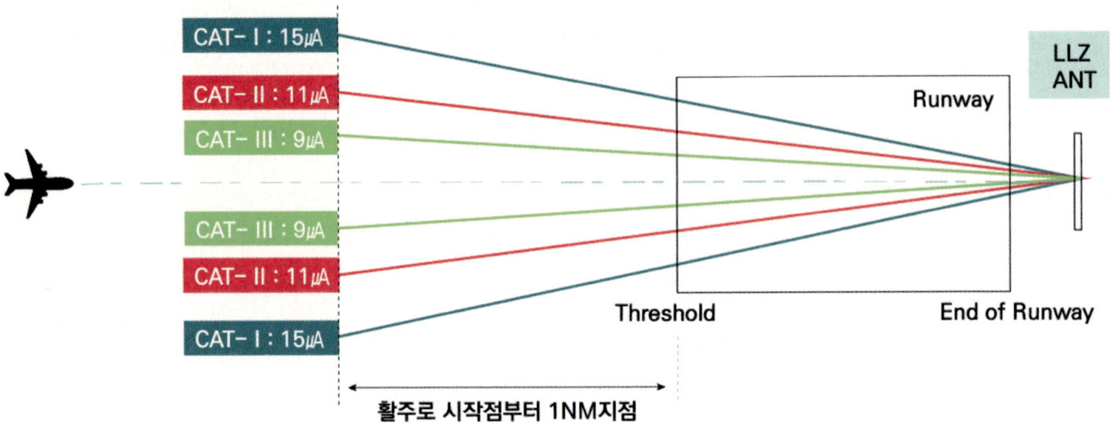

[Figure 6-25] Localizer Course Alignment Flight Inspection Procedures

14) Localizer Course Alignment Monitor Alarm Standards

- **국제관련 기준** : FAA Order 8200.1
- **설정목적** : [Figure 6-26]에서와 같이 CAT-I/II/III 성능별 Localizer Course Alignment Monitor Alarm Signal을 국제기준대로 설정하여 운영함으로써 항공기 안전운항에 이바지하기 위한 데 그 목적이 있다.
- **전파신호 기능** : Localizer Course Alignment Signal이 국제기준으로 설정한 Alarm 값으로 모니터에 검파될 경우 비정상상태인 송신기를 즉시 운영중지 또는 정상적인 예비장비로 즉시 전환시켜 정상 운영함으로써 항공기에 안정적인 유도정보를 제공하여 준다.

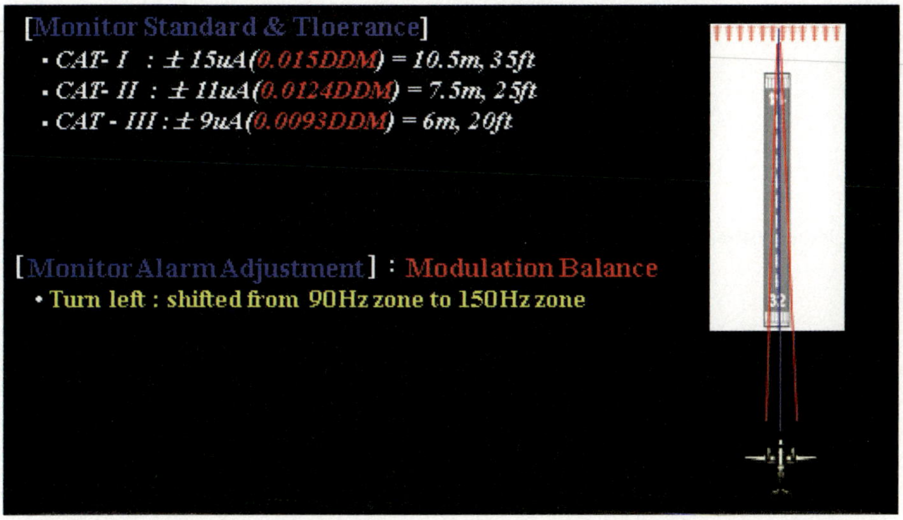

[Figure 6-26] Localizer Course Alignment Monitor Alarm Standards

15) Localizer Voice(Identification Signal) Flight Inspection

- **국제관련 기준** : FAA Order 8200.1
- **비행검사 목적** : [Figure 6-27]에서와 같이 정밀계기 착륙 구간에서 비행 중인 항공기에 Localizer 시스템에 설정된 Identification Signal이 정상 제공되는지를 확인함으로써 항공기 안전운항에 이바지하기 위한 데 그 목적이 있다.
- **전파신호 기능** : 본 식별부호(Identification Signal)는 활주로로 착륙하는 항공기에 계기착륙시스템 고유의 명칭을 알려주는 기능을 한다.

  국내는 물론 전 세계 공항에 설치되어 운영 중인 각각의 계기착륙시스템은 서로 중복됨이 없이 모두 고유의 시스템별 식별부호가 부여되어 비행 정보간행물(AIP : Aeronautical Information Public)을 통해 전 세계 항공사 및 공항에 제공된다.

  한편 식별부호는 예를 들어, 인천공항 33방향 오른편에 있는 활주로의 계기착륙시스템의 경우 인천(IN) 오른쪽(R)을 조합한 INR에 추가로 임의 한 문자를 더 추가하여 INRR과 같이 4개 문자로 구성한 후 다시 모로스 부호로 변환하여 분당 Localizer 3회, DME 1회 비율로 착륙하는 항공기에 제공한다.
- **비행검사 절차** : [Figure 6-27]에서와 같이 활주로 중심선 연장 선상에서 정밀계기착륙 절차가 설정된 구간을 따라 비행하면서 설정된 계기착륙시스템의 식별부호가 분당 4회로 정확하고 명료하게 정상 제공되고 있는지를 검사한다.

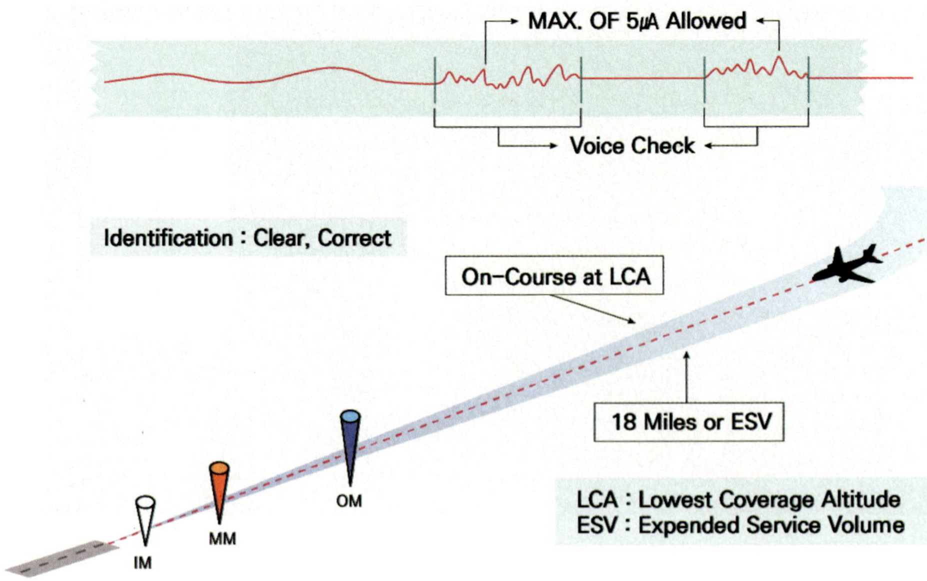

[Figure 6-27] Localizer Voice(Identification Signal) Inspection Procedures

16) Localizer Modulation Signal Flight Inspection

[Commissioning & Periodic Inspection]

- **국제관련 기준** : FAA Order 8200.1
- **비행검사 목적** : [Figure 6-28]에서와 같이 정밀계기착륙 구간에서 비행 중인 항공기에 Localizer Modulation Signal이 국제 기준 이내로 정상 제공되고 있는지를 검사함으로써 항공기 안전운항에 이바지하기 위한 데 그 목적이 있다.
- **전파신호 기능** : Localizer의 변조도(Depth of Modulation)는 40%로써 항공기 탑재 수신기의 수신 민감성을 좌우하는 요소로 작용한다.

  참고로 이와 같은 논리에서 근거하여 Marker 장비와 관제 통신(VHF Tx) 음성신호의 변조도는 95%로써 Marker 안테나에서 발사되는 빔 폭(Beam Width)은 매우 협소하여 항공기가 통과하면서 걸리는 시간이 매우 순간적이기 때문에 식별부호를 항공기 조종사에게 신속하고 명료하게 제공하기 위한 데 있으며, 관제 통신 음성 또한 관제사와 조종사 간에 명료하고 정확하게 전달하기 위하는 데 목적이 있다고 사료된다.

  따라서 Localizer Signal 변조도를 40%로 국제규정화한 사유는 항공기에 활주로 중심선 정보를 수평으로 제공하는 시스템이므로 항공기 탑재 수신기의 움직임을 너무 민감하게 동작하도록 설정할 필요성이 미흡한 데 있다고 예상되는 반면에 Glide Path 신호의 변조도를 80%로 설정한 목적은 수평적으로 활주로 중심선 정보를 착륙하는 항공기에 제공하는 Localizer 신호와는 달리 수직적으로 3°의 매우 낮은 활공각 정보를 제공하는 상황은 매우 긴박성을 요구하므로 항공기의 탑재 장비의 지시상태가 매우 민감하게 반응하도록 규정화할 필요성이 있기 때문이라 사료된다.

덧붙여 전방향표지시설인 VOR장비의 변조도는 약 30%로써 최소한 평균지반고(ASL : Average Ground Level)를 기준으로 약 1500ft 이상 고도를 비행하는 수평적인 방위 정보를 제공하는 신호이므로 그 어느 항법 시스템보다도 긴박성 측면을 고려할 때 가장 유연성을 갖고 있다고 사료된다.

- **비행검사 절차** : [Figure 6-28]에서와 같이 Localizer Antenna로부터 활주로 중심선을 따라 10NM 떨어진 지점부터 3NM까지의 구간을 비행하면서 Localizer Signal의 변조도가 국제기준치 이내로 유지되고 있는지를 검사한다.

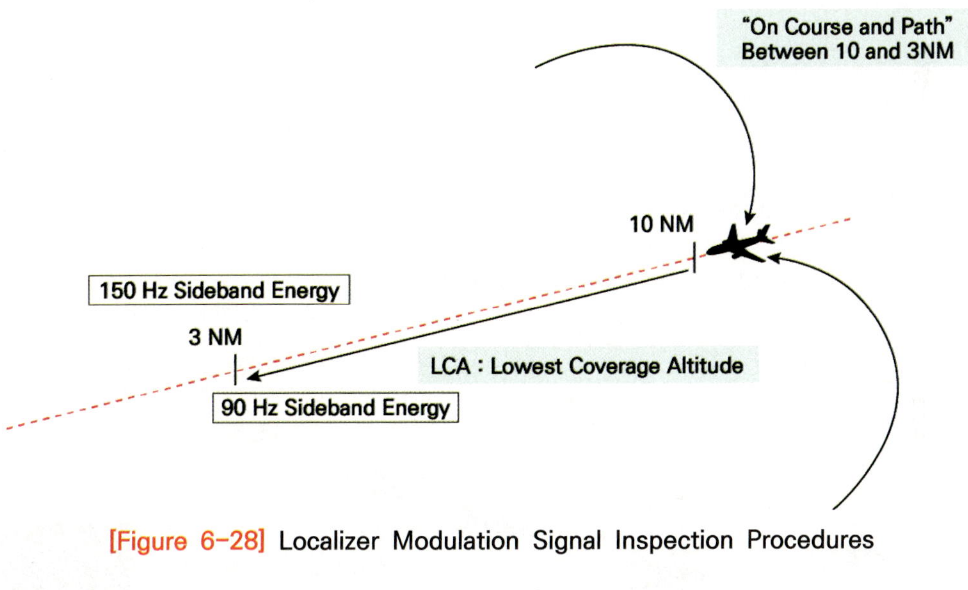

[Figure 6-28] Localizer Modulation Signal Inspection Procedures

17) Localizer Modulation Equality Flight Inspection(1)

[Only Commissioning & Maintenance Request]

- **국제관련 기준** : FAA Order 8200.1
- **비행검사 목적** : [Figure 6-29]에서와 같이 정밀계기착륙 구간에서 비행 중인 항공기에 Localizer Modulation Equality Signal이 국제기준치 이내로 정상 제공되고 있는지를 검사함으로써 항공기 안전운항에 이바지하기 위한 데 그 목적이 있다.
- **전파신호의 기능** : Localizer의 Modulation Equality는 CSB(Carrier + Sideband)변조도가 0 DDM(0uA)으로 균등(Equality)하게 발사되어야만 항공기의 탑재 수신기의 동

작 상태를 불규칙함이 없이 일정한 비율로 정확하게 지시되도록 유도할 것이다.

- **비행 검사절차** : Localizer의 CSB신호만 발사한 상태에서 Localizer 안테나로부터 10 NM 떨어진 지점부터 3 NM까지의 Localizer On-Course와 Glide Path Angle을 따라 비행하면서 Localizer CSB신호의 변조도가 0 DDM(0uA) 이내로 균등하게 지시되는지를 검사한다.

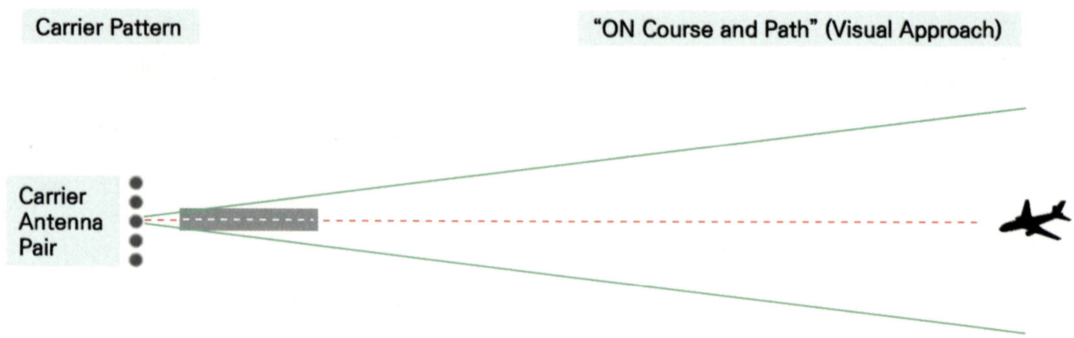

[Figure 6-29] Localizer Modulation Equality Inspection Procedures(1)

18) Localizer Modulation Equality(or Balance) Flight Inspection

[Only Commissioning & Maintenance Request]

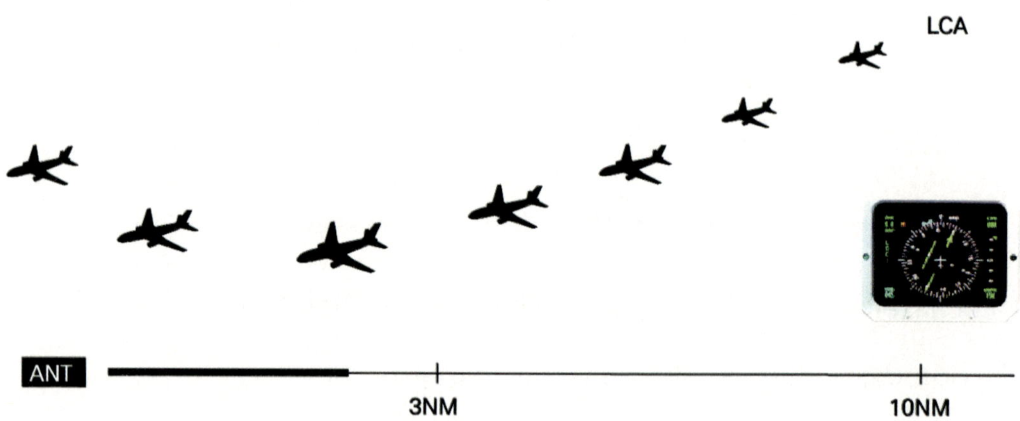

[Figure 6-30] Localizer Modulation Equality Inspection Procedures(2)

19) Localizer Two Frequncy RF Power Ratio Flight Inspection(1)

[Only Commissioning & Maintenance Request]

- **국제관련 기준** : FAA Order 8200.1

- **비행검사 목적** : [Figure 6-31]에서와 같이 정밀계기착륙 구간에서 비행 중인 항공기에 Localizer RF Power Ratio가 국제기준치 이내로 유지되어 정상 제공되고 있는지를 검사함으로써 항공기 안전운항에 이바지하기 위한 데 그 목적이 있다.
- **전파신호 기능** : [Figure 6-2-30]에서와 같이 Localizer의 Two Frequency(Course & Clearance) 송신기 간의 출력비율(Power Ratio)이 국제기준치(10dB이상) 이내로 유지함으로써 Off-Course지역에는 Low Clearance가 나타나도록 하는 반면에 On-Course지역에는 Course Structure Signal이 양호하게 나타나도록 동작을 유도한다.
- **비행검사 절차** : Localizer의 Course 송신기의 출력을 Clearance 송신기의 출력보다 10dB 이상 크게 설정한 상태에서 비행 검사용 항공기가 Localizer 안테나로부터 10 NM 떨어진 지점부터 Localizer 및 Glide Path 신호를 따라 최저 유효고도(LCA : Lowest Coverage Altitude) 유지하며 비행한다.

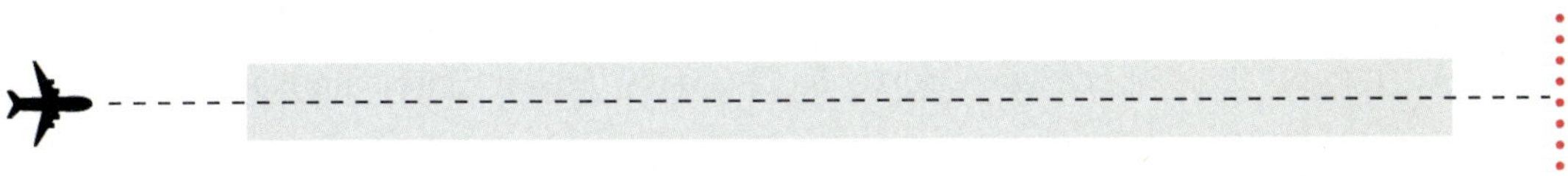

[Figure 6-31] Localizer Two Frequncy RF Power Ratio Inspection Procedures(1)

20) Localizer RF Power Ratio Formula Standards(2)

[Figure 6-32] Localizer RF Power Ratio Formula Standards(2)

21) Localizer Course & Clearance Power Ratio Standards(3)

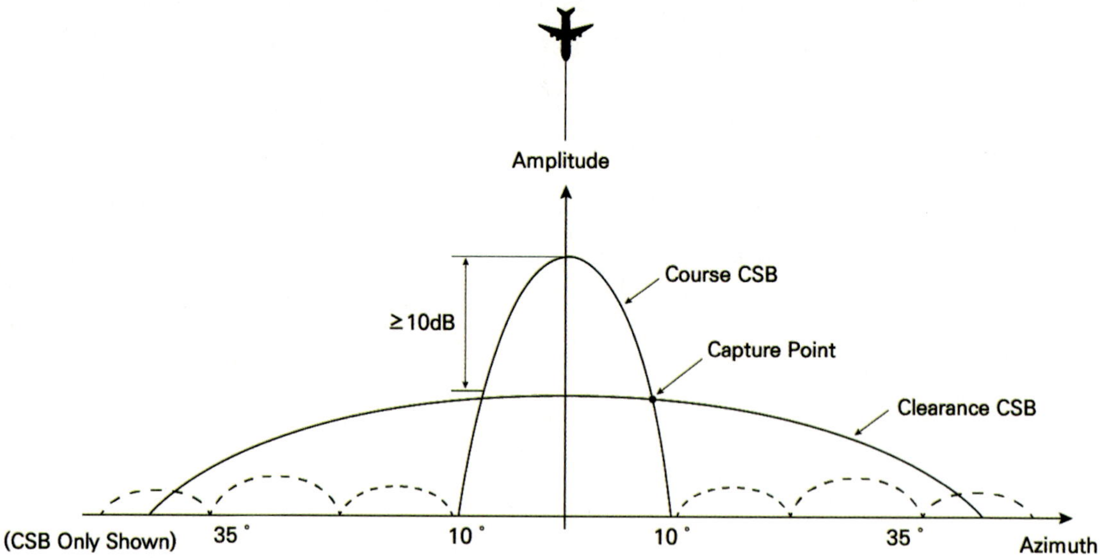

[Figure 6-33] Localizer Course & Clearance Power Ratio Standards

22) Localizer Antenna Phasing Flight Inspection

[Only Commissining Inspection]

- **국제관련 기준** : FAA Order 8200.1
- **비행검사 목적** : [Figure 6-34]에서와 같이 정밀계기착륙 구간에서 비행 중인 항공기에 Localizer CSB(Carrier+SBO)신호와 SBO(Side Band Only)신호의 위상이 국제기준치(0uA : 동위상) 이내로 나타나는지를 검사함으로써 항공기 안전운항에 이바지하는 데 그 목적이 있다.
- **전파신호 기능** : Localizer의 CSB와 SBO신호의 위상이 동위상으로 유지되어야만 최상으로 양호한 전파신호를 활주로로 정밀착륙하는 항공기에 안전하게 제공할 수가 있다.
- **비행검사 절차** : Localizer안테나로부터 10NM 떨어진 지점부터 Localizer장비의 On-Course 및 Glide Path Angle를 따라 비행하면서 검사한다.

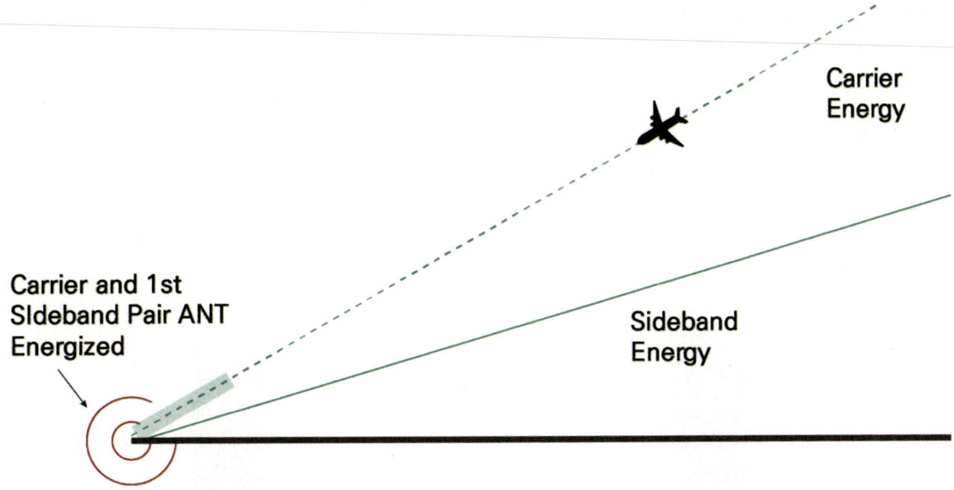

[Figure 6-34] Localizer Antenna Phasing Inspection

23) Localizer Course Width Flight Inspection(1)

- **국제관련 기준** : FAA Order 8200.1
- **비행검사 목적** : [Figure 6-35]에서와 같이 활주로 시단(Threshold)의 중심점을 기준으로 좌/우 350ft 떨어진 지점에 0.155DDM(150uA)이 지시되는지를 검사하여 항공기 안전운항에 이바지하기 위한 데 그 목적이 있다.
- **전파신호 기능** : Localizer Width는 Course Sector에 해당하는 부분으로써 항공기 탑재 수신기상에서는 Edge Line을 지시토록 동작을 유도한다. 참고로 Course Width의 국제기준치는 3°~6°로써 활주로 길이가 길수록 3° 이내로 협소한 각도로 설정이 되어 운영된다.
- **비행검사 절차** : Localizer 안테나로부터 10 NM 떨어진 지점부터 Localizer 장비의 On-Course 및 Glide Path Angle를 따라 비행하면서 검사한다.

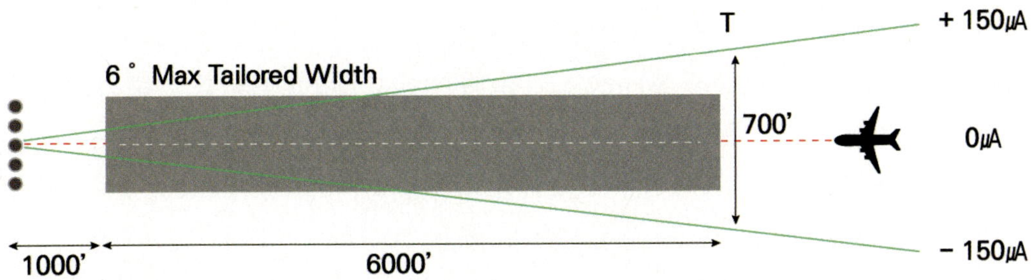

[Figure 6-35] Localizer Course Width Inspection Procedures(1)

24) Localizer Course Width Inspection(3)

- **국제관련 기준** : [Figure 6-36]에서와 같이 Localizer Course Width 지점은 Threshold 중심점에서 좌/우로 350ft(약 107m) 떨어진 지점에 있음을 보여주고 있다.

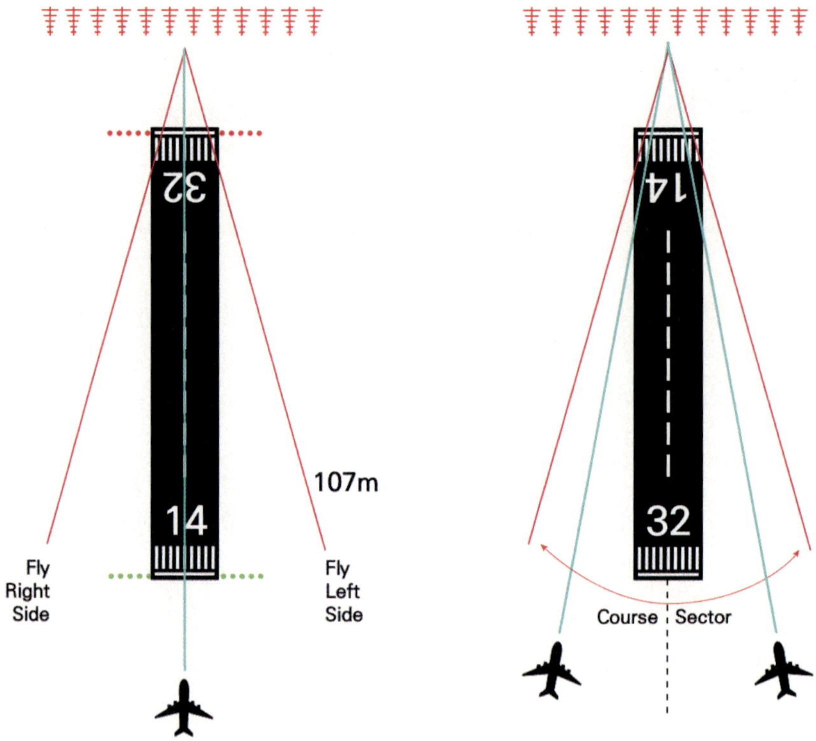

[Figure 6-36] Localizer Course Width Inspection(3)

25) Localizer Course Width & Symmetry Flight Inspection

- **국제관련 기준** : [Figure 6-37]에서와 같이 ±0.155DDM±17%의 경우에는 CAT-I/II 성능 운영 시의 기준치를 의미한다. 부가적으로 CAT-III 성능 운영 시의 기준치는 ±0.155DDM±10% 이내를 유지하도록 규정하고 있다.
- **전파신호 기능** : Localizer Symmetry 검사는 Localizer 안테나를 기준으로 전방 좌측(150Hz Zone)과 우측(90Hz Zone) 간의 전파 빔폭(Frequency Beam Width)이 100%일 때 90Hz Zone이 점유하는 폭만 검사한다. 예를 들어 90Hz Zone의 빔폭이 45%라면 150Hz Zone의 빔폭은 55%가 되는 것이다.

  이와 같이 90Hz Zone의 빔폭이 45%로써 150Hz Zone보다 협소하게 나타날 경우 90Hz Zone의 활주로로 착륙하는 항공기가 Width 지점에서 활주로 중심선(0DDM)으로 이동하는데 걸리는 시간은 150Hz Zone의 Width지점에서 활주로 중심점(0DDM)으로 이동하는데 걸리는 시간보다 5% 정도 더 줄어들 수 있다는 것으로 예상할 수가 있다.

- **비행검사 절차** : Localizer 안테나로부터 10 NM 떨어진 지점부터 Localizer 장비의 Course Line을 기준으로 좌/우 35° Sector까지 Full Course Sector를 Arc Turn (Orbit) 비행하면서 검사한다.

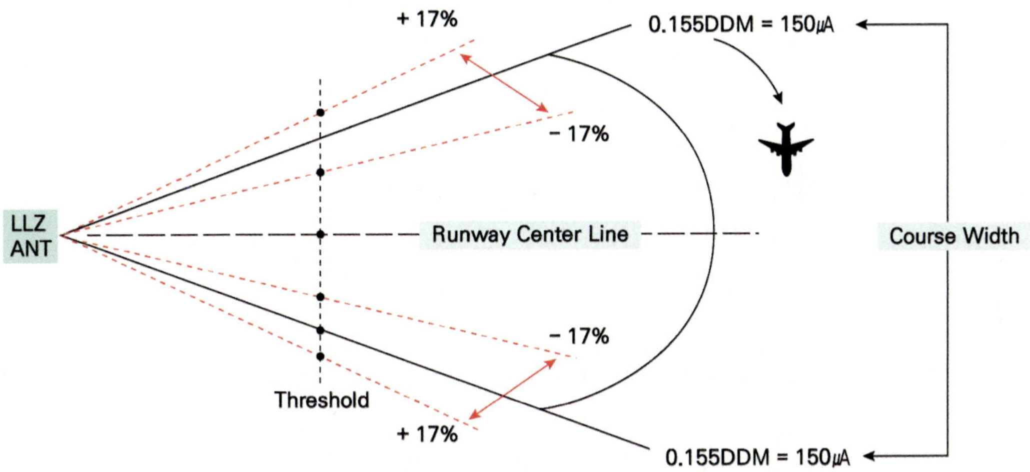

[Figure 6-37] Localizer Course Symmetry Inspection

26) Localizer Course Width Monitor Reference Flight Inspection(1)

- **국제관련 기준** : FAA Order 8200.1
- **비행검사 목적** : [Figure 6-38]에서와 같이 활주로 시단(Threshold)의 중심점을 기준으로 좌/우 350ft 떨어진 지점에서 기준치인 0.155DDM(150uA)이 정상 지시되고 있는지를 감시 검사하여 항공기 안전운항에 이바지하기 위한 데 그 목적이 있다.

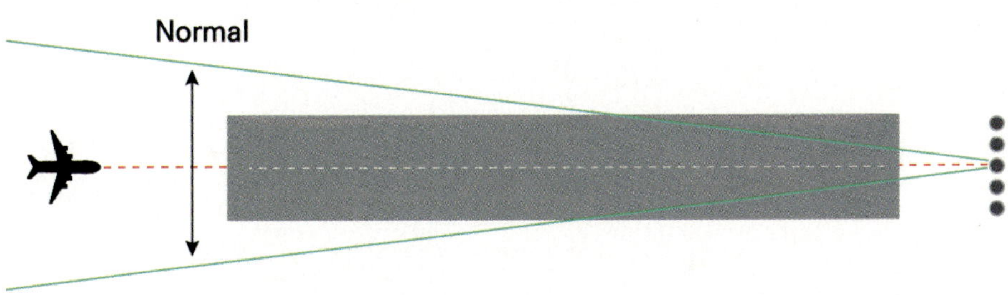

[Figure 6-38] Localizer Course Width Monitor Reference Inspection Procedures(1)

27) Localizer Course Width Monitor Reference Flight Inspection(2)

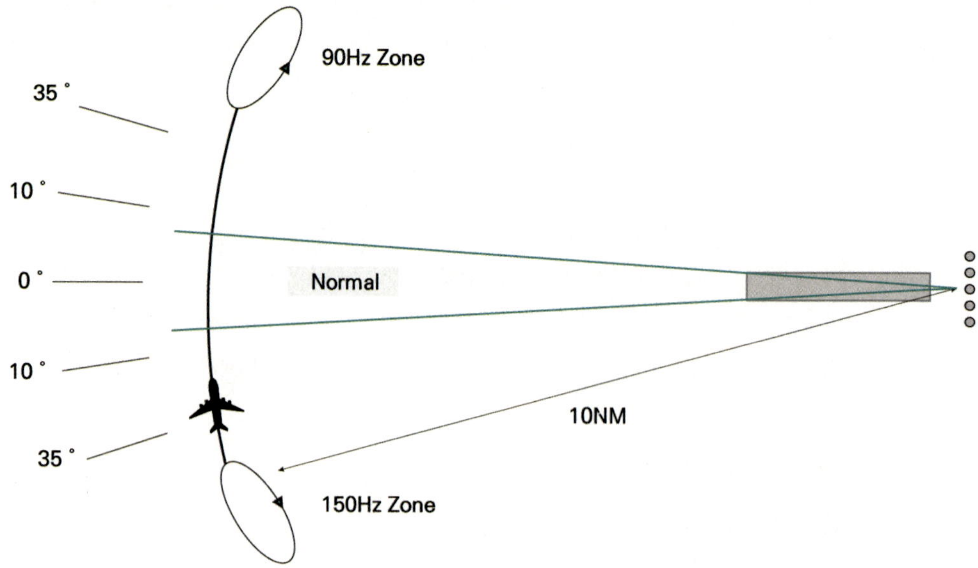

[Figure 6-39] Localizer Course Width Monitor Reference Inspection(2)

28) Localizer Half & Full Sector Flight Inspection

- **국제관련 기준** : FAA Order 8200.1
- **비행검사 목적** : [Figure 6-40]에서와 같이 Localizer장비의 Course Sector(Course Width)와 Clearance Sector의 신호레벨이 국제기준치 이내로 유지되고 있는지를 확인하여 항공기 안전운항에 이바지하기 위한 데 그 목적이 있다.
- **비행검사 절차** : Localizer Half Course Sector만을 비행검사시는 Localizer장비의 안테나로부터 10 NM 떨어진 지점부터 Course Width (150uA)을 따라 검사를 진행하고 Full Course Sector 검사시에는 Localizer Course Line을 기준으로 좌/우 35° Sector까지 Arc Turn(Orbit)으로 비행하면서 검사한다.

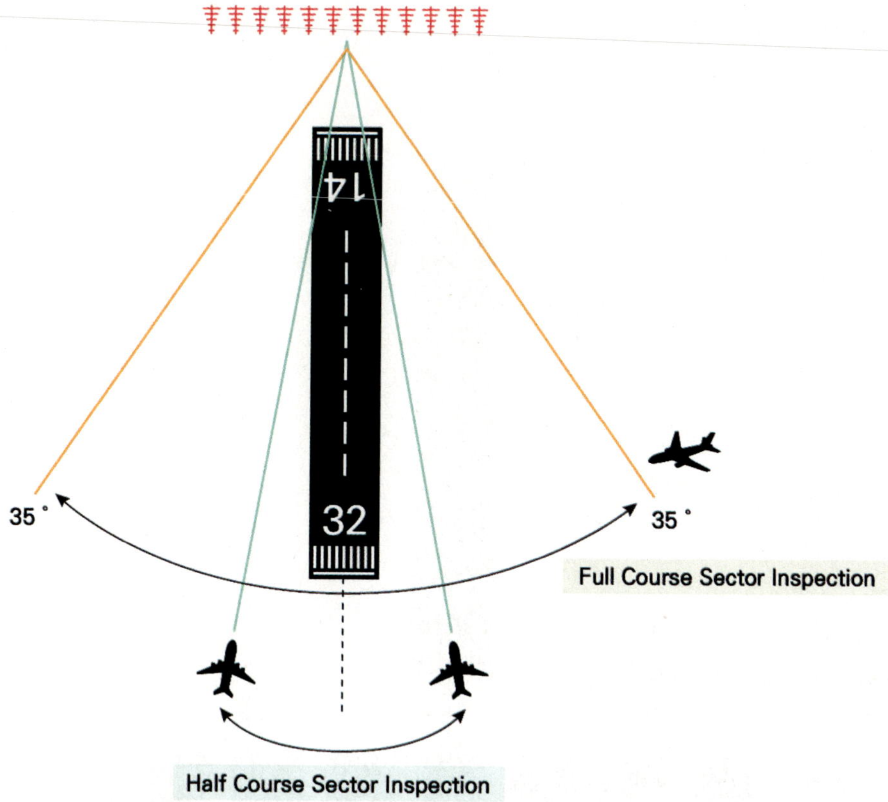

[Figure 6-40] Localizer Half & Full Sector Inspection Procedures

29) Localizer Course & Clearance Sector Signal Flight Inspection

- **비행검사 목적** : [Figure 6-41]에서와 같이 Localizer Course Sector(Course Width)와 Clearance Sector의 신호레벨의 위치에 따라 항공기 탑재장비가 정상적으로 지시되고 있는지를 확인하여 항공기 안전운항에 이바지하기 위한 데 그 목적이 있다.

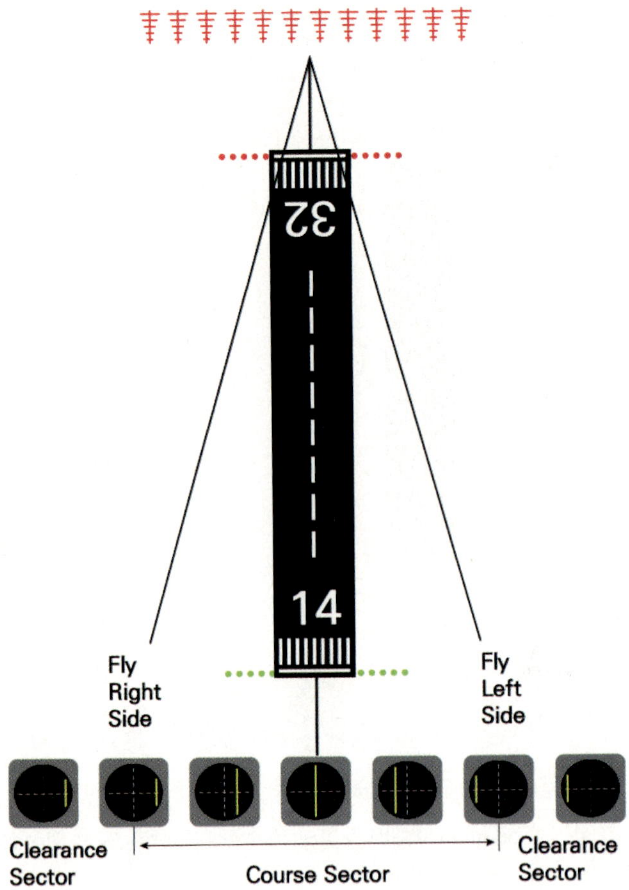

[Figure 6-41] Localizer Course & Clearance Sector Signal Inspection Procedures

30) Localizer Course Sector & Off Clearance Sector Signal Flight Inspection

- **국제관련 기준** : FAA Order 8200.1
- **비행검사 목적** : [Figure 6-42]에서와 같이 Localizer Course Sector(Course Width)와 Clearance Sector의 신호레벨이 국제기준치 이내로 유지되고 있는지를 확인하여 항공기 안전운항에 이바지하기 위한 데 그 목적이 있다.
- **비행검사 절차** : Localizer 안테나로부터 10NM 떨어진 지점부터 Localizer Course Line을 기준으로 좌/우 35° Sector까지 Full Course Sector를 Arc Turn(Orbit)비행하면서 검사한다.

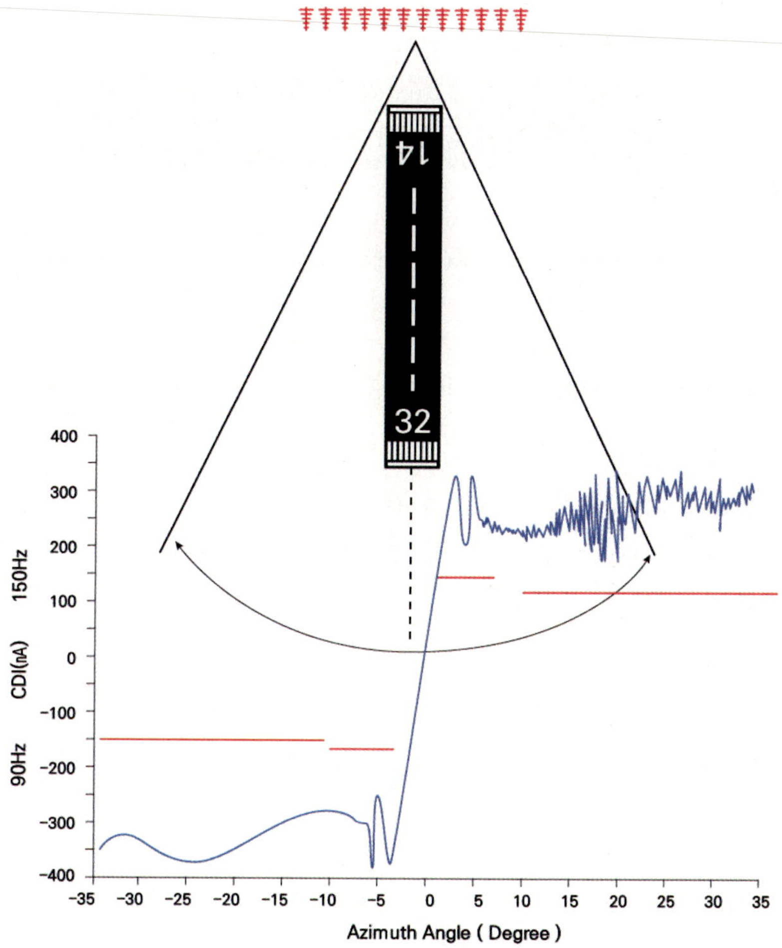

[Figure 6-42] Localizer Course Sector & Off Clearance Sector Signal Inspection

31) Localizer Course Width Monitor Wide Alarm Flight Inspection(1)

- **국제관련 기준** : FAA Order 8200.1
- **비행검사 목적** : [Figure 6-43]에서와 같이 Localizer Monitor Course Width Wide Alarm 신호레벨이 국제기준치 이내로 유지되고 있는지를 확인하여 항공기 안전운항에 이바지하기 위한 데 그 목적이 있다.
- **비행검사 절차** : Localizer Course Width 신호레벨을 Wide Alarm상태로 설정 후 Localizer 안테나로부터 10NM 떨어진 지점부터 Localizer Course Line을 기준으로 좌/우 35° Sector까지 Full Course Sector를 Arc Turn(Orbit)비행하면서 검사한다.

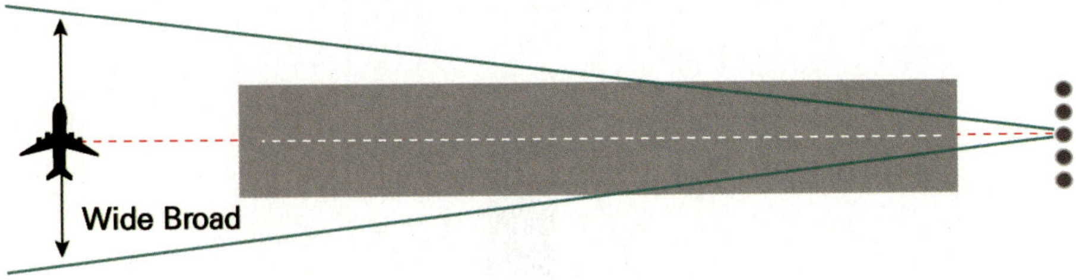

Widen Width Adjustment : TX Side Band SBO Amplitude (Power) Reduce

[Figure 6-43] Localizer Course Width Monitor Wide Alarm Inspection Procedures(1)

32) Localizer Course Width Monitor Wide Alarm Flight Inspection(2)

- **국제관련 기준** : FAA Order 8200.1
- **비행검사 목적** : [Figure 6-44]에서와 같이 Localizer Monitor Course Width Wide Alarm 신호레벨이 국제기준치 이내로 유지되고 있는지를 확인하여 항공기 안전운항에 이바지하기 위한 데 그 목적이 있다.
- **비행검사 절차** : Localizer Course Width 신호레벨을 Wide Alarm상태로 설정 후 Localizer 안테나로부터 10NM 떨어진 지점부터 Course Width Line을 따라 비행하면서 검사한다.

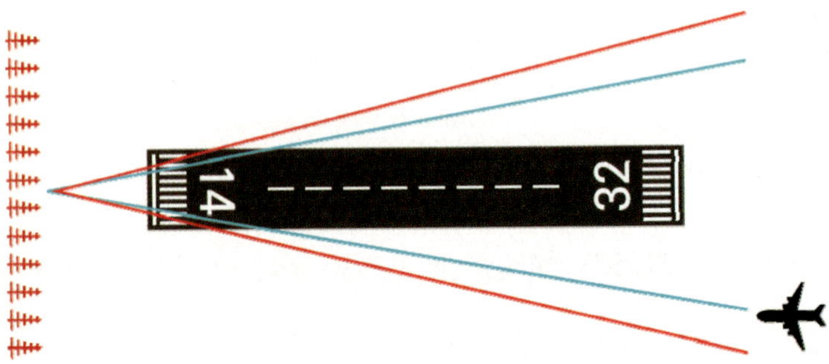

[Figure 6-44] Localizer Course Width Monitor Wide Alarm Inspection Procedures(2)

33) Localizer Course Wide Width Flight Inspection(3)

- **국제관련 기준** : FAA Order 8200.1
- **비행검사 목적** : [Figure 6-45]에서와 같이 Localizer Monitor Course Width Wide Alarm 신호레벨이 국제기준치 이내로 유지되고 있는지를 확인하여 항공기 안전운항에 이바지하기 위한 데 그 목적이 있다.
- **비행검사 절차** : Localizer Course Width 신호레벨을 Wide Alarm상태로 설정 후

Localizer 안테나로부터 10NM 떨어진 지점부터 Localizer Course Line을 기준으로 좌/우 35° Sector까지 Full Course Sector를 Arc Turn(Orbit)비행하면서 검사한다.

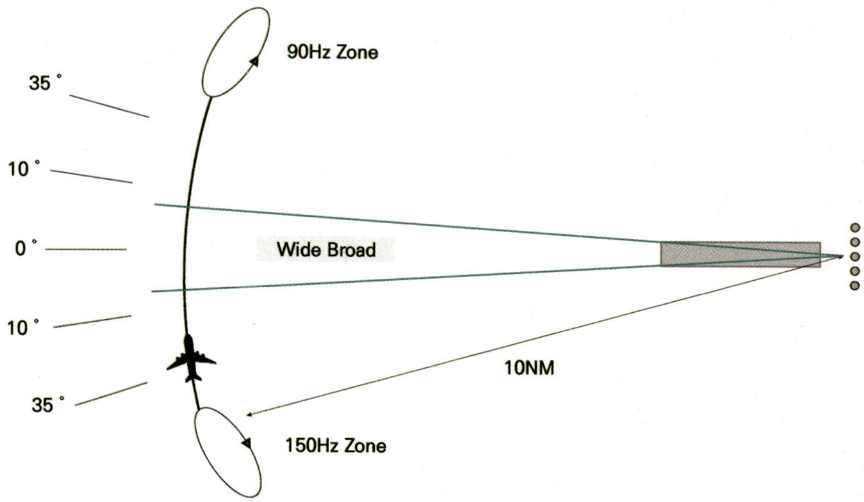

[Figure 6-45] Localizer Course Width Monitor Wide Alarm Inspection Procedures(3)

34) Localizer Course Width Moitor Narrow Alarm Flight Inspection(1)

- **국제관련 기준** : FAA Order 8200.1
- **비행검사 목적** : [Figure 6-46]에서와 같이 Localizer Monitor Course Width Narrow Alarm 신호레벨이 국제기준치 이내로 유지되고 있는지를 확인하여 항공기 안전운항에 이바지하기 위한 데 그 목적이 있다.
- **비행검사 절차** : Localizer Course Width 신호레벨을 Narrow Alarm상태로 설정 후 Localizer 안테나로부터 10NM 떨어진 지점부터 Course Width Line을 따라 비행하면서 검사한다.

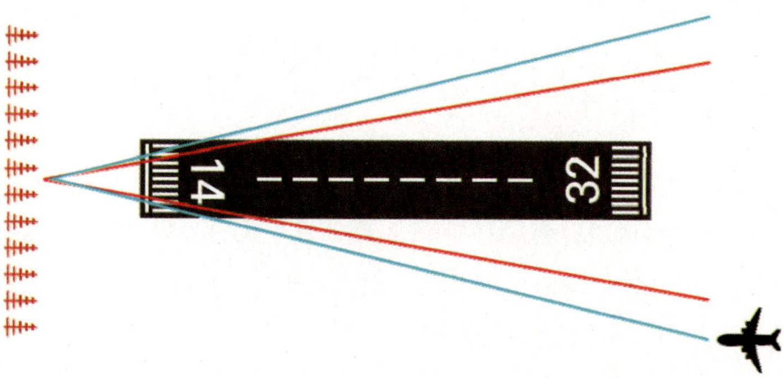

[Figure 6-46] Localizer Course Width Monitor Narrow Alarm Flight Inspection Procedures

35) Localizer Course Narrow Width Flight Inspection

- **국제관련 기준** : FAA Order 8200.1
- **비행검사 목적** : [Figure 6-47]에서와 같이 Localizer Monitor Course Width Narrow Alarm 신호레벨이 국제기준치 이내로 유지되고 있는지를 확인하여 항공기 안전운항에 이바지하기 위한 데 그 목적이 있다.
- **비행검사 절차** : Localizer Course Width 신호레벨을 Narrow Alarm상태로 설정 후 Localizer 안테나로부터 10NM 떨어진 지점부터 Localizer Course Line을 기준으로 좌/우 35° Sector까지 Full Course Sector를 Arc Turn(Orbit)비행하면서 검사한다.

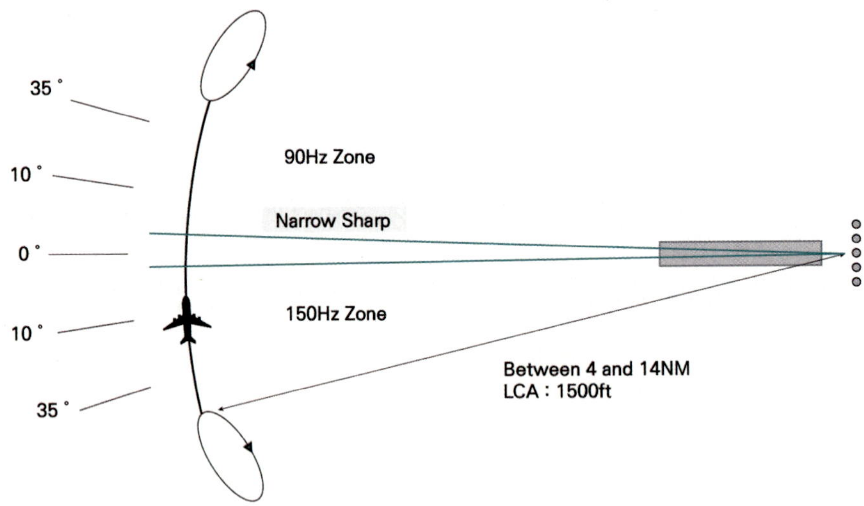

[Figure 6-47] Localizer Course Width Monitor Narrow Alarm Inspection Procedures

36) Localizer Course & Clearance DDM & Displacement Sensitivity Standards

- **국제관련 기준** : ICAO Annex 10 & Doc 8071 Volume Ⅰ
- **설정 목적** : Localizer장비의 Course & Clearance DDM & Displacement Sensitivity 신호레벨을 국제표준화 시킴으로써 일관된 기술지원을 통해 항공기 안전운항에 이바지하기 위한 데 그 목적이 있다.
- **설정기준** : [Figure 6-48]에서와 같이 Localizer Course Width 구역내에서 Course Line(0 DDM)을 중심으로 좌/우로 m당 0.00145DDM씩 일정하게 증가하여 Width지점에서는 0.155DDM이 나타나도록 설정함으로써 항공기 탑재수신기의 지시상태가 일정한 상태로 지시되도록 유도한다.

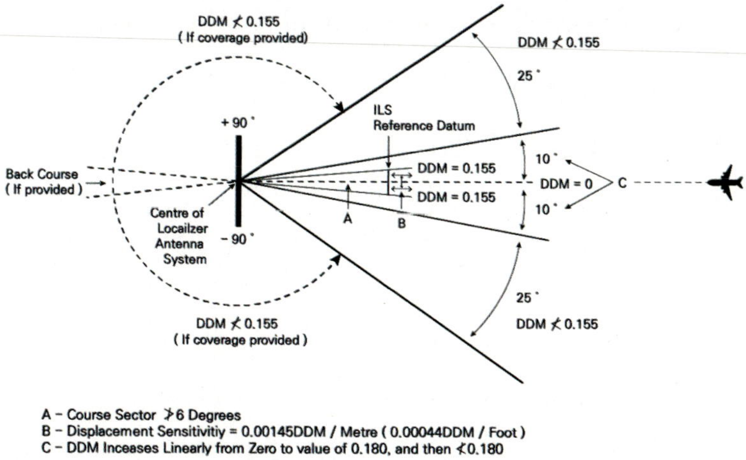

[Figure 6-48] Localizer Course & Clearance DDM & Displacement Sensitivity Standards

37) Localizer Clearance Signal Flight Inspection

- **국제관련 기준** : FAA Order 8200.1
- **비행검사 목적** : [Figure 6-49]에서와 같이 Localizer Clearance 신호레벨이 국제기준치 이내로 유지되고 있는지를 확인하는 데 그 목적이 있다.
- **전파신호 기능** : Localizer장비의 Clearance신호레벨을 Sector 1에서는 175uA까지 일정하게 증가되게 설정하고 Sector 2/3(10°~35°)에서는 150uA이상 유지되도록 설정하여야만 항공기 탑재수신기상에 지시상태를 정상적으로 동작되도록 유도할 것이다.
- **비행검사 절차** : Localizer장비의 Clearance 신호레벨을 정상적인 상태로 설정 후 Localizer 안테나로부터 10NM 떨어진 지점부터 Localizer Course Line을 기준으로 좌/우 35° Sector까지 Full Course Sector구간을 검사한다.

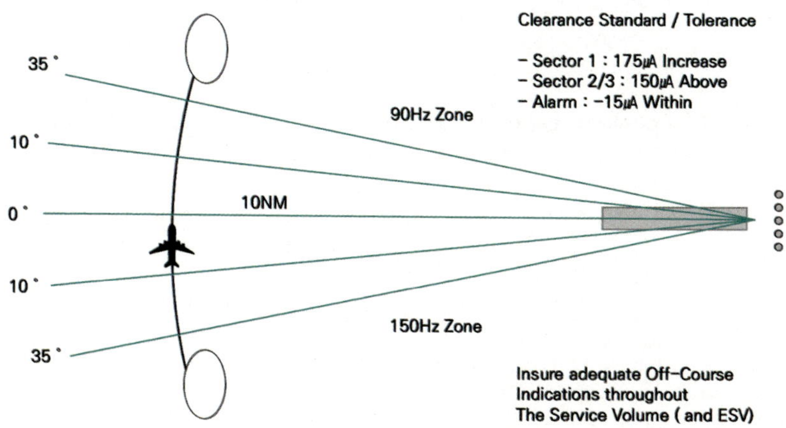

[Figure 6-49] Localizer Clearance Signal Flight Inspection Procedures

38) Localizer High Angle Clearance Signal Flight Inspection

[Only Commissioning Inspection]

- **국제관련 기준** : FAA Order 8200.1
- **비행검사 목적** : [Figure 6-50]에서와 같이 Localizer Clearance 신호레벨이 국제기준치 이내로 유지되고 있는지를 확인하여 항공기 안전운항에 이바지하기 위한 데 그 목적이 있다.
- **전파신호 기능** : Localizer장비의 Clearance신호레벨을 Sector 1에서는 175uA까지 일정하게 증가되게 설정하고 Sector2/3(10°~35°)에서는 150uA이상 유지되도록 설정하여야만 항공기 탑재수신기상에 지시상태를 정상적으로 동작되도록 유도할 것이다.
- **비행검사 절차** : Localizer장비의 Course & Clearance 신호레벨을 정상적인 상태로 설정 후 Localizer 안테나로부터 10NM 떨어진 지점의 평균지반고(AGL : Average Ground Level) 4500ft 고도에서 Localizer Course Line을 기준으로 좌/우 35° Sector까지 Full Course Sector구간을 검사한다.

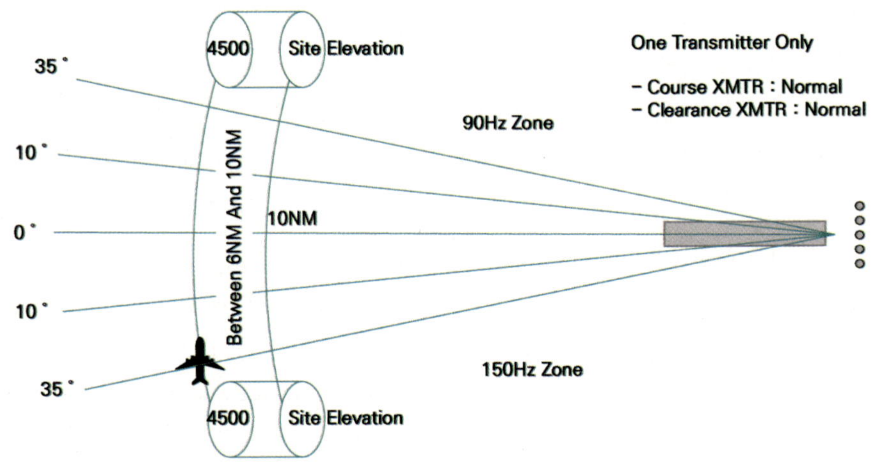

[Figure 6-50] Localizer High Angle Clearance Signal Inspection Procedures

카. Glide Path Flight Inspection Procedures

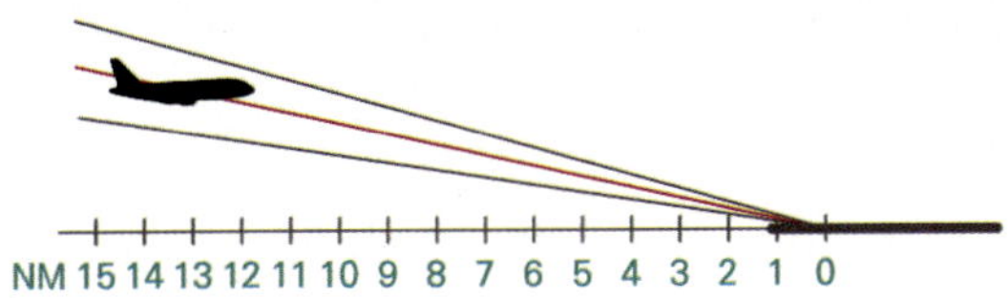

1) Glide Path Normal Approach & Landing Procedure

- **국제관련 기준** : FAA Order 8200.1
- **항공기접근 및 착륙절차** : [Figure 6-51]에서와 같이 통상 Glide Path Angle신호가 정상적으로 동작되고 있을 경우 정상적인 착륙각도(3°)는 수평비행(Level Run) 중인 항공기가 최종접근점(FAF : Final Approach Fix)이자 외측마커(OM : Outer Marker)지점인 부근 이전에 접근할 경우 정상 지시될 것이다.
  따라서 항공기가 수평비행(Level Run)이 이루어지는 구간에서 항공기 탑재 수신기상에서의 Glide Path Angle은 상단부를 지시하면서 서서히 내려와 결국에는 Glide Path Angle이 정상 지시될 것이다.
  이와 같이 정상적인 Localizer Course Line & Glide Path Angle을 지시하는 역할은 측대파(SBO : Side Band Only) 신호가 안테나를 통해 정상적으로 발사될 때만 가능하다.
  그러나 Localizer & Glide Path상에 측대파가 비정상 동작 시 시스템을 Shut-Down 시키고, 시험 삼아 반송파(CSB : Carrier + Side Band) 신호만을 발사할 경우 착륙하는 항공기 탑재수신기상에는 Localizer Course Line 또는 Glide Path Angle신호가 정상상태인 것처럼 즉시 지시됨으로써 항공기 조종사에게 오류로 인한 심각한 문제를 초래하게 만들 수도 있을 것이다.

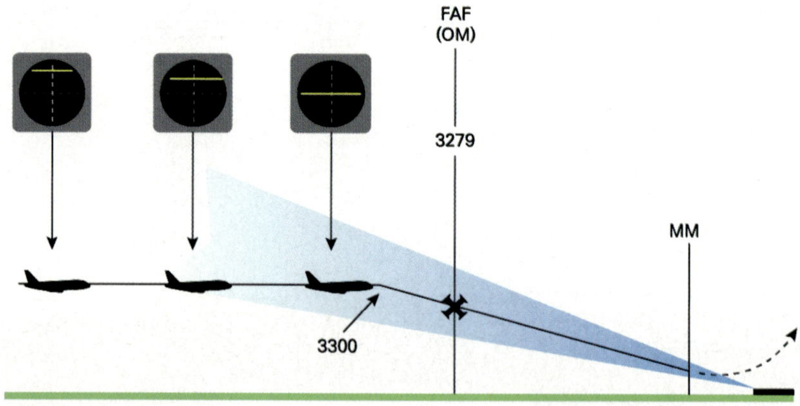

[Figure 6-51] Glide Path Normal Approach & Landing Procedures

2) Glide Path Capture Effect Frequency Radiation Pattern

- **국제관련 기준** : FAA Order 8200.1
- **전파신호 기능** : [Figure 6-52]에서는 Glide Path Two Frequency Radiation Pattern을 보여주고 있다. 여기에서 150Hz Zone의 Course SBO신호의 빔폭이 상단에 있는 90Hz Zone의 SBO 빔폭보다 훨씬 협소함을 보여주고 있다.

  이처럼 150Hz Zone의 빔폭을 협소하게 설정한 사유는 Glide Path 안테나 전방에 장애물로 인한 반사파로 인해 Glide Path Angle신호의 질(Structure)에 간섭(Interference) 영향을 초래할 가능성을 제거하기 위한 데 목적이 있다.

  그러나 150Hz Zone의 협소한 빔폭으로 인한 공백은 Clearance 150Hz CSB 신호를 발사하도록 설계가 된다.

  따라서 활주로상으로 착륙하는 항공기는 Glide Path Angle보다 매우 낮은 위험한 각도로 진입할 경우 강력한 Clearance 신호를 통해 Fly-Up 신호를 받아 즉시 위기에서 벗어나게 된다.

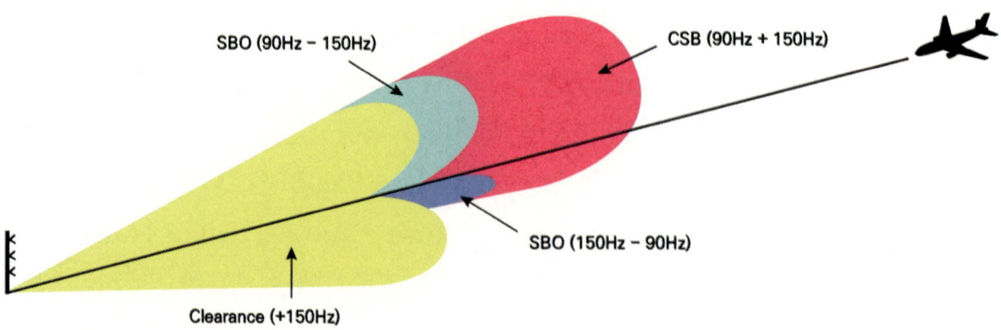

[Figure 6-52] Glide Path Capture Effect Frequency Radiation Pattern

3) Glide Path First Fresnel Zones Standard

- **국제관련 기준** : FAA Order 8200.1
- **Fresnel Zones 기능** : [Figure 6-53]에서는 Glide Path Angle 신호를 수신하면서 착륙하는 항공기의 위치에 따라 요구되는 Glide Path Antenna 전면의 지면 반사 또는 굴절되는 구역을 보여주고 있다.
  따라서, 동 Glide Path First Fresnel Zones 지역은 국제 기준에서 설정한 임계 및 민감구역(Critical & Sensitive Area)에 해당하는 지역으로써 항공기 착륙 시 Glide Path 신호에 절대적으로 영향을 미치는 매우 중요한 구역이다.

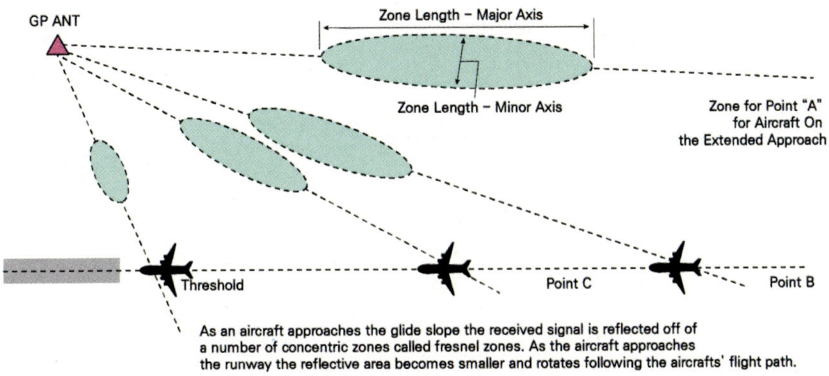

[Figure 6-53] Glide Path First Fresnel Zones

4) Glide Path Beam Forming Area Standards

- **국제관련 기준** : FAA Order 8200.1
- **설정목적** : [Figure 6-54]에서는 Glide Path Angle 신호가 Antenna에서 발사 시 통상 전파가 형성되는 구역을 국제기준치대로 설정하여 운영함으로써 항공기 운항 안전에 이바지하기 위한 데 그 목적이 있다.

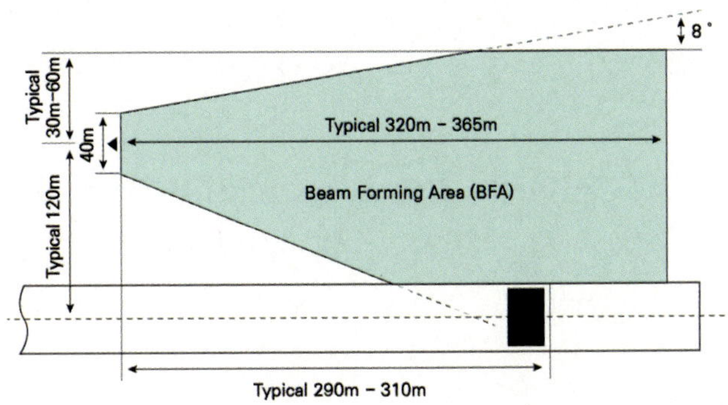

[Figure 6-54] Glide Path Beam Forming Area Standards

5) Glide Path RF Frequency Signal Coverage Standards

- **국제관련 기준** : ICAO Annex 10 & Doc 8071 Volume Ⅰ
- **설정목적** : Glide Path RF Frequency Signal Coverage를 국제 기준대로 설정하여 운영함으로써 항공기 안전운항에 이바지하기 위한 데 그 목적이 있다.
- **설정기준** : [Figure 6-55]에서와 같이 Glide Path RF Frequency Signal Coverage는 안테나를 기준으로 좌/우 8° 범위로 10NM 이상 거리까지 발사되도록 설정된다.

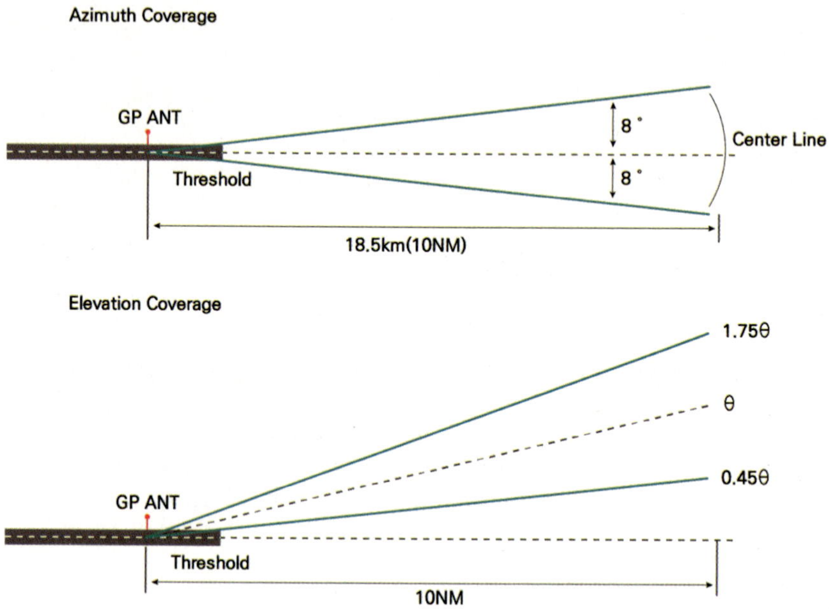

[Figure 6-55] Glide Path RF Frequency Signal Coverage Standards

6) Glide Path RF Frequency Signal Electric Field Intensity Standards

- **국제관련 기준** : FAA Order 8200.1 & ICAO Annex 10 and Doc 8071 Volume Ⅰ
- **설정목적** : CAT-Ⅰ/Ⅱ/Ⅲ별 정밀계기착륙절차 시 Glide Path RF Coverage 구역 내 전계 강도를 국제기준치대로 설정하여 운영함으로써 항공기 안전운항에 이바지하기 위한 데 그 목적이 있다.
- **설정기준** : [Figure 6-56]에서와 같이 Localizer시스템과는 달리 항공기가 정식 정밀계기착륙절차가 이루어지는 전 구간에서 CAT-Ⅰ/Ⅱ/Ⅲ절차 모두 동일하게 400μV/m이상 나타나도록 규정하고 있다.

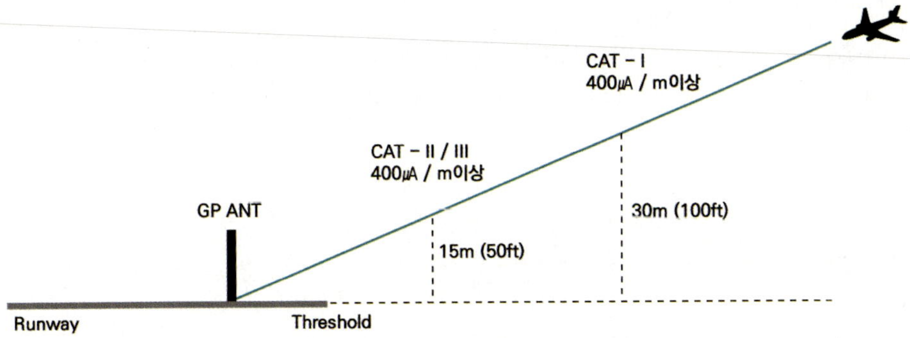

[Figure 6-56] Glide Path RF Frequency Signal Electric Field Intensity Standards

7) Glide Path RF Frequency Signal Structure Standards

- **국제관련 기준** : FAA Order 8200.1
- **설정목적** : [Figure 6-57] 및 [Figure 6-58]에서는 CAT-I/Ⅱ/Ⅲ 성능별 Localizer Course Structure Signal을 국제기준치대로 설정하여 운영함으로써 항공기 운항 안전에 이바지하기 위한 데 그 목적이 있다.
- **전파신호 기능** : 본 Structure Signal은 전파의 질을 나타내는 요소로써 계기착륙시스템의 가장 핵심적인 신호로써 CAT-I/Ⅱ/Ⅲ성능을 결정하는 기준이 된다.

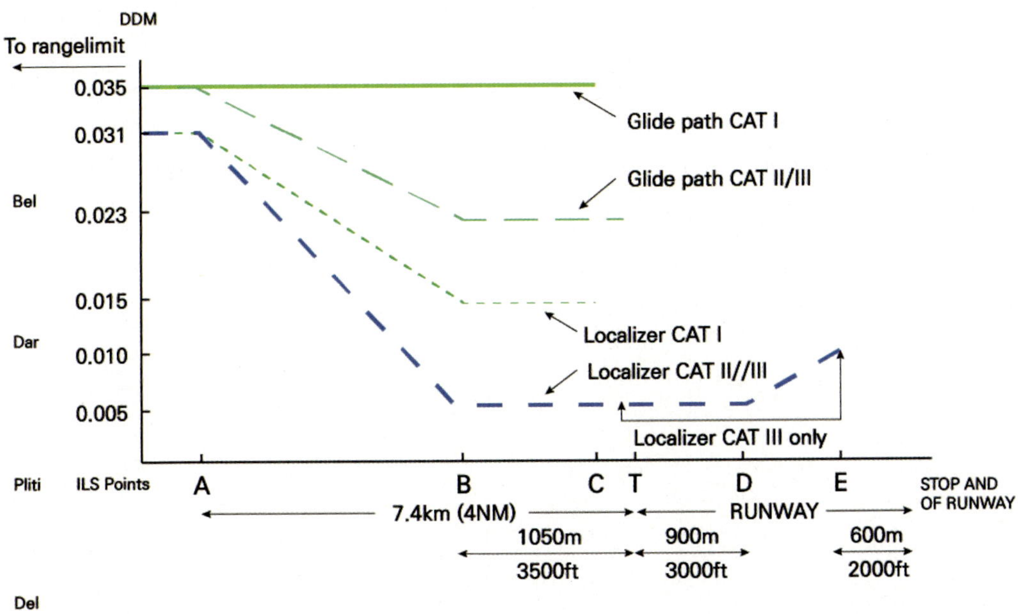

[Figure 6-57] Glide Path RF Frequency Signal Structure Standards

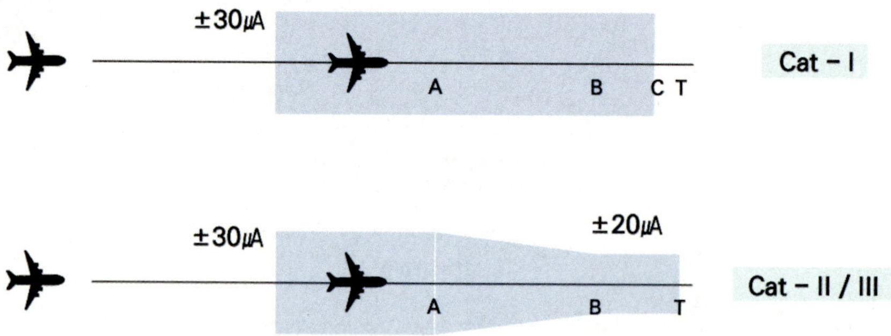

[Figure 6-58] Glide Path RF Frequency Signal Structure Standards

8) Glide Path RF Frequency Signal Structure Flight Inspection

- **국제관련 기준** : FAA Order 8200.1
- **비행검사 목적** : [Figure 6-59]에서와 같이 정밀계기착륙 구간에서 비행 중인 항공기에 Glide Path Structure Signal이 국제기준대로 정상 유지되고 있는지를 검사함으로써 항공기 안전운항에 이바지하기 위한 데 그 목적이 있다.
- **전파신호 기능** : Glide Path Structure Signal이 외부 장애물들로 인해 발생하는 Scalloping /Roughness/Bend 등으로 인한 신호 간섭 영향으로 국제 기준을 초과하여 Auto-Landing Procedure를 통해 활주로로 착륙하는 항공기에 제공될 경우 즉시 Auto-Landing Procedure 기능이 해제되어 조종사는 수동방식에 따른 계기착륙절차로 전환하여 착륙을 시도하도록 유도할 것이다.
- **비행검사 절차** : [Figure 6-59]에서와 같이 Glide Path Structure Signal이 CAT-Ⅰ 성능으로 운영 시에는 활주로 중심선 및 Glide Path Angle 신호를 따라 Zone 1에서부터 Zone 3(or A/B/C Points)까지, 그리고 CAT-Ⅱ/Ⅲ 는 Zone 1에서부터 Zone 4(or A/B/C/T Point)까지의 구간을 검사한다.

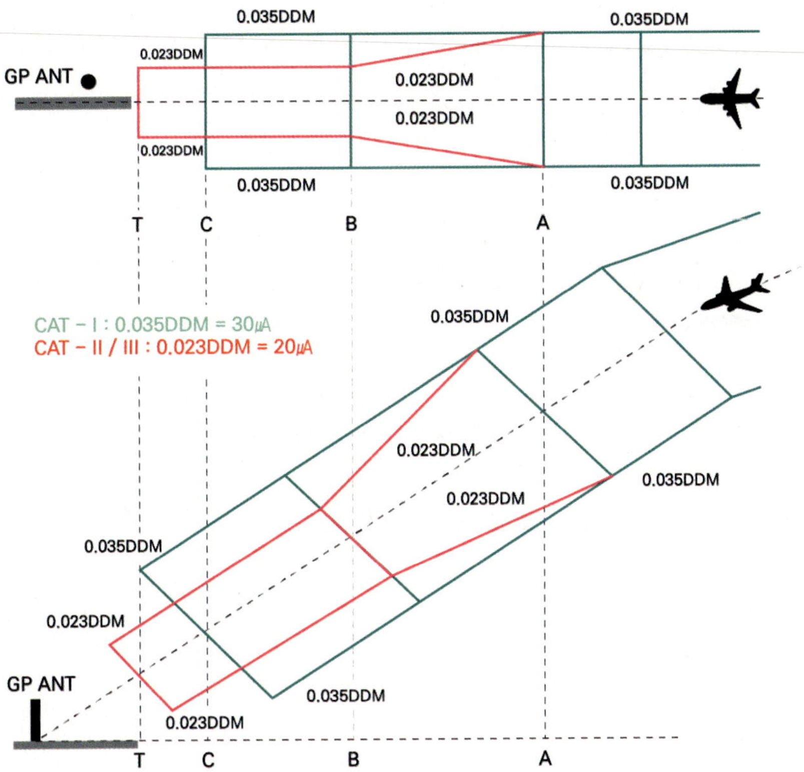

[Figure 6-59] Glide Path RF Frequency Signal Structure Flight Inspection

9) Glide Phasing Run Flight Inspection

- **국제관련 기준** : FAA Order 8200.1
- **비행검사 목적** : [Figure 6-60]에서와 같이 정밀계기착륙 구간에서 비행 중인 항공기에 Glide Path의 CSB(Carrier+SBO)신호와 SBO(Side Band Only)신호의 위상이 국제 기준치(0uA : 동위상) 이내로 나타나는지를 검사함으로써 항공기 안전운항에 이바지하는 데 그 목적이 있다.
- **전파신호 기능** : Glide Path의 CSB와 SBO신호의 위상이 동위상으로 유지되어야만 최상의 양호한 전파신호를 활주로로 착륙하는 항공기에 정상적으로 제공할 수가 있다.
- **비행검사 절차** : Glide Path 안테나로부터 10NM 떨어진 지점부터 Localizer 장비의 On-Course 및 Glide Path Angle을 따라 비행하면서 검사한다.

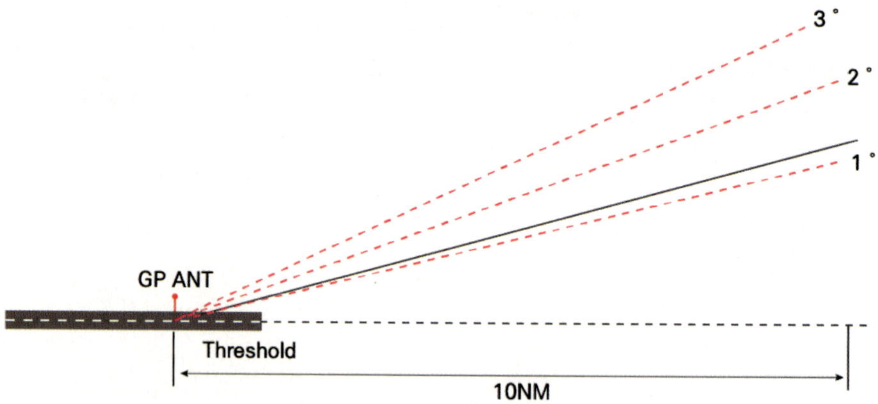

[Figure 6-60] Glide Path Phasing Run Flight Inspection Procedures

10) Glide Path Angle Standard & Tolerance Standards

- **국제관련 기준** : FAA Order 8200.1
- **설정목적** : [Figure 6-61]에서와 같이 CAT-I/Ⅱ/Ⅲ 성능 운영 시 Glide Path Angle Signal을 국제기준대로 설정하여 운영함으로써 항공기 안전운항에 이바지하기 위한 데 그 목적이 있다.
- **전파신호 기능** : Glide Path Angle Signal을 국제기준(3°)에 부합하도록 설정하여 활주로로 착륙하는 항공기에 제공한다.

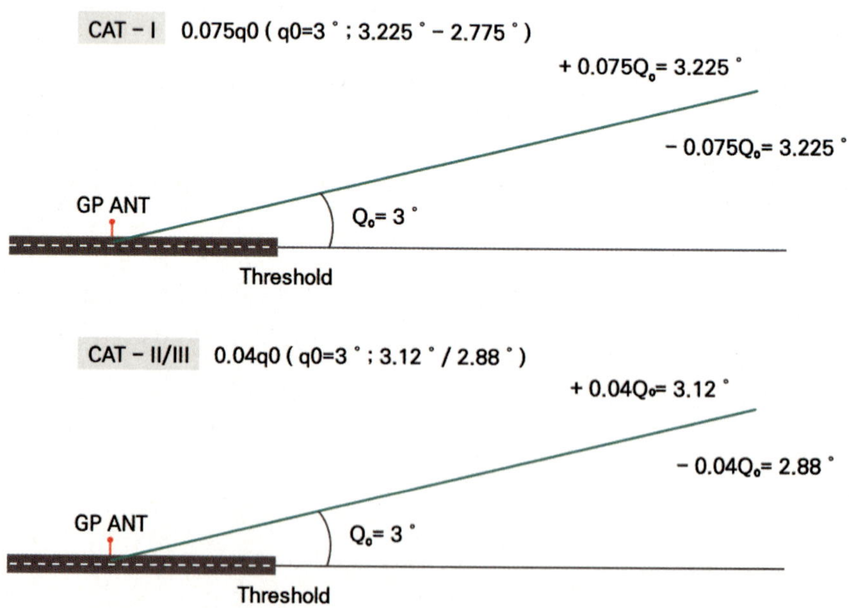

[Figure 6-61] Glide Path Angle Standard & Tolerance Standards

11) Glide Path Clearance Signal Flight Inspection

[Commissioning & Periodic Inspection]

- **국제관련 기준** : FAA Order 8200.1
- **비행검사 목적** : [Figure 6-62]에서와 같이 Glide Path Clearance Signal이 국제기준대로 유지되어 운영되고 있는지를 검사하여 항공기 안전운항에 이바지하기 위한 데 그 목적이 있다.
- **전파신호 기능** : Glide Path Clearance Signal은 안테나 전방 장애물이 존재하는 저고도로 항공기가 진입할 경우 항공기 탑재장비를 강하게 Fly-Up시키도록 유도한다.
- **비행검사 절차** : Glide Path 안테나로부터 10NM 떨어진 지점부터 Glide Path 안테나 지점까지 항공기를 수평(Level Run)으로 비행하면서 검사한다.

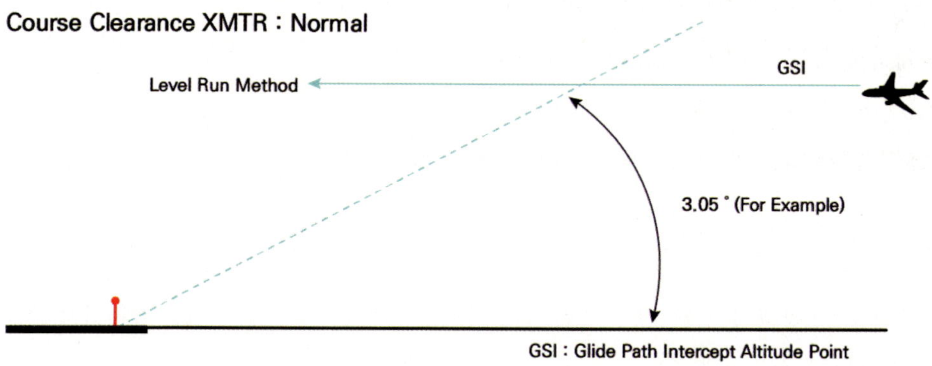

[Figure 6-62] Glide Path Clearance Signal Flight Inspection Procedures

12) Glide Path Angle & Width Flight Inspection

- **국제관련 기준** : FAA Order 8200.1
- **비행검사 목적** : [Figure 6-63]에서와 같이 Glide Path Angle & Width Signal이 국제기준대로 유지되어 운영되고 있는지를 검사하여 항공기 안전운항에 이바지하기 위한 데 그 목적이 있다.
- **전파신호 기능** : Glide Path Angle & Width Signal은 안테나 전방으로 착륙하는 항공기에 국제기준대로 설정된 3°의 착륙각도와 1.4°의 Width Signal을 제공하여 줌으로써 항공기가 안전하게 활주로로 착륙하도록 유도한다.
- **비행검사 절차** : Glide Path 안테나로부터 12NM 떨어진 지점부터 4NM까지의 구간을 비행검사용 항공기가 수평(Level Run)으로 비행하면서 검사한다.

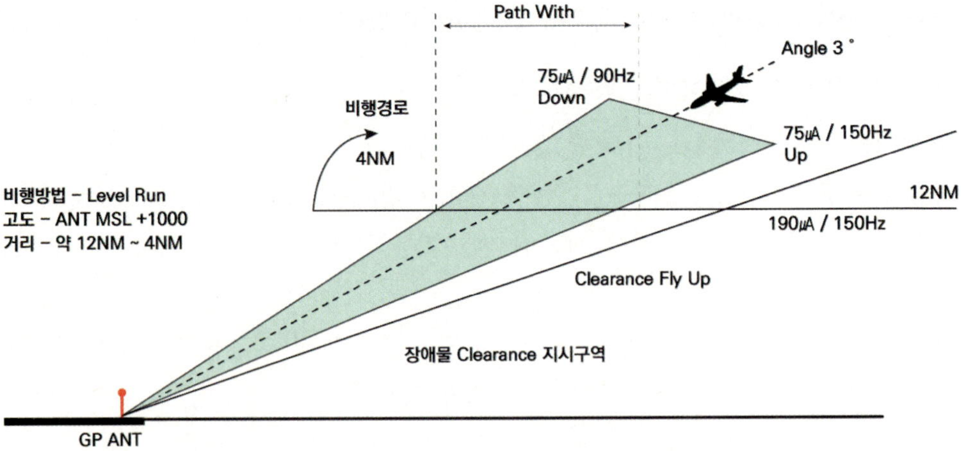

[Figure 6-63] Glide Path Angle & Width Flight Inspection Procedures

13) Glide Path Flight Width Flight Inspection

- **국제관련 기준** : FAA Order 8200.1
- **비행검사 목적** : [Figure 6-64]에서와 같이 Glide Path Width Signal이 국제기준대로 유지되어 운영되고 있는지를 검사하여 항공기 안전운항에 이바지하기 위한 데 그 목적이 있다.
- **전파신호 기능** : Glide Path Width Signal은 안테나 전방으로 착륙하는 항공기에 국제기준대로 설정된 1.4°의 Width Signal을 제공하여 줌으로써 항공기가 안전하게 활주로로 착륙하도록 유도한다.
- **비행검사 절차** : Glide Path 안테나로부터 12NM 떨어진 지점부터 4NM까지의 구간을 비행검사용 항공기가 수평(Level Run)으로 비행하면서 검사한다.

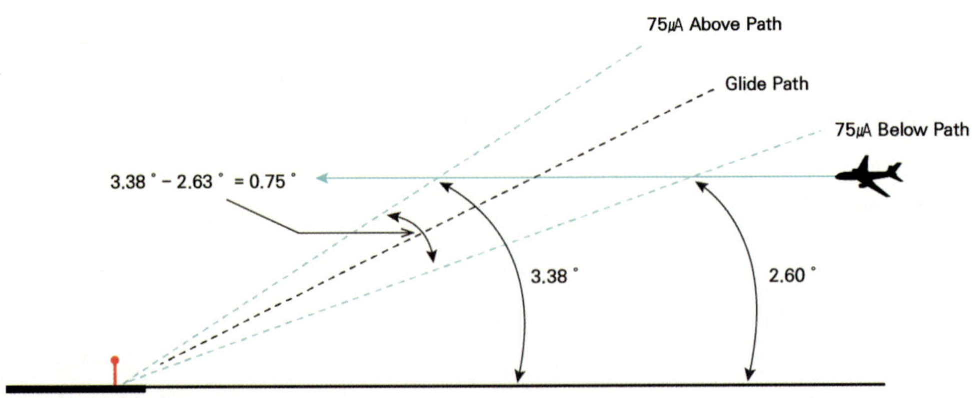

[Figure 6-64] Glide Path Flight Width Flight Inspection Procedures

14) Glide Path CAT-I Width Flight Inspection

- **국제관련 기준** : FAA Order 8200.1
- **비행검사 목적** : [Figure 6-65]에서와 같이 CAT-I 성능 운영 시 Glide Path Width Signal이 국제기준대로 유지되어 운영되고 있는지를 검사하여 항공기 안전운항에 이바지하기 위한 데 그 목적이 있다.
- **전파신호 기능** : Glide Path Width Signal은 안테나 전방으로 착륙하는 항공기에게 국제기준대로 설정된 1.4°의 Width Signal을 제공하여 줌으로써 항공기가 안전하게 활주로로 착륙하도록 유도한다.
- **비행검사 절차** : Glide Path 안테나로부터 12NM 떨어진 지점부터 4NM까지의 구간을 비행검사용 항공기가 수평(Level Run)으로 비행하면서 검사한다.

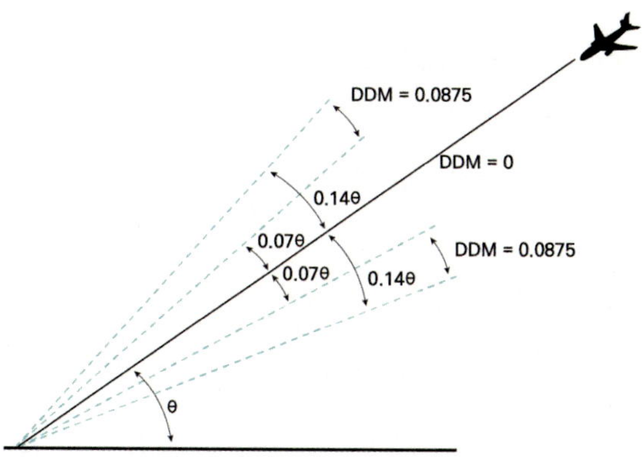

[Figure 6-65] Glide Path CAT-I Width Flight Inspection Procedures

15) Glide Path CAT-II Width Flight Inspection

- **국제관련 기준** : FAA Order 8200.1
- **비행검사 목적** : [Figure 6-66]에서와 같이 CAT-II 성능 운영 시 Glide Path Width Signal이 국제기준대로 유지되어 운영되고 있는지를 검사하여 항공기 안전운항에 이바지하기 위한 데 그 목적이 있다.
- **전파신호 기능** : Glide Path Width Signal은 안테나 전방으로 착륙하는 항공기에 국제기준대로 설정된 1.4°의 Width Signal을 제공하여 줌으로써 항공기가 안전하게 활주로로 착륙하도록 유도한다.
- **비행검사 절차** : Glide Path 안테나로부터 12NM 떨어진 지점부터 4NM까지의 구간을 비행검사용 항공기가 수평(Level Run)으로 비행하면서 검사한다.

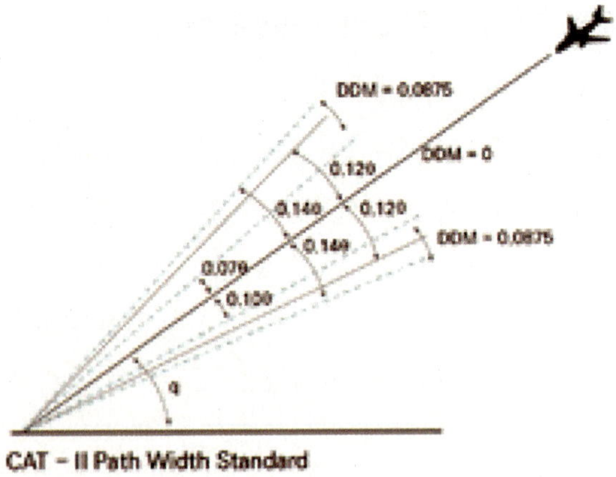

[Figure 6-66] Glide Path CAT-II Width Flight Inspection Procedures

16) Glide Path CAT-Ⅲ Width Flight Inspection

- **국제관련 기준** : FAA Order 8200.1
- **비행검사 목적** : [Figure 6-67]에서와 같이 CAT-Ⅲ 성능 운영 시 Glide Path Width Signal이 국제기준대로 유지되어 운영되고 있는지를 검사하여 항공기 안전운항에 이바지하기 위한 데 그 목적이 있다.
- **전파신호 기능** : Glide Path Width Signal은 안테나 전방으로 착륙하는 항공기에 국제기준대로 설정된 1.4°의 Width Signal을 제공하여 줌으로써 항공기가 안전하게 활주로로 착륙하도록 유도한다.
- **비행검사 절차** : Glide Path 안테나로부터 12NM 떨어진 지점부터 4NM까지의 구간을 비행검사용 항공기가 수평(Level Run)으로 비행하면서 검사한다.

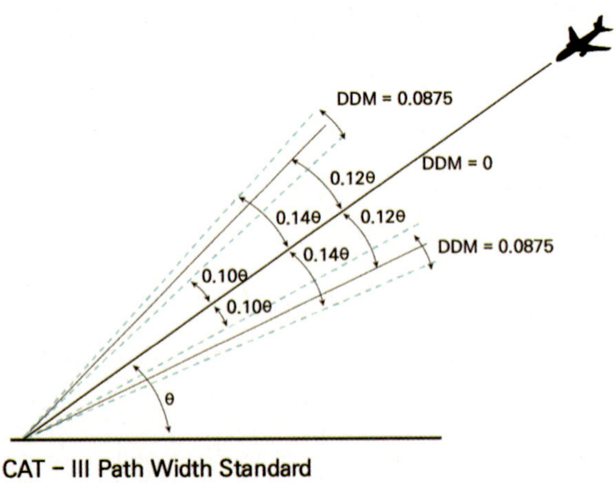

[Figure 6-67] Glide Path CAT-Ⅲ Width Flight Inspection Procedures

17) Glide Path Width Narrow Alarm Flight Inspection

- **국제관련 기준** : FAA Order 8200.1
- **비행검사 목적** : [Figure 6-68]에서와 같이 CAT-Ⅰ/Ⅱ/Ⅲ 성능 운영 시 Glide Path Width Narrow Alarm Signal이 국제기준대로 유지되어 운영되고 있는지를 검사하여 항공기 안전운항에 이바지하기 위한 데 그 목적이 있다.
- **전파신호 기능** : Glide Path Width Narrow Alarm Signal은 겨울철 안테나 케이블 길이 변화로 인한 Path Width Signal이 줄어드는 것을 대비하여 미리 Alarm Point Level을 설정하여 운영함으로써 착륙하는 항공기에 안전운항을 지원한다.
- **비행검사 절차** : Glide Path 안테나로부터 12NM 떨어진 지점부터 4NM까지의 구간을 비행검사용 항공기가 수평(Level Run)으로 비행하면서 검사한다.

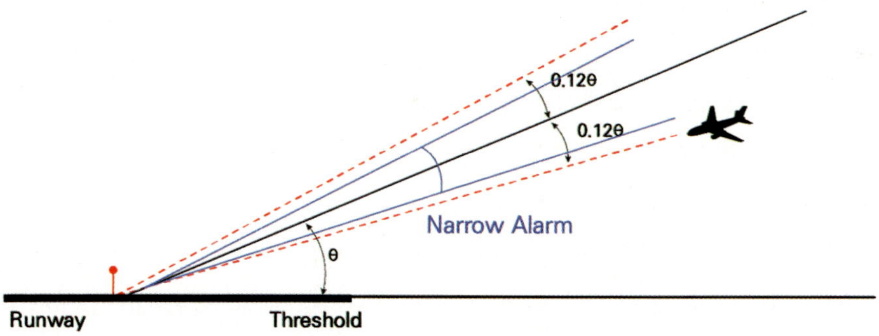

[Figure 6-68] Glide Path Width Narrow Alarm Flight Inspection Procedures

18) Glide Path Width Wide Alarm Flight Inspection

- **국제관련 기준** : FAA Order 8200.1
- **비행검사 목적** : [Figure 6-69]에서와 같이 CAT-Ⅰ/Ⅱ/Ⅲ 성능 운영 시 Glide Path Width Wide Alarm Signal이 국제기준대로 유지되어 운영되고 있는지를 검사하여 항공기 안전운항에 이바지하기 위한 데 그 목적이 있다.
- **전파신호 기능** : Glide Path Width Wide Alarm Signal은 여름철 안테나 케이블 길이 변화로 인한 Path Width Signal이 늘어나는 것을 대비하여 미리 Alarm Point Level을 설정하여 운영함으로써 착륙하는 항공기에 안전운항을 지원한다.
- **비행검사 절차** : Glide Path 안테나로부터 12NM 떨어진 지점부터 4NM까지의 구간을 비행검사용 항공기가 수평(Level Run)으로 비행하면서 검사한다.

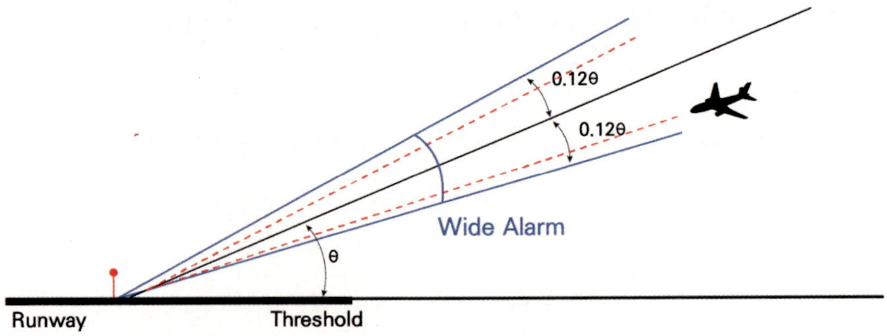

[Figure 6-69] Glide Path Width Wide Alarm Flight Inspection Procedures

19) Glide Path Symmetry Flight Inspection

[Commissioning & Periodic Inspection]

- **국제관련 기준** : FAA Order 8200.1
- **비행검사 목적** : [Figure 6-70]에서와 같이 CAT-Ⅰ/Ⅱ/Ⅲ 성능 운영 시 Glide Path Symmetry Signal이 국제기준대로 유지되어 운영되고 있는지를 검사하여 항공기 안전 운항에 이바지하기 위한 데 그 목적이 있다.
- **전파신호 기능** : Glide Path Symmetry Signal은 만약 하단측(150Hz Zone)이 상단측(90Hz Zone) 보다 좁은(협소) Frequency Beam Width을 갖추고 있을 경우 활주로로 착륙하는 항공기의 활공각 탑재수신기상 활공각도(3°)지점인 0DDM에 도달하는 시간이 90Hz Zone 보다 훨씬 가파르게 이동하게 유도할 것이다.
- **비행검사 절차** : Glide Path 안테나로부터 12NM 떨어진 지점부터 4NM까지의 구간을 비행검사용 항공기가 수평(Level Run)으로 비행하면서 검사한다.

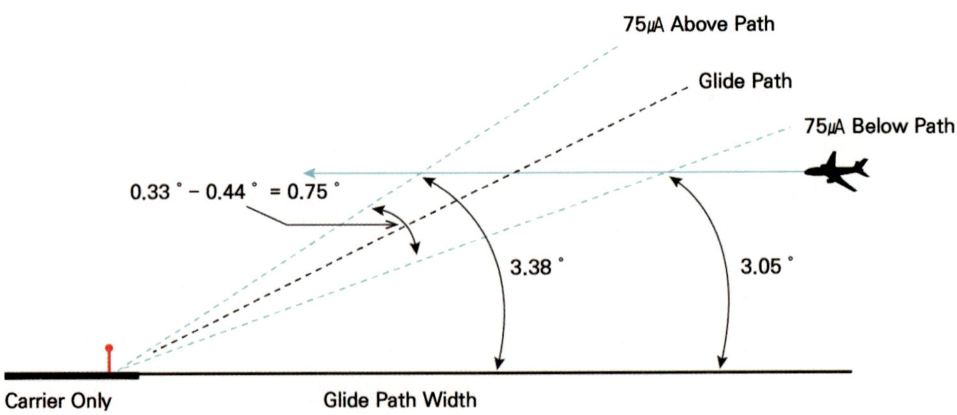

[Figure 6-70] Glide Path Symmetry Flight Inspection Procedures

20) Glide Path Symmetry Standards

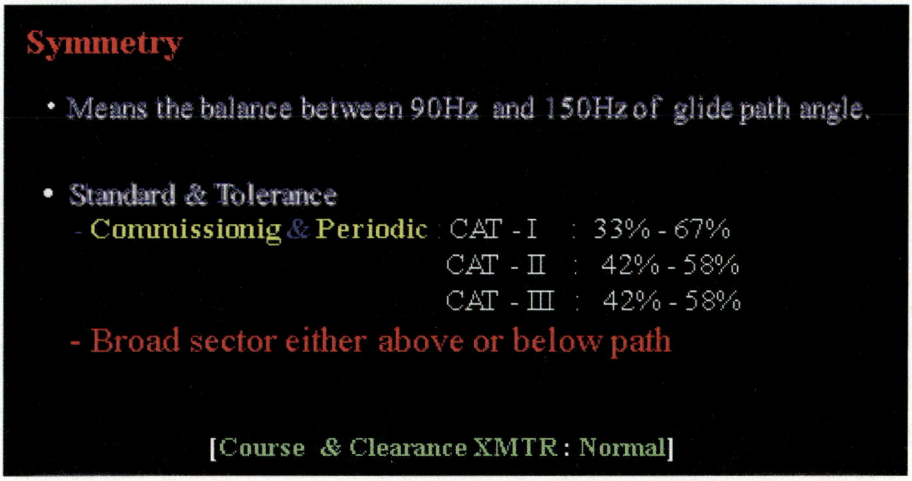

[Figure 6-71] Glide Path Symmetry Standards

21) Glide Path Structure Below Path Flight Inspection(2)

[Commissioning & Periodic Inspection]

- **국제관련 기준** : FAA Order 8200.1
- **비행검사 목적** : [Figure 6-71]에서와 같이 Glide Path Structure Below Path Signal이 국제기준대로 유지되어 운영되고 있는지를 검사하여 항공기 안전운항에 이바지하기 위한 데 그 목적이 있다.
- **전파신호 기능** : Glide Path Structure Below Path Signal은 1°~2°범위 내에서 설정된 Clearance(190uA) 신호로써 활주로로 착륙하는 항공기가 동 Clearance 구역으로 낮게 접근할 경우 항공기 탑재장비의 지시상태를 강하게 Fly-Up되게 유도시켜 안전하게 비행이 이루어지도록 지원한다.
- **비행검사 절차** : Glide Path 안테나로부터 12NM 떨어진 지점부터 4NM까지의 구간을 비행검사용 항공기가 수평(Level Run)으로 비행하면서 검사한다.

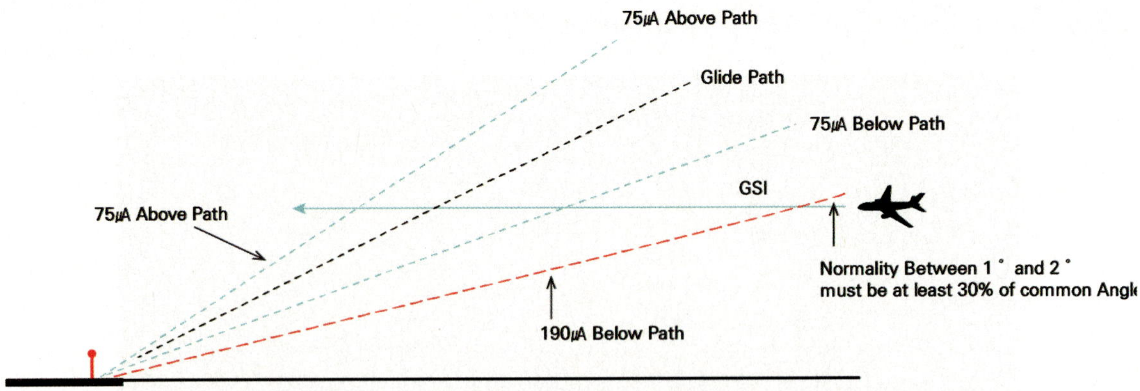

[Figure 6-72] Glide Path Structure Below Path Flight Inspection Procedures

22) Glide Path Angle Monitor Flight Inspection

- **국제관련 기준** : FAA Order 8200.1
- **비행검사 목적** : [Figure 6-73]에서와 같이 Glide Path Angle Signal이 모니터 시스템을 통해 국제기준대로 유지되어 운영되고 있는지를 검사하여 항공기 안전운항에 이바지하기 위한 데 그 목적이 있다.
- **비행검사 절차** : Glide Path 안테나로부터 12NM 떨어진 지점부터 4NM까지의 구간을 비행검사용 항공기가 수평(Level Run)으로 비행하면서 검사한다.

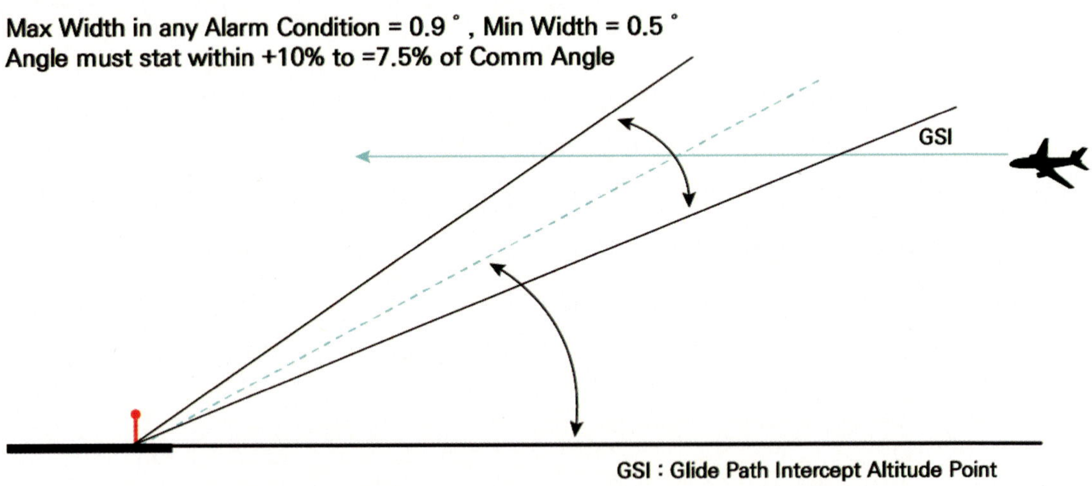

[Figure 6-73] Glide Path Angle Monitor Flight Inspection Procedures

23) Glide Path Obstruction Clearance Flight Inspection

- **국제관련 기준** : FAA Order 8200.1
- **비행검사 목적** : [Figure 6-74]에서와 같이 Glide Path Obstruction Clearance Signal이 국제기준대로 유지되어 운영되고 있는지를 검사하여 항공기 안전운항에 이바지하기 위한 데 그 목적이 있다.
- **전파신호 기능** : [Figure 6-74]에서와 같이 Glide Path Obstruction Clearance Signal은 활주로로 착륙하는 항공기가 장애물에 의해 추돌하는 사고를 회피하도록 지원한다.
- **비행검사 절차** : Glide Path 안테나에서 12NM 떨어진 지점부터 활주로 시단(Threshold)까지의 구간을 비행검사용 항공기를 통해 저고도로 비행하면서 검사한다.

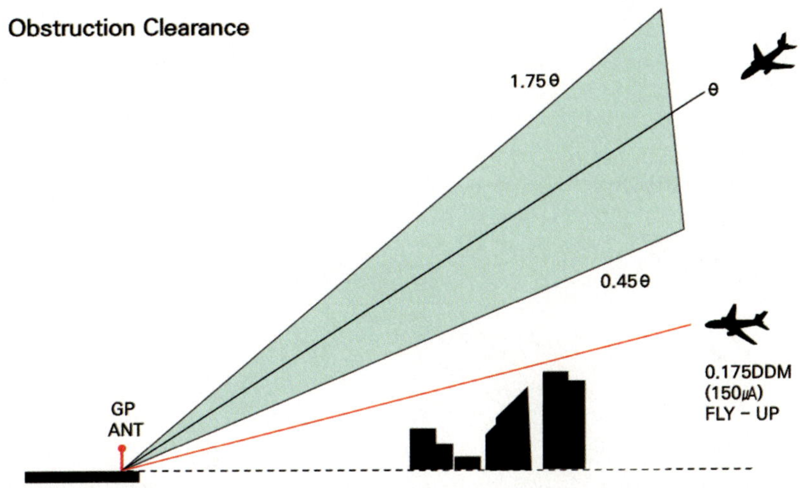

[Figure 6-74] Glide Path Obstruction Clearance Flight Inspection Procedures

24) Glide Path Clearance Above Path Signal Standards

- **국제관련 기준** : FAA Order 8200.1

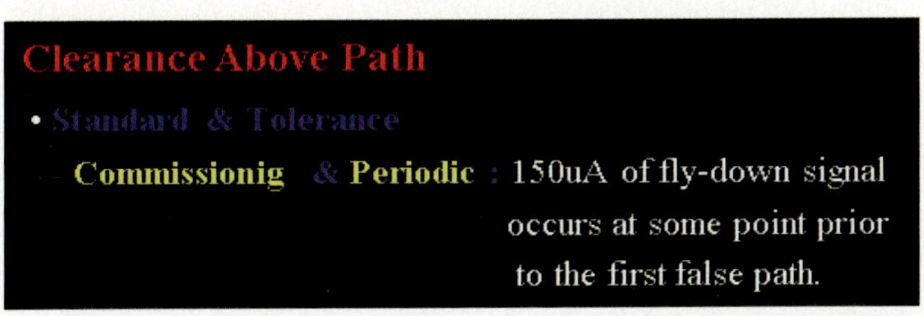

[Figure 6-75] Glide Path Clearance Above Path Signal Standards

25) Glide Path Tilt Flight Inspection(1)

[Only Commissioning Inspection]

- **국제관련 기준** : FAA Order 8200.1
- **비행검사 목적** : [Figure 6-76]에서와 같이 Glide Path Tilt Signal이 국제기준대로 유지되어 운영되고 있는지를 검사하여 항공기 안전운항에 이바지하기 위한 데 그 목적이 있다.
- **전파신호 기능** : Glide Path Tilt는 Path Angle & Width의 수평면의 좌우 기울기가 가능한 한 일정하여야만 활주로로 착륙하는 항공기에 균형잡힌 안전한 착륙 유도정보를 제공할 수 있다.
- **비행검사 절차** : Glide Path 안테나에서 12NM 떨어진 지점부터 활주로 시단(Threshold)까지의 구간을 Glide Path Angle을 따라 비행하면서 검사한다.

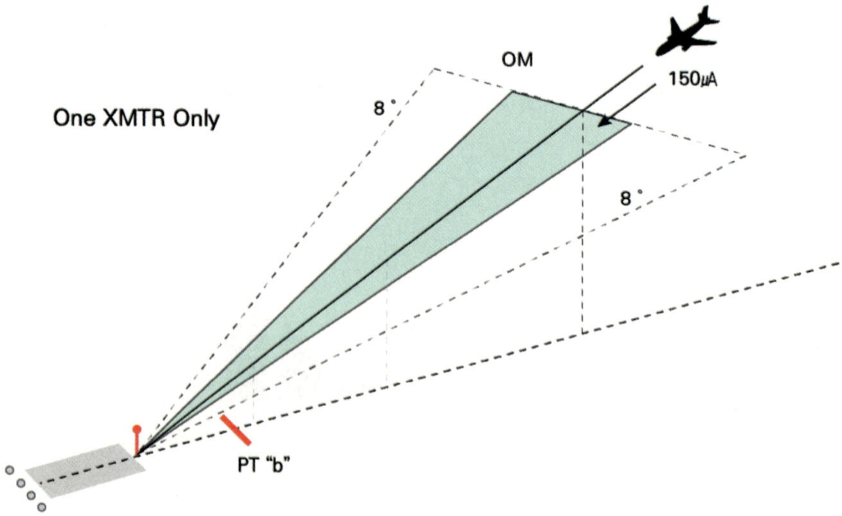

[Figure 6-76] Glide Path Tilt Flight Inspection Procedures

26) Glide Path Tilt Standards

- **국제관련 기준** : FAA Order 8200.1

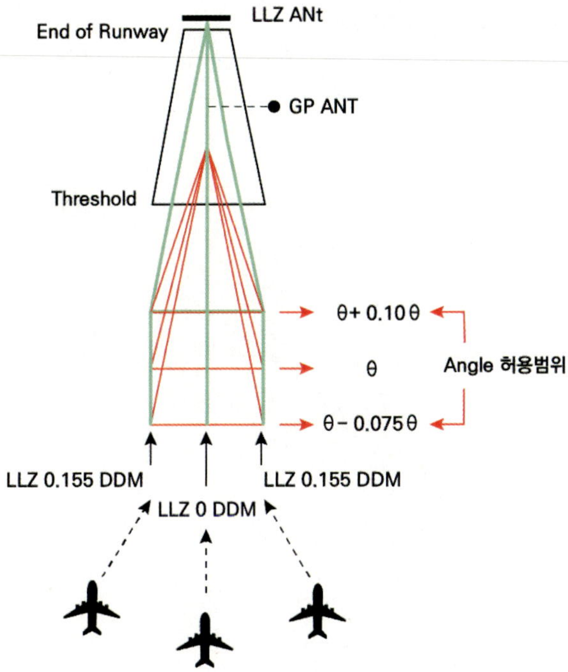

[Figure 6-77] Glide Path Tilt Standards

27) Glide Path Tilt Flight Inspection(2)

[Only Commissioning Inspection]

- 국제관련 기준 : FAA Order 8200.1

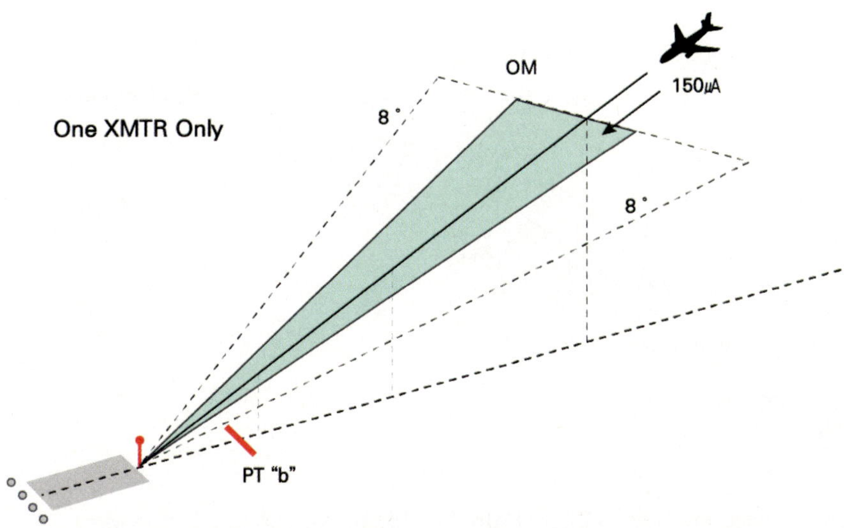

[Figure 6-78] Glide Path Tilt Flight Inspection Procedures

28) Glide Path Tilt Inspection(3)

■ 국제관련 기준 : FAA Order 8200.1

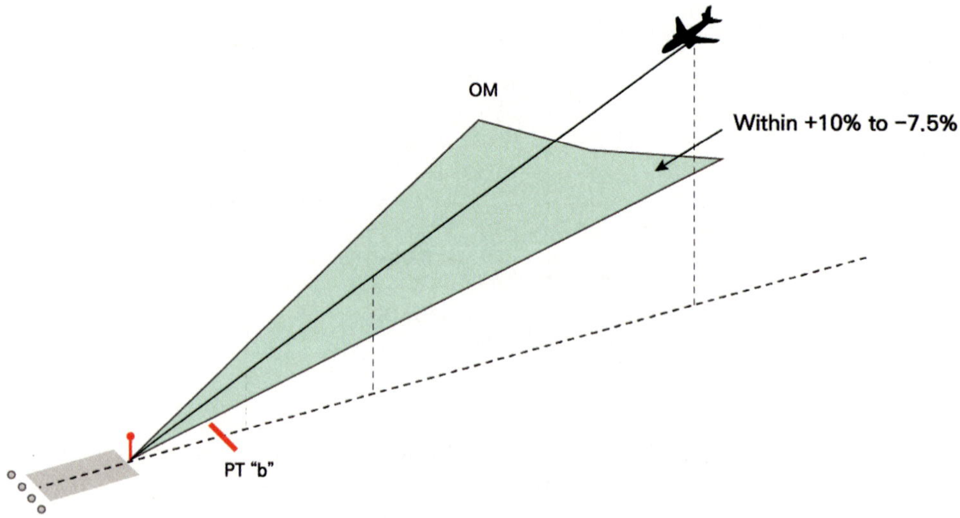

[Figure 6-79] Glide Path Tilt Flight Inspection Procedures

29) Glide Path Tilt Inspection(4)

■ 국제관련 기준 : FAA Order 8200.1

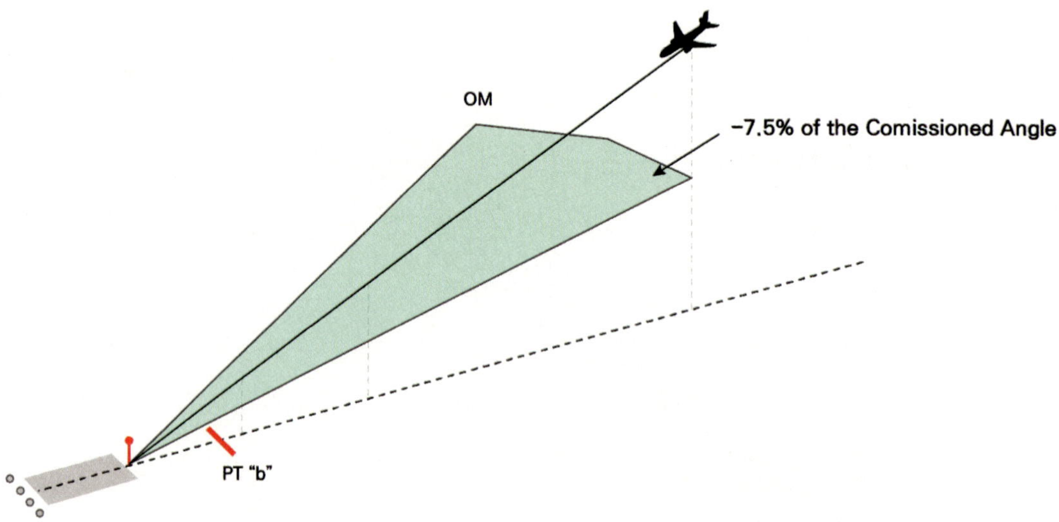

[Figure 6-80] Glide Path Tilt Flight Inspection Procedures

30) Glide Path Tilt Flight Inspection(5)

- 국제관련 기준 : FAA Order 8200.1

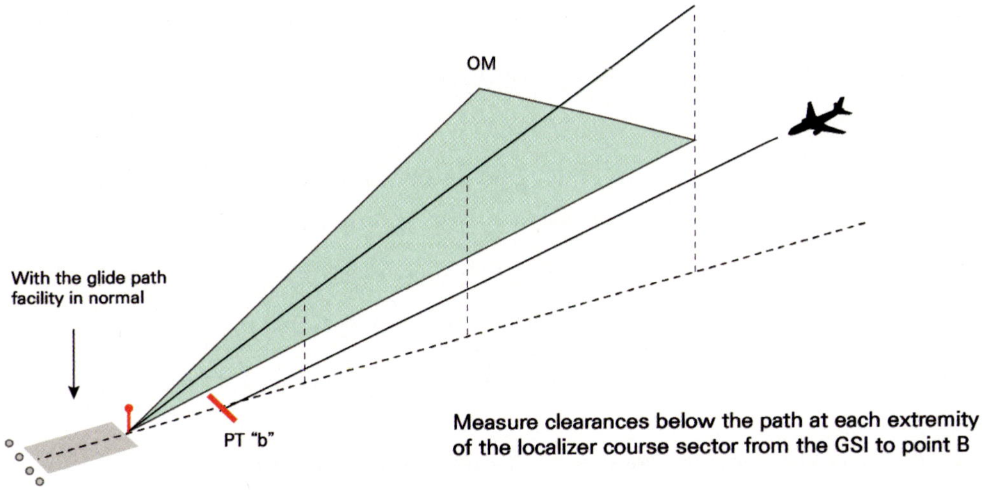

[Figure 6-81] Glide Path Tilt Flight Inspection Procedures

타. Marker Beacon Flight Inspection Procedures

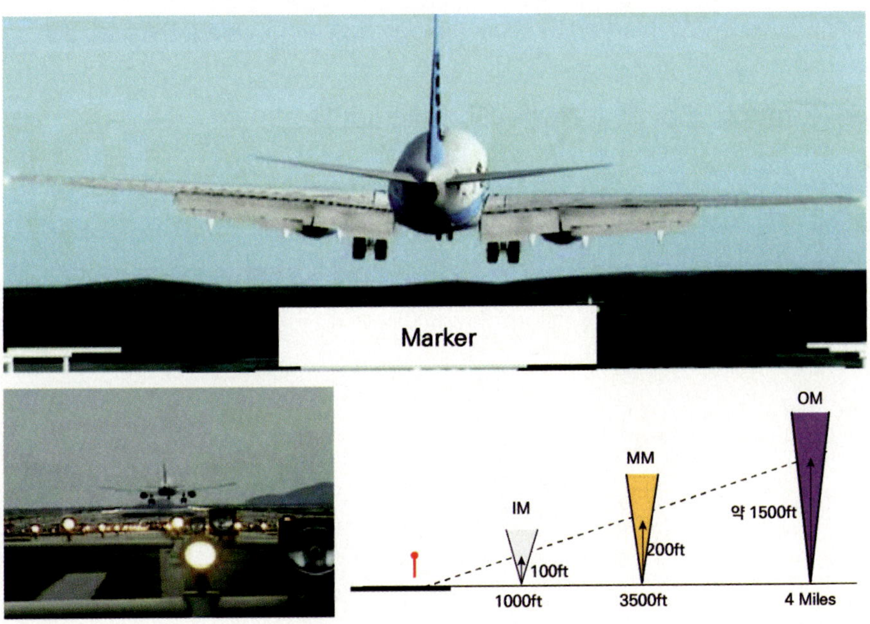

1) Marker Beacon Output Power Coverage Standards

- **국제관련 기준** : FAA Order 8200.1
- **설정 기준** : [Figure 6-82]에서와 같이 Marker Beam Width는 내측마커(IM)의 경우에는 340ft~660f(104m~201m) 정도이고, 중앙마커(MM)는 675ft~1,325ft(205m~404m), 그리고 외측 마커(OM)는 1,350ft~2,650ft(411m~808m) 이내로 유지하여 운영하도록 명시하고 있다.
  여기서 IM/MM/OM의 Beam 폭은 Localizer시스템의 Course Width와 유사하다.
- **전파신호 기능** : 활주로로 착륙하는 항공기가 내측마커의 상공에 발사된 Beam Signal을 통과할 시에 식별부호(ID)의 모로스부호 E(••••)와 백색등이 표시되어 나타나고, 중앙마커(MM)의 상공을 통과시에는 N(•-•-)과 오렌지색등이 표시된다. 그리고 외측마커(OM) 상공을 통과시에는 T(- - -)와 함께 자주색등을 표시하도록 지원한다.

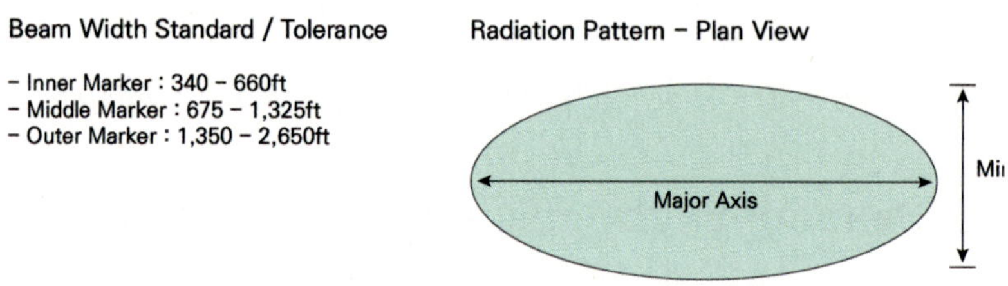

[Figure 6-82] Marker Beacon Output Power Coverage Standards

2) Marker Beacon Beam Width Standards(1)

- **국제관련 기준** : FAA Order 8200.1

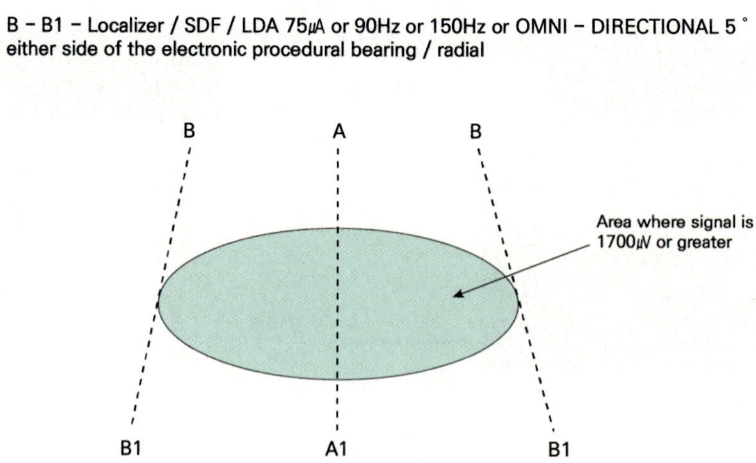

[Figure 6-83] Marker Beacon Beam Width Standards

3) Marker Beacon Beam Width Standards(2)

- **국제관련 기준** : FAA Order 8200.1

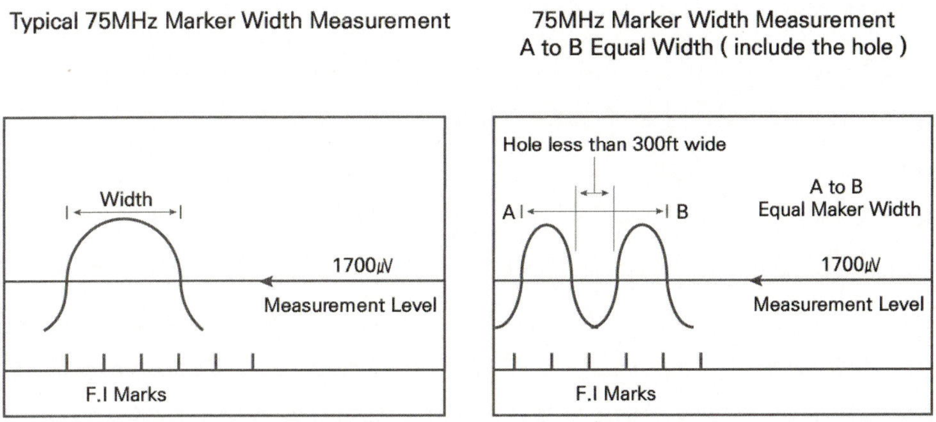

[Figure 6-84] Marker Beacon Beam Width Standards

3. 전방향표지시설 비행검사절차

[The Flight Inspection Procedures for VOR & DME]

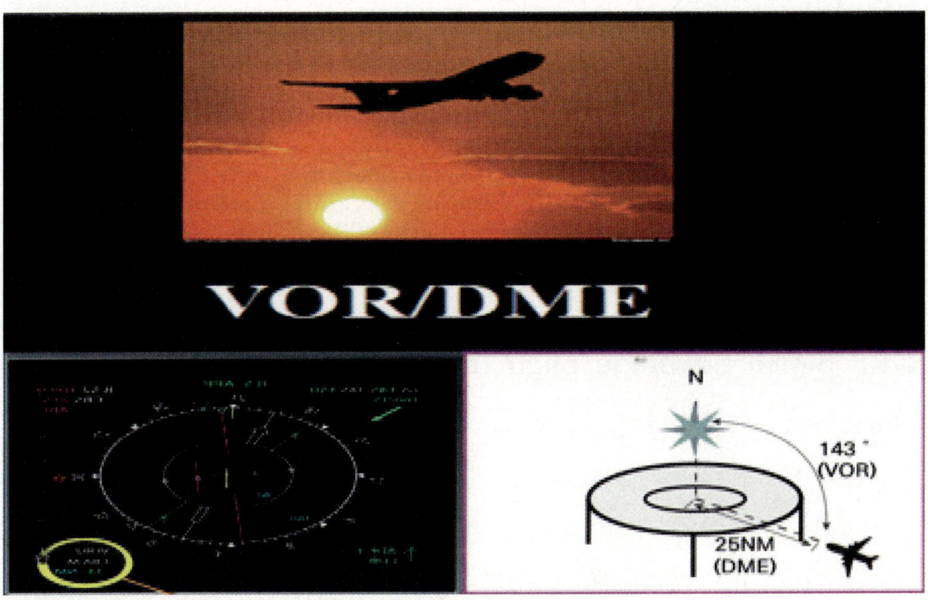

가. VOR Flight Inspection Procedures

1) VOR Coverage Flight Inspection(1)

- **국제관련 기준** : FAA Order 8200.1
- **비행검사 목적** : [Figure 6-85]에서와 같이 VOR Signal Coverage가 국제기준대로 유지되어 운영되고 있는지를 검사하여 항공기 안전운항에 이바지하기 위한 데 그 목적이 있다.
- **전파신호 기능** : [Figure 6-85]에서와 같이 VOR Signal Coverage는 먼저 공항용 전방향표지시설(Terminal-VOR)의 Coverage는 공항 25NM거리 범위 내에서 비행 중인 항공기에 방위(Azimuth)정보를 제공하고, 항로용 전방향표지시설(Enroute-VOR)은 안테나 반경 40NM까지의 항로를 비행 중인 항공기에 방위 정보를 제공한다.
- **비행검사 절차** : [Figure 6-85]에서와 같이 비행검사용 항공기는 전방향표지시설 안테나를 기준으로 시스템 설치 후 점검(Commissioning)시에는 공항용 TVOR시스템은 25NM까지, 그리고 항로용 EVOR은 40NM까지 검사를 실시한 후 정기 검사 시부터는 통상 10NM거리 범위내에서 고도 5,000~10,000ft를 기준으로 200~150kts의 속도로 회전비행(Orbit)하며 검사한다.

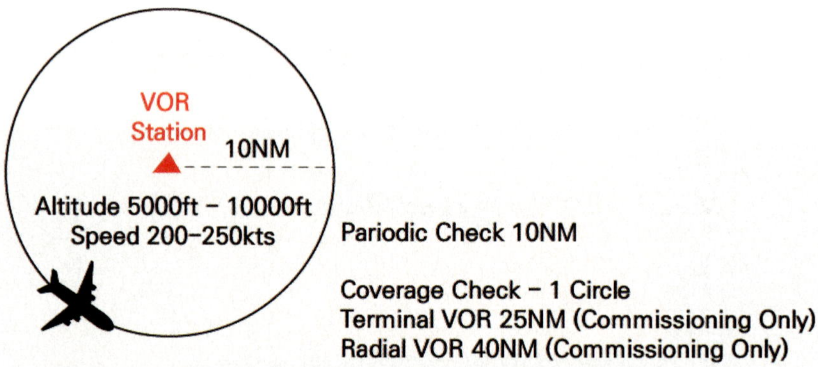

[Figure 6-85] VOR Coverage Flight Inspection Pocedures

2) VOR RF Signal Coverage Flight Inspection(2)

- **국제관련 기준** : FAA Order 8200.1
- **비행검사 목적** : [Figure 6-86]에서와 같이 VOR RF Signal Coverage 내에서 신호의 전계 강도(Intensity)가 국제기준대로 유지되어 운영되고 있는지를 검사하여 항공기 안전운항에 이바지하기 위한 데 그 목적이 있다.

- **전파신호 기능** : [Figure 6-86]에서와 같이 VOR Signal Coverage 내에서는 국제기준대로 설정된 신호의 전계 강도가 항공기에 제공되어야만 안전하고 신뢰성이 있는 항공기 안전운항을 지원할 수가 있다.
- **비행검사 절차** : [Figure 6-86]에서와 같이 비행검사용 항공기는 A Site와 B Site 전방향표지시설 안테나 간에 방위각 신호상태를 검사한다.

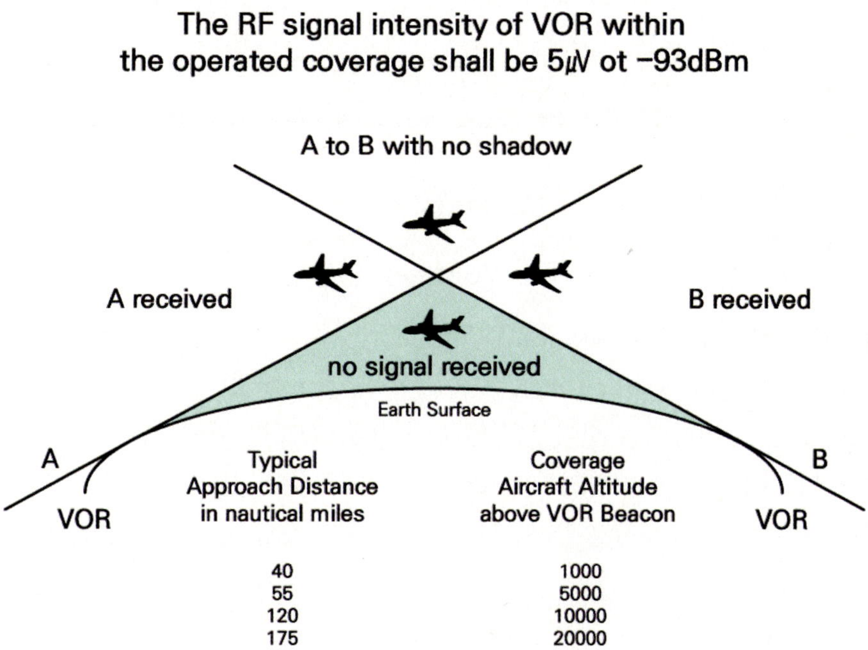

[Figure 6-86] VOR Coverage Flight Inspection Procedures

3) VOR RF Signal Effective Coverage Standards

- **국제관련 기준** : FAA Order 8200.1
- **설정 목적** : [Figure 6-87]에서와 같이 VOR RF Signal Effective Coverage와 제한구역(Restricted Area)을 설정하여 안정이 보장된 Coverage를 설정하여 비행하는 항공기에 제공함으로써 항공기 안전운항에 이바지하기 위한 데 그 목적이 있다.
- **설정 기준** : [Figure 6-87]에서와 같이 VOR Signal이 장애물로 인한 유효 Coverage에 대한 거리 및 고도를 설정한다.

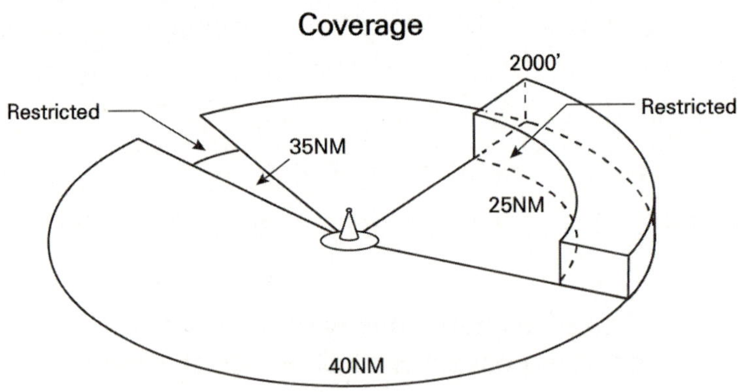

[Figure 6-87] VOR RF Signal Effective Coverage Standards

4) Terminal VOR Coverage Standards

[Standard Terminal VOR Service Volume]

- **국제관련 기준** : FAA Order 8200.1
- **설정목적** : [Figure 6-88]에서와 같이 공항용(Terminal) VOR RF Signal Coverage Standards를 설정하여 안전이 보장된 Coverage정보를 비행하는 항공기에 제공함으로써 항공기 안전운항에 이바지하기 위한 데 그 목적이 있다.
- **설정기준** : [Figure 6-88]에서와 같이 공항용(Terminal) VOR Signal Coverage는 TVOR 안테나로부터 25NM까지이며, 고도는 평균지반고(AGL : Average Ground Level)를 기준으로 1,000ft~12,000ft로 설정된다.

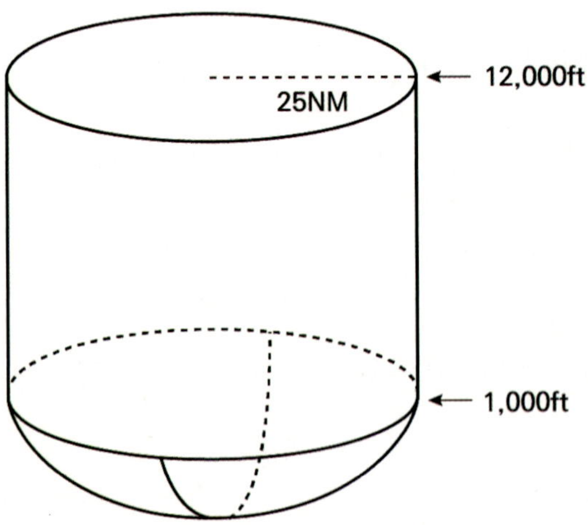

[Figure 6-88] Terminal VOR Coverage Standards

5) En-Route VOR Coverage Standards

[Standard Low Altitude Service Volume]

- **국제관련 기준** : FAA Order 8200.1
- **설정목적** : [Figure 6-89]에서와 같이 저고도 항로용(Low Altitude En-Route) VOR RF Signal Coverage Standards를 설정하여 안전이 보장된 Coverage 정보를 비행하는 항공기에 제공함으로써 항공기 안전운항에 사용하기 위한 데 그 목적이 있다.
- **설정기준** : [Figure 6-89]에서와 같이 저고도 항로용(Low Altitude En-Route) VOR Signal Coverage는 EVOR 안테나로부터 40NM까지이며, 고도는 평균지반고(AGL : Average Ground Level)를 기준으로 1,000ft~18,000ft 범위로 설정된다.

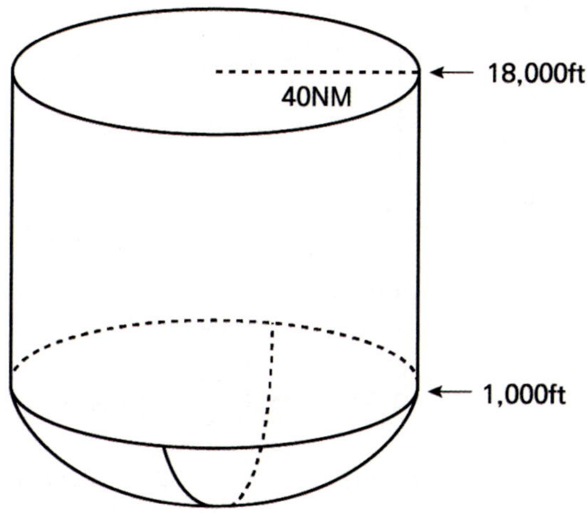

NOTE : All elevations shown are with respect to the station's site elevation (AGL). Coverage is not available in a cone of airspace directly above the facility.

[Figure 6-89] Low Altitude En-Route VOR Coverage Standards

6) En-Route VOR Coverage Standards

[Standard High Altitude Service Volume]

- **국제관련 기준** : FAA Order 8200.1
- **설정목적** : [Figure 6-90]에서와 같이 고고도 항로용(High Altitude En-Route) VOR RF Signal Coverage Standards를 설정하여 안전이 보장된 Coverage 정보를 비행하는 항공기에 제공함으로써 항공기 안전운항에 이바지하기 위한 데 그 목적이 있다.

- **설정기준** : [Figure 6-90]에서와 같이 고고도 항로용(High Altitude En-Route) VOR Signal Coverage는 EVOR 안테나로부터 100NM 거리까지는 평균지반고(AGL : Average Ground Level)를 기준으로 고도 14,500ft~18,000ft 와 45,000ft~60,000ft 범위 구역에 설정됨과 아울러 EVOR안테나로부터 130NM 거리까지는 평균지반고(AGL : Average Ground Level)를 기준으로 고도 18,000ft~45,000ft 범위 구역에 설정이 된다.

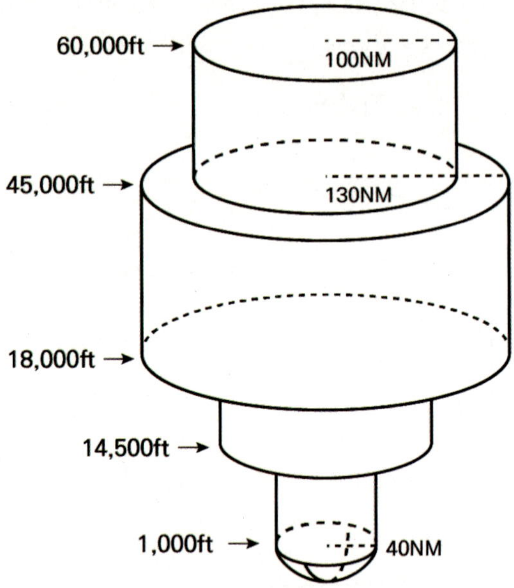

[Figure 6-90] Hight Altitude En-Route VOR Coverage Standards

7) VOR Establishing The Reference Radial Flight Inspection

- **국제관련 기준** : FAA Order 8200.1
- **비행검사 목적** : [Figure 6-91]에서와 같이 VOR Signal Reference Radial을 국제기준대로 설정하여 운영되고 있는지를 검사하여 항공기 안전운항에 이바지하기 위한 데 그 목적이 있다.
- **전파신호 기능** : [Figure 6-91]에서와 같이 지상에 어느 특정 시설물을 기준으로 VOR Signal Radial을 설정하여 향후 지상 시스템의 정상 동작여부를 주기적으로 비교하기 위한 데 있다.
- **비행검사 절차** : [Figure 6-91]에서와 같이 비행검사용 항공기를 통해 VOR안테나로부터 10~20miles 떨어진 지점에 있는 지상의 Bridge를 기준으로 설정된 Reference

Radial(95.6°)을 따라 평균지상고(ASL) 기준으로 고도 1,500ft(450m)를 유지하며 비행검사를 실시한다.

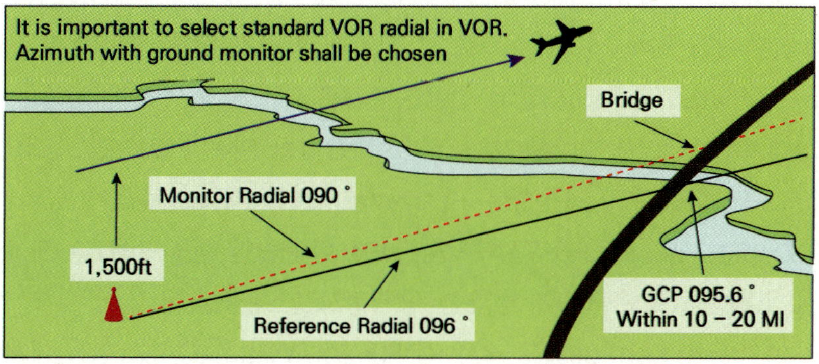

[Figure 6-91] VOR Establishing The Reference Radial Flight Inspection Procedures

8) VOR Approach Radial Altitude Flight Inspection

- **국제관련 기준** : FAA Order 8200.1
- **비행검사 목적** : [Figure 6-92]에서와 같이 VOR Signal Approach Radial Altitude를 국제기준대로 설정하여 운영되고 있는지를 검사하여 항공기 안전운항에 이바지하기 위한 데 그 목적이 있다.
- **전파신호 기능** : [Figure 6-92]에서와 같이 VOR Approach Radial Altitude는 실제 항공기가 TVOR/DME 신호인 방위와 거리정보를 이용해 계기접근토록 지원한다.
- **비행검사 절차** : [Figure 6-92]에서와 같이 도면(MAP : Aeronautical Map and Chart)상에서 기 설정된 최저 강하 고도(MDA : Minimum Descent)를 기준으로 100ft 정도로 낮게 비행하면서 검사한다.

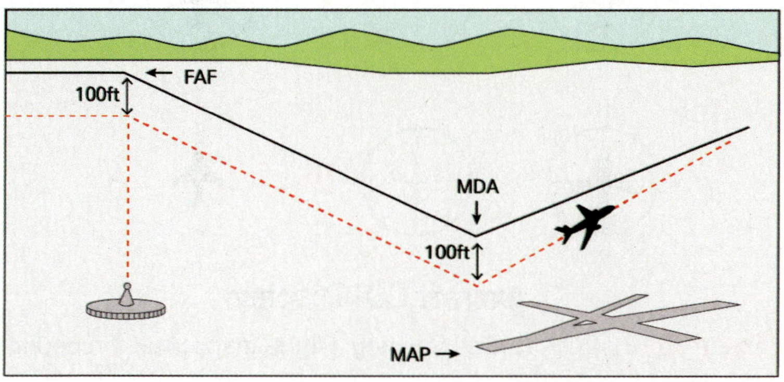

[Figure 6-92] VOR Approach Radial Altitude Flight Inspection Procedures

9) VOR Radial Sensing Flight Inspection

- **국제관련 기준** : FAA Order 8200.1
- **비행검사 목적** : [Figure 6-93]에서와 같이 검사용 항공기가 VOR Antenna Site를 기준으로 안테나를 향해 계기비행으로 접근할 때 항공기 탑재 장비인 코스편차지시기(CDI : Course Deviation Indicator) 상에는 TO로 지시됨과 아울러 안테나 상공지점에서는 OFF 상태로 그리고 안테나를 떠나 비행이 진행될 때는 FROM으로 정상 지시되는지를 확인함으로써 항공기 안전운항에 이바지하기 위한 데 그 목적이 있다.
- **전파신호 기능** : [Figure 6-93]에서와 같이 비행중인 항공기에 VOR Antenna를 기준으로 계기비행중인 항공기에 정확한 방위정보를 제공한다.
  그리고 여기에서 Radial이란, 지상 장비(VOR/VORTAC/TACAN)에서 항공기에 제공되는 자북을 기준으로 하는 방위각을 의미한다.
- **비행검사 절차** : [Figure 6-93]에서와 같이 비행 검사용 항공기는 VOR Antenna를 기준으로 계기접근절차로 비행하면서 항공기 탑재 장비인 코스편차지시기(CDI) 상에 순차적으로 TO-OFF-FROM이 정상 지시되고 있는지를 검사한다.

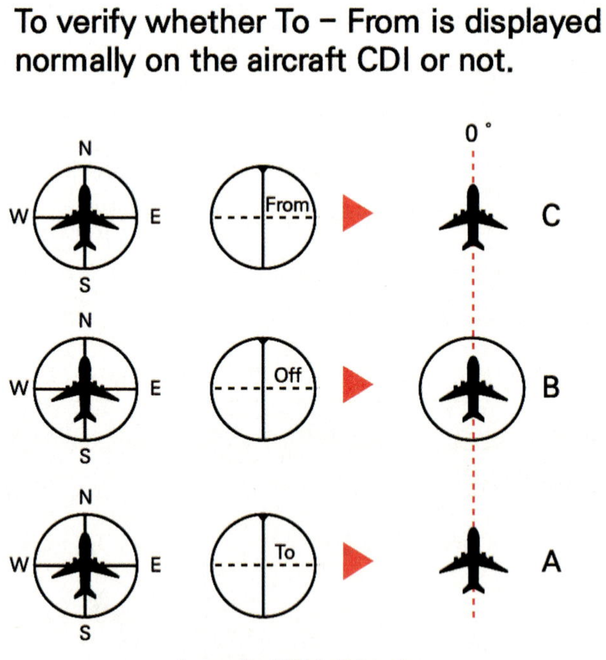

[Figure 6-93] VOR Radial Sensing Flight Inspection Procedures

10) VOR Radial Orbit Altitude Flight Inspection

- **국제관련 기준** : FAA Order 8200.1
- **비행검사 목적** : [Figure 6-94]에서와 같이 VOR Radial Orbit Altitude가 국제기준에 따라 유지되어 정상 운영되고 있는지를 검사함으로써 항공기 안전운항에 이바지하기 위한 데 그 목적이 있다.
- **전파신호 기능** : [Figure 6-94]에서와 같이 설정된 VOR Radial Orbit Altitude는 장애물로부터의 안전고도를 비행 중인 항공기에 제공한다.
- **비행검사 절차** : [Figure 6-94]에서와 같이 검사용 항공기를 통해 VOR Antenna Site를 기준으로 궤도비행(Orbit) 시 국제기준에 따라 장애물로부터 또는 평균지반고(AGL : Average Ground Level)로부터 고도 1000ft를 유지하면서 검사한다.

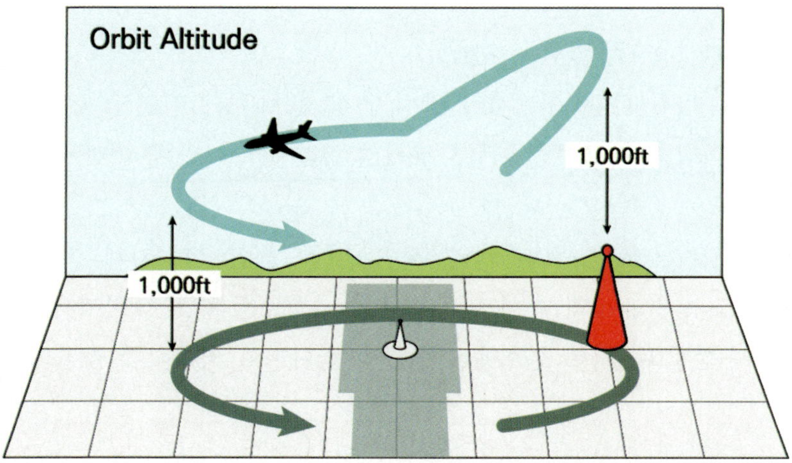

[Figure 6-94] VOR Radial Orbit Altitude Flight Inspection Procedures

11) VOR Major Altitude Change Procedure Flight Inspection

- **국제관련 기준** : FAA Order 8200.1
- **비행검사 목적** : [Figure 6-95]에서와 같이 VOR Major Altitude Change Procedures가 국제기준에 따라 유지되어 정상 운영되고 있는지를 검사함으로써 항공기 안전운항에 이바지하기 위한 데 그 목적이 있다.
- **전파신호 기능** : [Figure 6-95]에서와 같이 VOR Major Altitude Change 절차를 통해 선회비행에 따른 고도변경을 제공한다.
- **비행검사 절차** : [Figure 6-95]에서와 같이 검사용 항공기는 VOR 방위와 DME 거리정보를 이용해 선회비행으로 고도를 변경한 후 정해진 항로를 따라 검사한다.

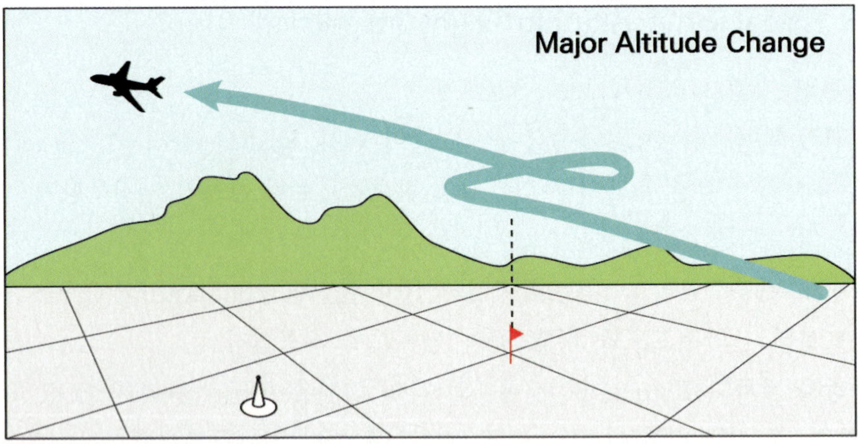

[Figure 6-95] VOR Major Altitude Change Flight Inspection Procedures

12) VOR/DME Identification Signal Standards

- **국제관련 기준** : FAA Order 8200.1
- **설정 목적** : [Figure 6-96]에서와 같이 VOR/DME시스템의 Identification Signal을 국제기준에 따라 유지하여 운영함으로써 항공기 안전운항에 이바지하기 위한 데 그 목적이 있다.
- **설정기준** : [Figure 6-96]에서와 같이 비행 중인 항공기에 제공되는 VOR/DME Identification Signal의 송신 비율은 분당 4회로써 VOR장비에서 3회, DME 장비에서 1회가 송신될 때 외부 신호에 간섭없이 정확하고 명확하게 식별이 되도록 제공되어야 한다.

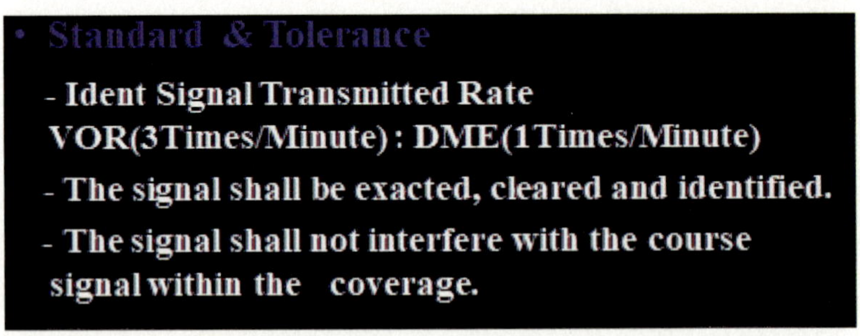

[Figure 6-96] VOR/DME Identification Signal Standards

13) VOR Identification Signal Flight Inspection

- **국제관련 기준** : FAA Order 8200.1
- **비행검사 목적** : [Figure 6-97]에서와 같이 VOR Identification Signal이 국제기준에

따라 유지되어 정상 운영되고 있는지를 검사함으로써 항공기 안전운항에 이바지하기 위한 데 그 목적이 있다.

- **전파신호 기능** : [Figure 6-97]에서와 같이 VOR Identification Signal은 VOR시스템을 통한 계기접근 비행중인 항공기에 원하는 정확한 시스템이 이용되고 있음을 알리기 위한 기능을 수행한다.
- **비행검사 절차** : [Figure 6-97]에서와 같이 검사용 항공기는 VOR 방위와 DME 거리정보 신호를 따라 계기접근 비행을 하면서 검사한다.

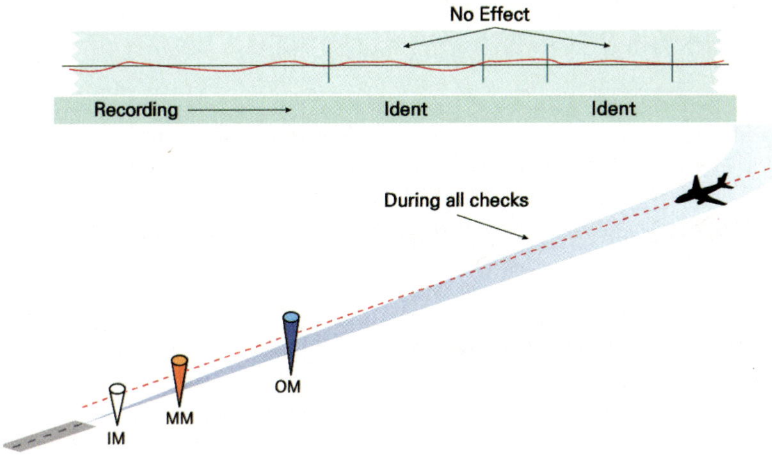

[Figure 6-97] VOR Identification Signal Flight Inspection Procedures

14) VOR Voice Signal Standards

- **국제관련 기준** : FAA Order 8200.1
- **설정목적** : [Figure 6-98]에서와 같이 VOR/DME시스템의 Voice Signal을 국제기준에 따라 유지하여 운영함으로써 항공기 안전운항에 이바지하기 위한 데 그 목적이 있다.
- **설정기준** : [Figure 6-98]에서와 같이 비행중인 항공기에 제공되는 VOR/DME Voice Signal이 Coverage내에서 외부의 신호에 의한 간섭이 정확하고 명확하게 제공되어야 한다.

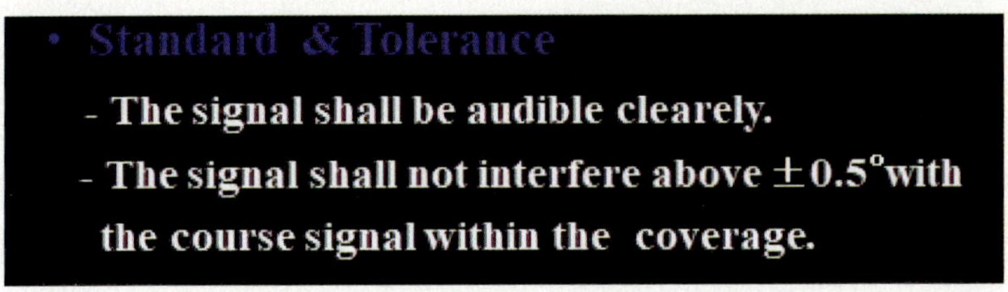

[Figure 6-98] VOR Voice Signal Standards

15) VOR Voice Signal Flight Inspection

- **비행검사 목적** : [Figure 6-99]에서와 같이 VOR Voice Signal이 국제기준에 따라 유지되어 정상 운영되고 있는지를 검사함으로써 항공기 안전운항에 이바지하기 위한 데 그 목적이 있다.
- **전파신호 기능** : [Figure 6-99]에서와 같이 VOR Voice Signal은 VOR시스템을 통한 계기접근 비행중인 항공기에 원하는 정확한 시스템이 이용되고 있음을 알리기 위한 기능을 수행한다.
- **비행검사 절차** : [Figure 6-99]에서와 같이 검사용 항공기는 VOR 방위와 DME 거리정보 신호를 따라 계기접근 비행을 하면서 검사한다.

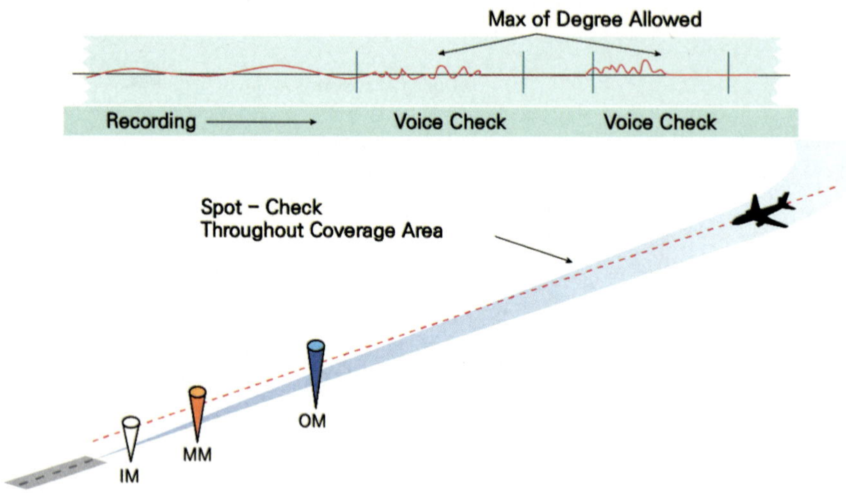

[Figure 6-99] VOR Voice Signal Flight Inspection Procedures

16) VOR Course Sensitivity Flight Inspection

- **비행검사 목적** : [Figure 6-100]에서와 같이 VOR Course Sensitivity Signal이 국제기준에 따라 유지되어 정상 운영되고 있는지를 검사함으로써 항공기 안전운항에 이바지하기 위한 데 그 목적이 있다.
- **전파신호 기능** : [Figure 6-100]에서와 같이 VOR Course Sensitivity Signal의 발생크기에 따라 VOR시스템을 통한 계기접근 비행 중인 항공기의 탑재 수신기(CDI : Course Deviation Indicator)상에 지시되도록 유도한다.
- **비행검사 절차** : [Figure 6-100]에서와 같이 검사용 항공기가 VOR 방위각 궤적(Radial-276°)을 따라 비행하면서 검사한다.

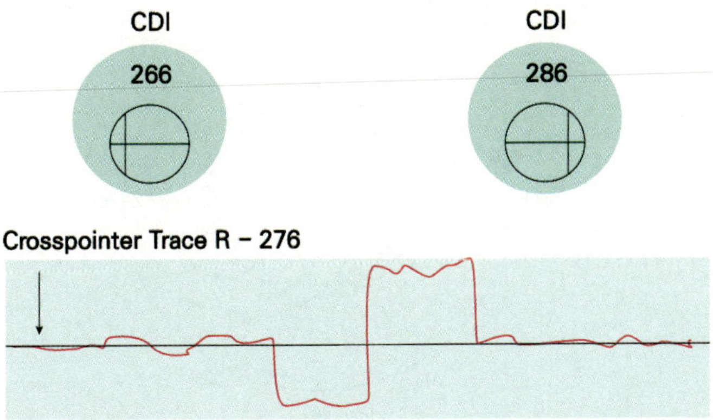

[Figure 6-100] VOR Course Sensitivity Flight Inspection Procedures

17) VOR Bearing Flight Inspection

- **비행검사 목적** : [Figure 6-101]에서와 같이 VOR Bearing Signal이 국제 기준에 따라 유지되어 정상 운영되고 있는지를 검사함으로써 항공기 안전운항에 이바지하기 위한 데 그 목적이 있다.
- **전파신호 기능** : [Figure 6-101]에서와 같이 VOR Bearing Signal이 지상의 장애물에 의한 신호간섭을 받을 경우에 동 Bearing Signal을 통해 계기접근 비행중인 항공기의 탑재수신기(CDI : Course Deviation Indicator)상에는 간섭 크기에 따라 흔들림 상태를 야기시킬 것이다.

  그리고 여기에서 Bearing이란? 진북 또는 한 물체에서 다른 물체로의 방향을 나타내며, 통상 시계방향으로 측정이 된다.

  이에 반해, Azimuth란 주어진 지점의 수직권이 지평면과 만나는 점이 북극점에서 동쪽으로 얼마나 떨어져 있는가를 나타내는 각을 의미한다.
- **비행검사 절차** : [Figure 6-101]에서와 같이 검사용 항공기가 VOR 안테나를 중심으로 궤도(Orbit)을 따라 비행하면서 검사한다.

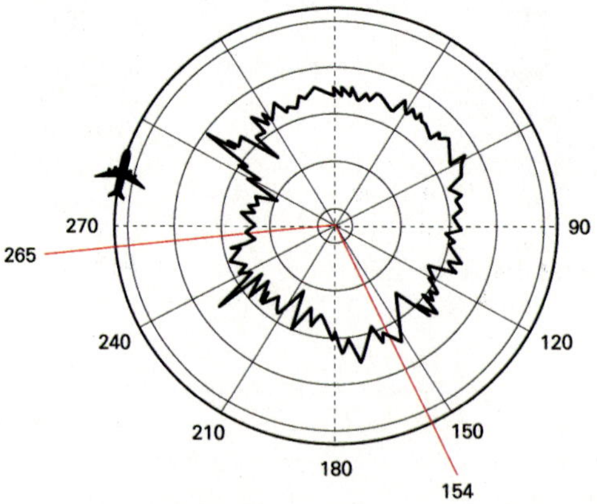

Fance를 설치한 구간은 Bearing Error시 분포가
설치하지 않은 구간에 비해 오차의 분포가 많음.

[Figure 6-101] VOR Bearing Flight Inspection Procedures

18) VOR Bearing Monitor Flight Inspection

[Only Commissionig Inspection]

- **비행검사 목적** : [Figure 6-102]에서와 같이 VOR Bearing Monitor Signal이 국제기준에 따라 유지되어 정상 운영되고 있는지를 검사함으로써 항공기 안전운항에 이바지하기 위한 데 그 목적이 있다.
- **전파신호 기능** : [Figure 6-102]에서와 같이 시스템 설치 후 가장 신뢰할만한 VOR Bearing Monitor Signal을 기준으로 설정하여 검사한 결과치를 향후 시스템 정상 유무 판정 시 기준 신호로 관리하기 위한 역할을 한다.
- **비행검사 절차** : [Figure 6-102]에서와 같이 검사용 항공기가 VOR 안테나를 중심으로 궤도(Orbit)을 따라 비행하면서 검사한다.

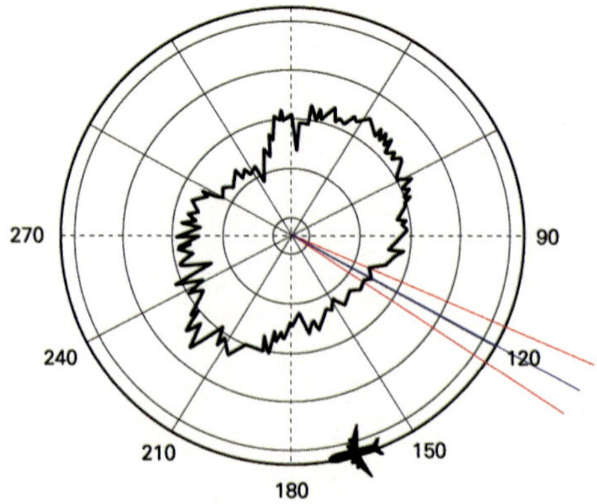

[Figure 6-102] VOR Bearing Monitor Flight Inspection Procedures

19) VOR Monitor Alarm Flight Inspection

[Commissioning Only]

- **국제관련 기준** : FAA Order 8200.1
- **비행검사 목적** : [Figure 6-103]에서와 같이 VOR Signal Monitor Alarm 설정 상태가 국제기준대로 유지되어 운영되고 있는지를 검사하여 항공기 안전운항에 이바지하기 위한 데 그 목적이 있다.
- **전파신호 기능** : [Figure 6-103]에서와 같이 VOR Signal Monitor Alarm은 향후 시스템 운영 시 VOR Bearing Signal이 허용 범위를 벗어날 경우 즉시 모니터가 Alarm상태를 발생하여 송신기를 운영중지하도록 함으로써 항공기 안전운항을 지원한다.
- **비행검사 절차** : [Figure 6-103]에서와 같이 비행검사용 항공기는 전방향표지시설 안테나를 기준으로 10NM~15NM 거리범위 내에서 고도 5,000ft를 기준으로 240~250kts의 속도로 선회비행(Holding)하며 검사한다.

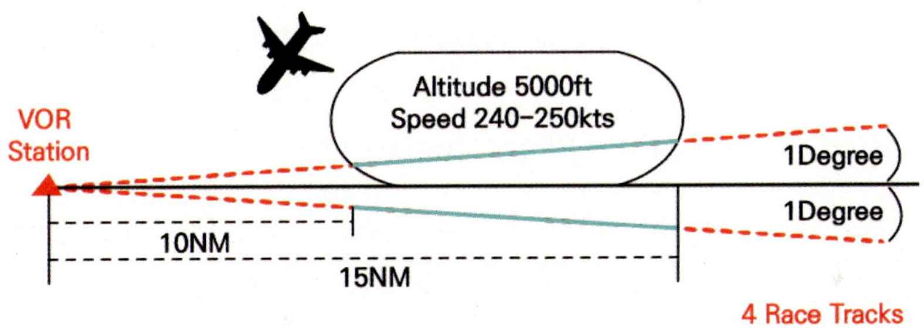

[Figure 6-103] VOR Monitor Alarm Flight Inspection Procedures

20) VOR Frequncy Radiation Flight Inspection

- **비행검사 목적** : [Figure 6-104]에서와 같이 VOR Frequency Radiation Signal이 국제기준에 따라 유지되어 정상 운영되고 있는지를 검사함으로써 항공기 안전운항에 이바지하기 위한 데 그 목적이 있다.
- **전파신호 기능** : [Figure 6-104]에서와 같이 항공기가 VOR안테나 방향으로 계기접근비행 시에는 VOR Frequency Radiation Signal인 기준(Reference) 신호와 가변(Variable)신호의 위상차에 따라 해당 방위각 신호를 제공하여 항공기를 유도한다.
- **비행검사 절차** : [Figure 6-104]에서와 같이 검사용 항공기를 VOR 안테나를 향해 비행하면서 검사한다.

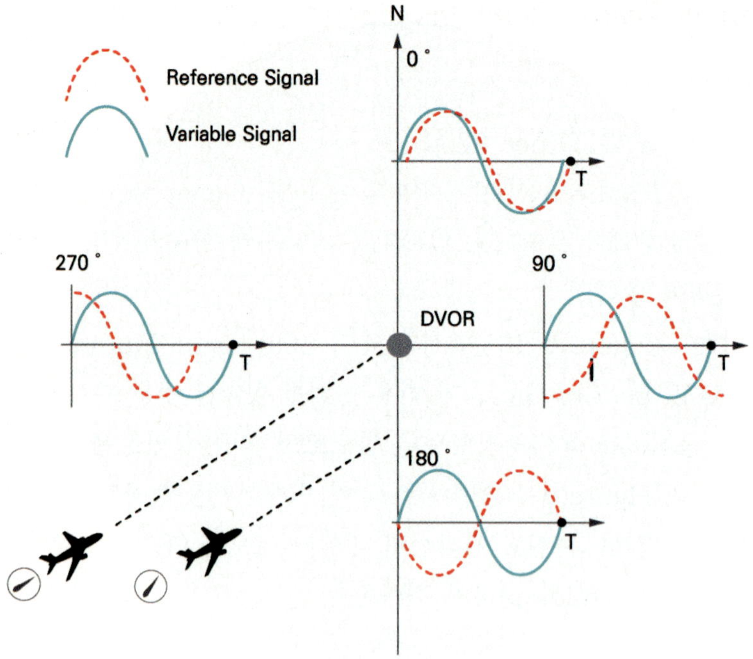

[Figure 6-104] VOR Frequncy Radiation Flight Inspection Procedures

21) VOR Vertical Polarization Flight Inspection

- **비행검사 목적** : [Figure 6-105]에서와 같이 VOR Vertical Polarization Signal이 국제기준에 따라 유지되어 정상 운영되고 있는지를 검사함으로써 항공기 안전운항에 이바지하기 위한 데 그 목적이 있다.
- **전파신호 기능** : [Figure 6-105]에서와 같이 항공기가 VOR안테나 방향으로 계기접근 비행 시에 수평편파인 VOR Frequency Radiation Signal에 수직편파(Vertical Polarization) 성분이 기준치(±2.0°) 이내로 유지되어야만 안정된 신호로 항공기에 제공될 수가 있다.
- **비행검사 절차** : [Figure 6-105]에서와 같이 검사용 항공기를 VOR 안테나 Radial을 따라 비행하면서 검사한다.

Polarization Check Attitude Effect Method

The component of the Vertical Polarization shall be ±2.0° with the Average Radial.

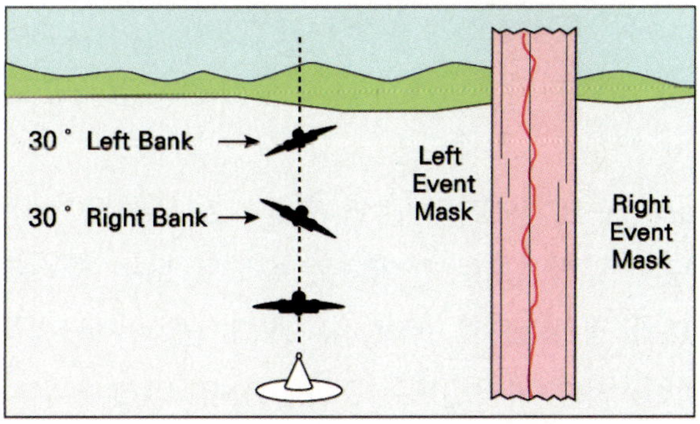

[Figure 6-105] VOR Vertical Polarization Flight Inspection Procedures

22) VOR Horizontal Polarization Inspection

- **비행검사 목적** : [Figure 6-106]에서와 같이 VOR Horizontal Polarization Signal이 장애물에 의한 신호간섭으로 인한 수평편파가 국제기준치 이내로 유지되어 정상 운영되고 있는지를 검사함으로써 항공기 안전운항에 이바지하기 위한 데 그 목적이 있다.
- **전파신호 기능** : [Figure 6-106]에서와 같이 항공기가 VOR안테나 방향으로 계기접근비행 시에 수평편파인 VOR Frequency Radiation Signal이 지상 장애물로 인해 간섭영향을 초래할 경우 항공기 탑재 장비 상에 편차(흔들림)를 유발할 수가 있다.
- **비행검사 절차** : [Figure 6-106]에서와 같이 검사용 항공기를 VOR 안테나 Radial를 따라 비행하면서 검사한다.

Polarization Effect Check
30° Bank - 360° Turn Method

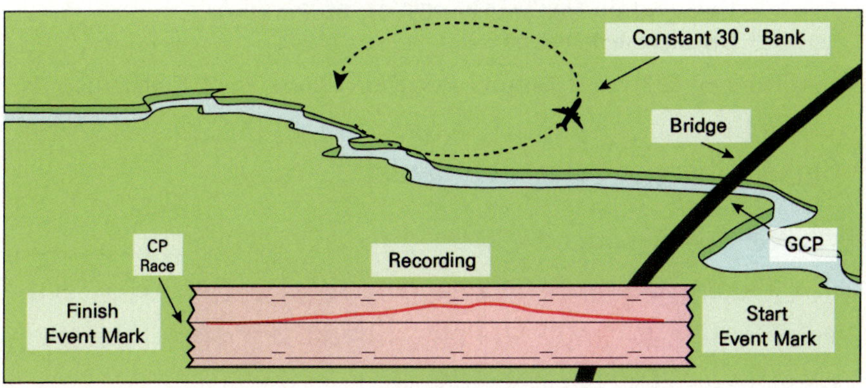

[Figure 6-106] VOR Horizontal Polarization Inspection Procedures

23) VOR/DME Ground Receiver Check Point Standards

- **국제관련 기준** : FAA Order 8200.1
- **설정목적** : [Figure 6-107]에서와 같이 VOR/DME Ground Receiver Check Point를 국제기준에 따라 설치하여 운영함으로써 항공기 안전운항에 이바지하기 위한 데 그 목적이 있다.
- **설정기준** : [Figure 6-107]에서와 같이 항공기가 이륙하기 전 항공기 동체가 VOR/DME 안테나 방향과 일직선으로 정대되는 유도로 또는 활주로 상에서 자체의 항공기 탑재장비 동작상태가 정상적으로 동작, 유지되고 있는지를 검증하기 위한 시설로 활용토록 지원하기 위해, 지면 바닥면에는 VOR/DME 안테나 위치 방향을 알리는 화살표 마킹과 함께 인접 녹지대상에는 별도의 전용표지판에 VOR 운용 RF주파수를 포함해 방위각, 식별부호(Identification Signal) 및 DME 거리정보를 명시하여 제공한다.

Ground Receiver Check Point

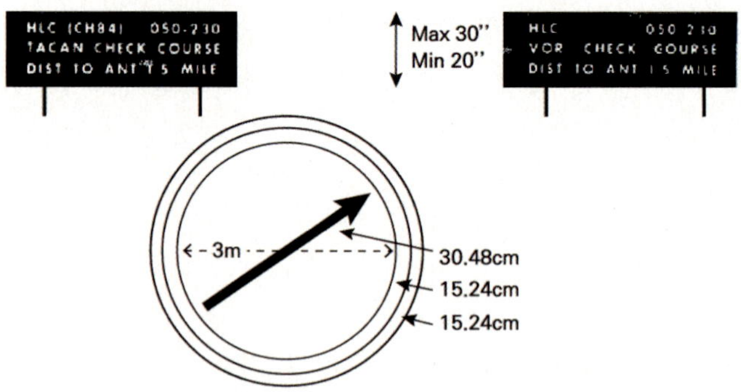

To locate aircraft above ground check point and gound check if radial and distance recorded in signal panel be received.

Standard / Tolerance
- The signal strength shall be 15㎂ or −83dBm above.
- The alignment shall be ±2.0.

[Figure 6-107] VOR Ground Receiver Check Point Standards

24) VOR Signal Change Point Standards(1)

- **국제관련 기준** : FAA Order 8200.1
- **설정목적** : [Figure 6-108] 및 [Figure 6-109]에서와 같이 A와 B VOR시스템 Sites 간의 거리와 수신감도를 고려한 Mid Point 지점이 국제기준에 따라 설정하여 운영함으로써 항공기 안전운항에 사용하기 위한 데 그 목적이 있다.

- **설정기준** : [Figure 6-108]에서와 같이 계기접근절차로 비행중인 항공기가 A VOR Site와 B VOR Site의 정 중간 지점에 위치해 있을 경우 Mid Point는 비록 수신신호의 세기는 약하지만 출발지에 해당되는 A VOR Site 신호를 우선하여 설정하여 운영한다. 그러나 [Figure 6-109]에서와 같이 비행중인 항공기의 위치가 A VOR Site 보다는 B VOR Site에 근접하여 비행이 이루어질 경우에 Mid Point는 즉시 B VOR Site 신호를 우선하여 비행이 이루어지도록 설정하여 운용한다.

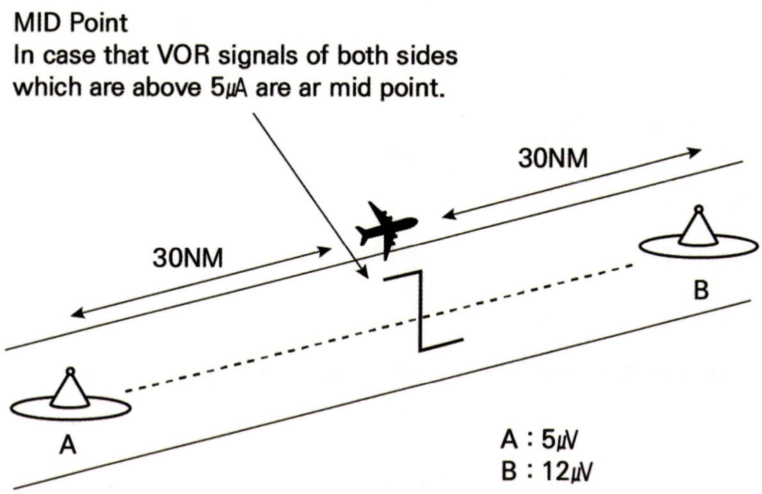

[Figure 6-108] VOR Signal Change Point Standards(1)

25) VOR Signal Change Point Standards(2)

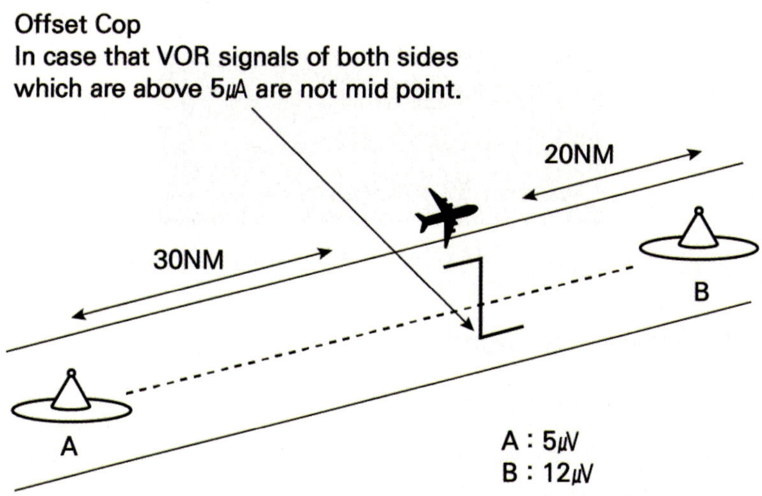

[Figure 6-109] VOR Signal Change Point Standards(2)

나. DME Flight Inspection Procedures

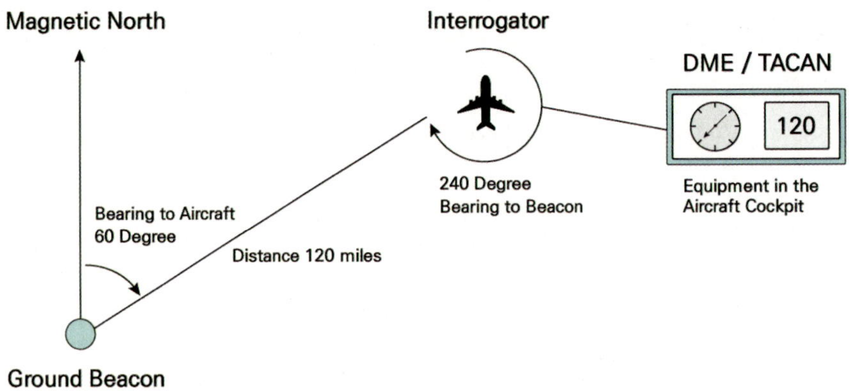

[Figure 6-110] DME Operation Principle

1) DME Signal Flight Inspection Items

- **국제관련 기준** : FAA Order 8200.1
- **설정목적** : [Figure 6-111]에서와 같이 DME Signal Flight Inspection Items를 국제기준에 따라 설정하여 운영함으로써 항공기 안전운항에 이바지하기 위한 데 그 목적이 있다.
- **설정기준** : [Figure 6-111]에서와 같이 DME 시스템의 비행검사 항목은 시스템의 비행가능거리(Flyable Distance) 신호를 비롯해 Echo신호 억제, 식별신호 동기(Identification Synchronization), 거리정확도 및 예비전원 동작상태 등에 대해 검사한다.

Flyable Distance
Echo Suppression
Ident Synchronization
Equipment on Back-up Power

[Figure 6-111] DME Signal Flight Inspection Items

2) DME Slant Distance Standards

- **국제관련 기준** : FAA Order 8200.1
- **설정목적** : [Figure 6-112]에서와 같이 DME Slant Distance를 국제기준에 따라 설정하여 운영함으로써 항공기 안전운항에 이바지하기 위한 데 그 목적이 있다.
- **설정기준** : [Figure 6-112]에서와 같이 DME Slant Distance의 실제 거리는 지상의

DME시스템은 항공기로부터 질문신호를 수신 후 50us Delay Time이 지난 후에 항공기에 다시 응답신호를 송신하도록 설계가 되어 있으므로 항공기는 0.2NM(약 370m)정도 오차가 발생한 거리정보를 수신하게 될 것이다.

한편 이와 같은 DME거리 특성을 고려할 때, ICA0 Annex 10. Volume I에 명시되어 있는 DME설치 기준으로써 착륙하는 항공기에 GP 안테나 지점(Touchdown Zonc)에 0DME(0m)를 지시하여 주도록 GP Site에 DME 안테나를 설치하여 운영하라는 논리는 실제로 다소 모순이 있을 것으로 사료된다.

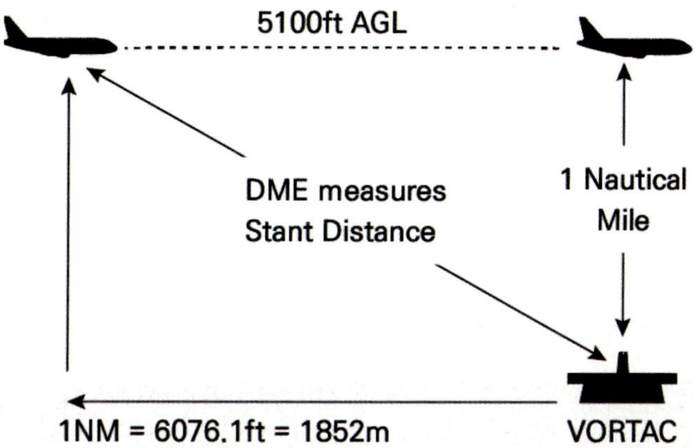

[Figure 6-112] DME Slant Distance Standards

3) DME Accuracy Flight Inspection

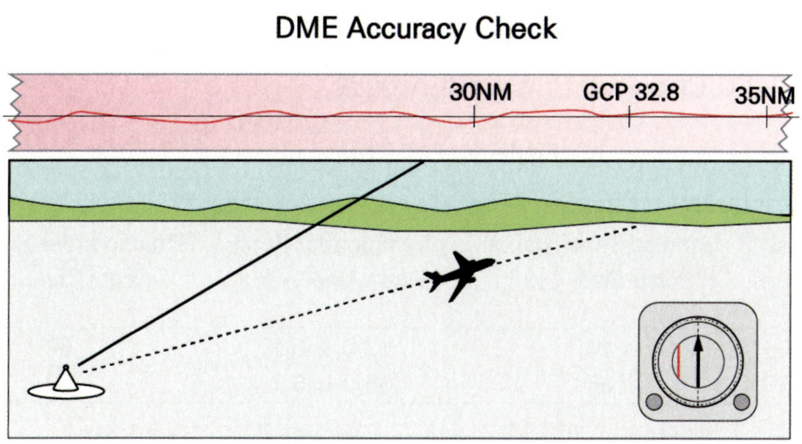

[Figure 6-113] DME Accuracy Flight Inspection Procedure

4) DME Error Computation

Chart Distance Computation

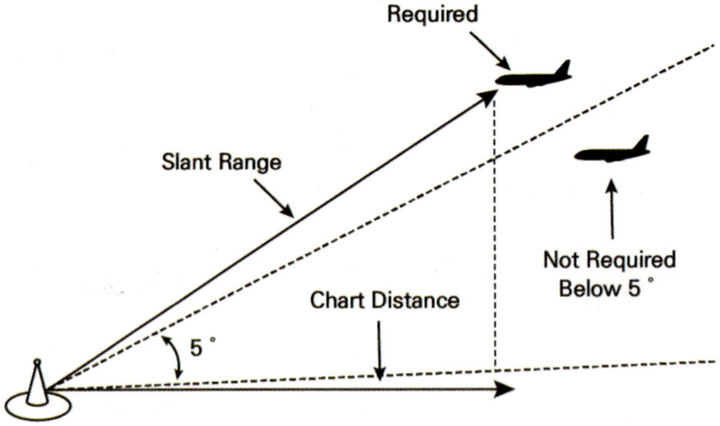

[Figure 6-114] DME Error Computation Flight Inspection Procedure

5) DME RF Frequency Distance Standards

1 μ sec	492 ft	
10.735μ sec	5,280 ft	Status Mile
12.361μ sec	6,076 ft	Nautical Mile

[Figure 6-115] DME RF Frequency Distance Standards

6) DME X & Y Channel Pulse Standards

DME X / Y Channel

Channel Code	Nominal Interrogation Pulse Code [μs]	Transponder Reply Pulse Code [μs]	Transponder Nominal Reply Code [μs]
X	12	12.0 ± 0.1	50
Y	36	30.0 ± 0.1	56

[Figure 6-116] DME X & Y Channel Pulse Standards

7) Airborne DME Interrogator Operation Concept

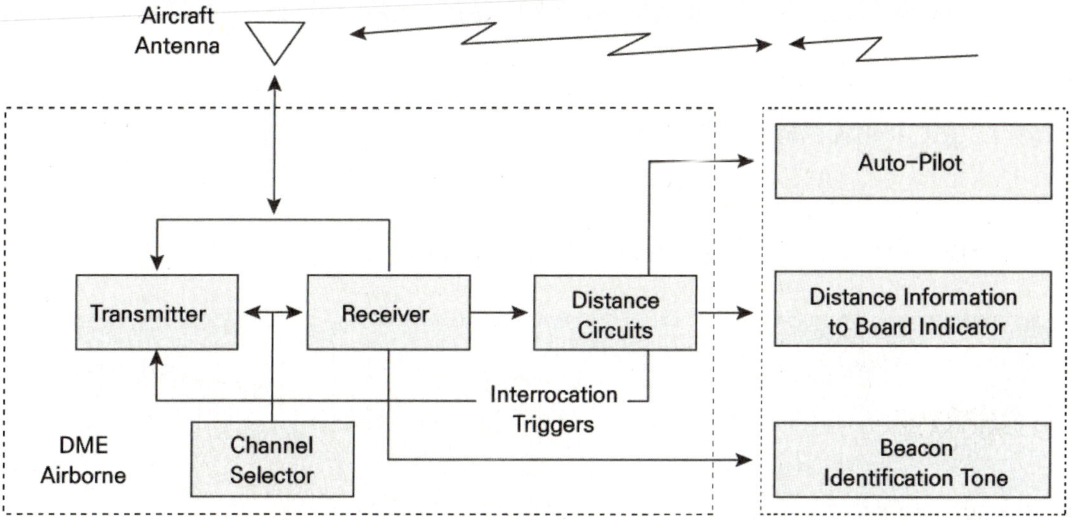

[Figure 6-117] Airborn DME Interrogator Operation Block Diagram

8) Ground DME Transponder Operation Concept

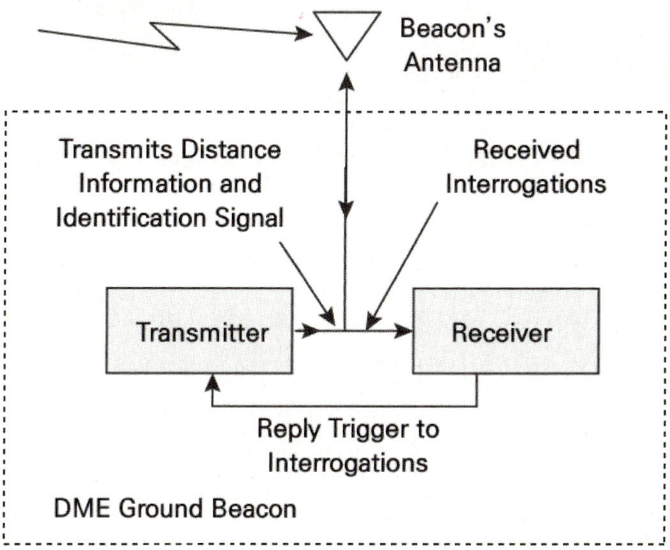

[Figure 6-118] Ground DME Transponder Operation Concept

4. 레이더시설 비행검사절차

[The Flight Inspection Procedures for RADAR]

가. ASR Flight Inspection Procedures

1) ASR Horizontal Coverage Flight Inspection(1)

- **비행검사 목적** : [Figure 6-119]에서와 같이 ASR RF Frequency Horizontal Coverage 내에서 항공기가 비행 시 이를 추적 수신하여 레이더 화면상에 정상적으로 지시(표출)되는지를 검사함으로써 항공기 안전운항에 이바지하기 위한 데 그 목적이 있다.
- **전파신호 기능** : [Figure 6-119]에서와 같이 레이더 안테나에서 발사된 펄스신호가 레이더 신호의 통달 범위 내에서 비행중인 항공기의 동체 표면에 반사 후 되돌아오는 수신 전파의 크기 또는 양에 따라 레이더 화면상에는 기준 이상 또는 이하의 펄스 신호 레벨이 수신된다.
- **비행검사 절차** : [Figure 6-119]에서와 같이 비행검사용 항공기가 1차 레이더(PSR : Primary Surveillance Radar) 안테나로부터 10NM 이상 떨어진 지점에서 궤도(Orbit) 비행하는 상태 하에서 레이더 화면상의 수평면을 기준으로 10°도마다 항공기 Target을 추적하여 검사한다.

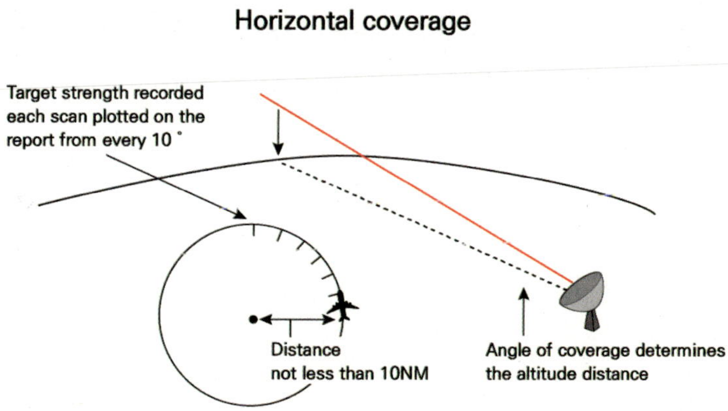

[Figure 6-119] ASR Horizontal Coverage Flight Inspection Procedures(1)

2) ASR Horizontal Coverage Flight Inspection(2)

- **비행검사 목적** : [Figure 6-120]에서와 같이 ASR RF Frequency Horizontal Coverage 내에서 항공기가 비행 시 이를 추적 수신하여 레이더 화면상에 정상적으로 지시(표출)되는지를 검사함으로써 항공기 안전운항에 이바지하기 위한 데 그 목적이 있다.
- **전파신호 기능** : [Figure 6-120]에서와 같이 레이더 안테나에서 발사된 펄스신호가 레이더 신호의 통달 범위 내에서 비행중인 항공기의 동체 표면에 반사 후 되돌아오는 수신 전파의 크기 또는 양에 따라 레이더 화면상에는 기준 이상 또는 이하의 펄스 신호 레벨이 수신된다.
- **비행검사 절차** : [Figure 6-120]에서와 같이 1차 레이더(PSR : Primary Surveillance Radar) 안테나로부터 12NM~16NM 떨어진 지점에서 상승(Climbing)과 하강(Descending)을 반복해서 비행하는 비행검사용 항공기 Target을 추적하여 검사한다.

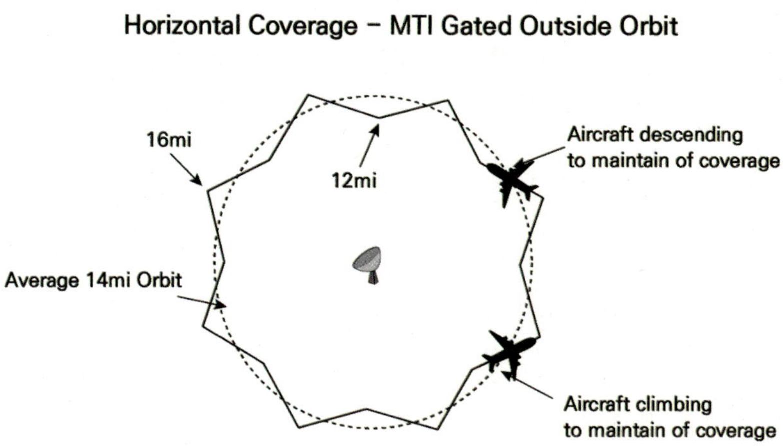

[Figure 6-120] ASR Horizontal Coverage Flight Inspection Procedures(2)

3) Commissioning ASR/ATCRBS Vertical Coverage Flight Inspection

- **비행검사 목적** : [Figure 6-121]에서와 같이 ASR/ATCRBS(Air Traffic Control Radar Beacon) Vertical Coverage 내에서 항공기가 비행 시 이를 추적 수신하여 레이더 화면상에 정상적으로 지시(표출)되는지를 검사함으로써 항공기 안전운항에 이바지하기 위한 데 그 목적이 있다.
- **전파신호 기능** : [Figure 6-121]에서와 같이 레이더 안테나에서 발사된 펄스신호가 레이더 신호의 통달 범위 내에서 비행중인 항공기의 동체 표면에 반사 후 되돌아오는 수신 전파의 크기 또는 양에 따라 레이더 화면상에는 기준 이상 또는 이하의 펄스 신호 레벨이 수신된다.
- **비행검사 절차** : [Figure 6-121]에서와 같이 1차 공항레이더(PSR : Primary Surveillance Radar) 안테나를 기준으로 고도 1,000ft~10,000ft 떨어진 구간지점에서 선회(Circling) 비행과 상승(Climbing) 비행중인 비행검사용 항공기의 Target을 추적하여 검사한다.

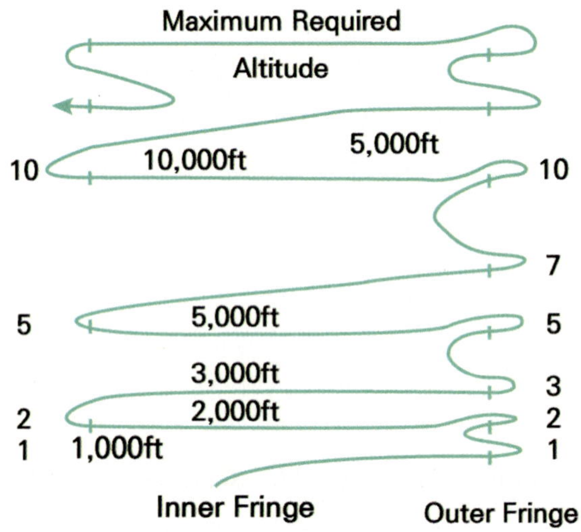

[Figure 6-121] ASR/ATCRBS Vertical Coverage Flight Inspection Procedures

4) Commissioning ARSR/ATCRBS Vertical Coverage Inspection

- **비행검사 목적** : [Figure 6-122]에서와 같이 ARSR/ATCRBS(Air Traffic Control Radar Beacon) Vertical Coverage 내에서 항공기가 비행 시 이를 추적 수신하여 레이더 화면상에 정상적으로 지시(표출)되는지를 검사함으로써 항공기 안전운항에 이바지하기 위한 데 그 목적이 있다.
- **전파신호 기능** : [Figure 6-122]에서와 같이 레이더 안테나에서 발사된 펄스신호가 레

이더 신호의 통달 범위 내에서 비행중인 항공기의 동체 표면에 반사 후 되돌아오는 수신 전파의 크기 또는 양에 따라 레이더 화면상에는 기준 이상 또는 이하의 펄스 신호 레벨이 수신된다.

- **비행검사 절차** : [Figure 6-122]에서와 같이 1차 항로레이더(PSR : Primary Surveillance Radar) 안테나를 기준으로 고도 1,000ft~30,000ft 떨어진 구간지점에서 선회(Circling) 비행과 상승(Climbing) 비행중인 비행검사용 항공기의 Target을 추적하여 검사한다.

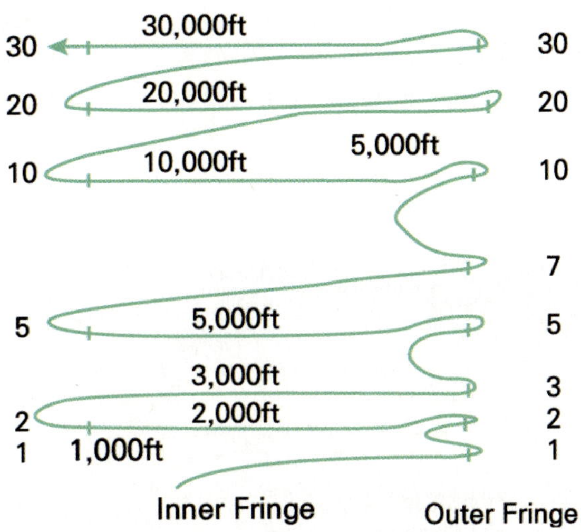

[Figure 6-122] ARSR/ATCRBS Vertical Coverage Inspection

5) Radar Antenna Tilt Flight Inspection

- **비행검사 목적** : [Figure 6-123]에서와 같이 Radar Antenna Tilt 조정을 통해 지상의 Clutter를 적절히 제거함으로써 신뢰성 있는 명확한 항공기 Target을 추적함으로써 항공기 안전운항에 기여하기 위한 데 그 목적이 있다.
- **전파신호 기능** : [Figure 6-123]에서와 같이 레이더 안테나의 수직 경사도를 조정하여 레이더 안테나에서 발사된 펄스신호가 지상의 불필요한 Clutter에 반사되지 않도록 유도한다.
- **비행검사 절차** : [Figure 6-123]에서와 같이 미리 설정된 항로상을 비행 중인 비행검사용 항공기의 Target을 추적하여 검사한다.

Antenna Tilt

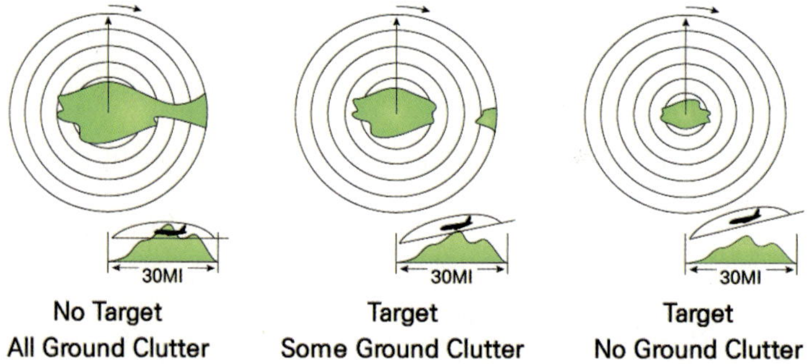

[Figure 6-123] Radar Antenna Tilt Flight Inspection Procedures

나. ARTS Flight Inspection

1) Radar MSAW Alarm Setting Altitude Standards

- **국제 관련기준** : FAA Order 8200.1
- **설정 목적** : [Figure 6-124]에서와 같이 국제기준에 의거 Radar MSAW Alarm Setting Elevation 적용을 통해 사전에 항공기 비행 안전고도를 확보하여 운영함으로써 항공기 안전운항에 기여하기 위한 데 그 목적이 있다.
- **설정 기준** : [Figure 6-124]에서와 같이 Radar Coverage 내 접근관제구역내 장애물에 대한 최저안전고도(MSAW : Minimum Safe Altitude Warning)는 GTM Mode를 적용하고 관제탑 관제 구역내 장애물에 대한 MSAW는 APM(Approach Path Monitoring) Mode를 적용하여 운영한다.

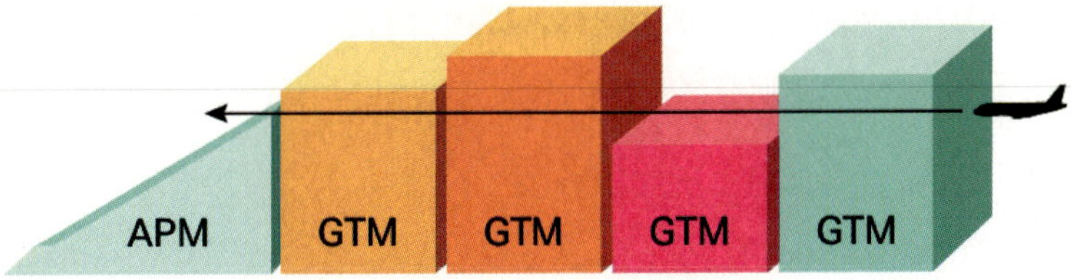

[Figure 6-124] Radar MSAW Alarm Setting Altitude Standards

2) Radar MSAW(GTM : General Terrain Map) Flight Inspection(1)

- **비행검사 목적** : [Figure 6-125]에서와 같이 Radar MSAW(GTM : General Terrain Map)을 설정하여 장애물 회피로 인한 안정된 비행절차를 수립하여 운영하고 있는지를 검사함으로써 항공기 안전운항에 기여하기 위한 데 그 목적이 있다.
- **전파신호 기능** : [Figure 6-125]에서와 같이 비행중인 항공기에 장애물에 의한 충돌사고를 차단하기 위해서는 OCS(Obstacle Clearance Surface)를 기준으로 ROC (Required Obstacle Clearance) 설정하여 운영한다.
- **비행검사 절차** : [Figure 6-125]에서와 같이 비행검사 항공기가 미리 설정된 장애물 회피영역(ROC : Required Obstacle Clearance)으로 통과하는 과정에서 레이더 화면상에 MSAW Alert 신호가 정상 지시되고 있는지를 검사한다.

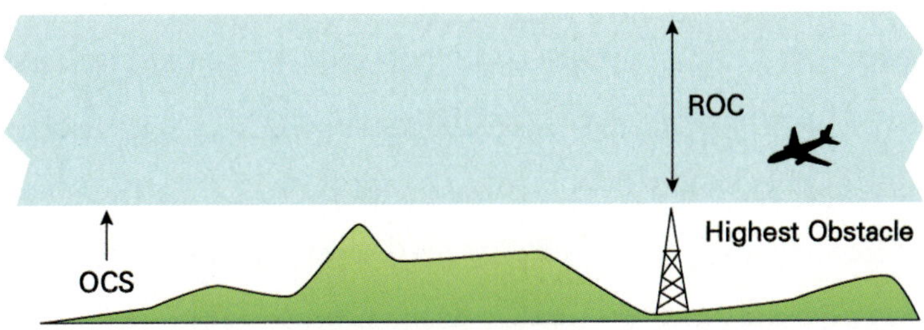

[Figure 6-125] Radar MSAW(GTM) Flight Inspection Procedures(1)

3) Radar MSAW(GTM) Flight Inspection(2)

- **비행검사 목적** : [Figure 6-126]에서와 같이 Radar MSAW(GTM : General Terrain Map)을 설정하여 장애물 회피로 인한 안정된 비행절차를 수립하여 운영하고 있는지를 검사함으로써 항공기 안전운항에 기여하기 위한 데 그 목적이 있다.
- **전파신호 기능** : [Figure 6-126]에서와 같이 비행중인 항공기에 장애물에 의한 충돌사고를 차단하기 위해서는 필요한 장애물 회피구역(ROC : Required Obstacle Clearance)을 설정하여 운영한다.

■ **비행검사 절차** : [Figure 6-126]에서와 같이 미리 설정된 ROC(Required Obstacle Clearance) 지역으로 비행검사 항공기가 통과하는 과정에서 레이더 화면상에 MSAW Alert 신호가 정상 지시되고 있는지를 검사한다.

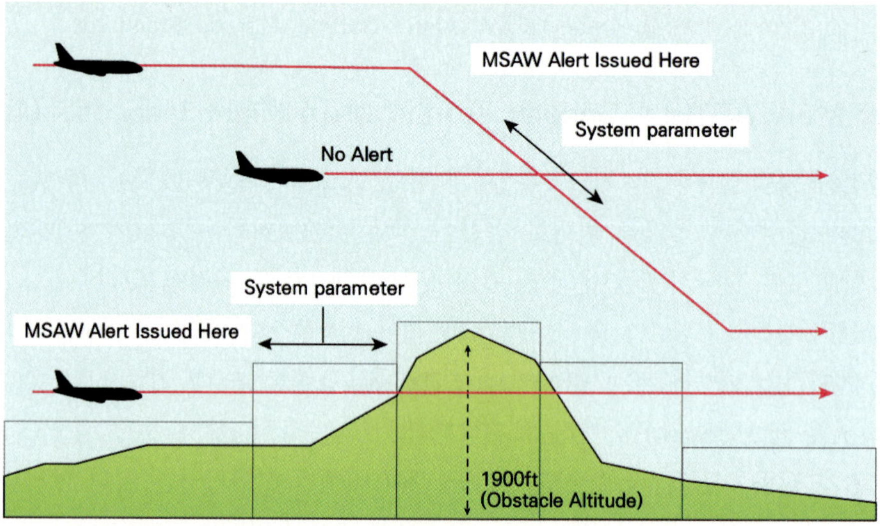

[Figure 6-126] Radar MSAW(GTM) Flight Inspection Procedures(2)

4) Radar MSAW(GTM) Flight Inspection(3)

■ **비행검사 목적** : [Figure 6-127]에서와 같이 Radar MSAW(GTM : General Terrain Map)을 설정하여 장애물 회피로 인한 안정된 비행절차를 수립하여 운영하고 있는지를 검사함으로써 항공기 안전운항에 기여하기 위한 데 그 목적이 있다.

■ **전파신호 기능** : [Figure 6-127]에서와 같이 비행중인 항공기에 장애물에 의한 충돌사고를 차단하기 위해서는 필요한 장애물 회피구역(ROC : Required Obstacle Clearance)을 설정하여 운영한다.

■ **비행검사 절차** : [Figure 6-127]에서와 같이 비행검사용 항공기가 미리 설정된 장애물 회피구역(ROC : Required Obstacle Clearance)으로 비행하는 과정에서 레이더 화면상에 MSAW Alert 신호가 정상 지시되고 있는지를 검사한다.

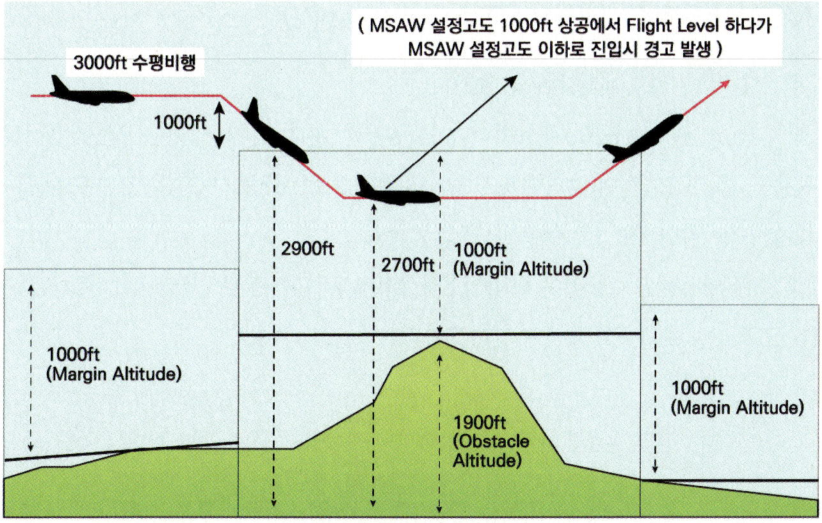

[Figure 6-127] Radar MSAW(GTM) Flight Inspection Procedures(3)

5) Radar MSAW(GTM) Digital Terrain Map(1)

- **국제관련 기준** : FAA Order 8200.1
- **설정목적** : [Figure 6-128]에서와 같이 국제기준에 의거 Radar MSAW Digital Terrain Map 적용을 통해 사전에 항공기 비행 안전고도를 확보하여 운영함으로써 항공기 안전운항에 기여하기 위한 데 그 목적이 있다.
- **설정기준** : [Figure 6-128]에서와 같이 MSAW Digital Terrain Map상에 장애물 높이에 따른 고도 정보를 설정하여 운영한다.

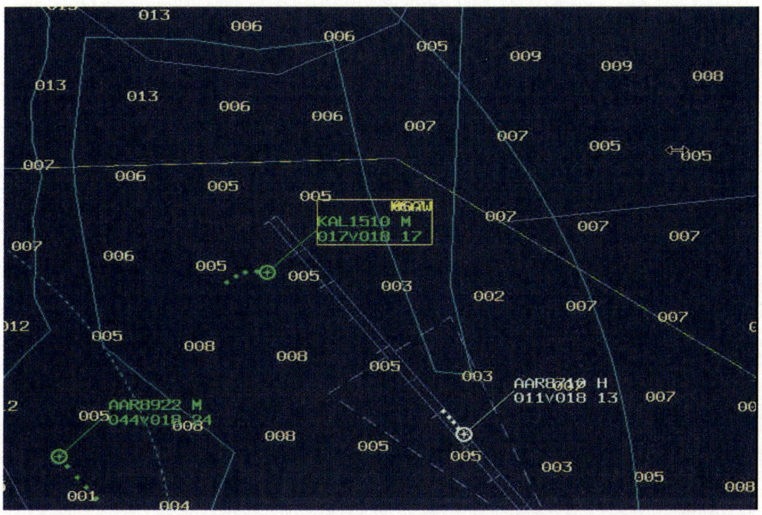

[Figure 6-128] Radar MSAW(GTM) Digital Terrain Map(1)

6) Radar MSAW(GTM) Digital Terrain Map(2)

- **국제관련 기준** : FAA Order 8200.1
- **설정목적** : [Figure 6-129]에서와 같이 국제기준에 의거 Radar MSAW Digital Terrain Map 적용을 통해 사전에 항공기 비행 안전고도를 확보하여 운영함으로써 항공기 안전운항에 기여하기 위한 데 그 목적이 있다.
- **설정기준** : [Figure 6-129]에서와 같이 MSAW Digital Terrain Map상에 장애물 높이에 따른 고도 정보를 설정하여 운영한다.

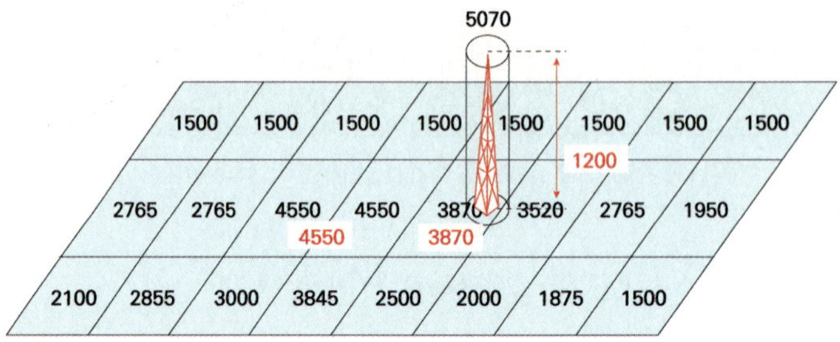

[Figure 6-129] Radar MSAW(GTM) Digital Terrain Map(2)

7) Radar MSAW(GTM) Digital Terrain Map(3)

- **국제관련 기준** : FAA Order 8200.1
- **설정목적** : [Figure 6-130]에서와 같이 국제기준에 의거 Radar MSAW Digital Terrain Map 적용을 통해 사전에 항공기 비행 안전고도를 확보하여 운영함으로써 항공기 안전운항에 기여하기 위한 데 그 목적이 있다.
- **설정기준** : [Figure 6-130]에서와 같이 MSAW Digital Terrain Map상에 장애물 높이에 따른 고도 정보를 설정하여 운영한다.

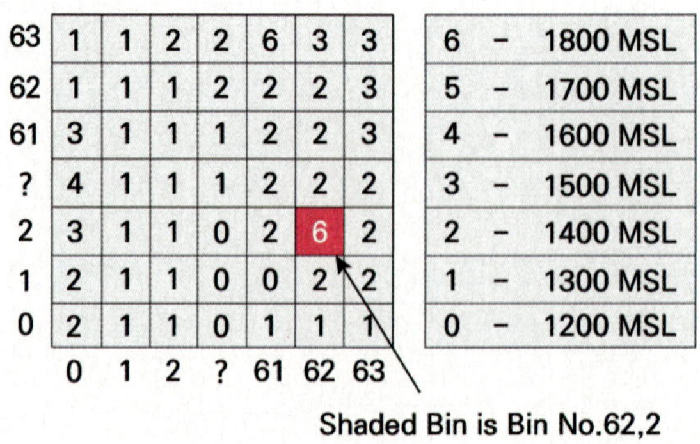

[Figure 6-130] Radar MSAW(GTM) Digital Terrain Map(3)

8) Radar MSAW(GTM) Digital Terrain Map(4)

- **국제관련 기준** : FAA Order 8200.1
- **설정목적** : [Figure 6-131]에서와 같이 국제기준에 의거 Radar MSAW Digital Terrain Map 적용을 통해 사전에 항공기 비행 안전고도를 확보하여 운영함으로써 항공기 안전운항에 기여하기 위한 데 그 목적이 있다.
- **설정기준** : [Figure 6-131]에서와 같이 MSAW Digital Terrain Map상에 장애물 높이에 따른 고도 정보를 설정하여 운영한다.

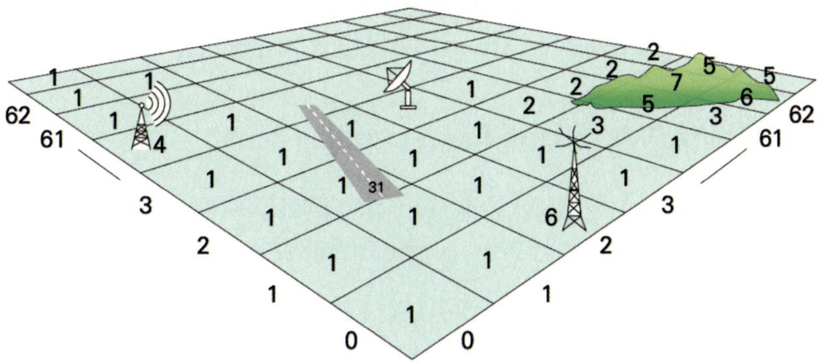

[Figure 6-131] Radar MSAW(GTM) Digital Terrain Map(4)

9) Radar MSAW(APM) Profile Sector Standards(1)

- **국제관련 기준** : FAA Order 8200.1
- **설정목적** : [Figure 6-132]에서와 같이 국제기준에 의거 Radar MSAW(APM : Approach Path Monitoring) 적용을 통해 활주로로 착륙중인 항공기를 위해 사전에 항공기 안전진입각고도를 설정하여 운영함으로써 항공기 안전운항에 기여하기 위한 데 그 목적이 있다.
- **설정기준** : [Figure 6-132]에서와 같이 MSAW(APM : Approach Path Monitoring) 장애물 높이에 따른 진입각 정보를 설정하여 운영한다.

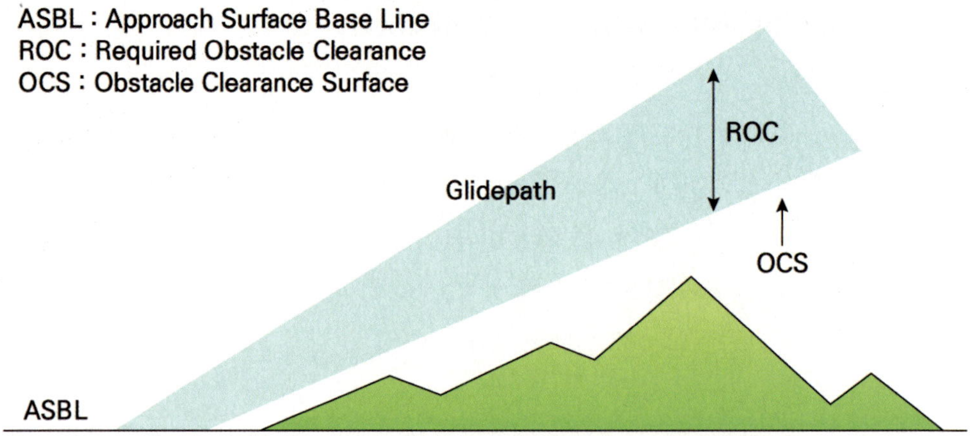

[Figure 6-132] Radar MSAW(APM) Flight Inspection Procedures(1)

10) Radar MSAW(APM) Flight Inspection(2)

- **비행검사 목적** : [Figure 6-133]에서와 같이 Radar MSAW(APM : Approach Path Monitoring)을 설정하여 활주로로 착륙중인 항공기를 위해 장애물 회피로 인한 안정된 진입각을 설정하여 운영하고 있는지를 검사함으로써 항공기 안전운항에 기여하기 위한 데 그 목적이 있다.
- **전파신호 기능** : [Figure 6-133]에서와 같이 활주로로 착륙중인 항공기에 장애물에 의한 충돌사고를 차단하기 위해서는 진입각 감시기능(APM)을 설정하여 운영한다.
- **비행검사 절차** : [Figure 6-133]에서와 같이 활주로로 착륙중인 항공기가 미리 설정된 장애물 회피구역(APM)으로 비행하는 과정에서 레이더 화면상에 MSAW Alert 신호가 정상 지시되고 있는지를 검사한다.

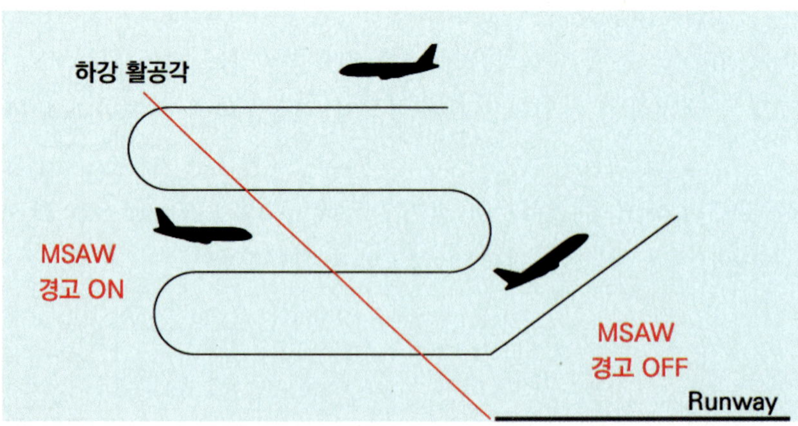

[Figure 6-133] Radar MSAW(APM) Flight Inspection Procedures(2)

11) Radar MSAW(APM) Plane Sector Standards(1)

- **국제관련 기준** : FAA Order 8200.1
- **설정목적** : [Figure 6-134]에서와 같이 국제기준에 의거 Radar MSAW(APM : Approach Path Monitoring) 적용을 통해 사전에 활주로로 착륙중인 항공기에 대한 안전한 진입각을 확보하여 운영함으로써 항공기 안전운항에 기여하기 위한 데 그 목적이 있다.
- **설정기준** : [Figure 6-134]에서와 같이 MSAW(APM : Approach Path Monitoring) 장애물 분포에 따른 진입각 정보를 설정하여 운영한다.

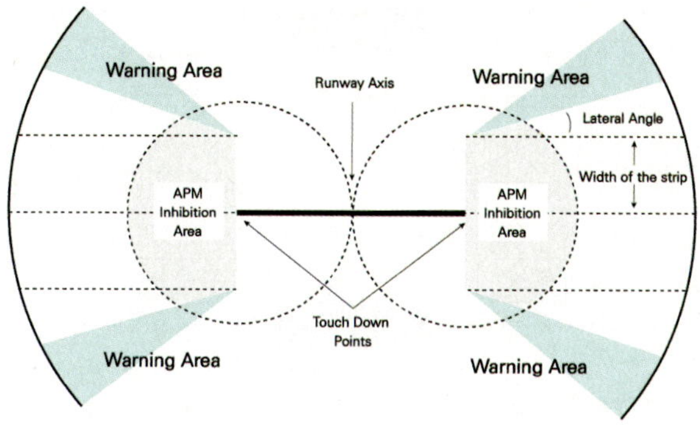

[Figure 6-134] Radar MSAW(APM) Plane Sector Standards(1)

12) Radar MSAW(APM) Profile Sector Standards(2)

- **국제관련 기준** : FAA Order 8200.1
- **설정목적** : [Figure 6-135]에서와 같이 국제기준에 의거 Radar MSAW(APM : Approach Path Monitoring) 적용을 통해 사전에 활주로로 착륙중인 항공기에 대한 안전한 진입각을 확보하여 운영함으로써 항공기 안전운항에 기여하기 위한 데 그 목적이 있다.
- **설정기준** : [Figure 6-135]에서와 같이 MSAW(APM : Approach Path Monitoring) 장애물 분포에 따른 진입각 정보를 설정하여 운영한다.

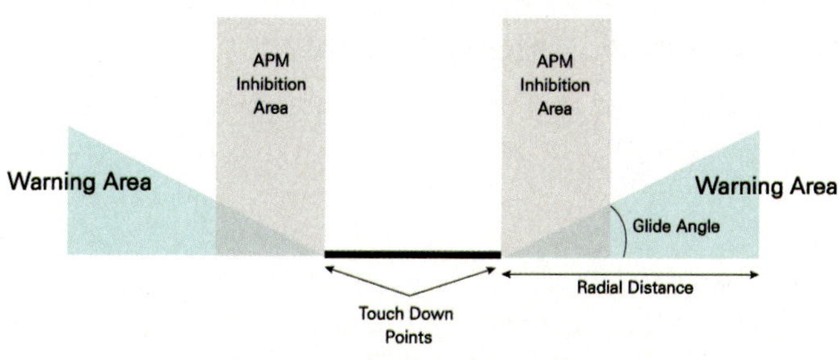

[Figure 6-135] Radar MSAW(APM) Profile Sector Standard(2)

13) Radar MSAW(NTZ : No Transgression Zone) Sector Standards(1)

- **국제관련준** : FFA Order 8200.1
- **설정목적** : [Figure 6-136]에서와 같이 국제기준에 의거 Radar MSAW(NTZ) 적용을 통해 사전에 활주로로 착륙중인 항공기들 간에 대한 침범 금지구역을 설정하여 운영함으로써 항공기 안전운항에 기여하기 위한 데 그 목적이 있다.
- **설정기준** : [Figure 6-136]에서와 같이 MSAW(NTZ) 설정하여 인접 활주로로 진입중인 항공기 간에 충돌을 차단한다.

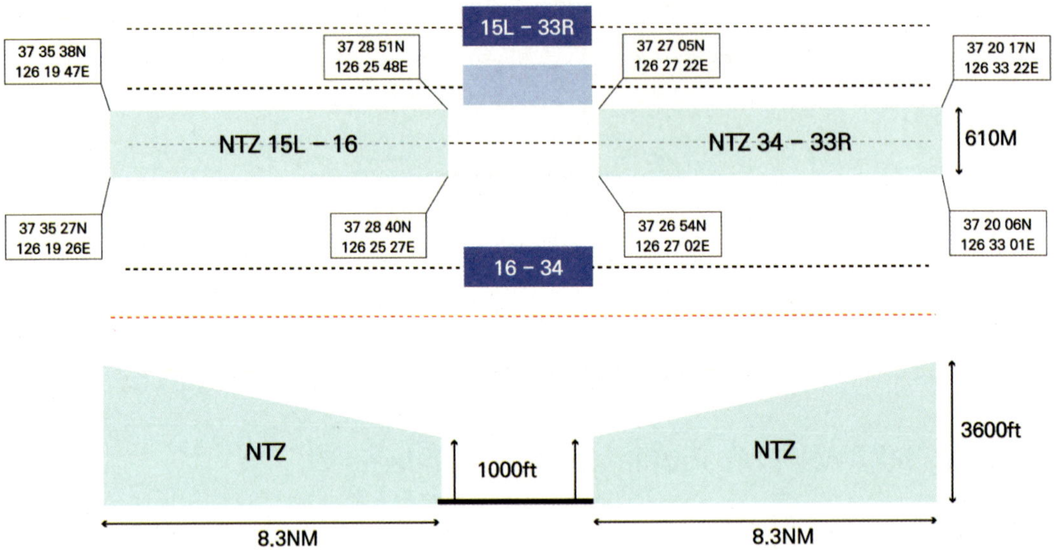

[Figure 6-136] Radar MSAW(NTZ) Sector Standards(1)

14) Radar MSAW(NTZ) Sector Standards(2)

- **국제관련 기준** : FAA Order 8200.1
- **설정목적** : [Figure 6-137]에서와 같이 국제기준에 의거 Radar MSAW(NTZ) 적용을 통해 사전에 활주로로 착륙중인 항공기들 간에 침범 금지구역을 설정하여 운영함으로써 항공기 안전운항에 기여하기 위한 데 그 목적이 있다.
- **설정기준** : [Figure 6-137]에서와 같이 MSAW(NTZ) 설정하여 인접 활주로로 진입중인 항공기 간에 충돌을 차단한다.

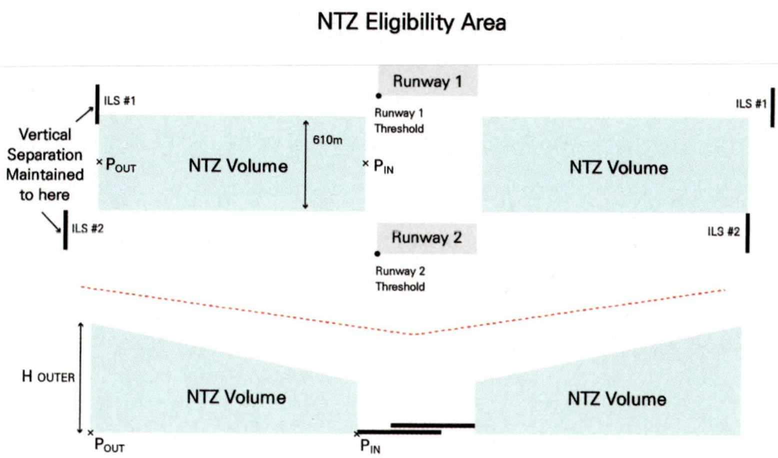

[Figure 6-137] Radar MSAW(NTZ) Sector Standards(2)

15) Radar MSAW(NTZ : No Transgression Zone) Flight Inspection

- **비행검사 목적** : [Figure 6-138]에서와 같이 Radar MSAW(NTZ)을 설정하여 활주로로 이착륙중인 항공기들 간에 충돌을 예방하기 위한 침범금지구역을 설정하여 운영하고 있는지를 검사함으로써 항공기 안전운항에 기여하기 위한 데 그 목적이 있다.
- **전파신호 기능** : [Figure 6-138]에서와 같이 활주로로 착륙중인 항공기 간에 충돌로 인한 사고를 차단한다.
- **비행검사 절차** : [Figure 6-138]에서와 같이 비행검사용 항공기를 침범금지구역(NTZ)에 진입시킨 상황하에서 레이더 화면상에 MSAW Alert 신호가 정상 지시되고 있는지를 검사한다.

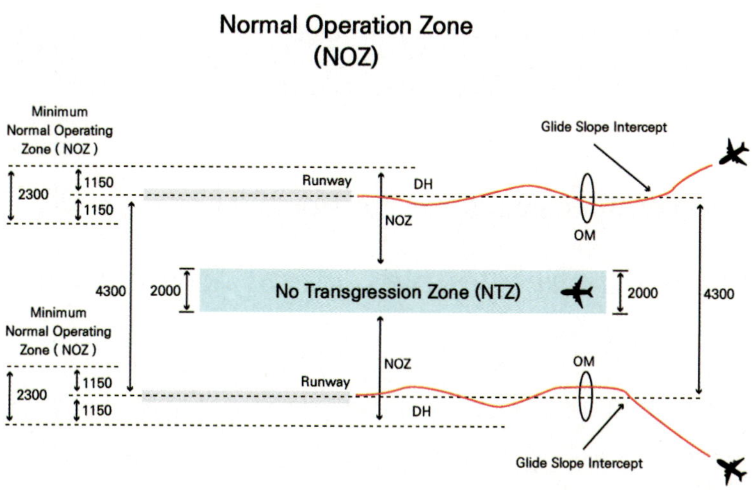

[Figure 6-138] Radar MSAW(NTZ) Flight Inspection Procedures

16) Radar MSAW(NTZ) Operating Standards

- **국제관련준** : FAA Order 8200.1
- **설정목적** : [Figure 6-139]에서와 같이 국제기준에 의거 활주로로 항공기 동시 이착륙 시 Radar MSAW(NTZ) 적용을 통해 항공기들 간에 충돌로 인한 사고를 차단하도록 운영함으로써 항공기 안전운항에 기여하기 위한 데 그 목적이 있다.
- **설정기준** : [Figure 6-139]에서와 같이 활주로로 진입하는 항공기가 독립 평행동시 이착륙 방식 등 조건에 따라 요구되는 활주로 MSAW(NTZ) 설정 및 운영기준이 제시되어 있다.

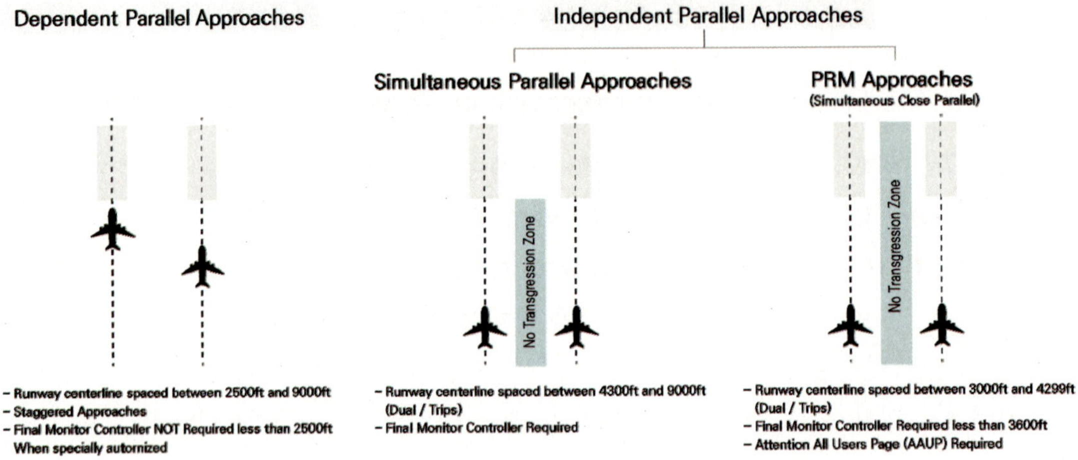

[Figure 6-139] Radar MSAW(NTZ) Flight Inspection Procedures(2)

5. 항공관제통신시설 비행검사절차

[The Flight Inspection Procedures for the Communication of Air Traffic Control]

가. En-Route ATC Frequencies Flight Inspection Procedures

항로 관제 운용 관련 비행검사 대상 주파수는 〈Table 6-3〉과 같다.

본 항로용 운용주파수는 지상 시스템과 설정된 항로관제 공역상에서 비행중인 항공기 간에는 지형적인 특성으로 인한 Blind Area에 따른 신호 송/수신 불량 문제는 거의 발생하는 일은 없을 것으로 사료된다.

〈Table 6-3〉 항로(En-Route Area) 관제 주파수 현황표

관제권	관제 구역	할당 주파수(MHz)
Incheon ACC (Incheon Control)	North Sector	128.70, 132.80, 118.925, 270.50, 290.60, 317,35
	East Sector	134.375, 134.175, 128.30, 233.60, 335.75
	North West Sector	126.175, 123.725, 128.30, 317.85, 241.80
	South West Sector	128.30, 126.175, 124.50, 241.80, 335.45
	South Sector	124.525, 128.375, 128.175, 255.40, 233.50, 348.10
	Jeju Sector	128.175, 128.375, 348.10, 255.40
	High Central Sector	120.575, 119.375, 254.70, 335.80
	Low Central Sector	125.375, 125.775, 124.575, 227.90, 335.50
	Common	132.20, 355.50
Incheon FIC	Incheon Information	126.90, 250.80, 258.50, 135.725, 317.55
	Seoul Radio	127.10, 3004KHz, 6532KHz, 8903KHz, 13300KHz, 13303KHz, 17904KHz
Approach Control	Seoul APP	119.05, 119.10, 119.75, 119.90, 128.80, 121.35, 121.40, 123.25, 123.80, 124.20, 124.80, 125.15
	Jeju APP	119.00, 121.20, 124.05, 317.70, 279.80
	Gimhae APP	119.20, 125.50, 134.40, 225.10, 230.10, 253.80, 363.80
	Gwangju APP	130.00, 228.90
	Gangneung APP	124.60, 304.00
	Wonju APP	141.20, 292.60, 130.2
	Sacheon APP	135.40, 344.70
	Pohang APP	120.20, 232.40, 124.25
	Daegu APP	135.90, 346.30
	Yecheon APP	134.50, 229.35
	Haemi APP	124.60, 229.25, 253.95
	Jungwon APP	132.55, 306.70
	Gunsan APP	124.10, 292.65
	Osan APP	127.90, 363.10

그리고, [Figure 6-140]에서는 국내 항로 접근관제구역 관련 구성도면을 보여주고 있다.

한편, [Figure 6-140]에서와 같이 국내의 항로(En-Route 또는 Area) 관제센터는 인천, 대구, 제주 등 3군데로 나뉘어 있으며, 접근(Approach)관제소는 김포(서울), 김해(부산), 제주, 광주, 강릉, 원주, 사천, 포항, 대구, 예천, 해미, 중원, 군산, 오산 등 14곳으로 구성되어 있다.

[Figure 6-140] 항로(En-Route Area) 관제구역 현황표

나. ATC Tower & Approach Control Frequencies Flight Inspection Procedures

관제탑이나 접근관제소 운영 관련 비행 검사대상 주파수는 〈Table 6-4〉와 같다.

본 관제탑 및 접근 관제용 운용주파수는 지상 시스템과 설정된 접근관제공역 상에서 비행 중인 항공기 간에 지형적인 특성으로 인한 Blind Area에 따른 신호 송/수신 불량 문제는 지역에 따라 다소 차이가 있다.

〈Table 6-4〉 **인천국제공항 관제탑/접근 관제 주파수 현황표**

관제구역	할당 주파수(MHz)	비 고
관제탑(TWR) (계기착륙구간 관제)	118.200	
	118.275	
	118.800	
	231.800	
접근관제(APP)	119.750	
	120.800	
	121.350	
	124.200	
	293.300	
	305.700	

그리고, [Figure 6-141]에서는 인천국제공항의 접근관제구역 관련 구성도면을 보여주고 있다.

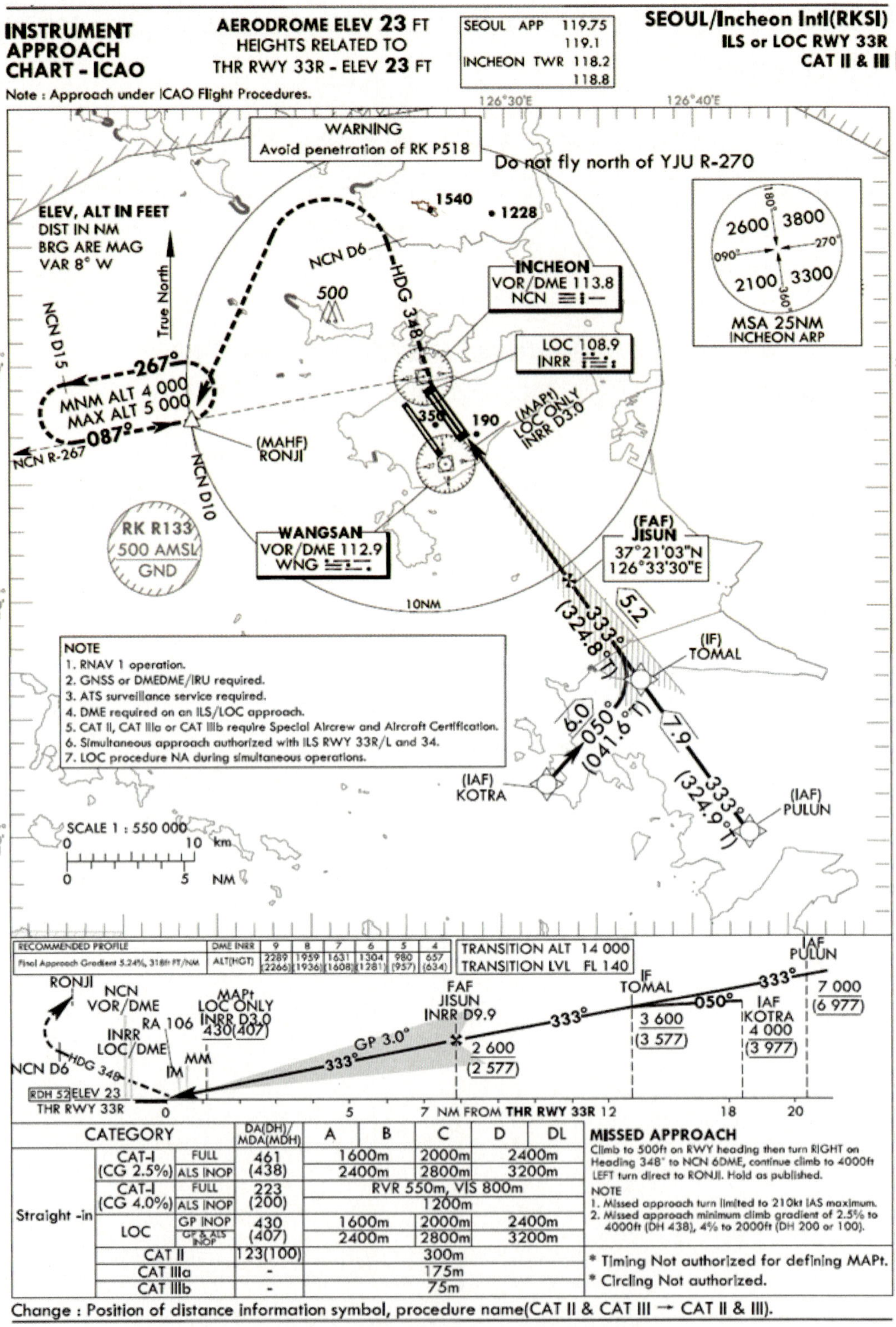

[Figure 6-141] 관제탑/접근 관제구역 현황표

다. Ground & Ramp Control Frequencies

본 관제탑(GND) 및 계류장 관제소 운영 관련 비행 검사 대상 주파수는 〈Table 6-5〉와 같다.

본 관제탑(GND) 및 접근 관제용 운용주파수는 설정된 지상 이동 동선 또는 주기장에 항공기가 주기해 있을 경우에 지형적인 특성 즉, 터미널 구조가 복잡하고 건물 높이가 다소 높은 상태에서 만약 동체가 낮은 소형항공기 간의 음성통신 상태는 Blind Area로 인한 신호 송/수신 불량 문제는 심각하게 발생이 될 수도 있을 것이다.

따라서, 이와 같은 문제점을 개선하기 위해서는 지상의 송/수신시스템의 안테나를 높게 설치하되 VHF Radio 신호의 회절성을 고려해 항공기 주기장으로부터 가능한 한 멀리 설치하여 운영하는 방안을 고려하는 것이 타당하리라 사료된다.

〈Table 6-5〉 **인천국제공항 관제탑(GND/계류장 관제 주파수 현황표)**

관제구역	할당 주파수(MHz)	비 고
관제탑(Ground) (활주로/유도로 관제)	118.750	
	121.700	
	121.750	
	226.900	
계류장관제(Ramp)	121.625	
	121.650	
	121.800	
	121.875	

그리고, [Figure 6-142]에서는 인천국제공항의 관제탑(GND) 및 계류장 관제구역 관련 구성 도면을 보여주고 있다.

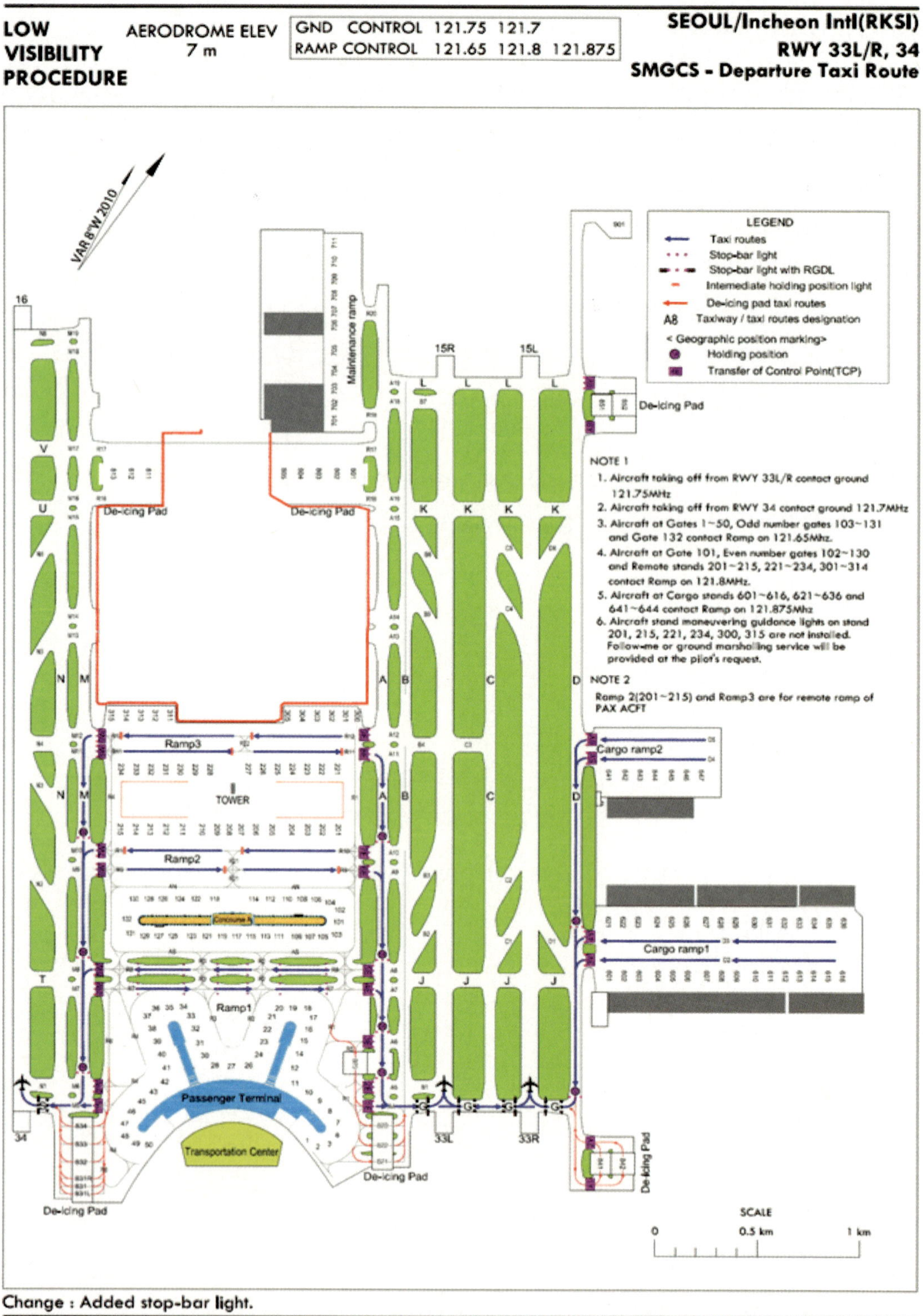

[Figure 6-142] 계류장/관제탑(활주로/유도로) 관제구역 현황표

메 모

제7장

항공기 탑재장비

1. 항공항법장비
2. 항공감시장비
3. 항공통신장비

제7장

항공기 탑재장비

1. 항공항법장비

가. 자세방향 지시계[ADI : Attiude Director Indicator]

[Figure 7-1]에서와 같이 본 ADI 시스템은 조종석의 가장 중심 부분에나 조종사 전면에 장착되어 현재 비행 중인 항공기의 비행자세를 알려주며 미리 설정된 모드로 비행하는 상태와 비행을 위한 명령을 지시해 주는 역할을 수행한다.

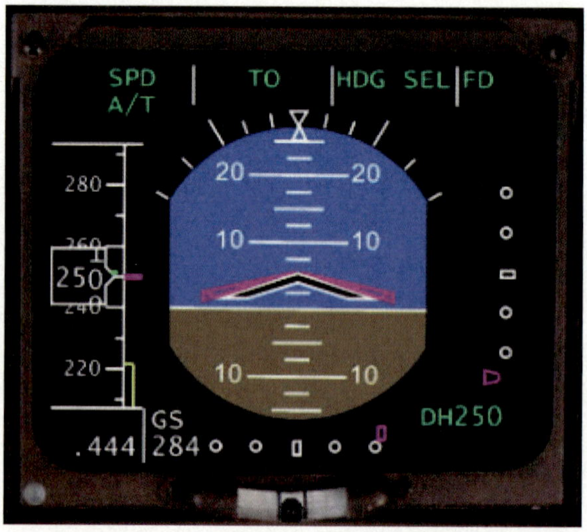

[Figure 7-1] 항공기 ADI 지시계 모습

본 ADI 시스템의 발전과정은 ADI-기계식 → EADI-CRT Type → PFD-LCD Type(Primary Flight Display)으로 발전되어 왔다.

한편 [Figure 7-2]에서는 주요 비행지시장치(PFD)로써 ADI 기능을 Up-Grade 시킨 시스템으로써 자세계를 비롯해 속도계, 기압고도계, 전파고도계, 승강계, 기수방위 지시계 및 자동조종 작동 모드 등을 종합적으로 집적화하여 지시하는 기능을 갖추고 있다.

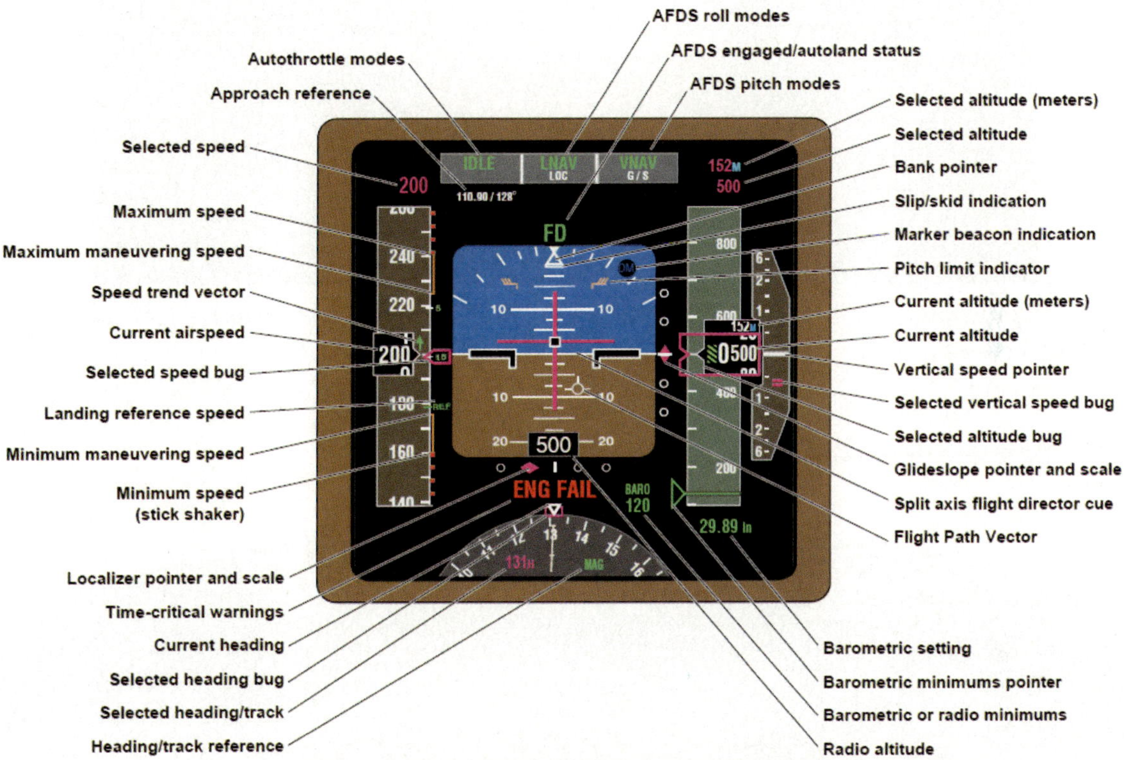

[Figure 7-2] 항공기 PFD 지시계 상세 기능별 명칭

부가적으로 [Figure 7-1-3]에서는 PFD의 각종 계기의 위치 및 시현상태를 보여주고 있다.

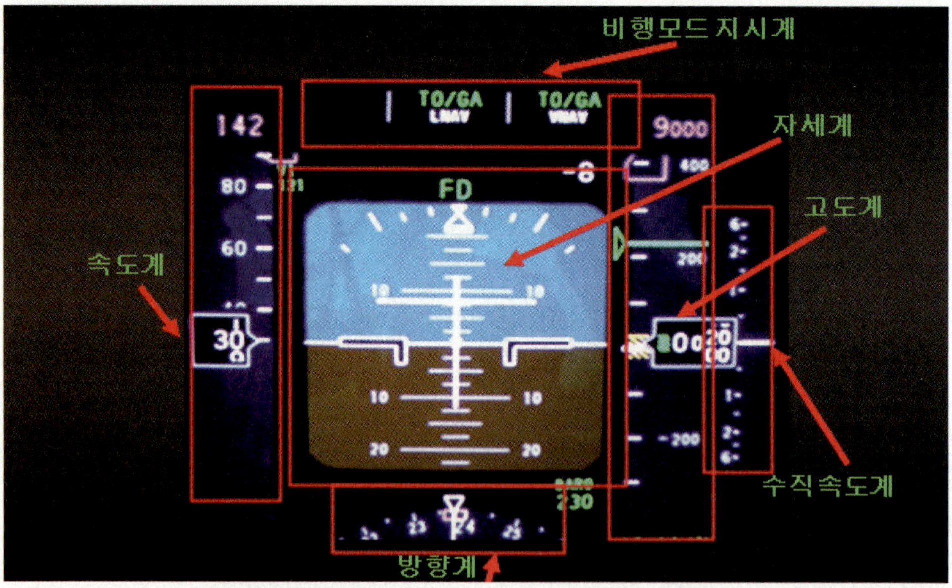

[Figure 7-3] 항공기 탑재장비 주요 항법시스템(PFD : Primary Flight Display) 상세 모습

다음으로 [Figure 7-4]에서는 항공기의 기장 및 부기장석에 실제 탑재된 PFD 항법 장비의 설치 상태를 보여주고 있다.

[Figure 7-4] 항공기 탑재장비 주요 항법시스템(PFD : Primary Flight Display) 배치 모습

또한, [Figure 7-5]에서는 가장 최근의 PFD 비행 계기 장비의 상세 구조를 보여주고 있다.

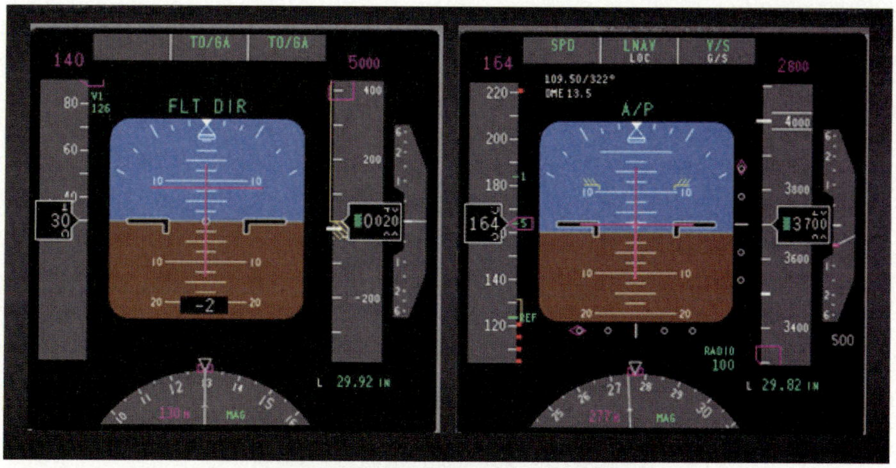

[Figure 7-5] 항공기 탑재장비 주요 항법시스템(PFD : Primary Flight Display) 전체 모습

나. 항공기 자동조종 항법 제어시스템[MCP : Mode Control Panel]

[Figure 7-6]에서는 PFD 항법 시스템 상단에 구성되어 있는 항공기 조종 항법 설정 패널(Mode Control Panel)의 배치 모습을 보여주고 있다. 본 패널 상에서 가장 왼편 쪽에는 항공기 자동조종 설정용 Box가 설치되어 있으며, 그 다음으로 항공기 속도 지시기(IAS : Indicated Air Speed)가 또한 설치되어 있으며, 이어서 항공기 기수방향 지시계(Heading Indicator)가 위치되어 있다. 마지막으로 가장 오른편에서는 항공기 고도를 지시하는 고도 지시계(ALT : Altitude Indicator)가 설치되어 있음을 확인할 수가 있다.

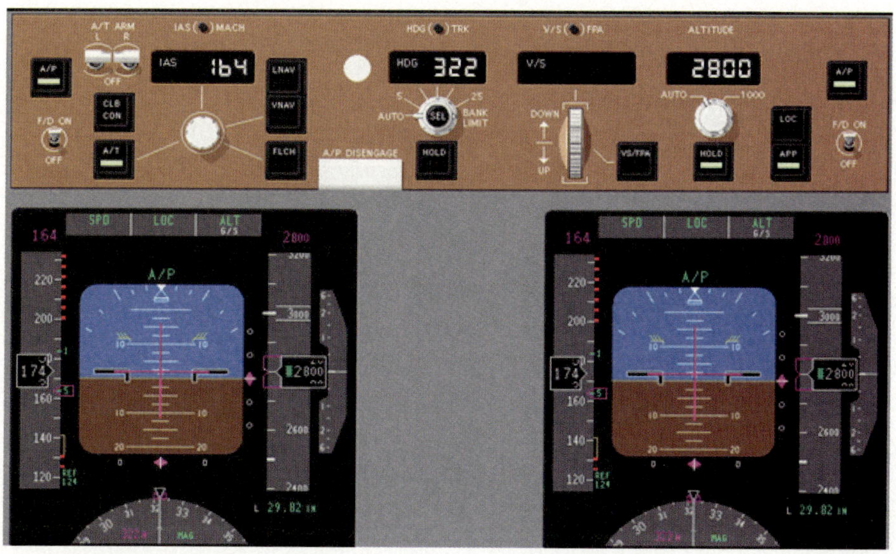

[Figure 7-6] 항공기 탑재장비 자동항법 제어 시스템(MCP : Mode Control Panel) 전체 모습

다. 무선자기방향 지시계[RMI : Radio Magnetic Indicator]

본 시스템은 [Figure 7-7]에서와 같이 비행중인 항공기 조종사에게 선택 스위치에 따라 ADF (Automatic Direction Finder) 또는 VOR(VHF Omnidirectional Range)에서 수신된 자북을 기준으로 하는 방위 정보를 지시해 주는 기능을 수행한다. 그리고, Narrow needle(좌측 Knob)은 #1을 Wide needle(우측 Knob)은 #2 System이다.

[Figure 7-7] 항공기 VOR 지시계 모습

라. 수평자세 지시계[HSI : Horizontal Situation Indicator]

본 시스템은 [Figure 7-8]에서와 같이 항공기 조종사에게 비행경로를 종합적으로 지시해 주는 장비로써 관성항법장치(IRS : Inertial Reference System)를 비롯해 전방향표지장치(VOR)와 무선방향탐지장치(ADF : Automatic Directional Finder)으로부터 수신된 방위각을 포함해 자기 방향, 원하는 방향, 항로, 헤딩 활공 경사각, 코스 이탈정보 및 목표지점으로부터의 거리 등 정보를 지시해 주는 기능을 수행한다.

한편 수평 자세 지시계는 HSI→EHSI(Electronic HSI)→ND(Navigation Display) 등의 개선된 시스템으로 발전되어 왔다.

[Figure 7-8] 항공기 HIS 지시계 모습

마. VOR 항법장비[ND : Navigation Display]

본 시스템은 [Figure 7-9]에서와 같이 항법에 관련된 시스템으로써 항공기 조종사에게 항공기의 현재 위치정보를 비롯해 기수방위, 비행방향, 설정된 코스에 대한 이탈 상태, 예정 비행코스, 중간 웨이포인트 통과지점까지의 거리와 방위, 소요시간, 풍향/풍속, 대지 속도 및 구름 상태 등에 대한 정보를 알려주는 기능을 수행한다.

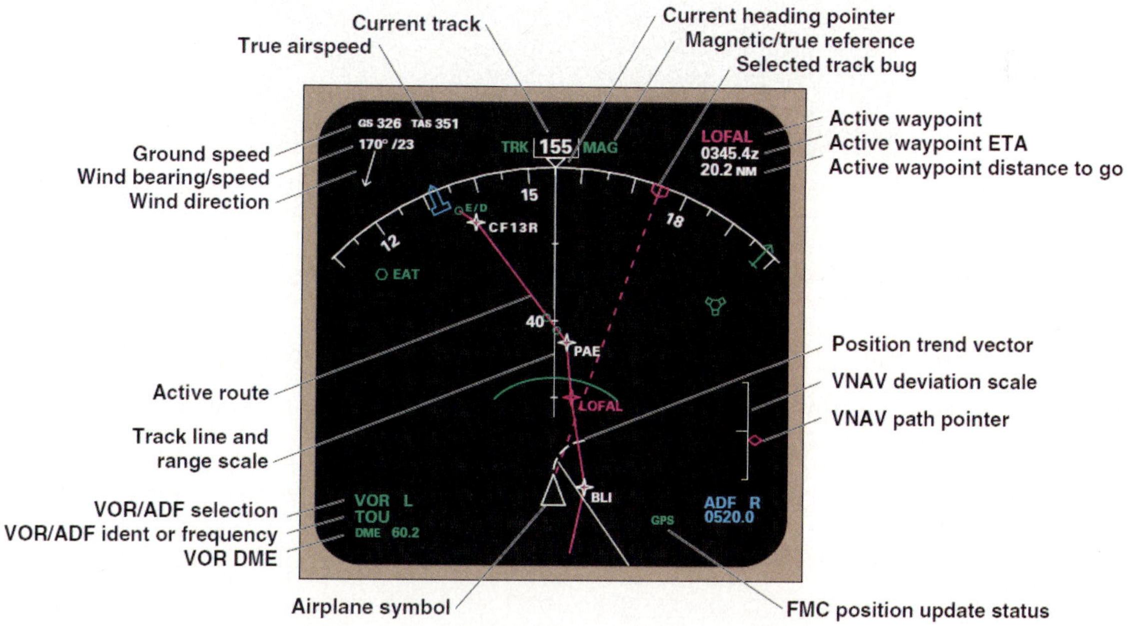

[Figure 7-9] 항공기 ND 지시계 상세 기능별 모습

다음은 [Figure 7-10]에서와 같이 항공기 기장 및 부기장석에 설치된 ND 지시계의 실제 모습을 보여주고 있다.

[Figure 7-10] 항공기 VOR 항법 장비(ND) 배치 모습

또한 [Figure 7-11]에서는 VOR과 ND 시스템의 상세 모습을 보여주고 있다.

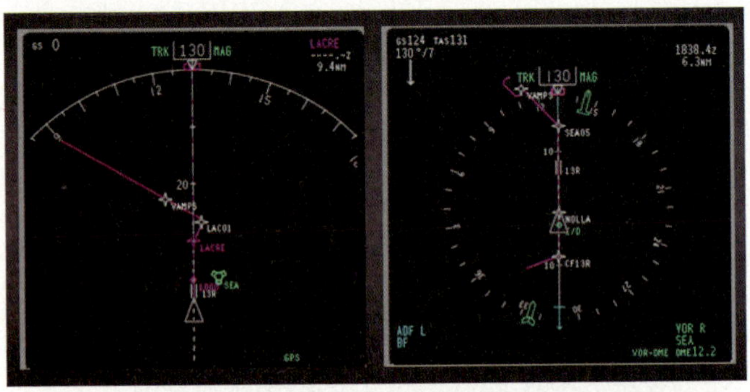

[Figure 7-11] 항공기 VOR, 항법 장비(ND) 상세 모습

바. 전자비행계기장치[EFIS : Electronic Flight Instrument System]

본 시스템은 [Figure 7-12]에서와 같이 항공기 조종석에 설치되는 Display 시스템으로써 일명 EIS(Electronics Instrument System)라 부르며, 본 EIS는 EFIS와 ECAM(AIRBUS 사) 또는 EICAS(BOEING 사)로 구성되어 있다.

다시 말해, EFIS는 FPD 비행 계기, ND 항법계기와 이들의 Display를 조정하는 Control Panel로 구성되어 비행 정보와 항법 정보를 지시하는 기능을 수행한다.

한편, EFIS는 기계식에서 CRT, LCD로 발전되면서 현대 항공기 Cockpit Display System을 Glass Cockpit이라 하고 나아가 Display에 QRH 수행도 자동화되면서 CDS(Control and

Display System)이라 부르고, 더 나아가 요즘은 조종석을 Paperless Cockpit이라 한다.

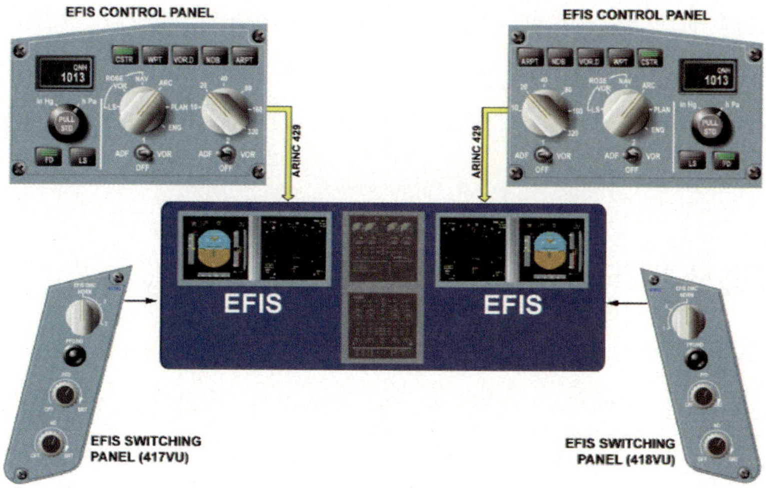

[Figure 7-12] 항공기 EFIS 지시계 구성도

사. 무선방향탐지장치[ADF : Automatic Directional Finder]

본 시스템은 [Figure 7-13]에서와 같이 수신용 Loop+Sense로 구성된 안테나를 포함해 수신기와 제어장치 등으로 구성이 되며, 100~500Km까지 무지향으로 전파신호를 발사하는 최초의 지상 항법 장비인 NDB로부터(Non-Directional Beacon) 안테나를 중심으로 한 위치와 상대 방위(Relative Bearing) 정보를 수신하여 항공기 조종사에게 제공해 주는 기능을 수행한다.

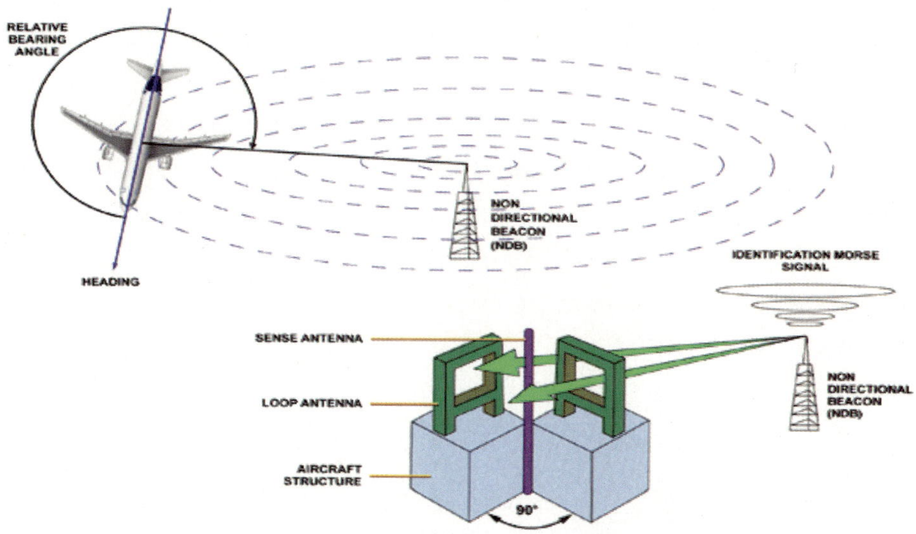

[Figure 7-13] 항공기 ADF 시스템 구성도

즉, 본 시스템은 항공기를 Ground Station(NDB)으로 유도하는 역할을 수행한다. 항공기가 어떤 Heading에 위치해 있든 간에 본 시스템의 계기는 0° RB(Radio Beacon : NDB)를 지시하도록 유도하는 데 이와 같은 동작 상태를 Homing이라고 부른다. 이와 같이 항공기를 지상 장비인 무지향 표지시스템(NDB)으로 Homing 시키기 위해서는 지상 장비의 운용주파수(RF Frequency)로 설정한 후 식별부호(Morse Code)를 확인함과 아울러 항공기 탑재 장비인 본 시스템(ADF)의 계기지침(Needle)을 0° RB(Radio Beacon : NDB)의 위치로 지시되도록 설정한다.

아. 관성항법장치[IRS : Inertial Reference System]

본 시스템은 [Figure 7-14]에서와 같이 항공기에 장착된 가속도계를 통해 가속도를 1차 적분하여 속도, 속도를 2차 적분하여 이동 거리를 산출하는 장치로써 자신의 위치를 인지하고 Bearing은 Gyro가 감지하여 목적지까지 비행항로(Heading)를 결정토록 하는 독립항법장치이다.

본 시스템의 특징은 기상 및 전파영향에 관계없이 지구 전역에서 자유로이 비행할 수는 있는 자립 항법장치로써 관성항법장치 출현 이전에는 항법사가 계산한 진북의 위치를 포함 항법 정보에 의존하였으나 IRS가 장착된 항공기에서는 조종사 스스로 조작과 항법이 가능하다.

한편, 본 시스템은 항공기가 긴 거리를 비행할 때는 시간에 비례하는 오차가 발생한다. 그러나 이와 같은 오차 발생에 대한 문제점은 Primary NAV인 위성항법장치(GPS : Global Positioning System)로 보정이 이루어지고 GPS 사용이 불가한 경우는 무선항법 원조 장치 Alternate NAV 장치인 DME 또는 VOR로 수정한다.

참고로 항로상에서 현 위치(Present Position) 결정에 사용하는 항법 장비 우선순위를 EPE (Estimated Position Error)라 하는데 FMC+GPS+IRS-> FMC+IRS+DME+DME-> FMC+IRS+DME+VOR-> FMC+IRS Only의 순이다.

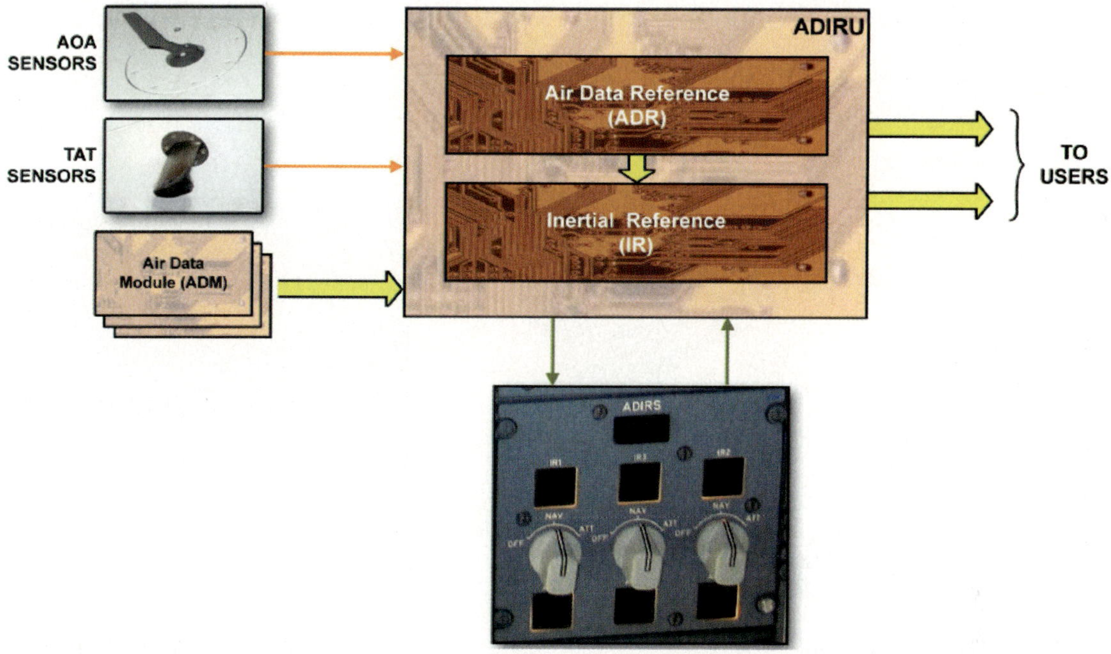

[Figure 7-14] 항공기 IRS 시스템 구성도

자. 위성항법장치[GPS : Global Positioning System]

본, 시스템은 [Figure 7-15]에서와 같이 STAR(System Time and Ranging) Worldwide 항법원조 GPS로 정확한 항법 정보를 얻기 위해, GPS 인공위성에서 발사된 전파를 수신한 후 측정된 거리지점까지의 소요시간을 계산하여 위성과 수신기 간의 거리를 구함으로써 삼각법의 원리를 이용, 사용자의 현재 위치벡터를 계산하는 장치를 말한다.

한편, GPS는 다음과 우주 부분, 제어 부분, 사용자 부분으로 구성되어 있다.

- 우주 부분 : 6개의 궤도에 4개의 위성이 배치되어 총 24개 위성으로 구성되어 있고 특성은 적도로 55° 기울어져 있으며, 고도는 약 20,200Km이고 공전주기는 12시간이다. 제공하는 정보는 위성의 위치, 위상 데이터, 기압정보이다.
- 제어 부분 : 제어 부분은 위성을 추적 관리하는 4개의 Monitor Station(마셜제도, 하와이, 대서양, 인도양) 1개의 Master Station(Co, USA)이 있다.
- 사용자 부분 : GPS위치 계산의 원리는 전파의 속도는 1초에 30만km로 일정하므로 최소 4개의 GPS 위성에서 출발한 송신 시간과 GPS안테나에 도착시간을 계산함으로써 측정된다. 즉, 인공위성에서 출발한 신호 도달 시간을 측정하여 항공기의 위치정보를 계산한다. 아울러, GPS 신호는 전 세계지역에 대해 연속적인 위치 결정이 가능한 반면에 대역 확산 통신방식의 채택으로 혼신의 영향을 받을 수가 있다.

한편, 이용 코드를 선택함으로써 동시 병행수신이 가능할 뿐만 아니라, 용도에 따라 적합한 정밀도를 갖춘 자료들로 구분하여 사용한다. 사용자 부분의 수신기 기능은 신호 획득, 거리계산, 항법 계산, 고장 난 위성의 관찰하는 역할을 수행한다.

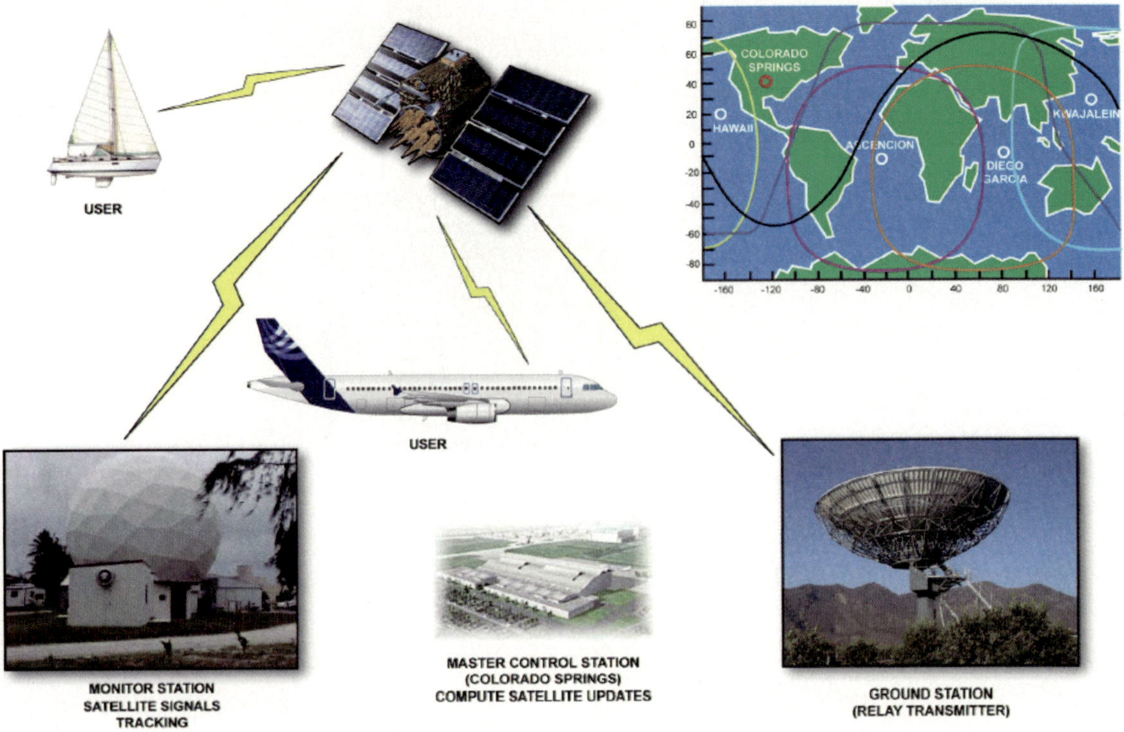

[Figure 7-15] 항공기 GPS 시스템 구성도

차. 지상근접경보장치[GPWS : Ground Proximity Warning System]

본 시스템은 [Figure 7-16]에서와 같이 항공기가 안전하게 착륙을 할 수 있도록 비행 시 위험 경고를 알려주는 장치로써 전파고도계의 고도상승 또는 하강에 따른 기압 고도의 변화율과 착륙장치 상태, 고양항력장치 등과 같은 정보로 가지고 동작하는 여러 가지 모드가 있다.

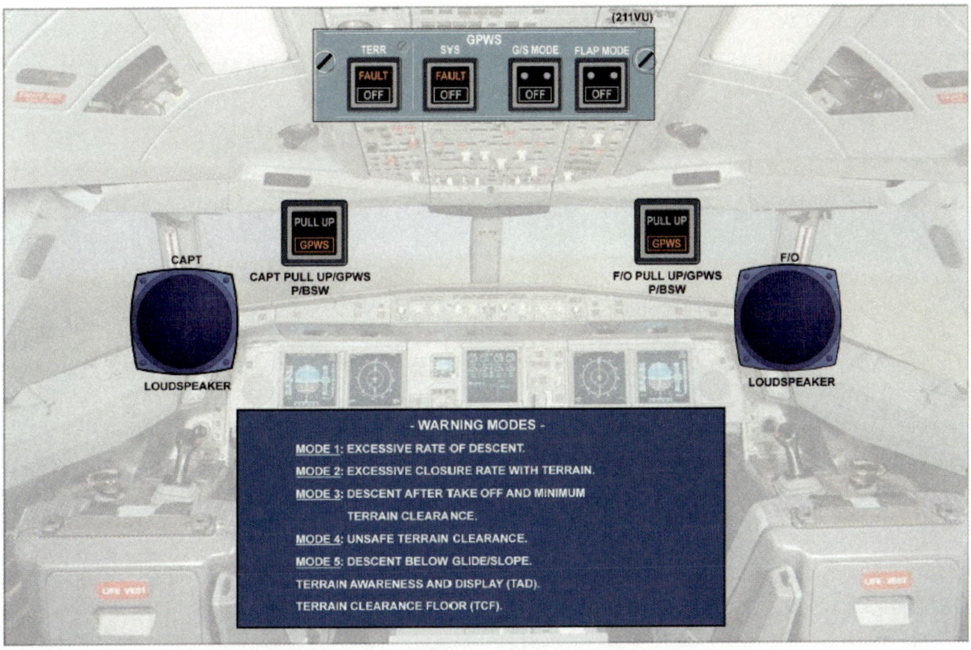

WARNING MODES

[Figure 7-16] 항공기 GPWS 시스템 구성도

본 시스템은 [Figure 7-17]에서와 같이 항공기가 현 상태에 부합하지 않는 조건인 속도, 고도로 접근하면서 비행할 경우에는 즉시 적색경보 등이 점등되면서 멈춤을 의미하는 "Pull-Up" 등과 같은 음성 경고음을 조종사에게 알려주는 기능을 수행한다.

한편, 경보는 조종사가 회피 조작을 한 후에도 위험한 상태로부터 완전히 벗어날 때까지 자동 지속함은 물론 인위적으로 차단(Cut-Off)할 수 없도록 설계되어 있다.

[Figure 7-17] 항공기 GPWS 동작 원리(1)

한편, [Figure 7-18]에서와 같이 항공기가 비정상적으로 지상에 낮게 G/S Course를 많이 벗어나 접근하면서 비행할 경우에는 즉시 적색경보 등이 점등되면서 멈춤을 의미하는 "Glide slope"이라는 음성 경고음을 조종사에게 알려주는 역할을 수행한다.

[Figure 7-18] 항공기 GPWS 동작원리(2)

또한, 본 GPWS TAD 시스템은 [Figure 7-19]에서와 같이 항공기가 비행하는 전면 지형의 높고 낮음을 예측할 수 있도록 색상으로 구분하여 나타내 주는 역할을 수행한다.

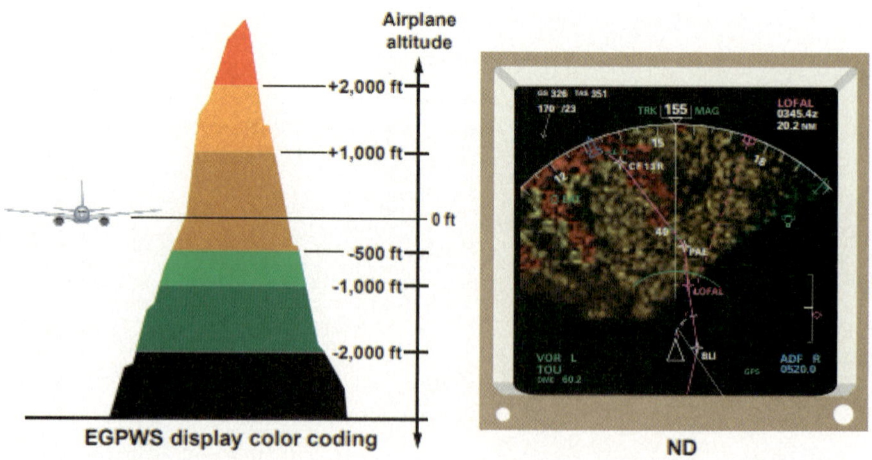

[Figure 7-19] 항공기 GPWS 동작원리(3)

그리고 〈Table 7-1〉에서와 같이 Mode 1~5 상황발생 시 Reactive aural alert만 있는 것을 GPWS Basic Mode라 하고 Mode 6, 7처럼 상황발생 시 Aural과 Visual alert 등 모든 기능을 갖추고 있는 시스템을 EGPWS Enhanced mode라 한다.

〈Table 7-1〉 GPWS Mode별 경고 기능 목록표

MODES	CONDITIONS	WARNINGS	REMARKS
Mode 1	산이나 지표에 접근율이 비정상적으로 클 때	Sink Rate, Pull Up	Basic Mode
Mode 2	절대고도 2,500ft 이하에서 강하율이 지나치게 클 때	Terrain Pull Up	"
Mode 3	이륙 후 안전한 고도 약 700ft에 도달전 하강하는 경우	Don't Sink	"
Mode 4	Flap & L/G가 착륙 자세가 아닐 때 절대고도가 낮아지는 경우	Too Low Gear, Flap, Terrain	"
Mode 5	계기 착륙 시 ON Course G/S 아래로 떨어지는 경우	Glde Slope	"
Mode 6	경사각(Bank angle protection Roll angle 35°이상시)	Bank Angle	Enhanced mode
Mode 7	윈드시어(Windshear protection)	Wind shear	"

카. 사고 장소 위치 알림시스템[ELT : Emergency Locator Transmitter]

본 시스템은 [Figure 7-20]에서와 같이 항공기 사고 등 조난 시 긴급구조를 위해 항공기 사고 위치를 3개의 전파(민간항공기 : VHF 121.5MHz, 군용 : UHF 243MHz, 406MHz, 위성용 : 1.54GHz)신호로 알리는 시스템으로써 항공기에 장착된 것은 자동으로 동작하고 비상용 장구인 휴대용은 수동으로 동작한다.

한편, 동 시스템은 자체 내부의 전원으로 동작이 유지되며, GPS를 통한 사고지점 수신 거리는 반경 2,500Km(1,367NM)에 이르며 수신 거리를 초과하는 경우는 GPS가 조난신호를 저장했다가 수신범위에 도달하면 전송한다.

그리고 실제 사고 발생 시 지상 구조대는 동 신호로 반경 1.8Km(5,900ft) 이내로 사고지점을 식별할 수 있게 된다.

동 시스템은 또한 지상에서 동작 점검 시에는 당국에 사전허가를 득한 후 수행하여야 하며 이렇게 하지 않는 경우 조난 구조대가 출동하는 등 타 항공기에도 지장을 줄 수 있으므로 반드시 관련 절차를 준수하여야 하고 일반적으로 매 시각 정시에 점검한다.

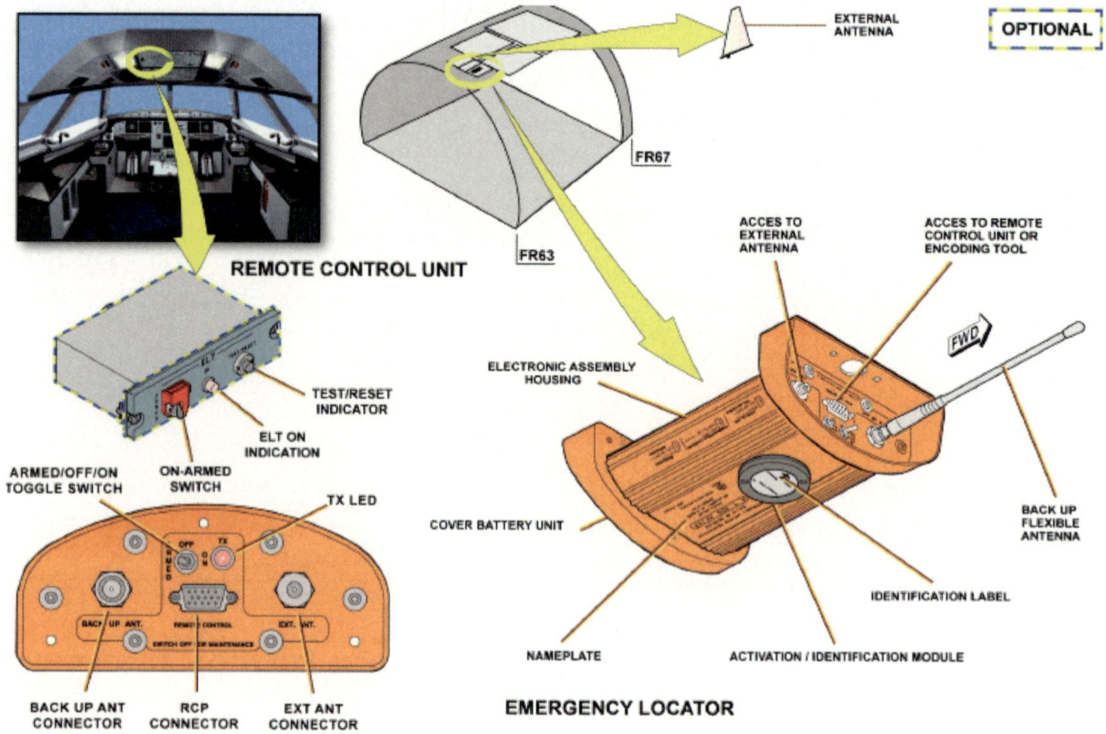

[Figure 7-20] 항공기 ELT 시스템 구성도

타. 보조 항행시스템(ISIS : Integrated Standby Instrument System)

본 시스템은 [Figure 7-21]에서와 같이 주 동정압 장치인 #1 CAPT, #2 F/O 이들이 고장이 나면 사용하는 #3 STBY 동정압장치로 동작하는 자세계, 고도계, 속도계, ILS Indicator로 이루어진 통합 계기이다.

다시 말해 EIS에서 EFIS인 CAPT PFD/ND, F/O PFD/ND가 모두 고장 시 사용하는 일종의 비상용 계기이며 또한 본 계기에 지시하는 정보는 오차를 수정한 Digital Type이 아니고 Analog (Discrete) Type이다.

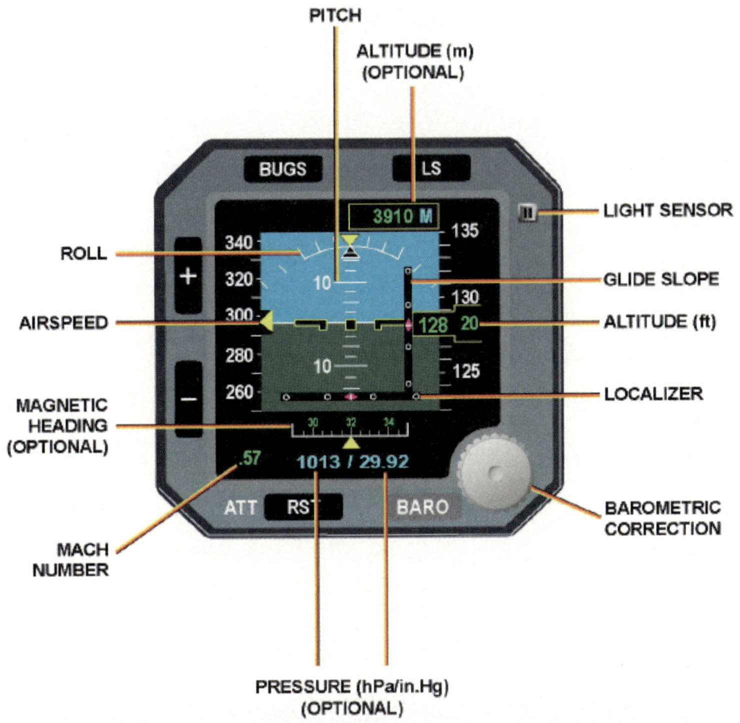

[Figure 7-21] 항공기 ISIS 시스템 기능별 상세도

파. 예비항법시스템(SNS : Standby Navigation System)

본 시스템은 [Figure 7-22]에서와 같이 항공기의 예비항법 시스템의 배치 모습을 보여주고 있다.

[Figure 7-22, 23] 항공기 보조항법시스템(SNS : Standby Navigation System) 배치도 모습 & 상세모습

한편 [Figure 7-23]에서는 ISIS 이전 항공기에 장착된 예비항법 시스템의 상세 모습을 보여주고 있다.

하. 전방상향시현기(HUD : Head-Up Display)

본 전방상향시현기는 [Figure 7-24]에서와 같이 조종석 시야 바깥에 항공기 비행 정보를 중첩해 비추는 계기이다.

주로 항공기 이착륙 시 전방주시에 쉽도록 비행, 항법 등 다양한 정보를 시야 전면에 배치하여, 조종사가 시선을 옮기는 것을 최소화하여 안전한 이착륙을 도와준다.

이 장치는 처음 군용 항공기술로 개발되었지만 민간 분야에서도 일부 기종에 다양하게 응용되고 있다.

다만 본 장치는 선택 장비로써 비행기 도입 시 항공사별, 기종별로 장착 여부 결정을 다르게 하고 있다.

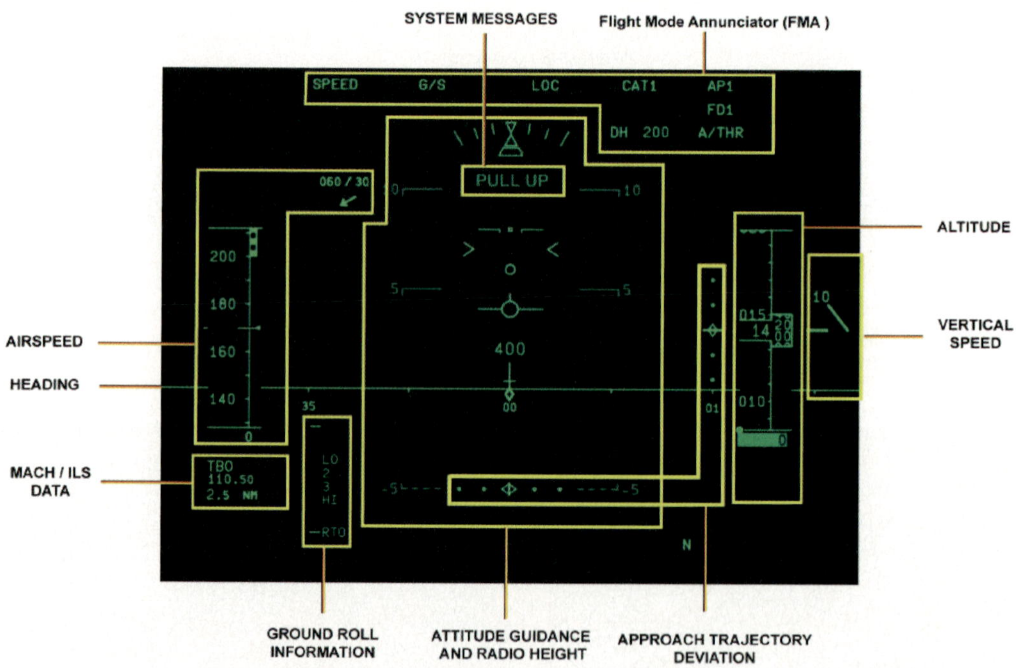

[Figure 7-24] 항공기 HUD 시스템 모습(1)

한편, 본 시스템은 [Figure 7-25]에서와 같이 조종사가 고개를 든 채로 전방을 주시할 수 있도록 설계된 지시기(Display)라는 의미로써 일명 Head Up Display라는 명칭이 부여되었다. 본 시스템은 초창기에는 군용 전투기의 조준경 역할로써 레이더로 조준한 표적(적기)이 미사일 사거리 내에 들어왔는지를 알려주는 차원에서 시작되었으나, 현재는 민항기에 정식 도입됨으로써 항공기 조종사에게 도형과 숫자, 문자로 이루어진 항공기의 고도를 포함한 방향 및 자세와 같은 다양한 정보들을 제공해 주고 있는 시스템으로 응용되었다.

[Figure 7-25] 항공기 HUD 동작 상태 모습

그리고 [Figure 7-26]에서는 HUD 항공기 항속 속도 지시기(Air-Speed Indicator)를 비롯해 고도계(Altimeter), 항공기 기수 방향 지시계(Heading Indicator) 및 LOC/VOR & Glide Path 항법 계기가 구성되어 있음을 볼 수가 있다.

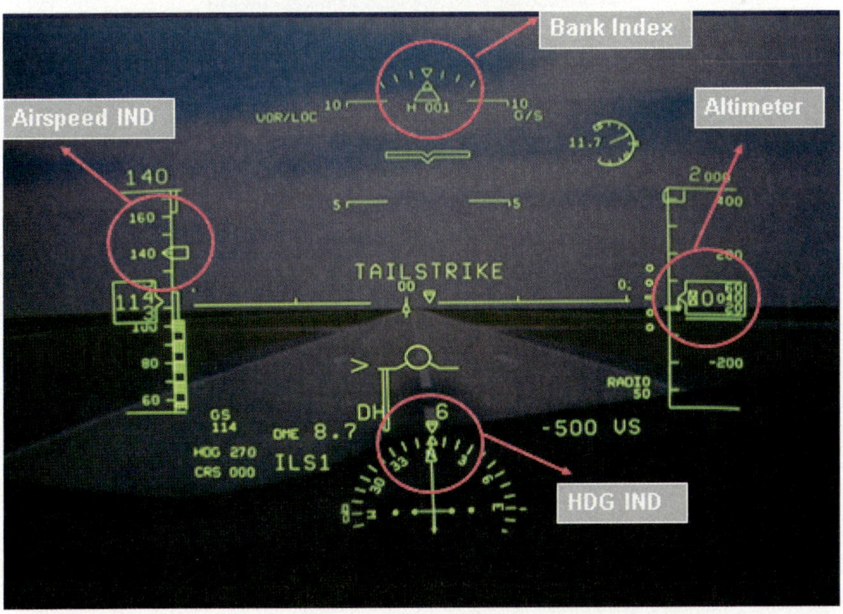

[Figure 7-26] 항공기 HUD 기능별 동작 상태 모습(2)

거. 공항항행시스템(OANS : On board Airport Navigation System)

본 시스템은 [Figure 7-27]에서와 같이 이륙 이전과 착륙 직전 공항내 도면을 ND에 시현하여 지상활주 시 보다 편리하도록 돕는 기내 장착 시스템이다.

이에 따라 조종사에게는 활주로 침범이나 이륙 활주로 오류와 같은 위험성을 사전에 막아주는 기능을 수행하며, 또한 Taxing 속도도 가감하여 지연도 줄여 줄다.

참고로 공항정보는 ANF(Airport Navigation Function) Data base에 저장되어 있다.

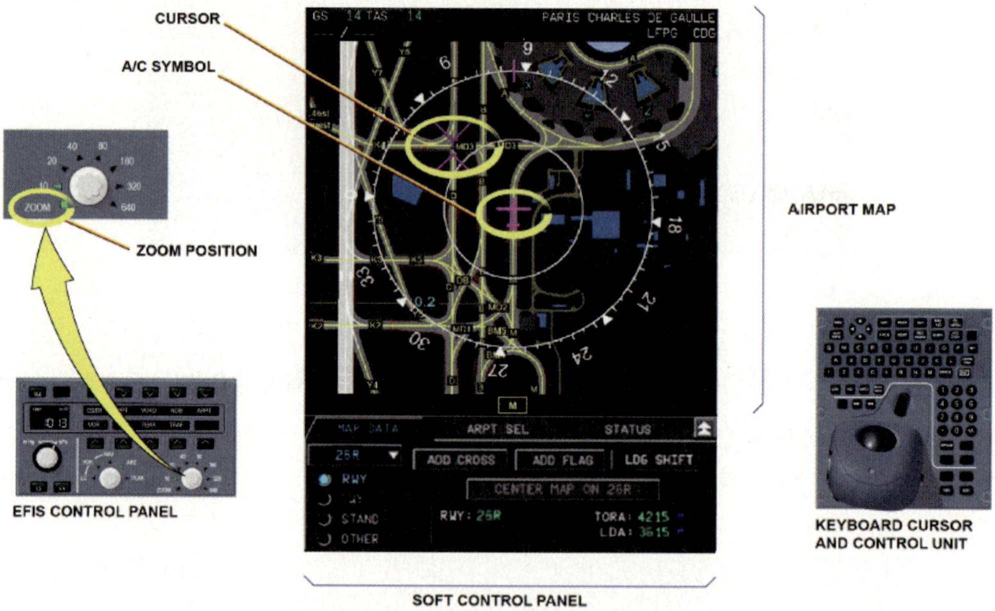

[Figure 7-27] 항공기 ONAS 시스템 구성도

너. 항공기 비행관리시스템(FMS : Flight Management System)

본 FMS 시스템은 [Figure 7-28]에서와 같이 조종석 좌/우에 배치되어 항공기가 공항 활주로에서 이륙 준비 시부터 착륙 시까지 전 비행 과정을 자동화하기 위한 FMC 주 컴퓨터에 비행계획을 입력하는 역할을 수행하는 특수 컴퓨터 시스템을 말한다.

[Figure 7-28] 항공기 FMS 배치상태 모습

그리고 본 FMS 시스템은 Button Type 입력장치로 설계된 다목적 제어지시장치(MCDU : Multipurpose Control Display Unit)는 소형 Display 장치를 보고 비행 관리 컴퓨터(FMC : Flight Management Computer)를 통해 전자비행 계기 시스템과 항로 화면과 항공 다기능 전시기(MFD : Multi-function Display)로 정보를 전송 및 제어한다.

특히 본 FMS 시스템은 항공기 항법에 필요한 항법정보데이터베이스(NDB : Navigation Data Base)가 설치되어 있음으로 인해 비행계획을 새로 설정하거나 공항 및 활주로 정보를 검색할 수가 있을 뿐만 아니라, 계기접근 절차까지 동 시스템을 통해 계획하여 처리할 수가 있다. 다만, NDB는 28일 주기로 모든 항공기는 데이터베이스를 Up-date 하여야 한다.

즉, 과거와는 달리 최근의 FMS 시스템상에는 자동조종기능(Auto Pilot)은 물론 관성항법장치를 비롯해 DME, VOR, GPS 등 모든 NAV Aids 기능과 엔진 기능까지 통합됨으로써 항공기의 비행 관리 기능, 성능관리기능, 항법 기능포함 각종 데이터를 제어할 수 있는 통합적인 정보를 제공할 수가 있다.

[Figure 7-29] 항공기 FMS 상세 배치상태 모습

무엇보다 이와 같은 FMS 시스템 발전으로 인해, 항공기 연료량과 승객의 수에 따른 항공기 이륙속도 등의 복잡한 계산이 쉬워졌을 뿐만 아니라, 조종사들은 조종간과 스로틀(Throttle)을 잡는 것보다 MCDU를 통해 FMC 컴퓨터에 비행계획을 입력하여 항공기를 조종할 수 있게 되었다.

따라서 항공기 조종사들은 조종간을 Control 하는 것보다 FMS를 통해 원하는 경로와 고도는 물론 이/착륙 절차를 설정하여 비행이 이루어지는 것이 Primary이며 조종사는 FMC 비행상태를 감시하는 즉, Flight monitoring이 주된 임무라 요즘은 기장석 조종사는 PF(Pilot flying)이라 하며, 부기장석 조종사는 PM(Pilot monitoring)이라 한다.

2. 항공감시장비

가. 자동종속감시장치(ADS-B : Automatic Dependent Surveillance-Broadcast)

본 시스템은 [Figure 7-30]에서와 같이 GPS(Global Positioning System) 위성 항법 시스템의 1,090 MHz 전송 링크를 사용하여 항공기 비행, 항법 정보를 일정 주기마다 내보내 지상의 항공교통관제(ATC: Air Traffic Control)와 다른 항공기가 수신하도록 자동으로 방송(broadcast)하는 항공기 감시 체계이다.

ADS-B 시스템은 항공기의 항적감시에 필요한 정보(항공기 식별부호, 위치, 속도, 방향 등)를

1초 단위로 지상의 ATC(Air Traffic Control) 관제소와 다른 항공기에 방송(Broadcast)한다. Mode-S Transponder 기능을 향상시켜 기존 레이더 항공관제보다 정보수집과 전달속도가 빠르고 다양하고 더 정확한 정보를 전달한다.

한편, 이용자는 EFIS 화면에 표시된 정보를 보고 항공기 주변의 감시 정보를 확인할 수 있다.

참고로, 본 시스템은 최근에 장착이 의무화된 장비로써 US Airspace는 2020년 1월 1일 이전, Europe Airspace는 2020년 6월 1일 이전까지 장착이 완료되어야만 하고 신규 도입 비행기는 장착이 되어 도입된다.

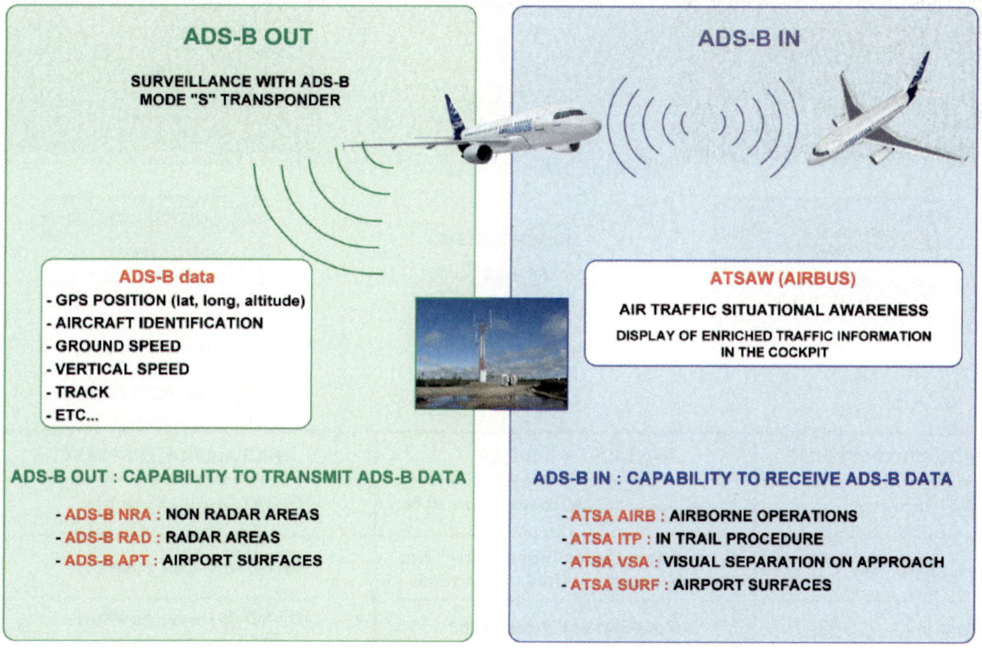

[Figure 7-30] **항공기 ADS-B 시스템 운영 개념도**

나. 공중충돌방지장치(TCAS : Traffic Alert & Collision Avoidance System)

본 시스템은 미연방항공청(FAA : Federal Aviation Administration)에서 명명한 장치로써, 항공기 간의 공중충돌을 방지하기 위해 항공기 주위를 Mode-S Transponder 시스템을 통해 감시하여 TCAS 컴퓨터가 항공기 간의 간격, 고도, 비행 방향, 속도 등을 항공기 조종사에게 알려주는 기능을 수행하는데 고도간격, 비행거리 간격이 감시가 필요한 항공기는 TA(Traffic Advisory)라 하고, 약 35초 내 충돌이 예상되면 회피 동작을 알려주는 기능을 RA(Resolution Advisory) 기능이라 한다.

참고로, 본 시스템과 관련하여 국제민간항공기구(ICAO : International Civil Aviation Organization)에서는 ACAS(Aviation Airborne Collision Avoidance System)으로 명명하였고 FAA 등 기타 기관은 TCAS라 한다.

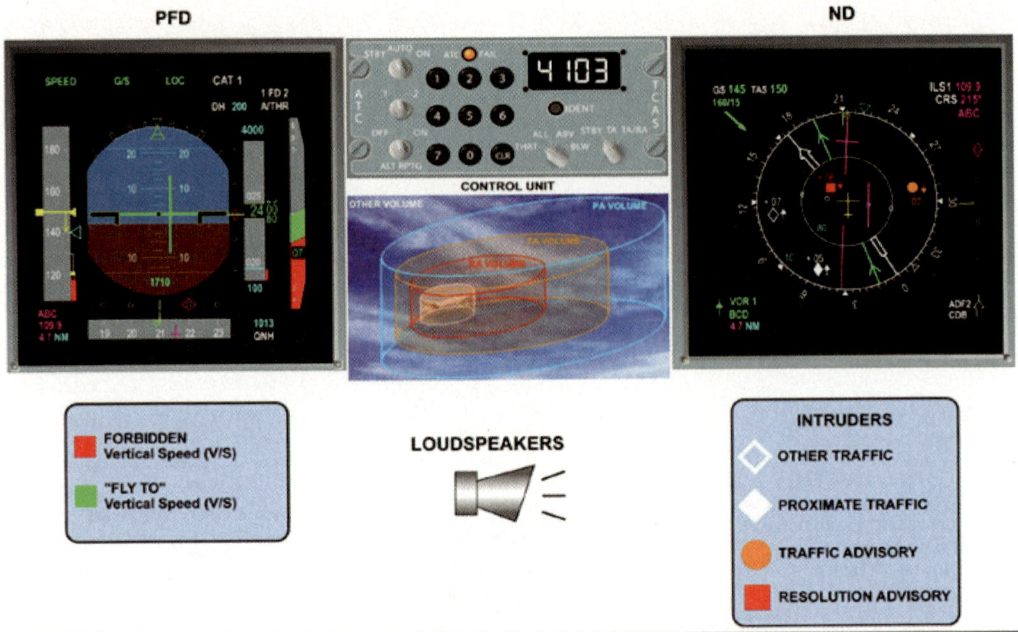

DETECTION VOLUME	INTRUDER POSITION	INFORMATION DISPLAYED
Other intruders	No collision threat, closer than 30 Nm	On ND, intruder position
Proximate (PA)	No collision threat, closer than 6 Nm in lateral and +/- 1200 ft in vertical	On ND, intruder position
Traffic Advisory (TA)	Potential collision threat	On ND, intruder position and aural messages
Resolution Advisory (RA)	Real collision threat	On ND, intruder position, aural messages and avoidance maneuver orders on PFD

[Figure 7-31] 항공기 TCAS(ACAS) 시스템 구성도

한편 [Figure 7-31]에서는 항공기 TCAS(ACAS) 시스템의 상세 구성 및 기능을 보여주고 있다.

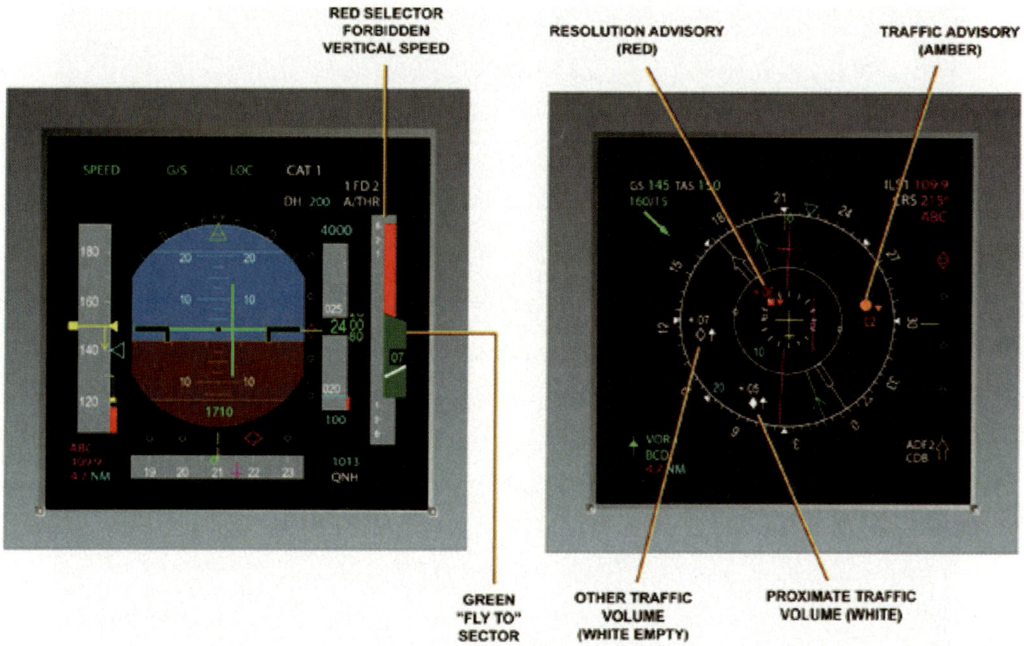

INDICATING

[Figure 7-32] 항공기 TCAS(or ACAS) 동작원리 이론

[Figure 7-33, 34, 35, 36, 37]에서는 항공기 TCAS(or ACAS) 동작원리를 보여주고 있다.

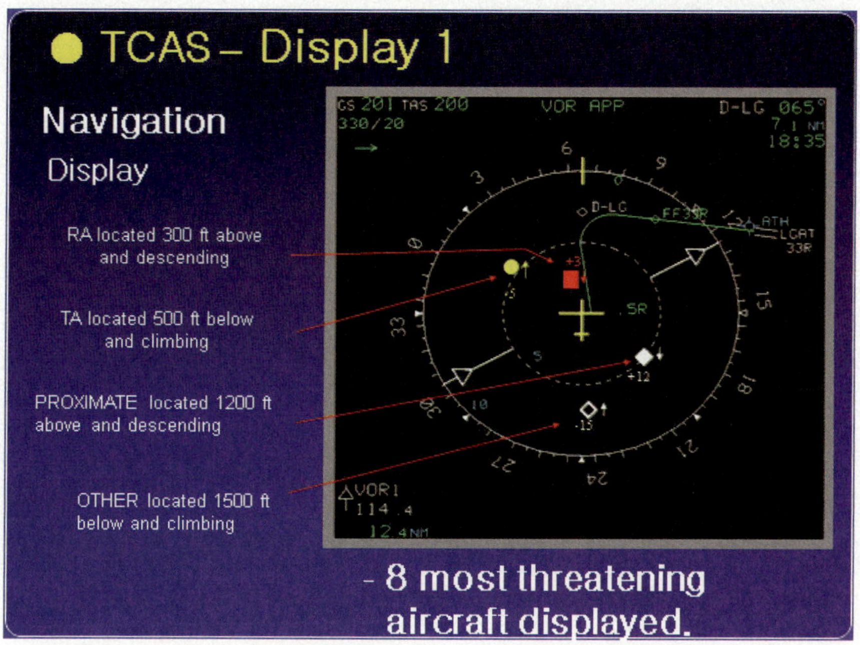

[Figure 7-33] 항공기 TCAS(or ACAS) 동작원리(1)

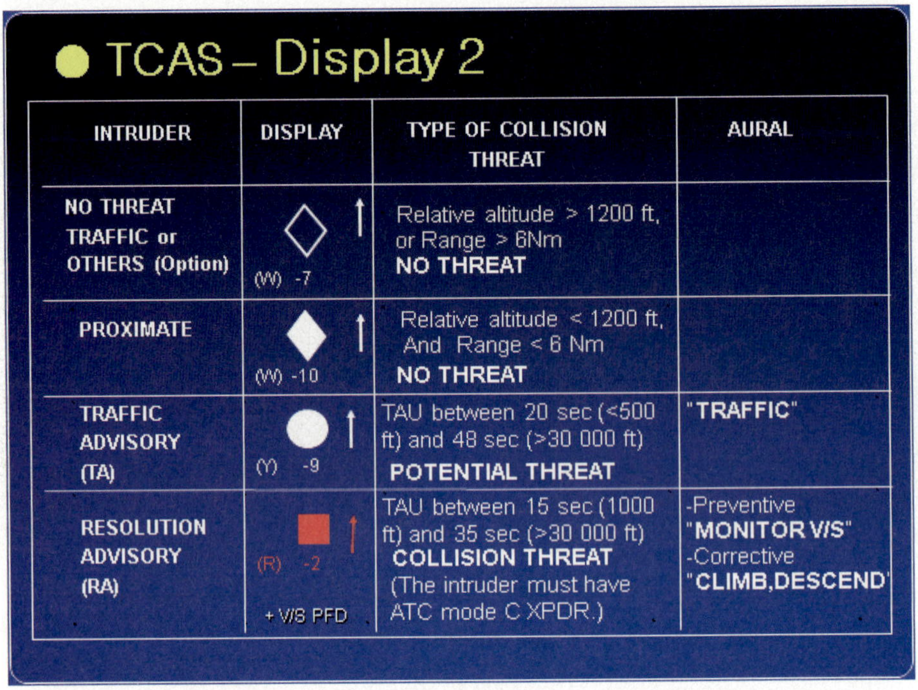

● TCAS – Display 2

INTRUDER	DISPLAY	TYPE OF COLLISION THREAT	AURAL
NO THREAT TRAFFIC or OTHERS (Option)	◇ ↑ (W) -7	Relative altitude > 1200 ft, or Range > 6Nm **NO THREAT**	
PROXIMATE	◆ ↑ (W) -10	Relative altitude < 1200 ft, And Range < 6 Nm **NO THREAT**	
TRAFFIC ADVISORY (TA)	● ↑ (Y) -9	TAU between 20 sec (<500 ft) and 48 sec (>30 000 ft) **POTENTIAL THREAT**	"**TRAFFIC**"
RESOLUTION ADVISORY (RA)	■ ↑ (R) -2 + V/S PFD	TAU between 15 sec (1000 ft) and 35 sec (>30 000 ft) **COLLISION THREAT** (The intruder must have ATC mode C XPDR.)	-Preventive "**MONITOR V/S**" -Corrective "**CLIMB,DESCEND**"

[Figure 7-34] 항공기 TCAS(or ACAS) 동작원리(2)

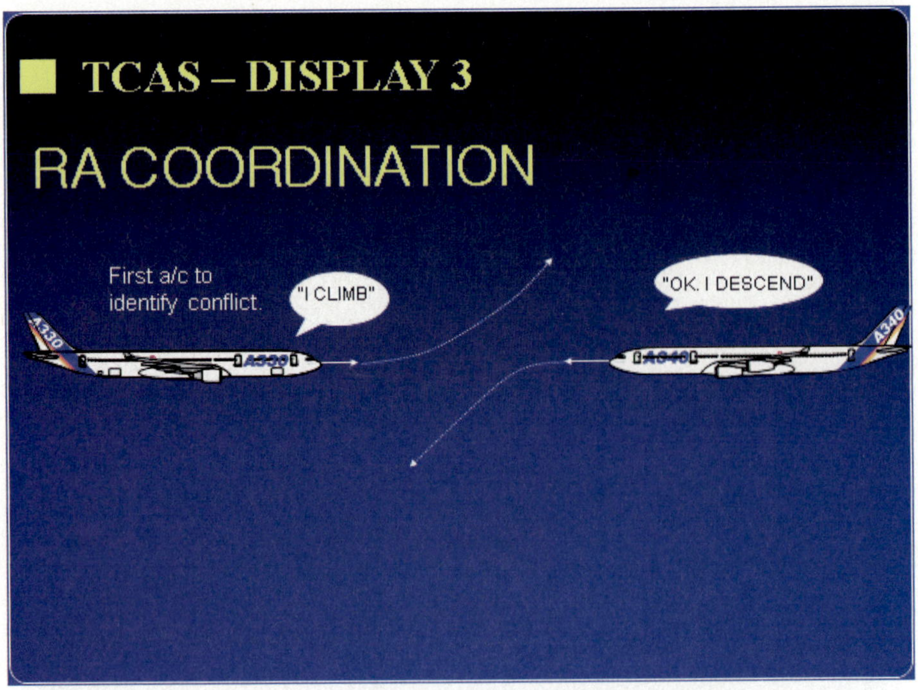

[Figure 7-35] 항공기 TCAS(or ACAS) 동작원리(3)

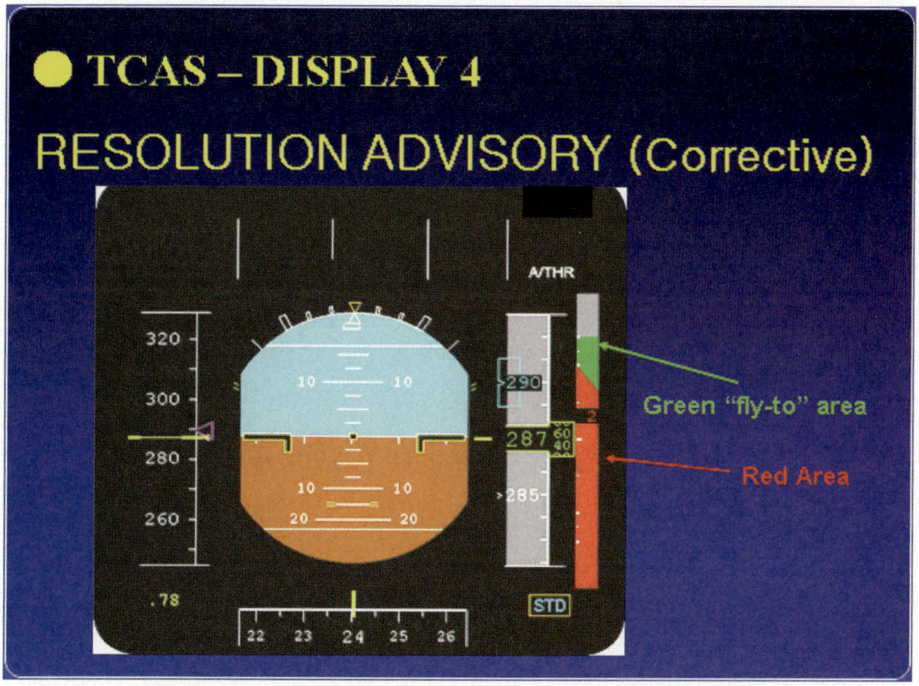

[Figure 7-36] 항공기 TCAS(or ACAS) 동작원리(4)

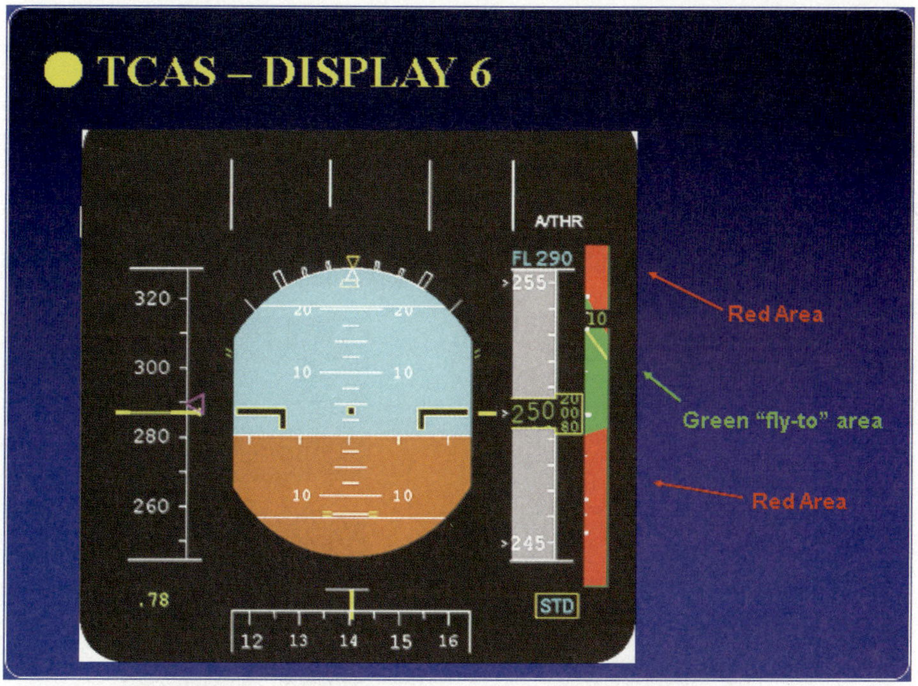

[Figure 7-37] 항공기 TCAS(or ACAS) 동작원리(5)

다. 기상레이더(WXR : Weather Radar)

기상 및 윈드시어 감시 레이더 시스템은 [Figure 7-38]에서와 같이 안테나로 포착된 난기류 강우 지역과 윈드시어 예측지역을 검출하는 기능을 수행한다.

이에 따라 조종사는 거리와 방위를 보고 이러한 지역을 회피하여 비행하게 된다.

이러한 원리는 레이더 안테나가 마이크로웨이브파를 지향성 안테나로 송신해서 돌아오는 Echo파를 수신해서 Echo파가 돌아오는 시간으로 거리를 계산하고 방위는 Echo파 수신시 안테나 위치에 의해서 결정된다. 각 Mode별 세부 동작거리는 아래 표와 같으며, 승객이 탑승하는 게이트나 격납고 내와 연료 보급 중에는 마이크로파로 인한 인명피해와 화재 발생을 방지하기 위해 안테나 기준 5~100m, ±90°~135° 내에서는 기상레이더를 TEST MODE 이외는 절대로 작동시키지 말아야 한다.

MODE	MAX RANGE	REMARKS
Weather 감지	320NM	
Turbulence 감지	40NM	
Windshear 감지	5NM	RA 2,300 feet 이하, Azimuth ±40°

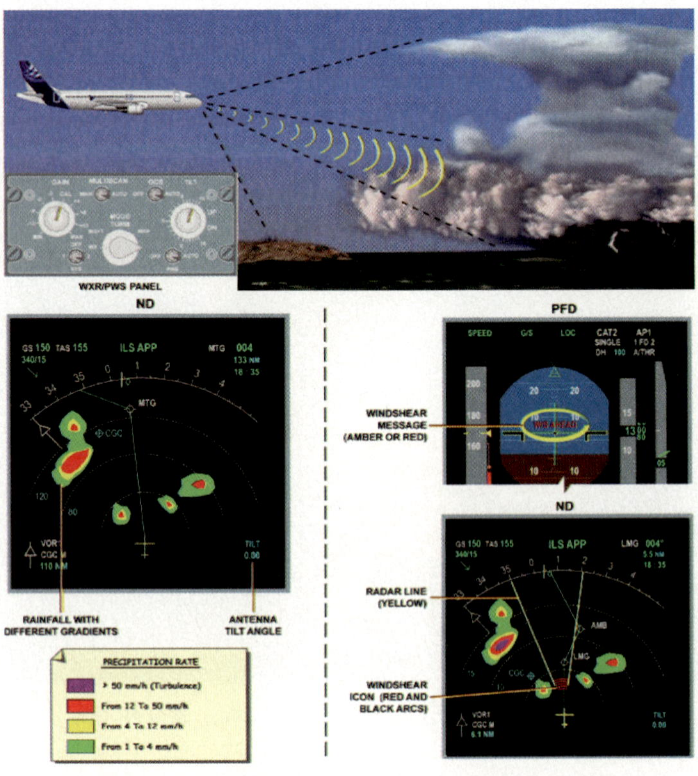

[Figure 7-38] 항공기 기상레이더 시스템 구성도

라. 전파고도계(RA : Radio Altimeter)

본 시스템은 [Figure 7-39]에서와 같이 항공기 초기 상승이나 착륙과 접근 시 지면에서부터 항공기 절대고도(Absolute altitude)를 계산함으로써 항공기가 평지 위를 비행하지 않더라도 계산되는 것이다.

동작 원리는 주파수 변조파 신호를 항공기로부터 지상으로 송신해서 항공기 고도에 비례하여 돌아오는 송신과 수신의 시간차로 절대고도를 계산한다.

전파고도계는 이런 점에서 항공기의 바로 밑에만 전파를 발사하는 일종의 레이더이며, 전파의 직진성과 등속성을 이용한 것이므로 그 지시는 대기압이나 온도의 영향을 받지 않아 절대 고도라는 말을 사용한다.

한편 전파고도계는 전파의 발사 방법에 따라 높은 고도용 펄스형과 낮은 고도형 FM형 있는데 주로 FM형을 많이 사용한다.

무엇보다도 본 장치의 중요성은 저고도에서 정밀한 전파고도계에 의해 항공기의 침하율을 고도로 반비례시킨 함수로써 항공기를 제어함으로써 안개등 저 시정 운항 시 자동착륙 장치에 사용하는 아주 중요한 시스템이다. 또한, Hard landing의 기준도 바로 이 절대 고도 강하율과 항공기 무게와 속도로써 계산하는 데 참고로 A320F기종의 Hard landing value는 RALR 10ft/sec(절대 고도가 초당 10ft 이상의 속도로 강하할 경우), VRTA 2.6 Gravity가 Hard landing이다.

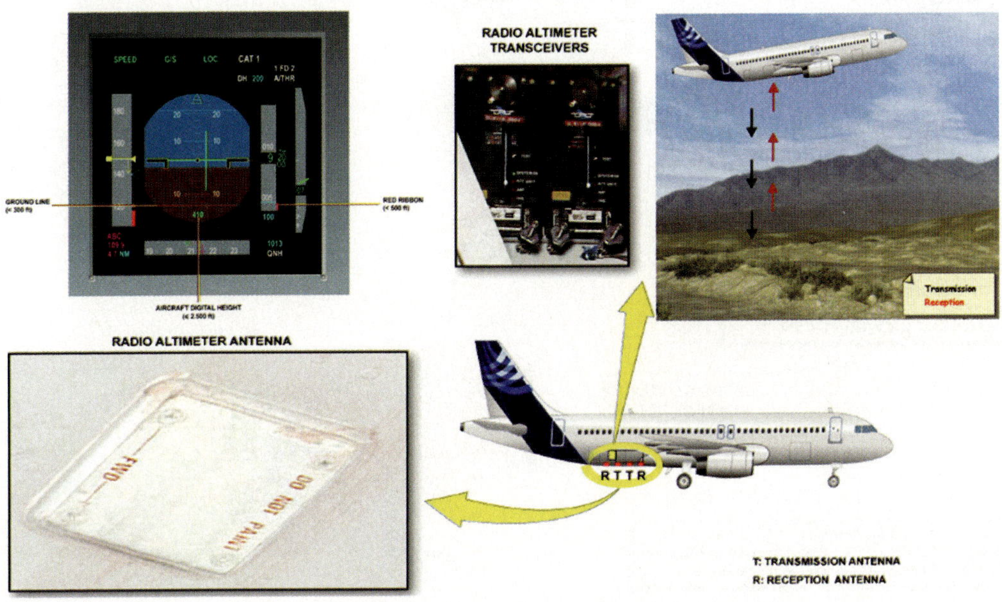

[Figure 7-39] 항공기 전파고도계 시스템 구성도

3. 항공통신장비

가. 음성기록장치(CVR : Cockpit Voice Recorder)

본 시스템은 [Figure 7-40]에서와 같이 항공기 사건 및 사고 시 원인 분석을 위해 반드시 필요한 시스템으로써, 첫 번째 채널은 좌측 조종사, 두 번째 채널은 우측 조종사, 세 번째 채널은 훈련석 조종사의 Radio Keying 음성통신내용을 녹음하고 4번째 채널은 조종석 내 Area Microphone이 조종석 내부 대화 내용을 비롯해 엔진(Engine) 소리, Back Ground Noise 등을 녹음하는 것으로써 DFDR과 함께 일명 Black box라고 한다.

또한, 본 장치는 지상에서는 한 엔진만 동작해도 녹음이 되고 공중에서는 무조건 녹음 된다.

지상에서는 또 Test 목적으로 항공기에 전원을 공급하면 5분 동안 자동으로 동작하고, 수동으로도 Button을 눌러 동작시킬 수 있다.

녹음 시기는 엔진 시동으로부터 마지막 엔진 정지 후 5분까지 녹음하고 시간은 국제법에 따라 25시간으로 정해져 있다.

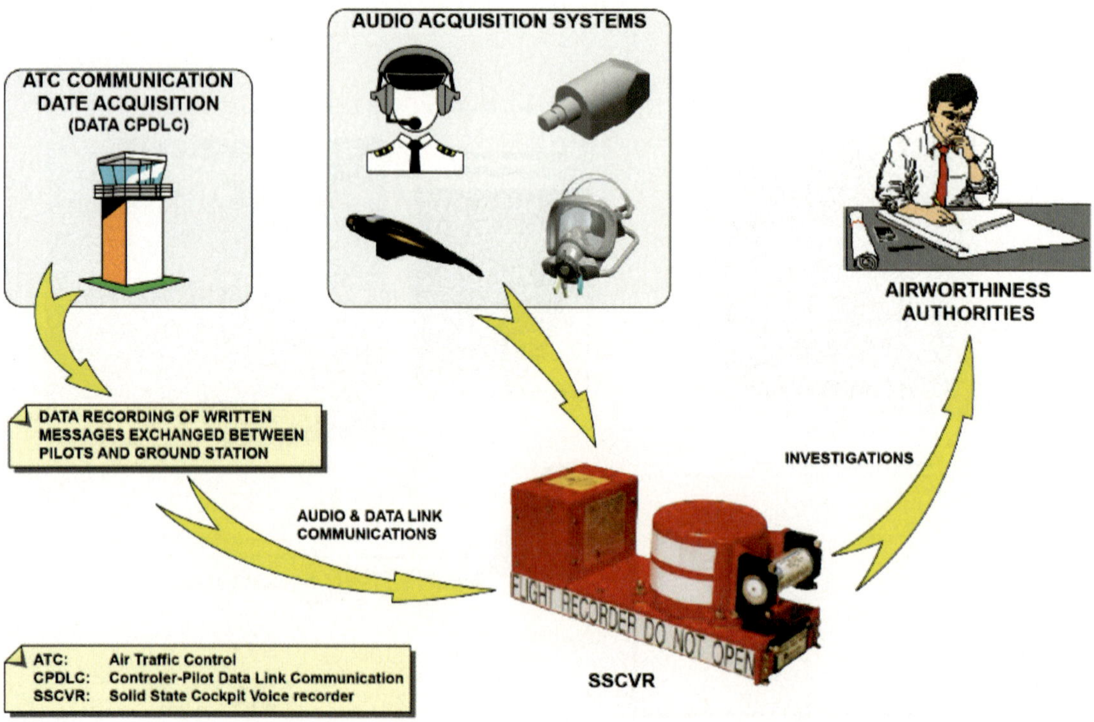

[Figure 7-40] 항공기 음성비행기록장치 시스템 구성도

나. 디지털 비행기록장치(DFDR : Digital Flight Data Recorder)

본 시스템은 [Figure 7-41]에서와 같이 CVR 시스템과 동일하게 항공기 기체 후미에 장착되어 있으며, 케이스 외관 색상은 CVR, DFDR 모두 사람 눈에 가장 잘 띄는 주황색으로 도장되어 있다.

한편 동작 방식은 CVR과 대동소이하고 다만, 중요한 것은 CVR은 음성을 기록하는 반면 DFDR은 출발공항의 주기장 출발에서부터 도착공항의 주기장 도착 시까지의 항공기 시스템 동작 상태, 항법 정보 등 ICAO 등 국제법에서 정한(Mandatory data) 약 300가지가 넘는 거의 모든 비행데이터가 마지막 25시간 동안 녹음된다. 그리고 DFDR의 목적도 사건, 사고의 분석용이지만, DFDR 분석비용과 시간적 효율성 측면에서 DFDR녹음자료와 동일한 WQAR(Wireless Quick Access Recorder) 장착하여 비행자료를 획득 엔진, APU, 기타 항공기 기체 감항성 관리로 예측 가능한 정비와 안전운항에 광범위하게 사용되고 있고 이를 ACMS(Aircraft Conditioning Monitoring System)이라 한다.

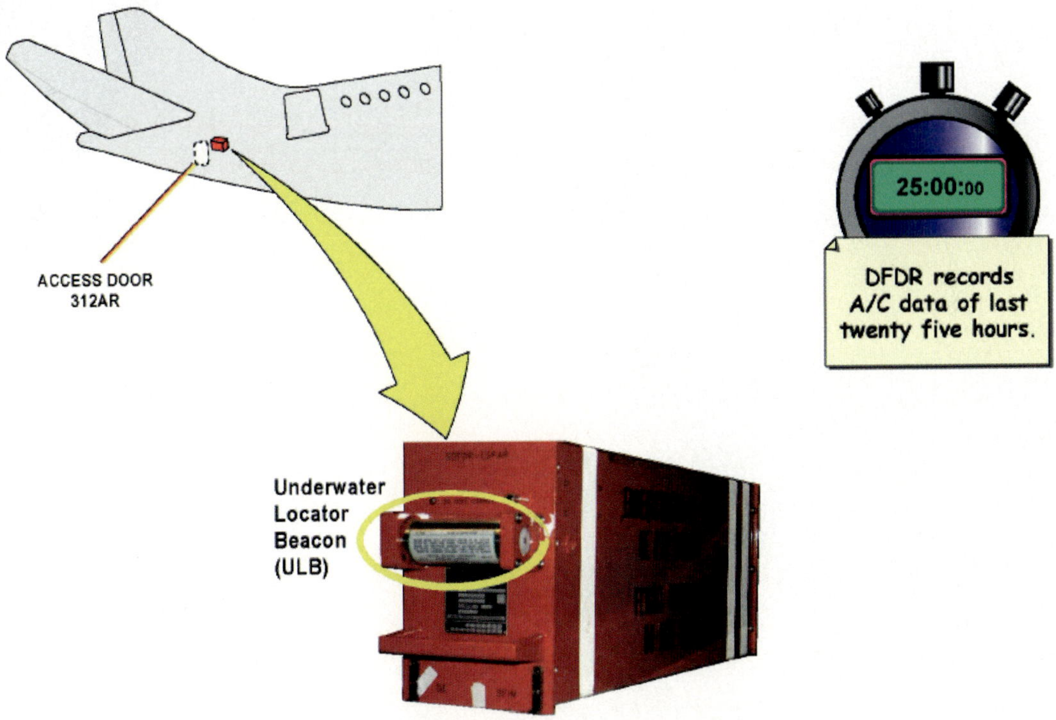

[Figure 7-41] 항공기 디지털 비행기록장치 시스템 구성도

제8장

차세대 위성항행시스템 [CNS/ATM] 발전 계획

1. CNS ATM 개요
2. 위성항법시스템 별 기본이론

제8장

차세대 위성항행시스템 [CNS/ATM] 발전 계획

1. CNS ATM 개요

가. CNS ATM의 정의

본 시스템은 차세대 국제항행표준시스템으로써 CNS/ATM(Communications, Navigation, Surveillance/Air Traffic Management)을 의미하며, 현재의 계기착륙 및 전방향표지시설(ILS, VOR, DME), 레이더시설(ARSR, ASR, SSR, PAR, ASDE), 관제통신시설(U/VHF Radio, ATIS) 등의 항행안전시설에 대응되는 인공위성통신, 데이터통신, 위치측정용 위성 등을 사용하여 항공기 자유비행(Free Flight)을 구현한다.

나. CNS ATM의 역사

날로 급격히 증가하는 항공교통량을 처리하기 위한 대책 방안으로써 1983년 ICAO에서는 새로운 항행시스템 개발의 일환으로 차세대 항공항행시스템(FANS : Future Air Navigation System)이라는 특별위원회를 구성하여 본 시스템에 대한 개발을 착수하였다.

이와 같은 과정을 거쳐 1991년 ICAO 10차 회의에서 'FANS'라는 이름으로 21세기 국제표준 항행시스템으로 채택이 되어 현재 전 세계가 FANS를 구축하고 있다.

이어서 동 FANS라는 명칭은 1996년도에 이르러, 미래가 아닌 현재의 개념으로 명칭이 CNS/ATM으로 변경이 되어 지금에 이르고 있다.

다. CNS ATM의 필요성

현재, 기존의 시스템의 전파신호가 가시선의 직진성과 주위 환경에 영향을 받는 특성을 고려할 때, 둥근 형태를 이루고 있는 지구 구조를 비롯해 원격지, 대양, 산악 및 장애물 등으로 인한 출력 제한 및 통달 거리 한계성으로 인해, 항로를 비행하는 항공기에 원활하고 신속한 정보제공에 어려움이 상존한다.

그러나, 이에 반해 정지궤도 인공위성을 통한 3차원의 위치정보를 사용하는 본 CNS/ATM 시스템은 극지방을 제외한 전 지역에서 비행 중인 항공기와의 통신이 가능하다.

특히, 현재 일정한 공역 내에서 비행하는 항공기의 수는 점점 나날이 증가하고 있는 상황에서, 기존의 항법 체계로는 원활한 항공교통과 항공안전을 보장할 수 없는 상황이 되고 있다는 데 그 근본적인 문제가 있다.

한편 이와 같은 문제점들뿐만 아니라, 현행 항공통신방식은 음성통신에 기반을 두고 있으므로 인해 사용 주파수의 통신 용량 부족으로 난관에 봉착할 것으로 사료되는 바, 이를 신속히 극복하기 위해서는 Digital Data 통신 도입이 또한 필요할 것으로 판단된다.

현재는 비록 동 Digital Data 통신방식을 ACARS(or TCAS) Network로만 사용이 되고 있지만, 앞으로는 항공종합통신망(ATN : Aeronautical Telecommunication Network)을 통해 용량의 한계를 극복함으로써 항공정보 통신의 신기원이 달성되리라 예상이 된다.

즉, 본 ATN Network를 통한 정보 공유를 통해 항공산업 전체의 인적 및 물적 자원 간의 자유로운 교류가 가능해짐으로 인해 항공산업의 발전 유연성을 촉진하게 될 것이다.

또한, 기존 시스템은 자연 환경에 따른 설치 위치 제한에 따라 항로를 포함한 출/도착(SID/STAR)절차 운영 시 최단거리 항공기 비행항로를 구축하기에는 근본적으로 불가능할 뿐 아니라, 지상장비로부터 멀리 떨어질수록 정확도가 현저히 낮아지는 약점을 갖고 있다.

그러나 이와 같은 최단거리 항로는 RNAV절차를 통한 항로와 SID/STAR 절차를 도입함으로써 구축할 수 있다.

향후, 최단거리 항로가 구축이 되어 운영될 경우에는 그동안 문제가 되었던 항공기 연료 절감을 비롯해 공해 물질 배출 감소 및 소음 감소 등과 같은 문제점들이 크게 개선됨은 물론 항공사와 승객의 관점에서 최단거리 운항에 따른 다양한 혜택이 주어지도록 환경변화를 이끌게 될 것이다.

결론적으로, 기존 항행시스템만으로는 항공기 간의 횡적 및 종적 간격을 단축하기에는 한계가 있을 뿐만 아니라, 비효율적인 비행경로로 인한 운항 비용이 증가함은 물론 항공교통관제시스템 또는 공항의 수용 능력 부족으로 항공기 운항 지연에 따른 시간적, 경제적 손실을 초래하게 될 것이다.

따라서, 위와 같은 문제점들을 근본적으로 극복하기 위해서는 CNS/ATM의 신경망이라고 할 수 있는 ATN Network를 통한 효율적인 Data 정보통신체계 구축을 포함해 비행시간 단축을 위한 4D PBN 및 감시시스템인 ADS 시스템을 이용한 효율적인 항공교통관제시스템 도입이 필요할 것으로 사료된다.

라. CNS/ATM의 기대효과

본 CNS/ATM으로 인한 향후 미래의 기대효과는 다음과 같다.

먼저 항공기 조종사에게 효율적이고 최적화된 유연한 자유비행(Free Flight)을 제공해 줌으로써 비행 전 구간에 대한 안전도 강화는 물론 항공기들에 대한 비행시간 단축, 중단없는(Seamless) 항법의 실현, 항공기 분리 간격 축소로 인한 효율적인 공역 관리(공역수용 능력) 확대 가능, 강화된 지상 및 조종사 상황인식능력(Situational Awareness), 증가한 접근능력 및 항공기 연료 절감 등의 효과가 기대된다.

마. CNS/ATM의 핵심 구성 요소

CNS/ATM은 크게 다섯 가지 요소로 구성되어 있습니다.

- 디지털데이터통신(DDC : Digital Data Communication)
- 성능기반 항법시스템(PBN : Performance Based Navigation)
- 자동종속감시장비(ADS : Automatic Dependent Surveillance)
- 항공종합통신망(ATN : Aeronautical Telecommunication Network)
- 항공교통관리(ATM : Air Traffic Management)

여기에서 CNS/ATM의 근간이 되는 서브 시스템은 GNSS와 Digital Data 통신시스템으로써 현재 Data 통신은 ACARS Network를 이용하여 PDC, DATIS, 순항 구간 등 일부 비행 단계에 사용되고 있으나, 대부분의 항공통신은 여전히 음성통신으로 이루어지고 있다.

한편, 항공기 운항에 관련된 모든 정보를 실시간으로 전 세계 누구와도 공유할 수 있으며, ATC와 조종사 사이에 정확한 의사소통이 적시에 이루어진다면 항공기 운항과 관제의 안전도, 효율성, 경제성 등에 있어 획기적 진보가 이루어질 수 있을 것이다.

따라서, 위와 같은 사유로 Data 통신은 미래 항공 통신의 Primary 수단이 될 것이다.

그리고, 현재까지 항공기 감시는 전파를 발사하여 항공기로부터 반사되어 되돌아온 전파를 레이더 화면에 시현하는 Primary Surveillance Radar 시스템과 항공기 Transponder를 이용한

Secondary Surveillance Radar 시스템을 이용해 이루어져 왔다.

그러므로 레이더 신호 통달 범위 밖에서 비행 중인 항공기들의 운항 안전은 각 조종사의 위치 보고에 의존해 왔다.

이와 같이 기존 레이더 시스템은 항공교통량의 증가로 본 시스템의 신호 통달범위 밖의 항공기들에 대한 위치 보고에 따른 항공기 간의 충분한 간격 분리가 어려워 결국 항공기 안전운항을 저해하는 요소가 될 수 있다는 데 문제가 있다.

따라서, 이와 같은 문제점을 개선하기 위해 자동종속시스템(ADS)이 개발되었다.

ADS 시스템은 항공기의 위치, 속도 등의 운항 정보를 Transponder나 CPDLC와 같은 Data 통신장비를 통해 지상으로 보내주면 지상에서는 그 정보를 받아 관제사의 레이더 화면에 시현한 후 해당 항공기에 항공교통업무 서비스를 제공하는 역할을 수행한다.

즉, 항공관제사는 본 ADS 시스템을 통해 레이더 없이도 비행 중인 항공기의 각종 운항 정보를 확인할 수 있게 되어 보다 정확한 항공교통업무 서비스를 조종사에게 제공할 수가 있다.

또한, 조종사 역시 ADS-B의 In/Out 기능을 통해 주변 항공기의 비행 정보를 수신 후 시현하여 볼 수가 있으며, 본 정보들은 기존의 TCAS 정보보다 더욱 다양한 정보로 항공기운항 상황에 대한 인식의 정도를 높여주게 되어, 결과적으로 항공기 운항의 안전성이 강화된 효과가 제공될 수 있다.

참고로, 현재 ADS 시스템이 요구되는 지역은 일부 국가에 한정되어 있으나, ADS의 유용성을 고려할 때 향후 레이더시스템의 Back-Up 또는 대체 수단으로써 앞으로 더 많은 공역에서 요구될 것이다.

특히, 항공종합통신망(ATN : Aeronautical Telecommunication Network)은 전 세계 모든 공역(항공기내) 또는 지역에서 데이터통신을 자유롭게 구현할 수 있는 차세대 항공통신망으로 자리매김하게 될 것으로 예상된다.

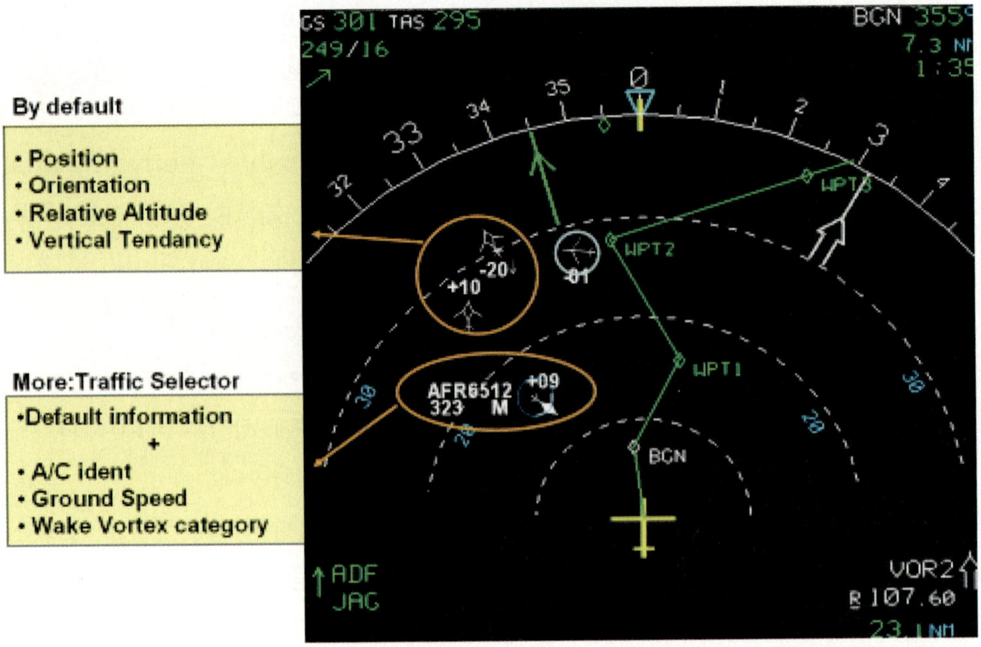

[Figure 8-1] 항공기 TCAS 화면 모습

2. 위성항법시스템 별 기본이론

가. 항공통신분야[Communication Part]

차세대 항공통신 시스템이란 기존의 RF 무선통신 장비를 통한 음성통신 및 아날로그 방식의 전문교환 방식에서 인공위성 또는 무선 데이터통신망을 통한 디지털 방식으로 전환하는 것을 의미한다.

1) 항공종합통신망

[ATN : Aeronautical Telecommunication Network]

본 시스템은 ATN으로써 AMHS(Aeronautical Message Handling System), ADIC 등으로 구성이 되며, 인공위성 등을 통해 디지털 통신망으로 전 세계의 항공통신망을 하나로 통합하여 음성은 물론 데이터 및 멀티미디어까지 송수신이 가능한 국제 종합통신망의 역할을 수행한다.

본 시스템은 또한 항공이동 위성 서비스를 비롯한 위성항행시스템 등이 대부분 구축이 이루어지는 시점에 전체적인 통신망 통합이 완성될 수 있으므로 장기적이고 지속적인 전환 노력이 필요하다.

한편, 본 시스템은 위성항행시스템을 구성하는 하드웨어를 통합한 시스템 전체를 묶는 소프트웨어 작업이므로 종단 하부시스템에 해당하는 항공기 탑재 컴퓨터 시스템과 지상의 호스트 컴퓨터의 구성 방향에 따라 윤곽이 크게 변화될 것으로 사료된다.

그리고 본 시스템 구성 관련 주요 하부시스템 구성 다음과 같다.

〈Table 8-1〉 ATN 구성 관련 항공정보 주요 시스템 목록

구 분	ATN 관련 주요 시스템	비 고
지대공 통신용	ADS(Automatic Dependent Surveillance)	
	CPDLC(Controller and Pilot Data Link Communication)	
	FIS(Flight Information Service)	
	CM(Contex Management)	
지대지 통신용	AMHS(ATS Message Handling System)	
	항공관제정보 교환망(AIDC)	

2) 항공이동통신시스템

본 시스템은 VDL(VHF Digital Link)/CPDLC, HFDL(High Frequency Data Link), AMSS, UAT 등으로 구성이 되며, 인공위성 및 국제 Data-Link Network를 통해 관제사와 조종사 간에 교신내용을 문자 데이터 신호로 제공하는 역할을 수행한다.

- **관제사와 조종사 간 데이터 통신망**

  [CPDLC : Controller-Pilot Data Link Communication]

  본 CPDLC 시스템은 지상의 항공교통관제사와 항공기 조종사 간에 관제 교신 시 기존 음성통신에서 발생하는 혼잡을 줄일 수 있음은 물론 신속한 데이터 전송이 가능할 뿐만 아니라, 관제사에 의한 항공기 Clearance 업무를 시기적절하게 효과적으로 처리함으로써 관제업무처리 능력을 증대시킬 수 있다.

  또한, 본 시스템은 항공기와 항공사 간 메시지를 교환하는 ACARS와 비교될 수 있으며, 주로 비행계획에 대한 허가(Clearance)사항을 메시지로 교환함으로써 혼잡한 음성통신 사용을 줄여주게 되어 결국 항공교통관제의 효율성을 증가시켜주게 될 것이다.

  특히, 본 시스템은 국내에서는 주로 출발 전의 비행 허가와 항로를 순항 중일 경우를 포함해 기존 HF 주파수가 사용되었던 항로(태평양 상공, 베트남 및 싱가폴 관제권 등) 상의 Way-Point 지점을 통과 시 기상에 따른 우회나 고도상승 및 강하 요청 시에 주로 활용되고 있다.

한편, 본 통신망(CPDLC)은 183개의 Up-Link(지대공 통신) Messages와 80개의 Down-Link(공대지) Messages로 구성이 되어있을 뿐만 아니라, 이들 메시지에 식별 코드가 부여(할당)되어 있다.

- **VDL(VHF Digital Link)**

  본 VDL 시스템은 VHF 대역의 129.450~135.100MHz 주파수를 통해 지상의 항공관제사(또는 사용자)와 항공기 조종사 간에 AAC(Airline administrative control), AOC (Airline operation control), ATC(Air traffic control) 관련 데이터 등에 대한 이동통신업무를 제공하는 역할을 수행한다. 그리고, 항공기에는 VHF 시스템이 3개가 있고 #1은 기장용, #2는 부기장용 Voice mode 용으로 사용하고 #3가 VDL 전용으로 사용하는 Data mode용이다.

3) 항공이동위성통신시설

[AMSS : Aeronautical Mobile Satellite Service]

본 AMSS통신망은 기존 VHF 통신시스템의 전파 통달 범위가 최대 200NM로 제한이 되어 있음으로 인해 대양지역과 원격지 등에서 비행 중인 항공기에 대한 효율적인 관제가 불가함에 따라 이를 극복하기 위한 대체 수단으로써 항공기 하부시스템과 지상 하부시스템 간 정지궤도상의 인공위성과 지상국을 직접 연결하여 이루어지는 세계적인 통신시스템을 말한다.

다시 말해, 비행 중인 항공기와 지상 기지국 간에 통신을 제공하는 시스템으로써, 중계기를 탑재한 정지궤도(GEO : Geostationary Orbit) 통신위성과 지상의 기지국을 연결하는 방식을 통해 전 세계적으로 연결되어 운영된다.

또한, 본 통신망은 지상의 항공교통관제사를 비롯해 항공사, 항공기 탑재 장비, 탑승객 및 공중통신망 가입자 모두에게 데이터 및 음성통신을 지원하는 역할을 수행한다.

즉, 본 시스템을 통한 주요 지원 대상 관련 시스템은 항공교통서비스(ATS : Aeronautical Traffic Service)는 물론 항공 운항 관리(AOC : Aeronautical Operation Control), 항공업무통신(AAC) 및 항공여객통신(APC : Aeronautical Passanger Communication) 등이 해당한다.

본 시스템은 C · Ku · Ka 밴드 주파수를 사용하는 국제음성통신용 위성과는 달리 L 밴드 주파수대를 사용하여 음성 및 데이터를 포함하는 신뢰성 있는 양방향 통신을 제공함은 물론 서비스 영역 내의 그 어떤 고도에서도 문제없이 비행 중인 모든 항공기에 통신을 제공할 수 있으며, 아울러 기존 RF 전파를 이용 시 문제가 대두되는 대기 중 또는 전리층에서의 전자파 영향은 받지 않는 장점을 갖추고 있다.

그러나 이와 같은 장점에도 불구하고 정지궤도 위성만으로는 극지방에까지 서비스 제공이 불가하여 극지방을 위한 별도의 전용 위성이 필요함과 아울러 시스템이 매우 복잡하고 고가의 기지국 장비가 필요하다는 단점들이 있으나 공중과 지상 간의 모든 통신방식을 국제적으로 표준화된 통신망으로 구축하면 가능할 것으로 사료된다.

4) 항공정보방송시설

본 시스템은 [Figure 8-2] 및 [Figure 8-3]에서와 같이 D-PDC(Digital-Pre Departure Clearance), D-ATIS(Digital- Automated Terminal Information System) 등으로 구성이 되며, 기존 시스템의 음성신호 전달 방식은 증가하는 항공교통량을 효율적으로 지원하는 데 한계가 있을 뿐만 아니라, 음성 발음의 부정확성 발생 시 언어소통에 문제가 됨에 따라 이를 근본적으로 개선하기 위해, 문자 데이터를 통한 통신방식을 말한다.

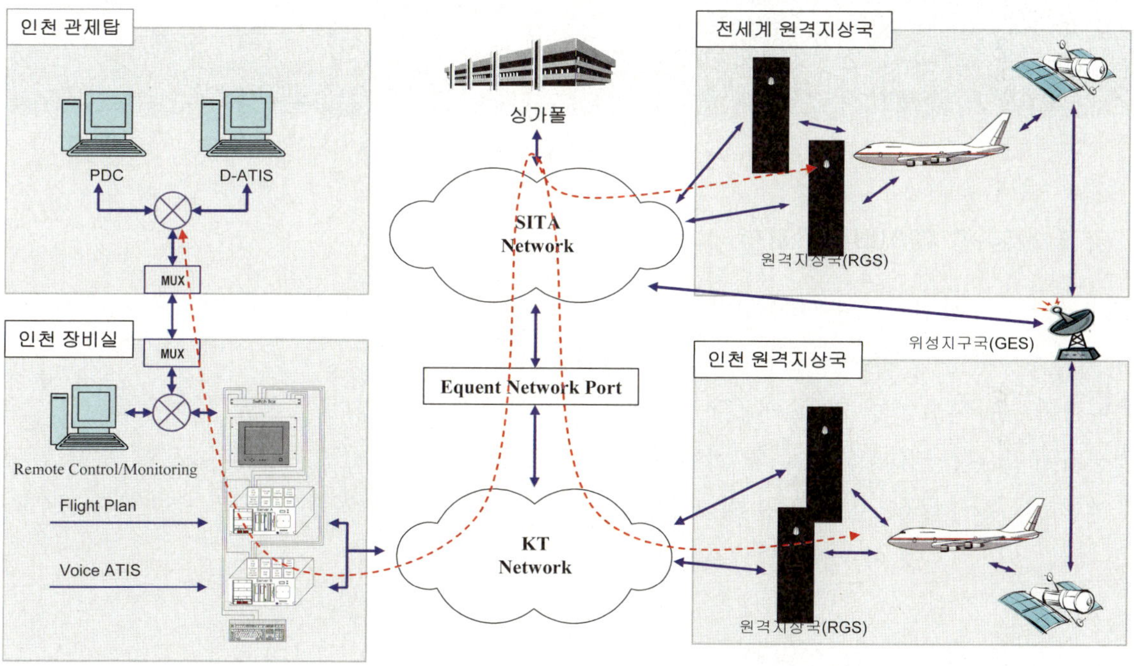

[Figure 8-2] PDC, D-ATIS 계통도 1

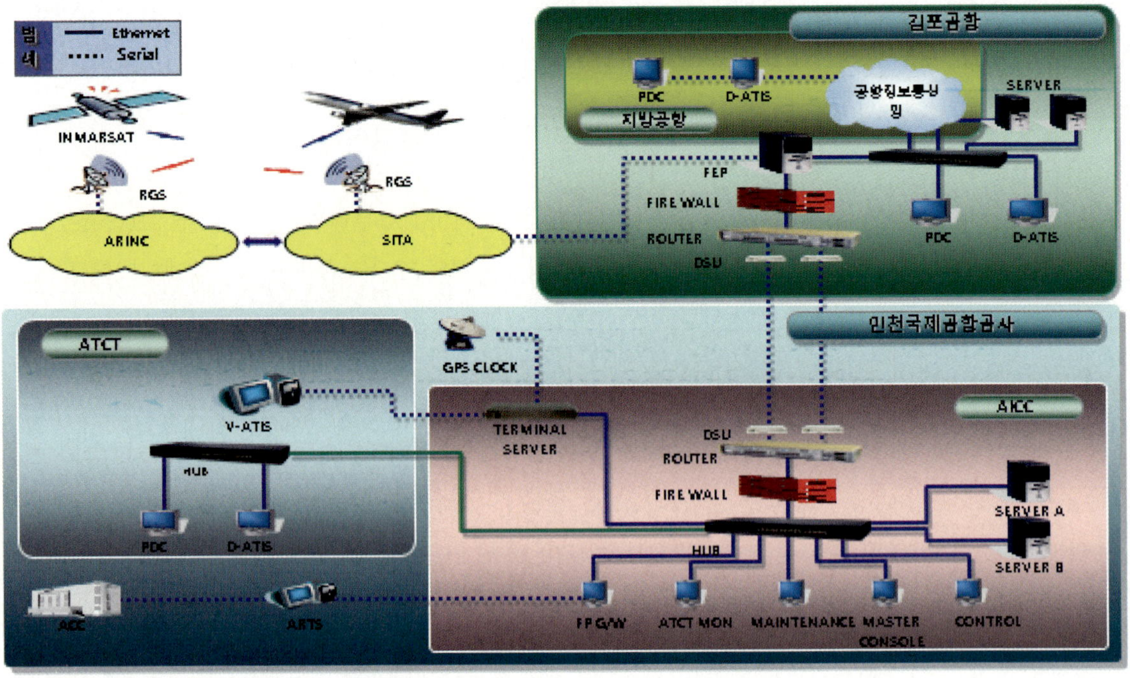

[Figure 8-3] PDC, D-ATIS 계통도 2

5) Mode-S 데이터통신시설

본 Mode-S 통신은 2차 감시레이더(SSR)가 항공기와 정보를 교환할 시에 별도로 관제 이외의 정보를 부가하여 교환하는 통신방식을 의미한다.

따라서, 본 시스템을 통해 지상의 항공관제사는 레이더 화면상에서 항공기의 위치를 포함해 항공기 고도, 항공기 호출부호 및 비행계획서 등 각종 항공정보 관련 자료를 확인할 수가 있다.

한편, 본 통신방식은 Mode-S 레이더가 설치된 이후에 Radar 신호의 통달 거리 내의 공역에서 비행 중인 항공기에 대해서만 사용할 수 있다.

6) 항공통신의 미래발전방향

항공통신분야의 현재 시스템은 향후 증가하는 항공교통량에 대비하기 위해 〈Table 8-2〉와 같이 전환될 것이다.

〈Table 8-2〉 항공통신시스템 발전 계획표

현행시스템	차세대 항공통신 시스템	
	전환시스템	주요 기능
AFTN	항공종합통신망 (ATN/AMHS)	각국의 관제기관, 항공사 및 항공기 간 통합 정보통신망용으로 사용
관제직통전화 (음성)	관제기관 간 데이터통신망 (AIDC)	입접 항공관제소 간 관제 정보를 데이터로 교환하는 데 사용
무선통신전화 (음성)	사전출발허가시스템 (D-PDC) 공항정보방송시스템 (D-ATIS) Mode S 통신시스템	현재의 음성통신 방식을 데이터링크 통신방식으로 Up-Grade 하여 운영함 Mode 1급에서 Mode 2급으로 상향 개선하여 운영함
VHF Radio (음성)	항공이동데이터통신시스템 (VDL)	관제사/조종사 간 항공기 관제 정보를 데이터로 교환하여 운영함
HF Radio (음성)	항공이동위성통신시스템 (AMSS OR AMSR), (HFDL)	원거리 또는 대양지역과 항공정보를 데이터로 교환하여 운영함

나. 항법분야[Navigation Part]

차세대 항법시스템이란 기존의 지상 기반 항행 지원시설의 전파특성으로 인한 정보제공 범위가 제한되는 문제점으로 인해 대양 및 대륙 지역 등에서 비행 중인 항공기에 대해서는 안전한 항법 서비스 제공이 불가하여 이를 개선하기 위한 대책 방안으로 대두된 시스템을 의미한다.

따라서, 향후 항법 분야에 차세대 항행 안전시설 도입에 따라 유연한 항로구성은 물론 지속적으로 증가하고 있는 항공교통량에 대한 효율적인 대처와 항공 안전성 및 이용자(항공사)의 경제성 제고 등에 따라 다음과 같은 긍정적인 변화가 도래할 것으로 사료된다.

먼저 지상 항행안전시설에서 벗어난 통신 기반의 감시기능 구현을 통해 북극권과 시베리아와 같은 항행 인프라 구축이 취약한 지역에서도 항로 개척이 가능하게 될 것으로 예상이 됨은 물론, 급속히 증가하는 항공교통량에 대비하여 공역과 공항의 수용 능력 증대가 가능할 것으로 예상이 된다.

그뿐만 아니라, 더욱 정밀하고 다양한 접근경로 제공을 통하여 기존의 계기착륙시설(ILS)보다 설치비용이 저렴하면서도 높은 등급의 정밀접근 기능을 제공할 수 있는 효과적인 대체 수단이 될 수 있을 것으로 예상이 된다.

이와 같은 관점을 고려하여 기존 시스템에 대한 차세대 항법 시스템은 〈Table 8-3〉와 같이 전환될 것이다.

〈Table 8-3〉 기존 시스템과 차세대 항공항법시스템의 구성 비교표

현재 시스템	차세대 항공항법 시스템 전환관련 시스템	주요 기능
ILS(Instrument Landing System) VOR(VHF Omnidirectioal Range) DME(Distance Measuring Equipment) NDB(Non-Directional Beacon)	[위성항법시스템 : GNSS] • 위치정보시스템(GPS) • 지상기반보정시스템(GBAS) 또는 지역보정시스템(LAAS) • 위성기반보정시스템(SBAS) 또는 광역보정시스템(WAAS) • 위성항법감시스템 (GNSS Monitoring System)	• GPS 위치정보 위성을 통하여 항공기의 위치 탐지를 비롯해 항로비행, 정밀접근, 정밀 이착륙 지원 등을 지원하기 위한 데 있음 • 지역/광역/탑재보정시스템을 이용하여 항공기로 하여금 CAT-I/II/III급으로 활주로에 다중경로로 정밀접근 및 이착륙을 지원 • GPS 위치정보 위성 신호를 모니터하여 정상 운영상태를 감시

1) 위성항법시스템

본 시스템은 [Figure 8-4]에서와 같이 GNSS Monitoring System을 비롯해, SBAS (Satellite Based Augmentation System), GBAS(Ground Based Augmentation System), ABAS (Aircraft Based Augmentation System) 등으로 구성이 되며, 위성 항법 신호를 통해 항로 및 접근 관제공역을 비행하는 항공기에 방위 및 거리정보를 제공하는 역할을 수행한다.

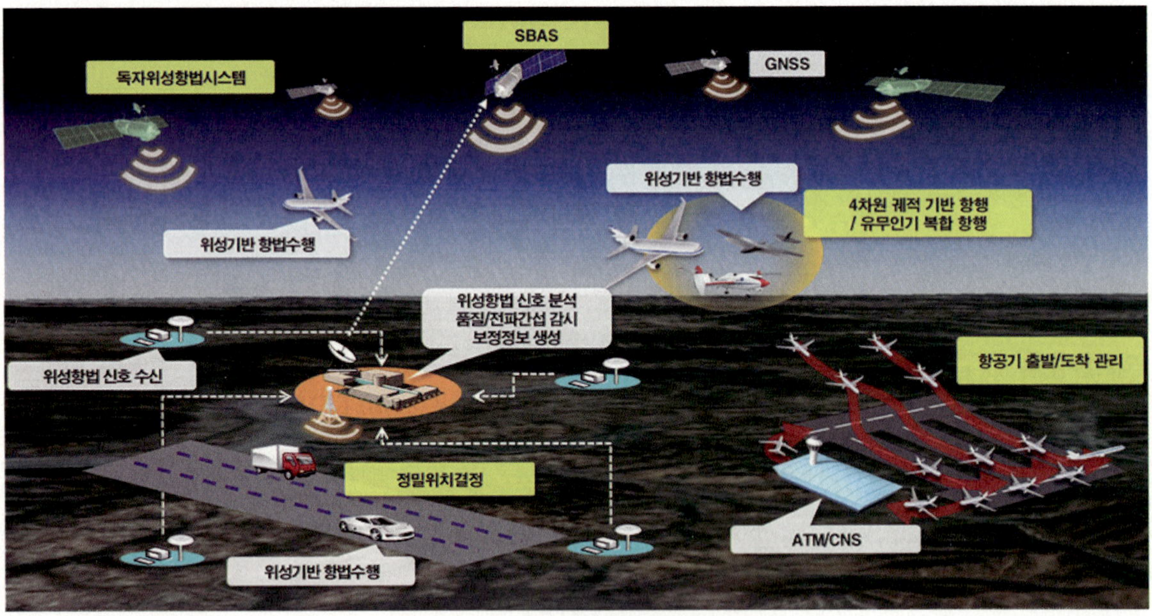

[Figure 8-4] 위성항법시스템 개념도

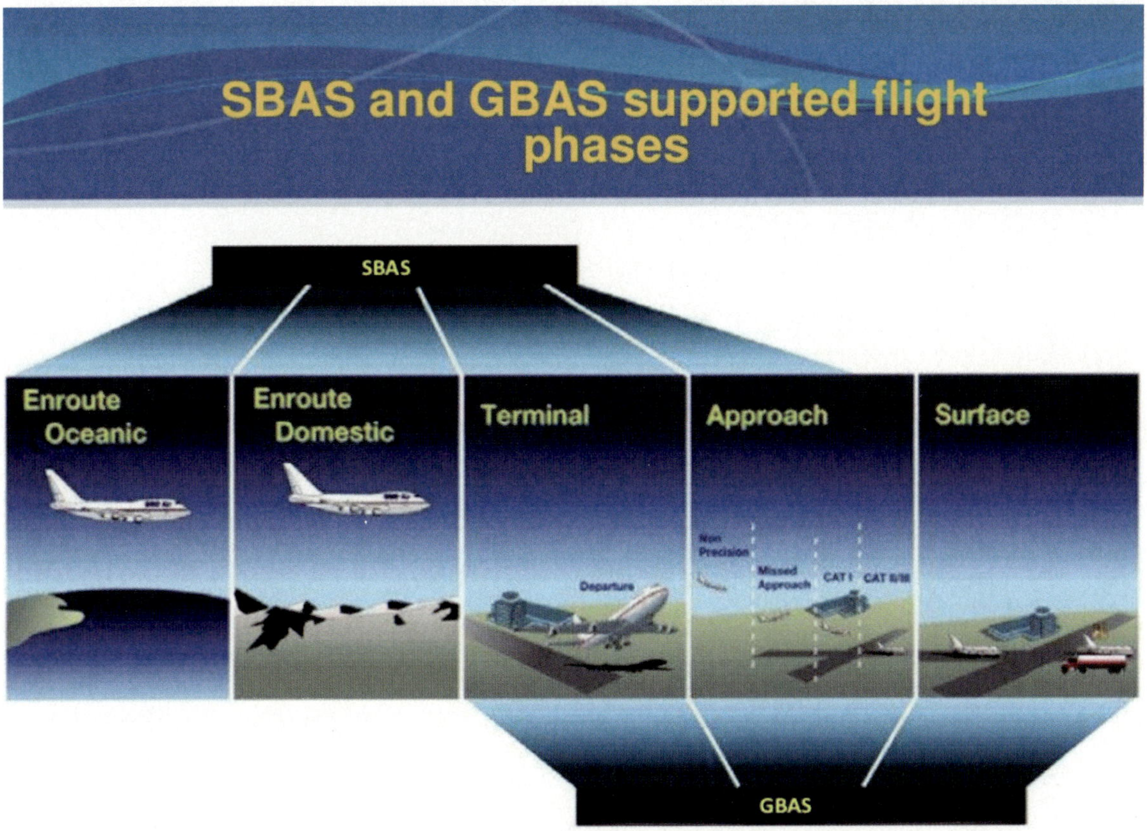

[Figure 8-5] GBAS & SBAS 시스템 동작원리 개념도

- **지상기반보강 또는 지역보강시스템**

  (GBAS : Ground Based Augmentation System or LAAS : Local Area Augmentation System)

  본 시스템은 [Figure 8-6]에서와 같이 일명 지역보강시스템으로써, 정밀위성항법신호를 통해 활주로로 착륙하는 항공기에 다중경로(Multi-Path or Multi-Course)로 착륙유도 정보를 제공하는 역할을 수행한다.

  다시 말해, 기존의 계기착륙시스템이 한 본의 활주로 당 하나의 접근로(활주로 중심선 및 착륙각 정보)만을 제공하는 데 반해 본 시스템은 이론상 1개 활주로 당 192개의 접근 유도로 정보를 제공할 수 있다.

  한편, 본 시스템의 경우 국제민간항공기구(ICAO)에서는 당초 2015년까지는 CAT-Ⅱ/Ⅲ 성능을 갖춘 계기착륙시스템으로 정식 운영하기로 목표를 정하였으나, 그러나 CAT-Ⅱ/Ⅲ 성능으로 운영되기 위해서는 계기착륙시설 중 RF주파수 신호를 통해 착륙하는 항공기에 아날로그 방식으로 신호가 끊김이 없이 연속적으로 유도정보를 제공하는 활공각 장비

신호 부분을 GPS 방식으로 전환할 경우 디지털 정보의 정확성이 보장되고 있음에도 불구하고 가장 취약한 부분에 해당이 되는 인공위성을 통한 데이터 송수신 시 Delay Time으로 인한 신호 끊김(단절)은 물론 미약한 외부 교란 신호에 의한 심각한 장애가 발생이 되어 이를 근본적으로 개선되기 이전까지는 당분간 본 시스템을 통한 CAT-Ⅲ 운영은 불가할 것으로 사료된다.

그러나, 아직 본 시스템을 CAT-Ⅱ/Ⅲ 성능 급으로 운영은 되지 못하고 있으나 일부 국가에서는 CAT-Ⅰ 성능으로 정식 운영하고 있다.

특히, 본 시스템의 가장 강점인 Curved Approach 절차가 가능하여 무엇보다 협소한 공역에서의 항공기 접근절차를 보다 탄력적으로 운영하기 위해서는 본 GBAS 시스템을 도입하여 운영하는 방안이 타당하리라 사료된다.

부가적으로, [Figure 8-6]에서와 같이 GBAS 지상 시스템은 GPS 위성들로부터 위치정보를 받아 그 정보의 오차 값을 구하여 공항 주변 약 20~30mile 반경 내의 출발/도착 및 지상에서 이동 중인 항공기들에 구해진 오차 값만큼 보정할 수 있는 값을 VHF Radio Data Link를 통해 전송해 주는 역할을 수행한다.

따라서, 결과적으로 항공기는 GPS 위성들로부터 받은 위치정보에 지상 시설에서 보내온 보정값을 더해 보정된 위치정보를 얻는 것이다.

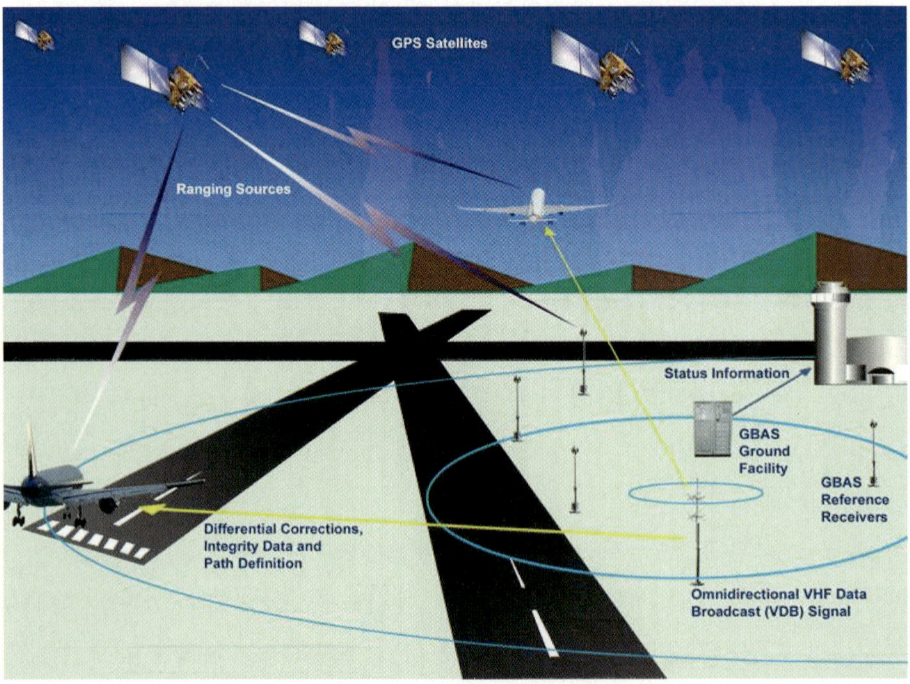

[Figure 8-6] GBAS 시스템 동작원리 계통도

- **위성기반 또는 광역보강시스템**

  [SBAS : Satellite Based Augmentation System or WAAS : Wide Area Augmentation System]

  본 시스템은 [Figure 8-7]에서와 같이 Ground-based Reference Station들로 구성된 연결망(Network)을 통해 GPS 위성들로부터 신호를 받아 SBAS Master Station으로 보내면 SBAS Master Stations에서는 보내온 위치 신호들의 오차를 계산한 보정 값을 다시 SBAS GUS(Ground Uplink Station)를 통해 SBAS 정지 위성으로 보내어 각 위성으로 하여금 보정값을 최종적으로 다시 지구로 재전송하는 역할을 수행한다.

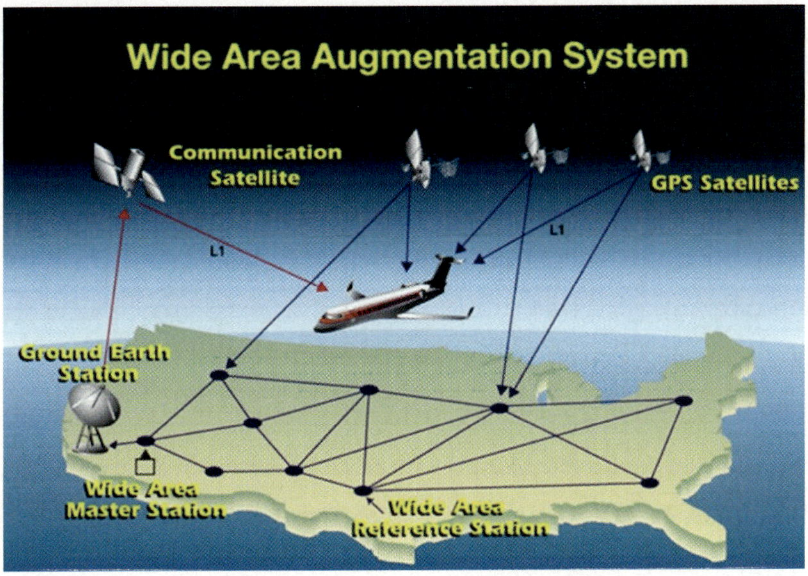

[Figure 8-7] SBAS 시스템 기능 원리

따라서, 비행 중인 항공기는 SBAS 기능을 가진 GPS 수신기를 통해 GPS 위성들로부터 위치 정보와 함께 SBAS 정지 위성이 보내준 보정값을 받아 통합 처리하여 더욱 정확한 위치정보를 얻을 수 있다.

그리고, SBAS의 정확도는 최대 약 7m 정도로 En route에서 Precision CAT I 접근과 VNAV 접근까지 지원할 수 있다.

한편, 참고로 [Figure 8-8]에서와 같이 현재 대부분의 Reference Station들은 북미 지역에 설치되어 있음으로써 2007년 기준 SBAS의 서비스 범위는 북미 대륙, 대부분의 알래스카, 멕시코 북부 일부로 한정되어 있다.

이와 같은 서비스 범위의 한정으로 인해 세계 각 지역은 현재 독립적인 지역 SBAS 구축을 진행하고 있는 상황에 있다.

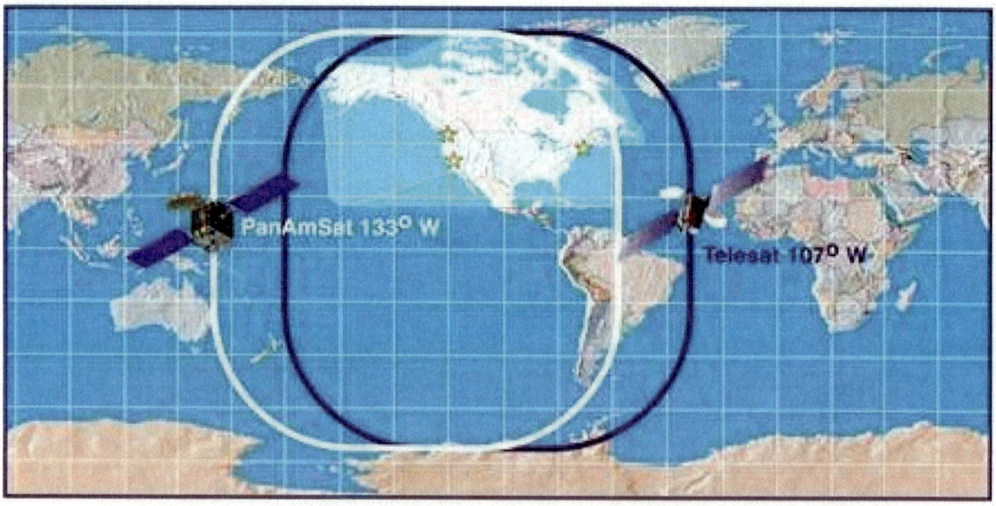

[Figure 8-8] SBAS 시스템 서비스 지역

이상과 같이 GPS 위치 정보에 포함된 오차를 지상 시설에서 보낸 보정값을 이용하여 보정하는 시스템을 GBAS(Ground-based Augmentation System) 또는 FAA에서는 이를 LAAS(Local Area Augmentation System)라고 부르고 있으며,

아울러, GPS 위치 정보에 포함된 오차를 SBAS 정지 위성에서 보낸 보정값을 이용하여 보정하는 시스템을 SBAS(Space-based Augmentation System) 또는 FAA에서는 이를 WAAS(Wide Area Augmentation System)라고 부르고 있다.

- **항공기기반보강시스템**

  [ABAS : Aircraft Based Augmentation System]

  본 시스템은 GPS 수신기로부터 얻어진 위치정보와 기타 항공기 항법장비들로부터 얻어진 위치정보를 통합 처리하여 GPS 단독으로 얻어진 위치정보 보다 더욱 정밀한 위치정보를 추적하는 역할을 수행한다.

  한편, 본 시스템상에는 다음과 같이 두 개의 하부 시스템인 RAIM(Receiver Autonomous Integrity Monitoring)과 FDE(Fault Detection Exclusion)이 구성되어 있다.

  첫 번째는 [Figure 8-9]에서와 같이 RAIM이란 GPS 위성 신호의 정확도가 기준 이하이거나, 사용 가능한 위성의 수가 5개 이하인 경우 이를 Monitor하여 그 결과를 항공기 조종사에게 알려주는 역할을 수행하는 시스템으로써 계기비행절차(IFR : Instrument Flight Rules)를 위해서는 반드시 필요한 시스템에 해당이 된다.

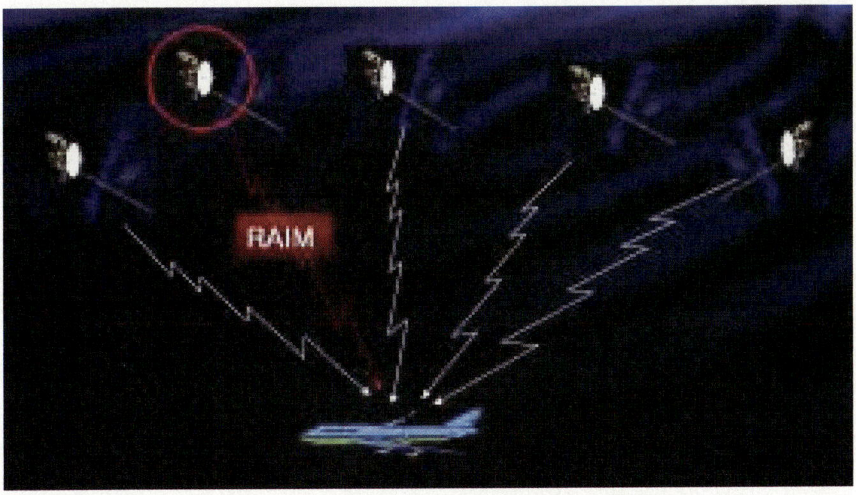

[Figure 8-9] RAIM 시스템 동작원리 계통도

한편, 3차원 공간인 공역 상에서 비행 중인 항공기의 정확한 위치를 파악하기 위해서는 최소 4개의 GPS 위성이 필요하지만, RAIM기능을 위해서는 [Figure 8-10]에서와 같이 최소한 한 개 이상의 비교 대상이 필요하므로, 최소 5개의 위성이 필요하다.

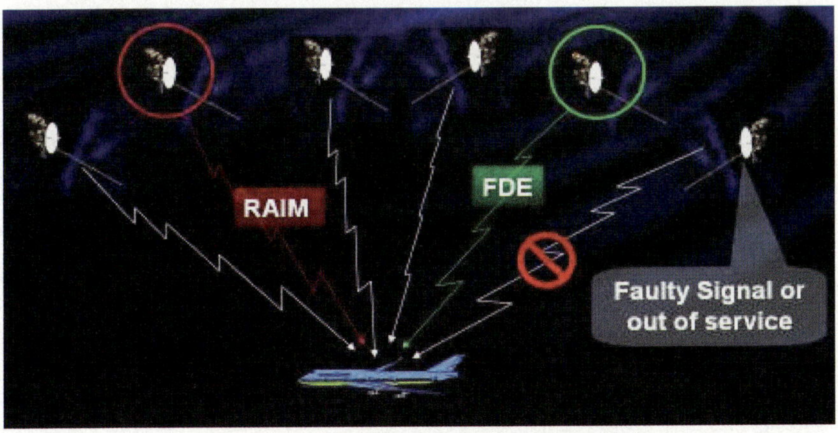

[Figure 8-10] RAIM 시스템 기능 원리

그러나, 만약에 수신 위성의 수가 4개 이하이거나, GPS 신호의 정확도가 기준 이하인 경우 RAIM은 조종사에게 Warning을 알려주는 역할을 수행한다.

두 번째로 FDE 기능은 항공기가 기준 이상의 오차를 포함하고 있는 GPS 신호를 탐지한 후, 자신의 위치를 계산할 경우에 해당 신호를 계산에서 제외하는 역할을 수행한다.

따라서, 하나의 신호가 제외된 상태에서도 GPS의 정상 운영을 위해서는 RAIM이 작동되어야

하고, RAIM 작동을 위해서는 최소 5개의 위성이 필요하므로, 결과적으로 FDE 작동을 위해서는 최소 6개의 위성이 필요하다.

다. 항공감시분야[Surveillance Part]

차세대 항공감시시스템이란 기존의 지상 기반 레이더 시설을 통한 항공기 감시 방식에서 위성을 기반으로 하는 자동종속방송시스템을 통한 감시와 교통관리에 데이터통신 방식을 도입하여 운영하는 것을 의미한다.

이와 같은 관점을 고려하여 기존 시스템에 대한 차세대 항법시스템은 〈Table 8-4〉와 같이 전환될 것이다.

〈Table 8-4〉 기존 시스템과 차세대 항공감시시스템의 구성 비교표

현재 시스템	차세대 항공항법 시스템	
	전환관련 시스템	주요 기능
[항공관제레이더] • PSR(Primary Surveillance Radar) • SSR(Secondary Survellance Radar) • ASDE(Airport Surface Detection Equipment) • PAR(Precision Approach Radar)	• 자동종속감시 방송시스템 (ADS-B) • 교통서비스 방송시스템 (TIS-B) • 비행정보서비스 방송시스템 (FIS-B)	• 항공기가 Data-Link를 통하여 항공기 위치/등록기호/속도/고도 등의 정보를 주변 항공기 또는 지상의 항공관제사에게 알려줌으로써 비행안전에 기여하기 위한 데 있음
	• 다변측정감시시스템 (MLAT)	• 공항의 낮은 지상에서 이동하는 항공기의 위치를 파악하여 지상 항공관제사에게 제공해 줌으로써 신속하고 정확한 관제업무를 지원하기 위한 데 있음
[지상이동안내 및 관제시스템] • SMGCS(Surface Movement Guidance and Control System)	• 차세대 지상이동 안내 및 관제시스템(A-SMGCS)	• 현재 시스템 보다 발전된 지상이동안내 및 관제시스템으로써 공항의 악기상 저시정 조건하에서도 지상에 이동 중인 항공기와 차량에 대해 경로지정을 비롯해 감시 안내 등 관제기능을 지원하기 위한 데 있음

본 항공감시 시스템은 [Figure 8-11]에서와 같이 ADS-B 시스템을 비롯해, TIS-B(Traffic Service-Broadcast), FIS(Flight Information Service-Broadcast), MLAT(Multilateration) 등으로 구성이 되며, Data-Link 망을 통해 항공기의 위치정보를 포함한 항공기 등록기호, 속도, 고도 등의 정보를 인접 공역을 비행 중인 항공기 또는 관련 관제기관에 제공함으로써 안전한 항공교통관제 업무를 지원한다.

즉, 공중 또는 지상의 이동지역 내에서 운항 중인 항공기 또는 차량에 대해 주기적으로 벡터 상태(수평/수직 관련 위치와 속도 정보) 및 기타 정보 등을 공지(방송)한다.

이와 같은 항공감시시스템을 통해 비행 중인 항공기에 원하는 모든 공역으로 자유 비행(Free Flight)이 가능토록 지원한다.

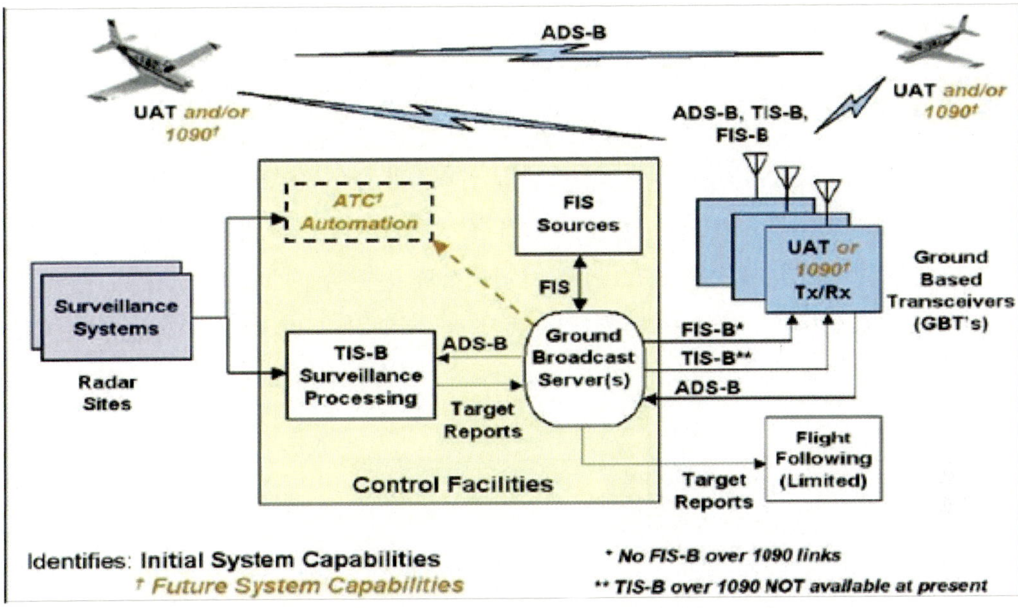

[Figure 8-11] ADS-B & TIS와 FIS-B 방송서비스 구조도

- **자동종속감시방송시스템**(ADS-B : Automatic Dependence Surveillance-Broadcast)
  본 ADS-B 시스템은 항공기와 항공기, 항공기와 지상 관제기관 사이에 감시 데이터를 공유하여 조종사의 상황인식 능력과 관제사의 감시능력을 향상하는 차세대 항공감시시스템으로써, 항공기의 자체 항법시스템을 통해 관성항법시스템 또는 GPS 등과 같은 위성항법시스템으로부터 취득한 항공기 위치 · 등록기호 · 속도 · 고도 등의 정보를 조종사의 관여 없이 데이터화하여 비행 중인 항공기 또는 인공위성 데이터링크를 통하여 지상의 관제시설로 제공하는 역할을 수행한다.

부연하면, 비행 중인 항공기로부터 취득한 3차원 위치정보를 비롯해 통과시간 및 항공기 편명 등의 정보는 다시 인공위성을 통해 지상의 항공관제시스템으로 전송된 후 시각화로 처리되어 다시 항공관제사에게 제공된다.

특히, 본 시스템은 기존 레이더와 같은 정확하고 효율적인 감시수단이 없는 대양과 같은 지역에서 절대적으로 필요한 차세대 항공교통감시시스템이다.

한편, 본 시스템은 통상 항공기 또는 지상차량에 장착된 위성항법시스템(GNSS) 수신기 또는 GPS로부터 수신된 항공기/지상차량 등의 위치정보 및 기타 정보들을 Data-Link Network를 통해 규정된 시간간격에 따라 지상 및 공중으로 전달(방송)한다.

부가적으로, 위치정보 등에 ADS-B 데이터 통신방식은 기존의 2차 레이더(SSR) 주파수를 통해 Mode-S 방식으로 운영이 되고 있다.

또한, 주변의 항공기는 위성항법시스템(GNSS) 수신기로부터 취득된 자신의 위치정보와 본 ADS-B로부터 제공된 정보를 처리하면 항공기 조종사는 주위의 있는 모든 항공기는 물론 기타 지상의 차량 등과 같은 장비의 위치를 파악할 수 있게 될 것이다.

참고로 본 ADS-B 시스템은 기존 레이더시스템의 신호처리 관련 통신 전달 속도가 1회당 4~10초 정도인 데 비해, 1회당 0.5초로 매우 짧아 항공기 감시정밀도를 더욱 향상하게 될 것이다.

[Figure 8-12], [Figure 8-13], [Figure 8-14]에서와 같이 본 ADS-B시스템은 비행 중인 항공기 분리를 포함해, 안전망, 항공교통량 정보 등 ATC 관련하여 비 레이더 환경에서 ATC 또는 레이더 역할을 대체하게 될 것이다.

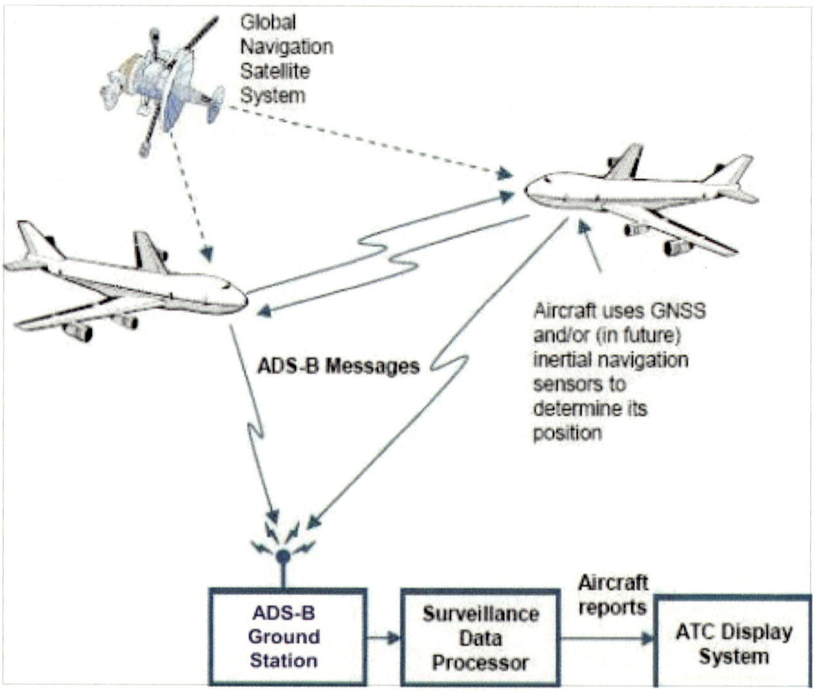

[Figure 8-12] ADS-B System 동작원리(2)

본 시스템은 향후 비정밀계기 활주로의 수용 능력 지원을 포함해 활주로상에서의 항공기 조종석 Display를 통한 조종사의 상황인식 강화 및 충돌 회피 역할에 사용하게 될 것이다.

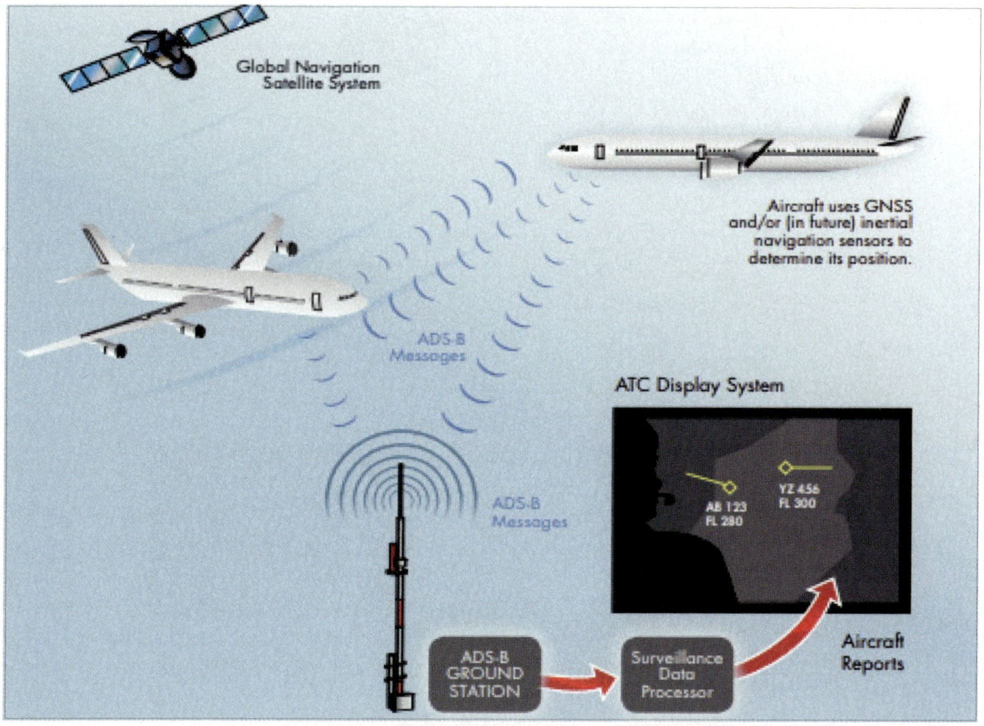

[Figure 8-13] ADS-B 동작원리 이론

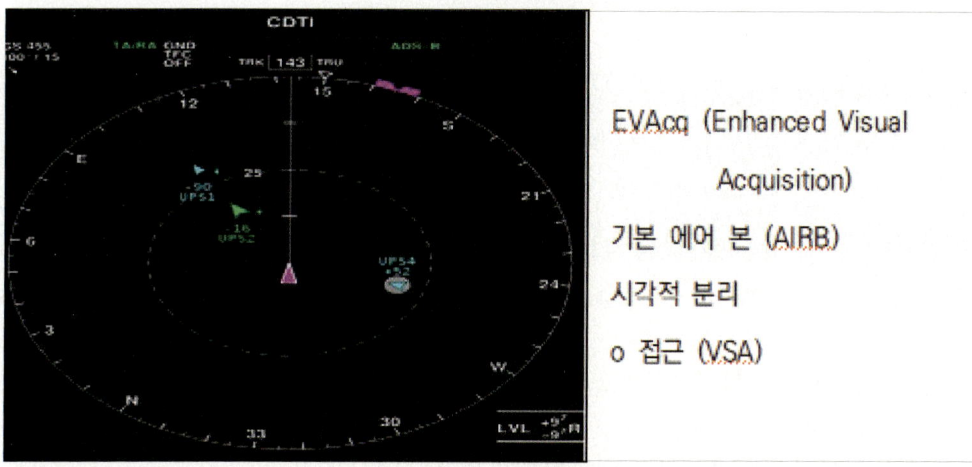

[Figure 8-14] Aircraft CDTI 화면 지시 상태

- **자동종속감시(ADS-C : Automatic Dependence Surveillance-Contract)**
  [Figure 8-15]에서와 같이 레이더관제가 불가능한 해양지역 항로를 비행하는 항공기를 위해서는 다음과 같은 ADS-C 시스템을 통해 정상적인 관제가 이루어질 것이다.

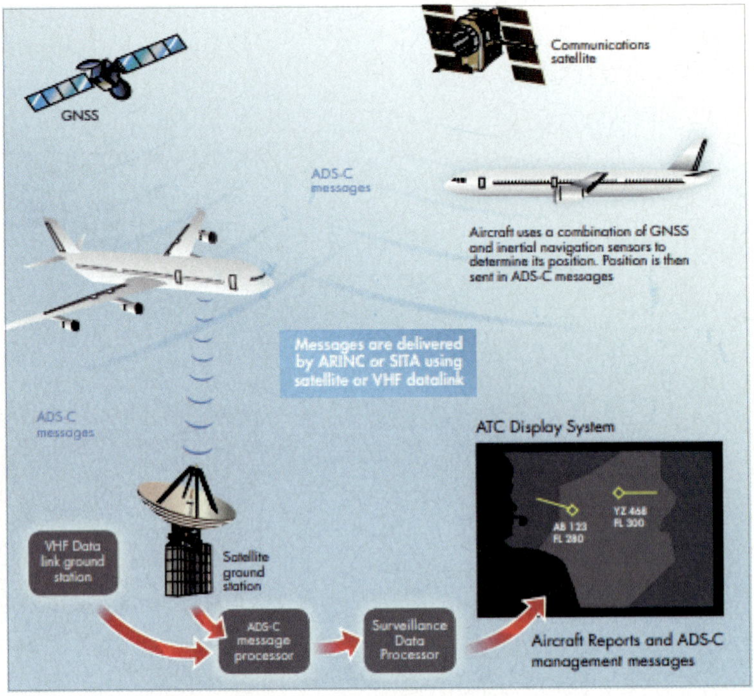

[Figure 8-15] ADS-C 동작원리 이론

시스템별 항공기 트랙 우선순위는 [Figure 8-16]과 같다.

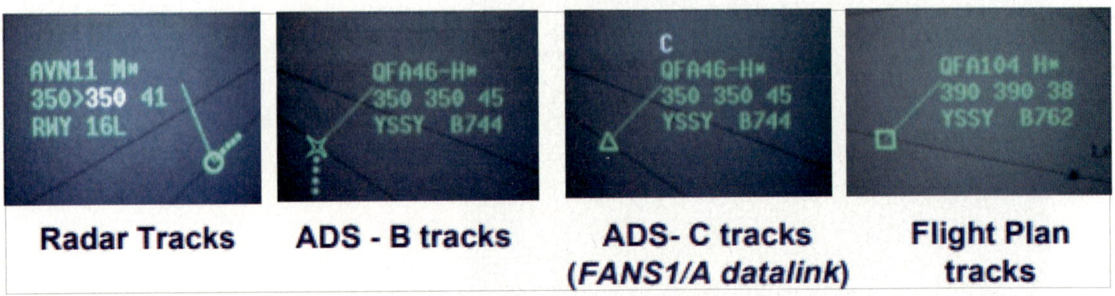

[Figure 8-16] 시스템별 항공기 Track 데이터 현시 장면

한편 시스템상에서의 항공기 Track 우선순위는 다음과 같다.

- Priority 1 : Radar
- Priority 2 : ADS-B(or WAM)
- Priority 3 : ADS-C
- Priority 4 : Flight Plan

또한, [Figure 8-17]에서와 같이 다중센서 추적시스템은 단일 항공기와 관련된 수신 데이터를 단일 감시 트랙으로 결합함으로써 각 감시 소스의 최대 기여도를 활용하고 각각의 단점을 개선하기 위한 기능을 수행한다.

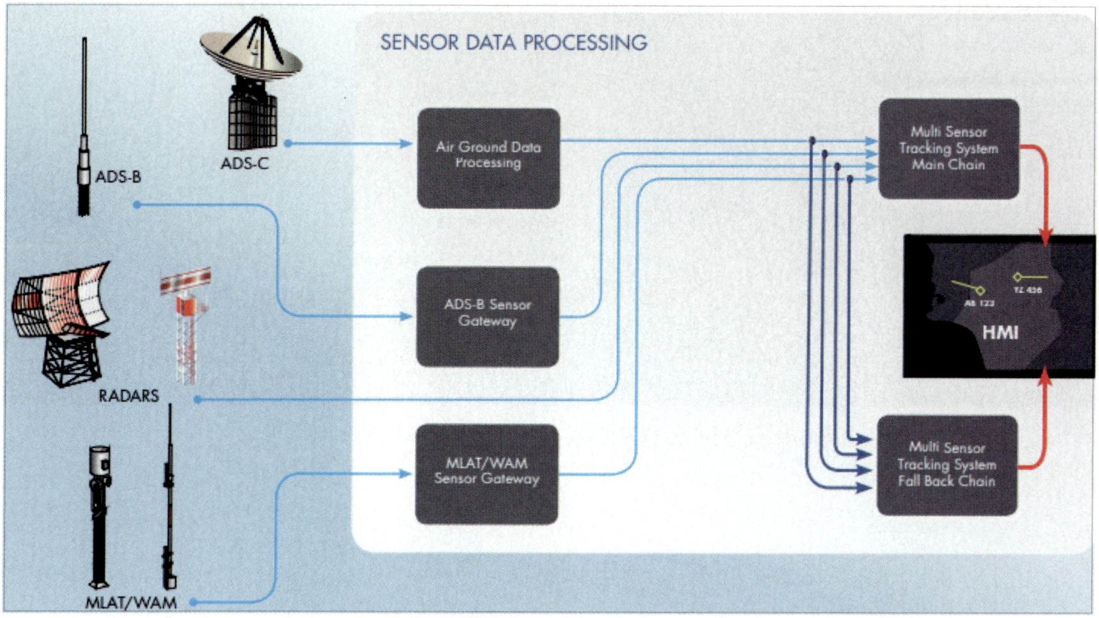

[Figure 8-17] **다중센서 추적시스템(Multi-Sensor Search System) 동작원리 이론**

- **다변측정감시시설(MLAT : Multilateration)**

  본 시스템은 항공기의 ATC 트랜스폰더로부터 송신되는 신호를 지상에 설치된 3개 이상의 수신장치로 수신하여 동 수신장치 간 수신시간(시각)의 차이를 각 수신장치와 항공기와의 거리 차이로 변환함으로써 항공기의 위치를 추적하는 역할을 수행한다.

  다시 말해, 본 MLAT시스템은 도착시간 편차(TDOA : Time Difference of Arrival) 측정을 통한 삼각측정(Triangulation) 원리를 이용하여 항공기의 위치 및 편명(ID) 정보를 초당 1회의 매우 빠른 업데이트 속도로 제공함으로써 기존의 1/2차 레이더보다 높은 5m 미만의 정확도로 제공한다.

  또한, 본 시스템은 [Figure 8-18]에서와 같이 3대의 수신기를 이용할 경우 2차원 측정이 가능하고, 다시 만약 4대의 수신기를 이용하면 3차원도 측정할 수 있다. 따라서 본 시스템은 수신기가 많을수록 정확도가 증가되는 특성이 있으므로 복잡한 대형공항에서는 20개소 이상의 수신기가 필요하다.

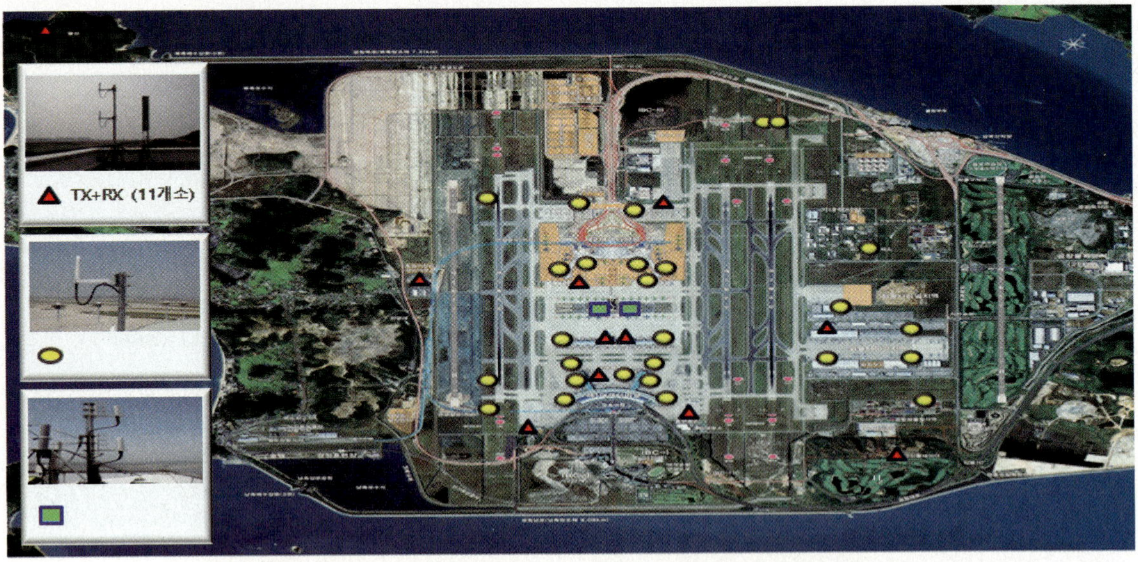

[Figure 8-18] 인천공항내 다변측정시설(MLAT) 배치도

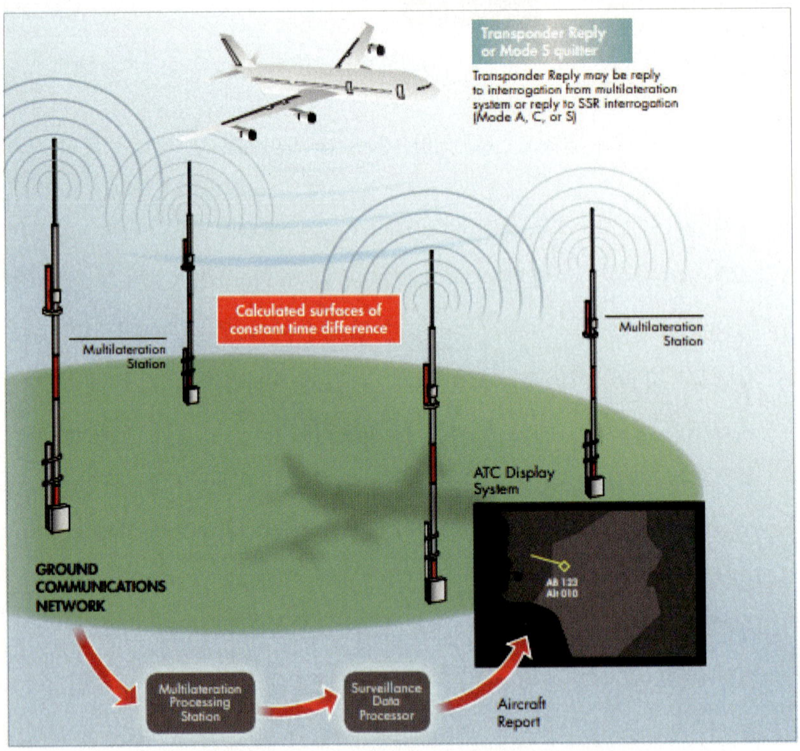

[Figure 8-19] MLAT 동작원리 이론

일반적으로 본 시스템(MLAT)은 1090MHz를 사용하는 수신기와 디코더(Decoder)로 구성이 되며, 출력신호는 ADS-B 메시지를 제공한다.

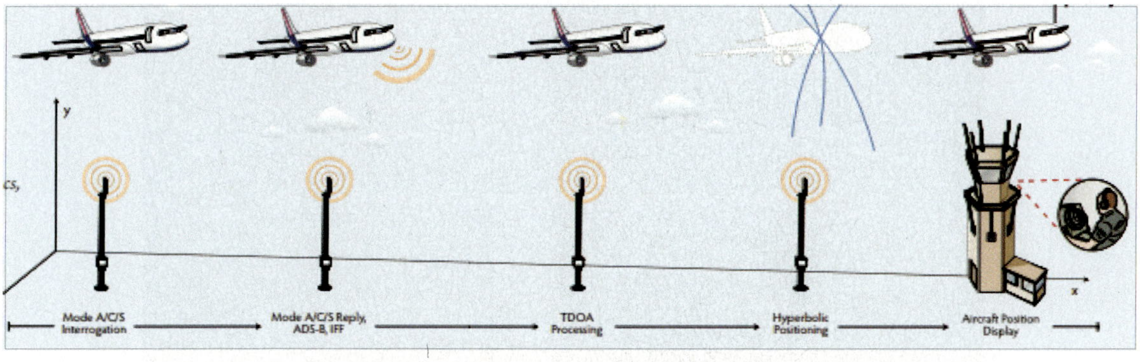

[Figure 8-20] MLAT 동작원리 이론

• **항공기지상이동 관제시스템**

[A-SMGCS : Advanced-Surface Movement Guidance and Control System]

본 시스템은(A-SMGCS)은 과거 시스템에 보다 진보된 지상이동안내 및 관제시스템으로써 항공등화 개별제어 및 감시시스템(ILCMS)을 기반으로 항공기 운항 정보를 비롯하여 항공기상정보 및 지상감시레이더 시스템과 연계된 항공기 위치정보 등을 받아 저시정 운영 시에 항공기에 대한 관제, 경로 및 유도기능을 제공하는 통합시스템이다. 특히 본 시스템은 항공기 이동계획 및 경로 기능은 출발관리시스템(DMAN : Departure Management) 및 도착 관리시스템(Arrival Management)을 활용하여 항공기의 출발/도착절차를 관리함과 아울러 이동 경로를 관제하도록 지원하는 역할을 수행한다. 또한 항공정보관리시스템(eAIM)과 연동되어 항공정보자료를 실시간으로 교환하는 기능과 함께 항공차량흐름관리시스템(ATFM : Air Traffic Flow Management)과 연동이 되어 공동 의사결정협의체(CDM l Collaborative Decision Making) 기능을 수행하도록 지원하는 역할을 수행한다.

본 A-SMGCS의 주요기능은 다음과 같다.

(감시기능 : Surveillance)

본 기능은 이동지역 내 항공기를 비롯해 차량과 비인가 목표물에 관한 확인과 정확한 위치정보를 제공한다.

[Figure 8-21]에서와 같이 지상의 항공기/차량/비인가 목표물의 위치를 식별함과 아울러 출발항공기(Out-Bound)는 **녹색**으로 표시되어 있으며, 도착하는 항공기(In-Bound)의 경우에는 **청색**으로 또한 표시되어 있으며, 그 외 견인(Towing) 중인 항공기는 **적색**으로, 이동 중인 차량은 **오렌지색**으로, 그리고 제설지역(De-Icing)은 **보라색**으로 구분 표시되어 있다.

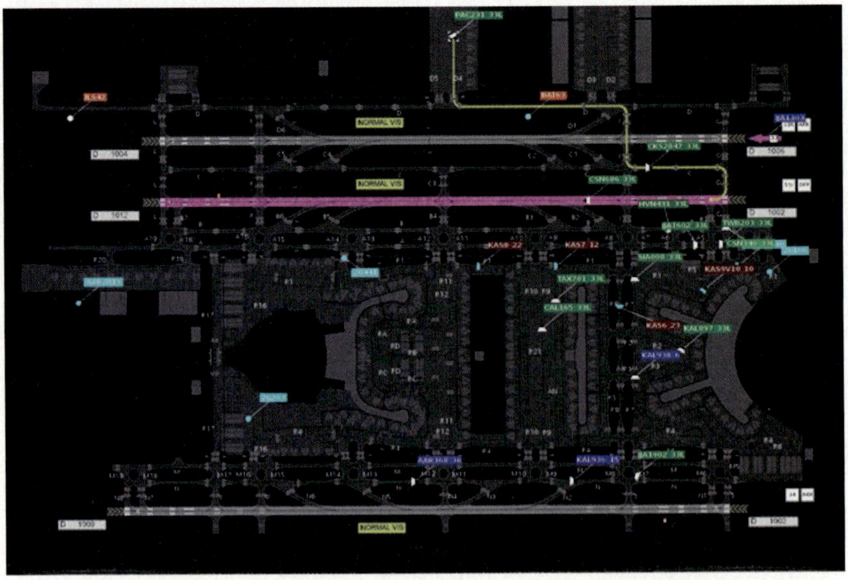

[Figure 8-21] A-SMGCS Surveillance 기능 동작원리

(통제/제어 기능 : Control)

본 기능은 활주로 침입 및 충돌을 방지함과 아울러 안전하고 신속하게 이동할 수 있도록 제어하는 기능을 말한다.

[Figure 8-22]에서와 같이 관제구역 중 회색 지역은 관제탑 관제사의 영역으로, 그리고 그 외의 비 회색 지역은 계류장 관제사의 책임 지역으로 표시되어 있다.

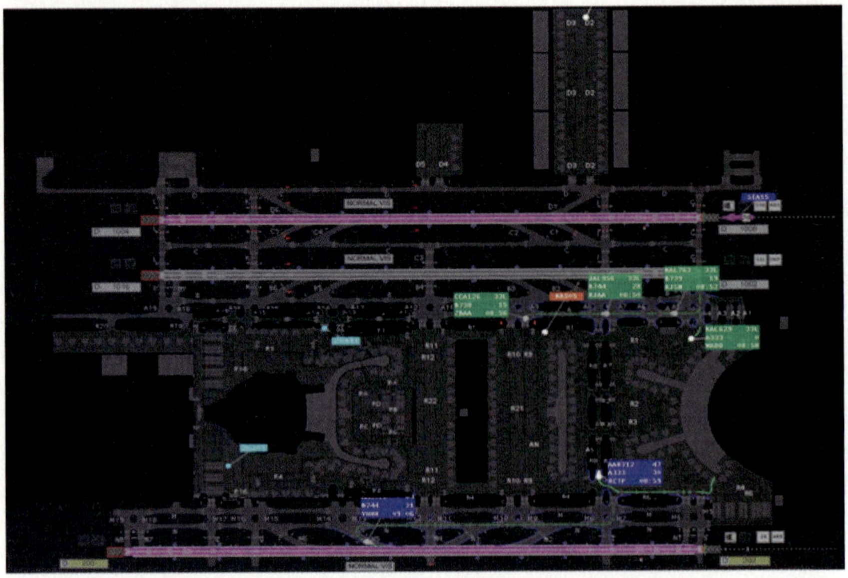

[Figure 8-22] A-SMGCS Control 기능 동작원리(1)

또한 [Figure 8-23]에서는 정지선 적색등(Red Lighting for Stop-Bar)을 On/Off를 통해 항공기의 동선 진행 여부 및 이격거리를 제어하는 기능을 수행한다.

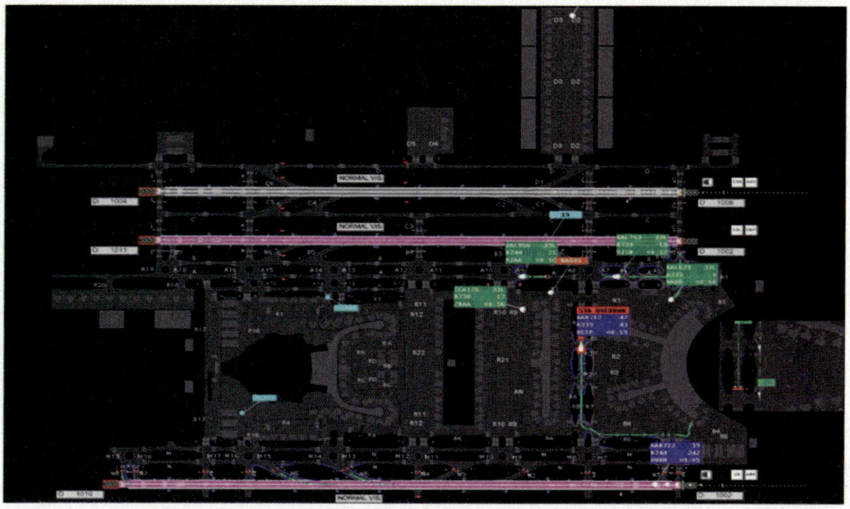

[Figure 8-23] A-SMGCS Control 기능 동작원리(2)

(경로/계획 기능 : Routing/Planning)

본 기능은 항공기와 차량들이 이동지역 내에서 신속한 이동이 가능하도록 효율적인 경로를 제공하는 기능을 말한다.

[Figure 8-24]에서와 같이 항공관제사에게 개별 항공기에 대해 필요한 경로를 제공하게 하는 기능(Collective Routing)을 수행한다.

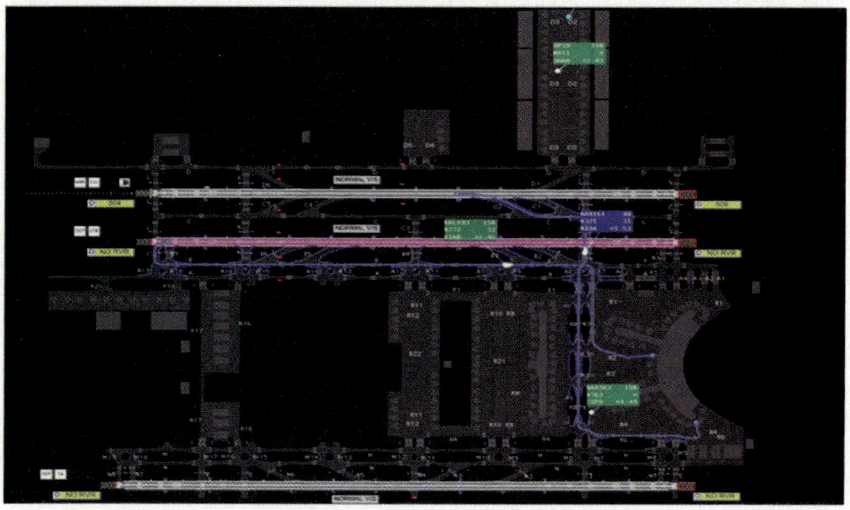

[Figure 8-24] A-SMGCS Routing & Planning 기능 동작원리(1)

다음으로, [Figure 8-25]에서와 같이 항공기에 필요한 여러 경로를 미리 저장 후 일괄 제공하는 기능(Predefined Routing)을 수행한다.

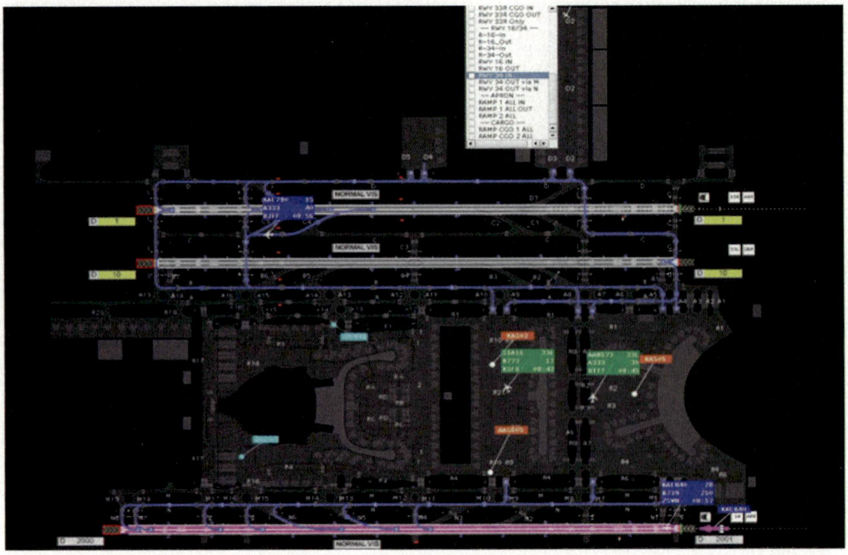

[Figure 8-25] A-SMGCS Routing & Planning 기능 동작원리(2)

한편, [Figure 8-26]에서와 같이 A-SMGCS 제3단계 주요개선 중 Best Item에 해당되는 기능으로서 시스템에 의해 자동으로 모든 항공기에게 개별 경로(Auto Individual Routing)를 제공하는 기능을 수행한다.

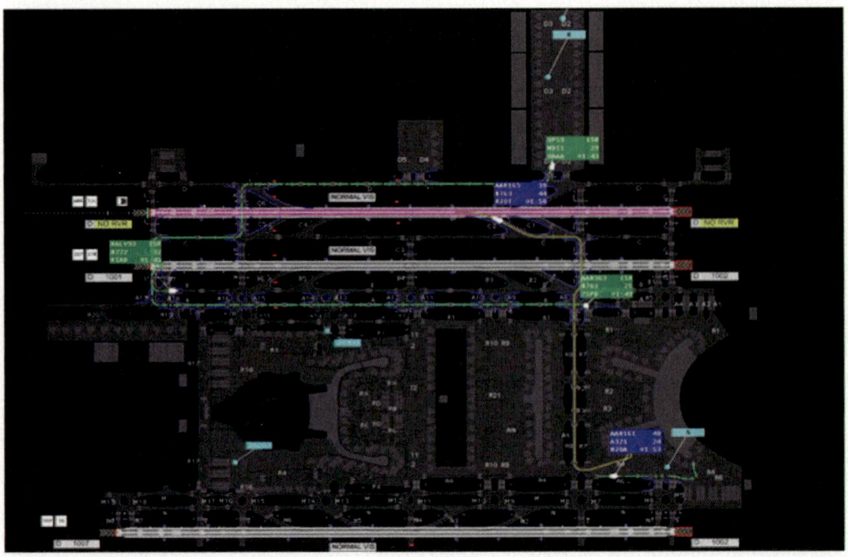

[Figure 8-26] 항공기에게 개별 경로를 제공하는 기능(Auto Individual Routing) 동작원리

(유도안내 : Guidance)

본 기능은 항공기 조종사와 차량 운전자가 설정된 경로를 포함해 활주로 및 유도로 상에서 조종사 또는 차량 운전자가 의도한 대로 이동할 수 있도록 필요한 신뢰성 있는 정보를 연속적으로 제공하는 기능을 말한다.

즉, 이와 관련된 상세 기능은 다음과 같다.

먼저 시각주기유도시스템(VDGS : Visual Docking Guidance System)은 항공기가 계류장에 진입 후 정상적으로 주기하도록 각종 정보를 제공해 주는 시스템으로써 주기 중인 항공기종을 자동으로 인식함은 물론 기종이 상이할 경우에는 항공기 좌우 편차, 접 현시간 및 정지선 지점까지의 거리 등 항공기 주기에 필요한 정보를 계산하여 처리하는 기능을 갖추고 있다.

다음으로 유도로 중심선 등(TCL : Taxiway Center Line Light)은 특히, 저시정 운영 시 지상 이동 중인 항공기 조종사에게 녹색등으로 설정된 유도로 상의 중심선 정보를 제공해 주는 매우 중요한 역할을 수행한다.

부가적으로 유도로안내등(Taxiway Guidance Sign)은 지상 이동 중인 항공기 조종사가 자신이 어디로 이동해야 하는지에 대한 목적지를 비롯해 경로 및 분기점 등을 알려주는 역할을 수행함과 아울러 조종사 자신의 위치를 인지하도록 지원해 주기 위해 유도로 중심선등(TCL)과 연동되어 자동으로 On/Off로 반복되는 방법으로 조종사에게 알려주는 역할을 수행한다.

참고로, 유도로안내등의 색상은 적색을 포함해 노란색 및 흰색등으로 구성된다.

한편, 본 A-SMCGS에 대한 향후 발전 단계는 다음과 같다.

(A-SMGCS 1단계 운영방안)

1단계는 기동지역 내의 지상 이동장비나 항공기 이동지역을 감시하기 위한 향상된 감시 및 절차를 도입함으로써 항공기 관제사는 SMR 이미지로부터 지상 장비 또는 항공기의 정보 및 위치를 제공받아 지시 및 허가를 발행한다.

(A-SMGCS 2단계 운영방안 : 감시 + 안전망)

1단계 운영방안인 감시기능을 기본으로 추가로 활주로와 특정 구역을 보호하기 위한 안전망(Safety Nets) 기능을 추가함으로써 관제사에게 활주로상의 모든 이동 장비 간의 충돌과 제한 구역을 침범하는 항공기에 대한 경보 등을 발효한다.

(A-SMGCS 3단계 운영방안 : 충돌 탐지)

관제사에게 이동 경로 계획 및 안내 정보를 제공하며, 이동지역 내의 모든 충돌에 대한 탐지가 가능하다.

(A-SMGCS 4단계 운영방안 : 충돌 회피, 자동 계획 및 안내)

조종사와 관제사에게 자동으로 이동 경로 계획 및 경로에 대한 안내를 제공하며, 모든 충돌 위험에 대한 해법을 제공한다.

라. 항공교통관리분야[Air Traffic Management Part]

차세대 항공교통관리시스템이란 기존의 항행안전시설을 통한 항공기 관제 방식에서 위성을 기반으로 하는 항공교통서비스와 항공교통흐름관리 방식을 도입하여 운영하는 것을 의미한다.

이와 같은 관점을 고려하여 기존 시스템에 대한 차세대 항공교통시스템은 〈Table 8-5〉와 같이 전환될 것이다.

〈Table 8-5〉 **기존 시스템과 차세대 항공교통관리시스템구성 비교표**

<table>
<tr><th rowspan="2">현재 시스템</th><th colspan="3">차세대 항공교통관리 시스템</th></tr>
<tr><th colspan="2">전환관련 시스템</th><th>주요 기능</th></tr>
<tr><td rowspan="2">[항공교통관리]
• ATM(Air Traffic Management)</td><td rowspan="2">• 차세대 항공교통관리(New ATM)</td><td>• 항공교통업무(ATS)</td><td>• 항공기 간 충돌 또는 항공기와 지상 장애물과의 충돌을 방지하고 항공교통의 질서 있는 흐름을 촉진 및 유지하기 위한 차세대 관제업무로써 항공정보관리시스템(e-AIM)과의 연동을 통해 현재의 항공관제를 항공기 관리 체계로 전환하는 것을 말함</td></tr>
<tr><td>• 항공교통흐름관리(ATFM)</td><td>• 항공교통 밀도가 상대적으로 높은 지역에서의 관제 섹터별 교통밀도를 조절하기 위한 데 있음</td></tr>
</table>

[참고문헌]

- AIM Chapter Navigation(FAA, 2008)
- http://www.faa.gov/air_traffic/publications/atpubs/aim/
- Performance-Based Navigation Manual DOC 9613(ICAO, 2008)
- Road map for Performance-Based Navigation(FAA, 2006)
- RNP AR Procedure Design Manual DOC9905(ICAO)
- 한국항공진흥협회, http://www.airtransport.or.kr/kor/index.html
- 미 FAA GPS site : http://www.faa.gov/about/office_org/headquarters_offices/ato/service_units/techops/navservices/gnss/gps/
- 항공안전본부, "우리나라의 RVSM 도입 추진현황" 보고서(2004)
- 차세대 항행안전시설 구축(국토부) 기본 계획수립
- ICAO Annex 2(Rules of the Air)
- ICAO Annex 4(Aeronautical Charts)
- Annex 10, Volume Ⅰ(Radio Navigation Aids)
- Annex 10, Volume Ⅱ(Communication Procedures)
- Annex 10, Volume Ⅲ, Part Ⅰ(Digital Data Communication System)
- Annex 10, Volume Ⅲ, Part Ⅱ(Voice Communication System)
- Annex 10, Volume Ⅳ : Surveillance and Collision Avoidance Systems
- Annex 10, Volume Ⅴ : Aeronautical Radio Frequency Spectrum Utilization
- Annex 14, Volume Ⅰ(Aerodrome Design & Operations)
- Annex 15(Aeronautical Information Services)
- ICAO Document 8071 Volume Ⅰ(Testing of Ground-Based Radio Navigation Systems)
- ICAO Document 8071 Volume Ⅱ(Testing of Satellite-Based Radio Navigation Systems)
- ICAO Document 8071 Volume Ⅲ(Testing of Surveillance Radio Systems)
- ICAO Document 8071 Volume Ⅳ(Surveillance and Collision Avoidance System)
- ICAO Document 8071 Volume Ⅴ(Aeronautical Radio Frequency Spectrum Utilization)
- ICAO Document 9684(Manual on the Secondary Surveillance Radar System)

- FAA Orders, 6750.49a(Maintenance of Instrument Landing System [ILS] Facilities)
- FAA Orders, 6750.16D(Siting Criteria for Instrument Landing Systems)
- FAA Orders, 8200.1D(United States Standard Flight Inspection)
- FAA Orders, FAA-H-8261-1A(Instrument Procedures Hand Book)

[약 어]

[A]

AC	Advisory Circular [ ]
ACAS	Airborne Collision Avoidance System ICAO [국제민간항공기구 공중충돌경고장치]
ACC	Area Control Cetre, Area Control [지역관제소(항로교통센터)]
ACFT	Aircraft [항공기]
ACL	Altimeter Check Location [고도계 점검지점]
ACN	Aircraft Classification Number [항공기 등급번호]
AD	Aerodrom [비행장]
ADF	Automatic Direction-Finding Equipment [자동방향탐지기]
ADI	Attitude Director Indicator [자세계]
ADS	Automatic Dependent Surveillance [자동종속 감시시설]
ADS-B	Automatic Dependent Surveillance-Broadcast [자동종속 감시시설-방송]
ADS-C	Automatic Dependent Surveillance-Contract [자동종속 감시시설-계약]
ADSU	Automatic Dependent Surveillance Unit [자동종속 감시장치]
AFB	Air Force Base [공군기지]
AFIS	Aerodrom Flight Information Service [비행장 비행정보업무]
AFS	Aeronautical Fixed Service [항공 고정업무]
AFTN	Aeronautical Fixed Telecommunication Network [항공 고정 통신망]
AGL	Above Ground Level [지상고도]
AIC	Aeronautical Information Cicular [항공 정보 회람]
AIDC	Air Traffic Service Interfacility Data Communications [항공 관제정보 교환망]
AIG	Accident Investigation Group [사고조사단]
AIP	Aeronautical Information Publication [항공정보 간행물]
AIRAC	Aeronautical Information Regulation and Control [항공정보 관리절차]
AIS	Aeronautical Information Service [항공정보업무]
ALA	Alighting Area [착륙(착수)지역]
ALA	Approach and Landing Accident [접근 및 착륙사고]
ALPA	Air Line Pilot Association [항공조종사 협회]
ALS	Approach Lighting System [진입등 시스템]
ALT	Altitude [고도]
AMA	Area Minimum Altitude [구역 최저고도]

AMDT	Amendment [AIP Amendment : 항공정보간행물 수정판]
AMS	Aeronautical Mobile Service [항공이동업무]
AMSL	Above Mean Sea Level [해발고도]
AMSS	Aeronautical Mobile Satellite Service [항공이동위성통신시설]
APAPI	Abbreviated Precision Approach Path Indicator [간이식 진입각 지시등]
APCH	Approach [접근]
APP	Approach Control Office, Approach Control, Approach Control Service [접근관제소, 접근관제, 접근관제업무]
APV	Approve, Approved, Approval [승인하다]
ARP	Aerodrome Reference Point [비행장 표점]
ARFF	Accident Rescue and Firefighting [사고구조소방대]
ARR	Arrive, Arrival [도착하다, 도착]
ARTS	Automated Radar Terminal System [자동레이더 데이터처리 시스템]
ASR	Airport Surveillance Radar [공항레이더]
ATA	Actual Time of Arrival [실제 도착시간]
ATC	Air Traffic Control [항공교통관제]
ATCT	Air Traffic Control Tower [항공교통관제탑]
ATFM	Air Traffic Flow Mangement [항공교통흐름관리]
ATIS	Automatic Terminal Information Service [공항정보방송시설]
ATM	Air Traffic Management [항공교통관리]
ATN	Aeronautical Telecommunication Network [항공종합통신망]
ATP	Airline Transport Pilot [항공수송조종사]
ATS	Air Traffic Service [항공교통업무]
AZM	Azimuth [방위각]

[B]

BARO-VNAV	Barometric Vertical Navigation [기압고도계를 이용한 수지정보제공 항행]
BCN	Beacon [항공등대], Aeronautical Ground Light [항공지상등화]
BRG	Bearing [방위]

[C]

C	Degree Celsius(Centigrade) [섭씨]
CAA	Civil Aviation Authority [민간항공청]

CAMI Civil Aeromedical Institude [민간항공의학연구소]
CAT Category [범주]
CDI Course Deviation Indicator [코스편차지시기]
CFIT Controlled Flight Into Terrain [ ]
CFR Code of Federal Regulations [연방규정코드]
CPDLC Controller-Pilot Data Link Communications [관제사 조종사 간 데이터 통신시설]
CRM Collision Risk Model [충돌위험모형]
CRM Crew Resource Management [승무원 인력관리]
CTA Control Area [관제구역]
CTC Contact [교신하다]
CTL Control [관제]
CTR Control Zone [관제권]
CVR Cockpit Voice Recorder [조종실 음성기록장치]
CW Continuous Wave [지속파]
CWY Clearway [개방구역]

[D]

DA Decision Altitude [결심고도]
D-ATIS Digital-Automatic Terminal Information Service [디지탈 공항정보방송시설]
D-BRIT Digital-Bright Radar Indicator Tower Equipment [관제탑용 디지탈 레이더 신호 지시기]
DCP Datum Crossing Point [기준 통과점]
DCPC Direct Controller-Pilot Communications [관제사와 조종사 간 직접 통신]
DEG Degrees [방위 또는 각도]
DEP Depart or Departure [출발하다 또는 출발]
DFDR Digital Flight Data Recorder [디지탈 비행데이터 기록장치]
DH Decision Height [결심고도]
DIST Distance [거리]
DIV Divert or Diverting [회항하다 또는 목적지 변경]
DLA Delay or Delayed [지연, 지연하다 또는 지연된]
DME Distance Measuring Equipment [거리측정시설]
DOD Department of Defence [국방부]
DOT Department of Transportation [교통부]
DTAM Descend to and Maintain [강하 후 고도유지]

DTHR	Displaced Runway Threshold [활주로 이설시단]
D-VOLMET	Data Link VOLMET [비행중인 항공기에게 제공하기 위한 데이터링크 기상방송 정보]
DVOR	Doppler VOR [도플러 전방향표지시설]

[E]

EARTS	En-Route Automated Radar Tracking System [항로용 자동레이더 추적시스템]
EAT	Expected Approach Time [접근 예정시간]
EFIS	Electronic Flight Instrument System [전자 비행 계기장치]
EGNOS	European Geostationary Navigation Overlay Service [유럽 위성기반 보정시스템]
ELEV	Elevation [표고]
ELT	Emergency Location Transmitter [비상위치지시 송신기]
EMT	Emergency Management Technician [비상관리기술자]
ENR	En-Route [항공로]
ETA	Estimated Time of Arrival or Estimating Arrival [도착예정시간 또는 도착예정]
ETD	Expected Time of Departure or Estimating Departure [출발 예정시간 또는 출발예정]
EU	European Union [유럽연합]
EVS	Enhanced Vision System [시각 강화시스템]

[F]

FAA	Federal Aviation Administration [미연방항공청]
FAF	Final Approach Fix [최종 접근픽스]
FAR	Federal Aviation Requlation [연방항공규정]
FAS	Final Approach Point [최종 접근지점]
FD	Flight Director [비행감독자]
FDAU	Flight Data Acquisition Unit [비행자료수신장치]
FDPS	Flight Data Processing System [비행자료 처리시스템]
FDR	Flight Data Recorder [비행자료기록(녹화)장치]
FDPS	Flight Data Processing System [비행자료 처리시스템]
F/E	Flight Engineer [비행기술자(항법사)]
FIC	Flight Information Centre [비행 정보센터]
FIR	Flight Information Region [비행 정보구역]
FIS	Flight Information Service [비행 정보업무]
FISA	Automated Flight Information Service [자동비행 정보업무]

FL	Flight Level [비행고도]
FLD	Field [비행장 지면]
FLT	Flight [비행]
FMA	Flight Mode Annunciator [비행모드 신호 표시기]
FMC	Flight Management Computer [비행 관리컴퓨터]
FMS	Flight Management Systme [비행 관리시스템]
FPL	Field Flght Plan [제출 비행계획서]
FPM	Feet Per Minute [분당 피트]
FPR	Flight Plan Route [비행계획서 상의 비행로]
FSF	Flight Safety Foundation [비행안전재단]
FSL	Full Stop Landing [착륙]
FSS	Flght Service Station [비행정보 업무국]
FT	Feet [피트]
FTP	Fictitious Threshold Point [가상 시단지점]

[G]

G/A	Ground-to-Air [지대공]
G/A/G	Ground-to-Air and Air-to-Ground [지대공 및 공대지]
GAGAN	GPS and Geostationary Earth Obit Augmented Navigation [인도 위성기반광역보강시스템]
GAMET	Area Forecast for Low-level Flights [저고도 비행을 위한 지역 기상예보]
GARP	GBAS Azimuth Reference Point [위성항법시설(지상기반 지역보강시스템) 방위참조지점]
GBAS	Ground-Based Augmentation System [위성항법시설(지상기반 지역보강시스템)]
GCA	Ground Controlled Approach System or Ground Controlled Approach [지상유도접근시설 또는 지상유도접근]
GES	Ground Earth Station [지상 지구국]
GLONASS	Global Orbiting Navigation Satellite System [러시아 전지구위성측지시스템]
GLS	GBAS Landing System [위성항법시설(지상기반지역보강시스템) 착륙시설]
GMC	Ground Movement Chart [지상이동도]
GNSS	Global Navigation Satellite System [위성항법시설]
GP	Glide Path FAA [미연방항공청 활공각 제공시설]
GPA	Glide Path Angle [활공각]
GPIP	Glide Path Intercept Point [활공로 교착지점]
GPS	Global Positioning System [위성항행시스템]

GPWS	Ground Proximity Warning System [지상접근 경고장치]
GRAS	Ground-Based Regional Augmentation System [위성항법시설(지상기반광역보강시스템)]
GS	Ground Speed [대지 속도]
GS	Glide Slope ICAO [국제민간항공기구 활공각 제공시설]

[H]

HAPI	Helicopter Approach Path Indicator [헬기장 진입각 지시등]
HAT	Height Above Touchdown [착륙 상단 높이]
HBN	Hazard Beacon [위험표지 등대]
HCH	Helicopter Crossing Height [헬기장 통과 높이]
HDF	High Frequency Direction-Finding Station [단파 방향탐지국]
HDG	Heading [기수]
HF	High Frquency [(3000 to 30,000KHz) 단파]
HGT	Height or Height Above [높이 또는 표고]
HPA	Hectopascal [헥터파스칼]
HRP	Heliport Reference point [헬기장 표점]
HSI	Horizontal Situation Indicator [수평상황지시기]
HUD	Head-Up Display [전방 시현기]
HZ	Hertz [헤르츠]

[I]

IAC	Instrument Approach Chart [계기 접근도]
IAF	Initial Approach Fix [첫 접근 지점]
IAP	Instrument Approach Procedure [계기 접근절차]
IAR	Intersection of Air Routes [항공로 교차점]
IAS	Indicated Airspeed [지시대기속도]
IASA	International Aviation Safety Assessment [국제항공안전평가]
IBN	Identification Beacon [식별등대]
ICAO	International Civil Aviation Organization [국제민간항공기구]
ID	Identifier or Identify [식별자 또는 식별하다]
IDENT	Identification [식별]
IF	Intermediate Approach Fix [중간 접근픽스]
IFR	Instrument Flight Rules [계기비행방식]

ILS	Instrument Landing System [계기착륙시설]
IMC	Instrument Meteorological Conditions [계기기상상태]
INA	Initial Approach [첫 접근]
INS	Inertial Navigation System [관성항법장치]
INTL	International [국제]
IOE	Initial Operational Experience [초보운영경험]
IRS	Inertial Reference System [관성항법장비]

[J]

[K]

KCAB	Korean Civil Aviation Bureau [한국민간항공국]
KHZ	Kilohertz [킬로 헤르츠]
KIAS	Knots Indicated Airspeed [노트로 표시된 계기속도]
KMH	Kilometres Per Hour [시속(시간당 킬로미터)]
KPA	Kilopascal [킬로 파스칼]
KT	Knots [노트]

[L]

LAT	Latitude [위도]
LCA	Local or Locally or Location or Located [위국지 또는 국지적으로 또는 위치 또는 위치한]
LDA	Landing Distance Available [착륙 가능거리]
LDI	Landing Direction Indicator [착륙방향 지시기]
LIH	Light Intensity High [고광도]
LIL	Light Intensity Low [저광도]
LIM	Light Intensity Medium [중광도]
LMT	Local Mean Time [지역표준시]
LNAV	Lateral Navigation [횡적 안내정보 제공항행]
LOC	Localizer [방위각 제공시설]
LOFT	Line-Oriented Flight Traning [선상 비행훈련]
LORAN	Long Range Air Navigation System [장거리 항행시스템]

LPV Localizer Performance with Vertical Guidance [수직 안내 정보가 제공되는 로칼라이져 항행성능]

LVL Level [고도]

LVP Low Visibility Procedure [저시정 절차]

LYR Layer or Layered [층 또는 층으로 이루어진]

[M]

MAA Maximum Authorized Altitude [최고 승인고도]

MAG Magnetic [자방위의]

MAHF Missed Approach Holding Fix [실패접근 체공픽스]

MAINT Maintenance [정비, 유지, 보수]

MAP Aeronautical Maps and Charts [항공지도 및 도면]

MAP Missed Approach Point [실패접근 지점]

MBST Microburst [마이크로버스트]

MCA Minimum Crossing Altitude [최저 통과고도]

MCW Modulated Continuous Wave [변조 지속파]

MDA Minimum Descent Altitude [최저 강하고도]

MDF Medium Frequency Direction-Finding Station [중파 방향탐지국]

MDH Minimum Descent Height [최저 강하고도]

MEA Minimum En-Route Altitude [최저 항로고도]

MEHT Minimum Eye Height over Threshold(for Visual Approach Slope Indicator Systems) [활주로 시단상 최저 시각통과 높이(진입각 지시등에 사용)]

MET Meteorological or Meteorology [기상 또는 기상학]

MF Medium Frequency(300 to 3,000 KHz) [중파]

MHZ Megahertz [메가헤르츠]

MID Mid-Point(relate to RVR) [중간]

MIN Minutes [분]

MIS Missing(transmission identification)(to be used in AFS as a procedure signal [없어진~(전송식별번호)(절차신호로써 항공고정업무에 사용)

MKR Marker Radio Beacon [마커무선표지]

MLS Microwave Landing System [마이크로웨이브 계기착륙시설]

MM Middle Marker [중간마커]

MNM Minimum [최저, 최소]

MNPS Minimum Navigation Performance Specifications [최소 항행성능기준]

MNT	Monitor or Monitoring or Monitored [감시하다, 감시하는, 감시되는]
MOA	Military Operating Area [군훈련 공역]
MOC	Minimum Obstacle Clearance (required) [최저 장애물 회피 허용치(요구되는)]
MOCA	Military Obstacle Clearance Altitude [최저 장애물 회피구역]
MOCT	Military of Construction and Transportat [건설교통부]
MOPS	Minimum Operation Performance Standards [최저 성능기준]
MOU	Memorandum of Understanding [양해각서]
MPS	Meters Per Second [초속(초당 미터)]
MRA	Minimum Reception Altitude [최저 수신 가능 고도]
MRG	Midium Range [중거리]
MRP	ATS/MET Reporting Point [항공교통업무/기상 보고 지점]
MSA	Minimum Sector Altitude [최저 섹터 고도]
MSAS	Multifunctional Transport Satellite(MTSA) Satellite-Based Augmentation System [일본의 위성기반광역보강시스템]
MSAW	Minimum Safe Altitude Waening [최저 안전고도 경고]
MSL	Mean Sea Level [평균 해수면]
MSR	Message..(transmission identification) has been misrouted(to be used in AFS as a procedure sign) [전문...(전송식별번호)이 잘못 전달되었음(절차 신호로써 항공고정업무에 사용)]
MSSR	Monopulse Secondary Surveillance Radar [모노펄스 2차 레이더]

[N]

NASA	National Aeronautics and Space Administration [국가 항공우주 행정부]
NASC	National AIS System Centre [국가 항공정보업무 시스템 센터]
NAV	Navigation [항행]
NCD	No cloud detected(used in automated METAR/SPEC) [감지된 구름 없음(자동화된 METAR/SPEC에 사용되어진)]
NDB	Non-Directional Radio Beacon [무지향표지시설]
NIL	None or I have nothing to send to you [없음 또는 보내전문이 없음]
NM	Nautical Miles [해리(해상마일)]
NOF	International NOTAM Office [국제항공 고시보 취급소]
NOSIG	No significant change(used in trend-type landing forecasts) [현저한 변화 없음(착륙 경향정보에 사용)
NOTAM	A notice distributed by means of telecommunication contaning information concerning the establishment, condition or change in any seronautical facility, service, procedure or hazard, the timely knowledge of which is essential to personnel concerned with flight operations [Notice to Airmen(항공고시보)]

NOZ	Normal Operation Zone [장비성능상 운영에 신뢰성을 유지할 수 있는 범위]
NPA	Non-Precision Approach [비정밀 접근]
NTL	National [국내]
NTZ	No Transgression Zone [진입 불가지역]
NWS	National Weather Service [국가기상서비스]

[O]

OAC	Oceanic Area Control Centre [대양지역 관제센터]
OAS	Obstacle Assessment Surface [장애물 평가표면]
OBS	Observe or Observed or Observation [관측하다 또는 관측된 또는 관측]
OBST	Obstacle [장애물]
OCA	Obstacle Clearance Altitude [장애물 회피고도]
OCA	Oceanic Control Area [대양 관제지역]
OCH	Obstacle Clearance Height [장애물 회피높이]
OCS	Obstacle Clearance Surface [장애물 회피표면]
OFZ	Obstacle Free Zone [무장애물 구역]
OGN	Originate(to be used in AFS as a procedure signal) [발신(절차신호로써 항공고정업무에 사용)]
OIS	Obstacle Identification Surface [장애물 식별표면]
OM	Outer Marker [외측마커]
OSV	Ocean Station Vessel [대양기지국선]
OUBD	Outbound [출항]

[P]

PA	Precision Approach [정밀접근]
PANS	Procedures for Air Navigation Services [항행 업무절차]
PAPI	Precision Approach Path Indicator [진입각 지시등]
PAR	Precision Approach Radar [정밀접근레이더]
PAX	Passenger(s) [승객]
PBN	Performance-Based Navigation [성능기반항행]
PCL	Pilot-Controlled Lighting [조종사 제어등화]
PCN	Pavement Classification Number [포장면 등급번호]
PDC	Pre-Departure Clearance [사전 출발허가]
PF	Pilot Flying [조종사 비행]

PIB	Pre-Flight Information Bulletin [비행전 정보게시]
PIC	Pilot-In-Command [조종사 지시]
PLA	Practice Low Approach [저공접근 훈련]
PLN	Flight Plan [비행계획서]
PLVL	Present Level [현재고도]
PNF	Pilot-Not-Flying [조종불능의]
PNR	Point of No Return [회항 불가 지점]
POB	Persons On Board [탑승 인원]
POI	Principal Operation Inspector [수석 운영검사자]
PPI	Plan Position Indicator [레이더신호 지시장치]
PPSN	Present Position [현재 위치]
PROC	Procedure [절차]
PROV	Provisional [일시(임시)적인]
PRP	Point-in-space Reference Point [공간점 기준점]
PSN	Position [위치]
PSR	Primary Surveillance Radar [1차 감시레이더]
PTN	Procedure Turn [절차 선회]
PTS	Polar Track Structure [극권 항로 구조]

[Q]

QDR	Magnetic Bearing [자방위]
QFE	Atmospheric pressure at aerodrome elevation(or at runway threshold [비행장 표고(또는 활주로 시단)로 환산한 대기압]
QFC	Magnetic orientation of runway [자북기준 활주로 방향]
QNH	Altimeter sub-scale setting to obtain elevation when on the ground [지상의 표고를 얻기 위한 고도 수정치]
QTE	True Bearing [진방위]

[R]

RAC	Rules of the air and air traffic services [항공 및 항공교통업무 규칙]
RAG	Runway Arresting Gear [활주로 제동장치]
RAI	Runway Alignment Indicator [활주로 정대 지시계기]
RAIM	Receiver Autonomous Integrity Monitoring [수신기 자체 무결성 감시장비(항공기 자체적으로 인공위성의 정상 동작 여부를 감시하고 신호의 무결성을 보증할 수 있는 장비)]

RASC	Regional AIS System Cetre [지역 항공정보시스템 센터]
RCA	Reach Cruising Altitude [순항고도 도달]
RCF	Radiocommunication Failure(message type designator) [무선통신 두덜(전문형식 지정어)]
RCH	Reach or Reaching [도달하다 또는 도달]
RCL	Runway Centre Line [활주로 중심선]
RCLL	Runway Centre Line Light(s) [활주로 중심선등]
RDH	Reference Datum Height [참조 기준점 높이]
REC	Recive or Receiver [수신하다 또는 수신기]
REDL	Runway Edge Light(s) [활주로등]
REG	Registration [등록]
RENL	Runway End Light(s) [활주로 종단등]
RERTE	Re-Route [항로변경]
RESA	Runway End Safety Area [활주로 종단 안전구역]
RF	Constant Radius Arc to Fix [픽스까지 원형선회]
RG	Range(Lights) [유도(등)]
RHC	Right-Hand Circuit [우측장주]
RIF	Reclearance in Flight [비행 중 재승인]
RITE	Right(direction of turn) [우측(선회 방향)]
RL	Report Leaving [이탈 보고]
RLCE	Request Level Change En-Route [항로상 고도 변경요구]
RLLS	Runway Lead-in Lighting System [활주로 유도등]
RLNA	Request Level Not Available [요구고도 이용 불가]
RNAV	Area Navigation [지역 항법]
RNG	Radio Range [무선통달거리]
RNP	Required Navigation Performane [필수 항행성능]
ROC	Rate of Climb [상승률]
ROD	Rate of Descent [강하율]
RPDS	Reference Path Data Selector [참조 경로자료 선택장치]
RPI	Radar Position Indicator [레이더 항공기 위치표시기]
RPL	Repetitive Flight Plan [반복 비행계획서]
RPLC	Replace or Replaced [교체하다 또는 교체되어진]
RPS	Radar Position Symbol [레이더 위치기호]

RQP	Request Flight Plan(message type designator) [비행계획서 요구]
RQS	Request Supplementary Flight Plan(message type designator) [보충계행계획서 요구]
RRA	Delayed Meteorological Message(message type designator) [지연기상전문]
RSCD	Runway Surface Condition [활주로 표면상태]
RSR	En-Route Surveillance Radar [항로용 감시레이더]
RTE	Route [항로]
RTF	Radiotelophone [무선전화]
RPG	Radiotelegraph [무선전신]
RTHL	Runway Threshold Light(s) [활주로 시단등]
RTODAH	Rejected Take-Off Distance Available, Helicopter [헬리콥터 이륙포기 거능거리]
RTS	Return to Service [운영을 재개하다]
RTT	Radioteletypewriter [무선 텔레타이프]
RTZL	Runway Touchdown Zone Light(s) [활주로 접지구역등]
RVR	Runway Visual Range [활주로 가시거리]
RWY	Runway [활주로]

[S]

SARPS	Standards and Recommended Practices(ICAO) [국제민간항공기구 표준 및 권고방식]
SATCOM	Satellite Communication [위성통신]
SBAS	Satellite-Based Augmentation System [위성기반 광역보강 시스템]
SDBY	Stand-by [대기]
SDF	Step Down Fix [단계 강하픽스]
SEA	Sea(used in connection with sea-surface temperature annd state of the sea) [바다(해수면 온도와 바다 상태에서 사용)]
SEC	Seconds [초]
SFC	Surface [지표면]
SHF	Super High Frequency(3000 to 30,000MHz) [초단파]
SID	Standard Instrument Departure [표준계기출발]
SIGMET	Signification Meteorological Information (Information concerning en-route weather phenomena which may affect the safety of aircraft) operations [항로 주요 기상 정보]
SIMUL	Simultaneous or Simultaneously [동시에]
SLP	Speed Limiting Point [속도제한점]
SMC	Surface Movement Control [지상 이동관제]

SMR	Surface Movement Radar [지상 감시레이더]
SNOCLO	Aerodrom closed due to snow(used in METAR/SPECI) [눈으로 인한 비행장 폐쇄]
SNOWTAM	Special serious NOTAM notifying the presence or removal of hazardous conditions due to snow, ice, slush or standing water associated with snow, slush and ice on the movement area, by means of a specific format [설빙 고시보]
SOC	Start of Climb [상승 시작점]
SOF	Supervisor of Flying [비행감독자]
SOP	Standard Operating Procedure [표준운영절차]
SPL	Supplementary Flight Plan(message type designator) [보충 비행계획서]
SRA	Surveillance Radar Approach [감시레이더 접근]
SRE	Surveillance radar element of precision approach radar system [정밀접근레이더의 감시레이더 시스템]
SRR	Search and rescue region [수색구조 지역]
SBB	Single Side Band [단측파대]
SSR	Secondary Surveillance Radar [2차 감시레이더]
SST	Supersonic Transport [초음속 여객기]
STA	Straight-in Approach [직진입 접근]
STAR	Standard Instrument Arrivals [표준계기도착 절차]
STARS	Standard Terminal Automation Replacement System [표준 터미널 자동 전환 시스템]
STD	Standard [표준]
STN	Station [기지국]
STNR	Stationary [정체된]
STOL	Short Take-Off and Landing [단거리 이착륙]
STD	Status [상태]
SUP	Supplement(AIP Supplement) [항공정보간행물 보충판]
SUPPS	Regional Supplementary Procedures [지역 보충절차]
SVC	Service Message [일반 사항 전문]
SVCBL	Serviceable [사용 가능한]
SWY	Stop-WAY [정지로]

[T]

TA	Transition Altitude [고도계 전환 고도]
TAA	Terminal Arrival Altitude [터미널 도착 고도]
TACAN	UHF Tactical Air Navigation Aid [전술항행표지시설]

TAF	Aerodrome Forecast(in meteorological code) [비행장 예보]
TA/H	Turn at an Altitude/Height [특정고도에서 선회]
TAIL	Tail Wind [배풍]
TAR	Terminal Area Surveillance Radar [국지감시 레이더]
TAS	True Air-Speed [실제 대기 속도]
TAWS	Terrain Awareness and Warning System [계곡인식 경고시스템]
TAX	Taxiing or Taxi [지상활주하다]
TCAS	Traffic Alert and Collision Avoidance System FAA [미연방항공청 공중충돌회피 시스템]
TCH	Threshold Crossing Height [활주로시단 통과높이]
TDO	Tornado [토네이도]
TDZ	Touchdown Zone [접지구역]
TD	Track to Fox [픽스까지 항적]
TERPS	Terminal Instrument Procedures [터미널 계기비행절차]
TGL	Taxiing Guidance System [접지 이착륙]
THR	Threshold [시단]
THRU	Through [...을 통하여]
TIBA	Traffic Information Broadcast by Aircraft [항공기에 의한 교통정보 방송]
TIL	Until [...까지]
TIP	Until Past [...(장소)를 통과할 때까지]
TKOF	Take-Off [이륙]
TOD	Top of Descent [강하 최고점]
TRACON	Terminal Radar Approach Control [터미널 레이더 접근관제]
TSA	Time Since Awakening [인지가 시작된 시점까지의 시간]
TSO	Technical Standard Order [기술 표준 주문]
TUTWR	Aerodrome Control Tower or Aerodrome Control [관제탑]
RS	Turbulence [난류]
T-VASIS	T-Visual Apprpach Slope Indicator System [T형 진입각 지시등]
TVOR	Terminal VORI [공항용 전방향표지시설]
TWR	Aerodrome Control Tower or Aerodrome Control [관제탑]
TXT	Text(when the abbreviation is used to request a repetition, the question mark(IM) precedes the abbreviation, e.g. IMITXT)(to be used in AFS as a procedure signal) [원문]
TYP	Type of aircraft [항공기 형식]
TYPH	Typhoon [태풍]

[U]

UA	Unmanned Aircraft [무인항공기]
UAC	Upper Area Control Centre [고고도 지역 관제센터]
UAR	Upper Air Route [고고도 항로]
UHF	Ultra High Frequency(300 to 3 000Hz) [극초단파]
UIC	Upper Information Centre [고고도 비행정보센터]
UIR	Upper Flight Information Region [고고도 비행정보구역]
ULR	Ultra Long Range [극 초장거리]
UAC	Upper Area Control Centre [고고도 지역 관제센터]
UNA	Unable [할 수 없음]
UNAP	Unable to Approve [승인할 수 없음]
UNL	Unlimited [무한정]
UNREL	Unreliable [신뢰할 수 없는]
U/S	Unserviceable [사용불능]
UTA	Upper Control Area [고고도 관제구역]
UTC	UCoordinated Universal Time [국제표준시]

[V]

VAC	Visual Approach Chart [시각 접근지도]
VAN	Runway Control Van [활주로 통제차량]
VAR	Magenetic Variation [자기편차]
VAR	Visual-Aural Radio Range [가시-가청 무선범위]
VASIS	Visual Approach Slope Indicator System [진입각 지시등]
VDF	Very High Frequency Direction-Finding Station [VHF 방향탐지국]
VER	Vertical [수직의]
VFR	Visual Flight Rules [시계비행방식]
VHF	Very High Frquency(30 to 300MHz) [초단파 주파수]
VIS	Visivility [시정]
VLF	Very Low Frequency [초장파 주파수]
VLR	Very Long Rang [초장거리]
VMC	Visual Meteorological Conditions [시계비행기상상태]
VNAV	Vertical Navigation [수직유도정보제공]
VOLMET	Meteorological Information for Aircraft in Flight [비행중 항공기를 위상 기상정보]

VOR	VHF Omnidirectional Radio Range [전방향표지시설]
VOLTAC	VOR + TACAN [전술항행무선표지시설]
VOT	VOR airborne equipment test Facility [VOR 항공기 탑재시험장비]
VPA	Vertical Path Angle [수직경로 진입각]
VSP	Vertical Speed [수직강하속도]
VTF	Vector to Final [최종접근을 위한 레이더 유도]
VTOL	Vertical Take-Off and Landing [수직 이착륙]

[W]

WAAS	Wide Area Augmentation System FAA [미연방항공청 위성기반 광역보강시스템]
WA	World Aeronautical Chart - ICAO 1:1,000,000(followed by name/title) [세계 항공도]
WAFC	World Area Forecast Centre [세계지역 예보센터]
WBAR	Wing Bar Light [활주로 시단 연장 등]
WDI	Wind Drection Indicator [풍향지시기]
WGS-84	World Geodetic System - 1984 [세계 측지계]
WI	Within [...이내]
WILCO	Will Comply [...에 따르다]
WIND	Wind [바람]
WIP	Work In Progress [작업중]
WPT	Way-Point [웨이포인트]
WRNG	Warning [경고]
WS	Wind Sheer [윈드쉐어]
WSPD	Wind Speed [풍속]
WWW	World Wide Web [세계인터넷망]

[X]

X	Cross [횡단하다]
XBAR	Crossbar(for approach lighting system) [횡측(진입등화의)]
XNG	Crossing [횡단]
X	Atmospherics [공전]

[Y]

YCZ	Yellow Caution Zone(runway lighting) [황색 경계구역]

저자소개

■ **이경용**

現 한국항행안전산업연구원 원장
前 한국교통대학교 겸임교수
前 한국항공전문학교 겸임교수
前 한국공항공사 부장

■ **임웅선**

現 한국항행안전산업연구원 부원장
前 한국항공전문학교 겸임교수
前 한국공항공사 부장
前 국토교통부 비행점검소 근무

■ **김완현 항공경영학 박사**

現 인천국제공항공사 운항본부 운항시설처 근무
前 인천국제공항공사 항행처 계기착륙팀 팀장
前 한국공항공사 항행처 계기착륙팀 근무

■ **김재술**

現 아시아나항공 정비훈련원 전기전자부문 전임교수
前 아시아나항공 항공기 전기전자 운항정비사

■ **유병선**

現 한국항공대학교 교수(항공운항학과 학과장)

■ **강태형**

現 한국항행안전산업연구원 기술이사
前 한국공항공사 레이더 소장

■ **박정제**

現 인천국제공항공사 팀장

■ **김유나**

한성대학교 산업디자인 전공
교육부 항행안전시설분야 NCS 교재 집필 참여
한국방송통신대학 교재 집필 참여